DELIUS KLASING

MIX
Papier aus verantwortungsvollen Quellen
Paper from responsible sources
FSC® C105338

Dr. Etzold
Diplom-Ingenieur für Fahrzeugtechnik

So wird's gemacht

pflegen – warten – reparieren

Band 123

FIAT SEICENTO
FIAT CINQUECENTO

0,9 l/ 29 kW (40 PS) 2/93 – 9/07
1,1 l/ 40 kW (55 PS) 2/95 – 9/07

Delius Klasing Verlag

Redaktion: Günter Skrobanek (Text)
Christine Etzold (Bild)

Bibliografische Information der Deutschen Nationalbibliothek

Die Deutsche Nationalbibliothek verzeichnet diese Publikation in der Deutschen Nationalbibliografie; detaillierte bibliografische Daten sind im Internet über http://dnb.d-nb.de abrufbar.

5. Auflage / G
ISBN 978-3-667-12012-0

Alle Angaben ohne Gewähr
Umschlaggestaltung: Ekkehard Schonart
Druck: Books on Demand, Norderstedt
Printed in Germany

Die in diesem Buch enthaltenen Angaben und Ratschläge werden nach bestem Wissen und Gewissen erteilt, jedoch unter Ausschluss jeglicher Haftung!

Delius Klasing Verlag, Siekerwall 21, D-33602 Bielefeld
Tel.: 0521/559-0
e-mail: info@delius-klasing.de
www.delius-klasing.de

Lieber Leser,

obwohl die Automobile von Modellgeneration zu Modellgeneration technisch wesentlich aufwändiger und komplizierter werden, greifen von Jahr zu Jahr immer mehr Heimwerker zum »So wird's gemacht«-Handbuch. Die Erklärung dafür ist einfach: Weil die Technik des Automobils komplizierter geworden ist, kommt man selbst als Fachmann bei Wartungs- und Reparaturarbeiten am Fahrzeug ohne eine spezielle Anleitung nicht mehr aus.

Auch der fachkundige Hobbymonteur, der sein Fahrzeug selbst wartet und repariert, sollte bedenken, dass der Fachmann viel Erfahrung hat und durch die Weiterschulung und den ständigen Erfahrungsaustausch über den neuesten Technikstand verfügt. Mithin kann es für die Überwachung und Erhaltung der Betriebs- und Verkehrssicherheit des eigenen Fahrzeugs sinnvoll sein, in regelmäßigen Abständen eine Fachwerkstatt aufzusuchen.

Grundsätzlich muss sich der Heimwerker natürlich darüber im Klaren sein, dass man mithilfe eines Handbuches nicht automatisch zum Kfz-Mechaniker wird. Auch deshalb sollte man nur solche Arbeiten durchführen, die man sich selbst zutraut. Das gilt insbesondere für jene Arbeiten, die die Verkehrssicherheit des Fahrzeugs beeinträchtigen können. Gerade in diesem Punkt sorgt das »So wird's gemacht«-Handbuch jedoch für praktizierte Verkehrssicherheit. Durch die Beschreibung der Arbeitsschritte und den Hinweis, die Sicherheitsaspekte nicht außer Acht zu lassen, wird der Heimwerker vor der Arbeit entsprechend sensibilisiert und informiert. Auch wird darauf hingewiesen, im Zweifelsfall die Arbeit lieber einem Fachmann zu überlassen.

Sicherheitshinweis
Auf verschiedenen Seiten dieses Buches stehen »Sicherheitshinweise«. Bevor Sie mit der Arbeit anfangen, lesen Sie bitte diese Sicherheitshinweise aufmerksam durch und halten Sie sich strikt an die dort gegebenen Anweisungen.

Vor jedem Arbeitsgang empfiehlt sich ein Blick in das vorliegende Buch. Dadurch werden Umfang und Schwierigkeitsgrad der Reparatur offenbar. Außerdem wird deutlich, welche Ersatz- oder Verschleißteile eingekauft werden müssen und ob unter Umständen die Arbeit nur mit Hilfe von Spezialwerkzeug durchgeführt werden kann.

Für die meisten Schraubverbindungen ist das Anzugsdrehmoment angegeben. Bei Schraubverbindungen, die in jedem Fall mit einem Drehmomentschlüssel angezogen werden müssen (Zylinderkopf, Achsverbindungen usw.), ist der Wert fett gedruckt. Nach Möglichkeit sollte man generell jede Schraubverbindung mit einem Drehmomentschlüssel anziehen. Übrigens: Für viele Schraubverbindungen sind Innen- oder Außen-Torxschlüssel erforderlich.

Als ich Anfang der siebziger Jahre den ersten Band der »So wird´s gemacht«-Buchreihe auf den Markt brachte, wurden im Automobilbau nur ganz wenige elektronische Bauteile eingesetzt. Inzwischen ist das elektronische Management allgegenwärtig; ob bei der Steuerung der Zündung, des Fahrwerks oder der Gemischaufbereitung. Die Elektronik sorgt auch dafür, dass es in verschiedenen Bereichen keine Verschleißteile mehr gibt, wie zum Beispiel der früher für den Zündfunken unentbehrliche Unterbrecherkontakt im Zündverteiler. Das Überprüfen elektronischer Bauteile ist wiederum nur noch mit teuren und speziell auf das Fahrzeugmodell abgestimmten Prüfgeräten möglich, die dem Heimwerker in der Regel nicht zur Verfügung stehen. Wenn also verschiedene Reparaturschritte nicht mehr beschrieben werden, so liegt das ganz einfach am vermehrten Einsatz von elektronischen Bauteilen.

Das vorliegende Buch kann natürlich auch nicht auf jede aktuelle, technische Frage eingehen. Dennoch hoffe ich, dass die getroffene Auswahl an Reparatur-, Wartungs- und Pflegehinweisen in den meisten Fällen die auftretenden Probleme zufrieden stellend löst. Eines sollten Sie bei Ihren Arbeiten am eigenen Auto allerdings beachten: Ein Buch ist keine Tageszeitung. Ständig werden am aktuellen Modell technische Änderungen durchgeführt, so dass es vorkommen kann, dass sich die im Buch veröffentlichten Arbeitsanweisungen und Einstelldaten für Ihr spezielles Modell geändert haben. Sollten Zweifel auftreten, erfragen Sie bitte den aktuellen Stand beim Kundendienst des Automobilherstellers.

Hinweis: Der vorliegende Band gilt für die Modelle FIAT CINQUECENTO und FIAT SEICENTO. Die meisten beschriebenen Arbeiten werden an beiden Modellen auf die gleiche Weise ausgeführt. Allerdings beziehen sich viele der abgedruckten Abbildungen auf den FIAT CINQUECENTO. Sollten, modellspezifische Unterschiede vorhanden sein, die unbedingt beachtet werden müssen, so wird im Text darauf hingewiesen.

Rüdiger Etzold

Inhaltsverzeichnis

FIAT CINQUECENTO FIAT SEICENTO

Aus dem Inhalt:

- **Fahrzeugidentifizierung**
- **Motordaten**

Die Modelle FIAT CINQUECENTO und SEICENTO werden von einem flüssigkeitsgekühlten Vierzylinder-Reihenmotor angetrieben, der vorn quer zur Fahrtrichtung eingebaut ist.

Je nach Ausführung und Motorleistung ist ein **OHV-** oder der **FIRE-Motor** eingebaut.

Beim **OHV-Motor** (**OHV** = **O**ver**h**ead **V**alves = obenliegende Ventile) befindet sich die Nockenwelle im Motorblock. Die hängenden Ventile sind im Zylinderkopf parallel angeordnet und werden von der Nockenwelle über Stößelstangen, Kipphebel und Hydrostößel betätigt. Die Hydrostößel gleichen automatisch jegliches Ventilspiel aus, dadurch entfällt das Einstellen des Ventilspiels im Rahmen der Wartung. Die Nockenwelle wird von der Kurbelwelle über eine Rollenkette angetrieben. Reparaturen, die nur für diesen Motor gelten, sind mit dem Hinweis **»0,9-l-Motor«** beziehungsweise **»OHV-Motor«** gekennzeichnet.

Der **1,1-l-Motor** beziehungsweise der **»FIRE-Motor«** (**FIRE** = **F**ully **I**ntegrated **R**obotized **E**ngine = ganz robotergefertigter Motor) ist nach dem Querstrom-Prinzip konstruiert. Das heißt, frisches Kraftstoff-Luftgemisch wird auf der einen Seite des Zylinderkopfes angesaugt und verbranntes Gas auf der anderen Seite über die Abgasanlage ausgestoßen.

Der wesentlichste Unterschied zum OHV-Motor besteht im Ventiltrieb. Die Nockenwelle befindet sich oben im Zylinderkopf. Sie wird über einen Zahnriemen von der Kurbelwelle angetrieben. Die Nockenwelle betätigt über Tassenstößel die senkrecht hängenden Ein- und Auslassventile. Die Tassenstößel besitzen Einstellscheiben, mit denen das Ventilspiel im Rahmen der Wartung eingestellt werden muss.

Der Zylinderkopf besteht aus Aluminium, weil dieses Metall eine bessere Wärmeleitfähigkeit und ein geringeres spezifisches Gewicht gegenüber Grauguss aufweist.

Für die Motorschmierung sorgt eine Ölpumpe, die sich am Ende der 5-fach gelagerten Kurbelwelle befindet (OHV-Motor: 3-fach gelagert) und durch diese angetrieben wird. Das im Ölsumpf angesaugte Öl gelangt über Bohrungen und Kanäle zu den Lagern der Kurbel- und Nockenwelle sowie in die Zylinderlaufbahnen.

Die Kühlmittelpumpe ist seitlich am Motorblock angeflanscht. Der Antrieb der Pumpe erfolgt beim FIRE-Motor über den Zahnriemen, der auch die Nockenwelle antreibt. Die Kühlmittelpumpe beim OHV-Motor wird vom Keilriemen angetrieben, der auch den Generator antreibt. Zu beachten ist, dass der Kühlmittelkreislauf ganzjährig mit einer Mischung aus Kühlerfrostschutzmittel sowie kalkarmem Wasser befüllt sein muss.

Für die Aufbereitung eines zündfähigen Kraftstoff-Luftgemisches steht eine Zentraleinspritzung zur Verfügung, die in der Regel wartungsfrei arbeitet.

Der Zündfunke wird durch eine wartungsfreie elektronische Kennfeldzündung erzeugt. Dabei handelt es sich um ein statisches Zündsystem ohne Zündverteiler und mit 2 Zündspulen.

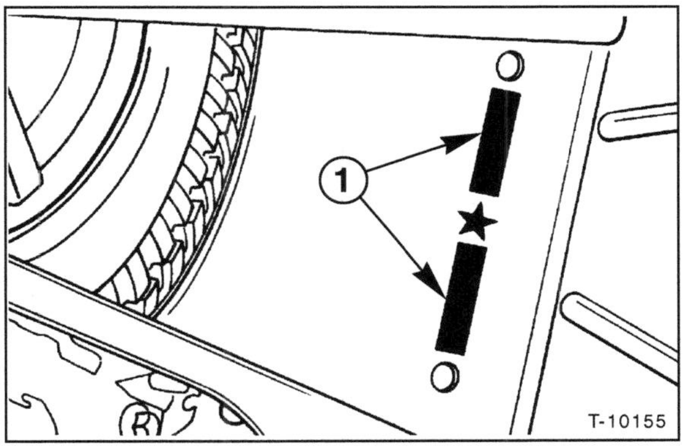

- Die Fahrgestellnummer –1– ist im Gepäckraumboden neben der Ersatzradmulde eingeschlagen. Sie besteht aus 2 Zeichengruppen, dem Fahrzeugtyp und der fortlaufenden Herstellungsnummer des Fahrgestells.

- Die Motornummer –2– ist beim OHV-Motor am Motorblock auf der rechten Seite eingeschlagen. Beim FIRE-Motor ist sie oberhalb vom Ölfilter, neben dem Abgaskrümmer, eingeschlagen.
- Das Typschild –3– befindet sich vorn im Motorraum oberhalb des rechten Scheinwerfers oder im Gepäckraum, auf der linken Seite.

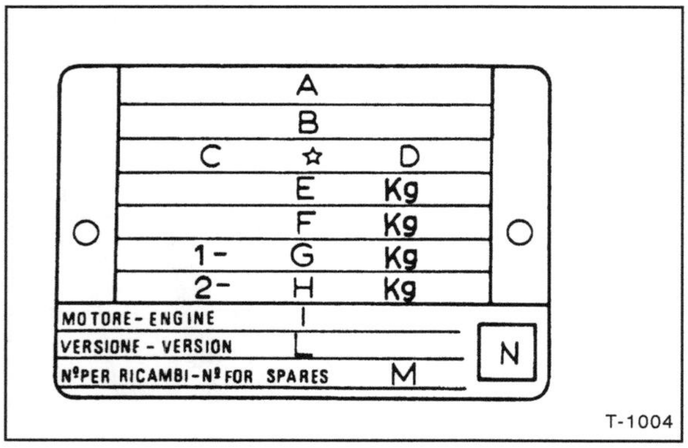

Aufschlüsselung des Typschildes:

A – Name des Herstellers
B – Typenzulassungsnummer
C – Kenn-Nummer des Fahrzeugtyps
D – Laufende Fahrgestellnummer
E – Höchstzulässiges Gesamtgewicht
F – Höchstzulässiges Gesamtgewicht mit Anhänger
G – Maximale Vorderachslast
H – Maximale Hinterachslast
I – Motortyp
L – Codenummer des Karosserietyps
M – Nummer für Ersatzteile
N – frei (Nur bei Dieselmotoren beschriftet)

Motorenübersicht und Motordaten

Modelle – CINQUECENTO		0.9 i.e.S/SX/Suite	Sporting
Modelle – SEICENTO		Citymatic	Young, Hobby, Suite, Sporting
Motortyp		OHV	FIRE
Motorcode		1170 A1.046	176 B2.000
Herstellungs-Zeitraum	von - bis	2/93 - 9/07	2/95 - 9/07
Hubraum	cm^3	899	1108
Leistung	kW bei 1/min PS bei 1/min	29/5500 40/5500	40/5500 55/5500
Drehmoment	Nm bei 1/min	65/3000	86/3250
Bohrung	∅ mm	65	70
Hub	mm	67,7	72,0
Verdichtung		8,8	9,6
Kraftstoffart	min. ROZ	Super bleifrei/95	Super bleifrei/95
Einspritz-/Zündanlage		SPI/I.A.W. 16FM.EC	SPI/I.A.W. 16FM.E6
Zündfolge		1 – 3 – 4 – 2	1 – 3 – 4 – 2
Füllmengen Kühlflüssigkeit Motoröl	 Liter Liter	 4,8 3,8	 4,0 3,5

Citymatic = Fiat Seicento mit automatischer Kupplung und Fünfgang-Schaltgetriebe
FIRE = **F**ully **I**ntegrated **R**obotized **E**ngine = ganz robotergefertigter Motor
OHV = **O**ver**h**ead **V**alves = obenliegende Ventile
SPI = **S**ingle **P**oint **I**njection = Zentraleinspritzung
I.A.W. = Integriertes Zünd- und Einspritzsystem Weber-Marelli

Wartung

Aus dem Inhalt:

- **Wartungsplan**
- **Wartungsarbeiten**
- **Wagenpflege**
- **Werkzeugausrüstung**
- **Motorstarthilfe**

Wartungsplan

Die Wartung ist mindestens **einmal jährlich** durchzuführen. Wurden in dieser Zeit **mehr als 15.000 km** gefahren, ist die Wartung bereits nach dieser Laufleistung durchzuführen. Die erste Wartung ist nach 15.000 km durchzuführen. Bei erschwerten Betriebsbedingungen, wie überwiegend Stadt- und Kurzstreckenverkehr, häufigen Gebirgsfahrten, Anhängerbetrieb oder staubigen Straßenverhältnissen, Wartung entsprechend öfter durchführen.

Motor

- Motor: Sichtprüfung auf Ölundichtigkeiten.
- Motoröl: Wechseln, Ölfilter ersetzen.
- Kühl- und Heizsystem: Flüssigkeitsstand prüfen, Konzentration des Frostschutzmittels prüfen. Sichtprüfung auf Undichtigkeiten und äußere Verschmutzung des Kühlers.
- Abgasanlage: Auf Beschädigungen und Dichtheit prüfen.
- Kraftstoffanlage: Auf Dichtheit sichtprüfen.

Getriebe, Kupplung, Achsantrieb

- Gelenkschutzhüllen: Auf Undichtigkeiten und Beschädigungen prüfen.
- Getriebe: Auf Undichtigkeiten sichtprüfen.
- Getriebe: Ölstand prüfen (erstmals nach 15.000 km, dann alle 60.000 km).

Vorderachse und Lenkung

- Spurstangenköpfe: Spiel und Befestigung prüfen, Staubkappen prüfen.
- Achsgelenke: Staubkappen prüfen.
- Lenkung: Lenkungsspiel, Faltenbälge auf Undichtigkeiten und Beschädigungen prüfen.

Bremsen, Reifen, Räder

- Bremsanlage: Leitungen, Schläuche, Bremszylinder und Anschlüsse auf Undichtigkeiten und Beschädigungen prüfen. Bremsflüssigkeitsstand prüfen, gegebenenfalls auffüllen.
- Scheibenbremsbeläge: Verschleiß prüfen, gegebenenfalls Beläge auswechseln.
- Bereifung: Profiltiefe und Reifenfülldruck prüfen; Reifen auf Verschleiß und Beschädigungen (einschließlich Reserverad) prüfen. Bei unnormaler Abnutzung Spur prüfen lassen (Werkstattarbeit).
- Radschrauben: Auf Anzugsmoment **90 Nm** nachziehen.

Elektrische Anlage

- Alle Stromverbraucher: Funktion prüfen.
- Beleuchtungsanlage: Prüfen, gegebenenfalls Scheinwerfer einstellen.
- Signalhorn: Prüfen.
- Scheibenwischer: Wischergummis auf Verschleiß prüfen.
- Scheibenwaschanlage: Funktion prüfen, Düsenstellung kontrollieren, Flüssigkeit nachfüllen.
- Batterie: Spannung und Säurestand prüfen.

Karosserie, Innenraum

- Motorhaube: Verschluss/Sicherungshaken auf Funktion prüfen und schmieren.
- Unterbodenschutz und Lackierung: Prüfen.
- Sicherheitsgurte: Auf Beschädigungen prüfen.

Folgende Arbeiten zusätzlich durchführen:

Alle 30.000 km

- Keilriemen: Spannung und Zustand prüfen.
- Luftfilter: Filtereinsatz erneuern. Bei starkem Staubanfall in kürzeren Abständen ersetzen.
- Kraftstofffilter: Erneuern.
- Zündkerzen: Erneuern, Zündkabel prüfen.
- Kupplung: Kupplungseinstellung prüfen, gegebenenfalls Kupplung nachstellen. Kupplungspedalweg prüfen.
- Ventilspiel: Kontrollieren, gegebenenfalls einstellen (nur 1,1-l-FIRE-Motor).
- Ansaug- und Abgaskrümmer: Schrauben auf festen Sitz prüfen.
- Handbremshebel: Hebelweg prüfen, gegebenenfalls einstellen.

Alle 45.000 km

- Lambdasonde: Funktion prüfen (Werkstattarbeit).
- Schalt- und Ausgleichgetriebe: Ölstand kontrollieren, gegebenenfalls nachfüllen.
- Kraftstoff-Verdunstungs-Rückhaltesystem: Funktion prüfen.

Alle 60.000 km

- Bremstrommelbeläge, hinten: Zustand und Abnutzung kontrollieren.
- Zahnriemen: Spannung, Zustand und Abnutzung kontrollieren (nur 1,1-l-FIRE-Motor).

Alle 60.000 km oder 2 Jahre

- Kühlflüssigkeit: Erneuern.

Alle 2 Jahre (unabhängig von der Kilometerleistung)

- Bremsflüssigkeit: Wechseln.

Alle 90.000 km

- Kurbelgehäuseentlüftung: Funktion prüfen.

Alle 105.000 km

- Zahnriemen: Erneuern (nur 1,1-l-FIRE-Motor).

Alle 120.000 km

- Schalt- und Ausgleichgetriebe: Öl wechseln.

Wartungsarbeiten

Hier werden, nach den verschiedenen Baugruppen des Fahrzeugs aufgeteilt, alle Wartungsarbeiten beschrieben, die gemäß dem Wartungsplan durchgeführt werden müssen. Auf die erforderlichen Verschleißteile sowie das möglicherweise benötigte Sonderwerkzeug wird jeweils hingewiesen.

Es empfiehlt sich, Reifendruck, Motorölstand und Flüssigkeitsstände für Kühlung, Wisch-/Waschanlage etc. mindestens alle 4 bis 6 Wochen zu prüfen und gegebenenfalls zu ergänzen.

Achtung: Beim **Einkauf von Ersatzteilen** sind immer der **KFZ-Schein** und die **Modellnummer** (siehe Kapitel »Fahrzeugidentifizierung«) mitzunehmen, da zur einwandfreien Fahrzeugidentifizierung oftmals die genaue Angabe der Fahrgestellnummer, des Modells oder des Baujahres erforderlich ist.

Um ganz sicher zu sein, dass man die richtigen Ersatzteile erhalten hat, empfiehlt es sich nach Möglichkeit, das Altteil auszubauen und zum Ersatzteilhändler mitzunehmen. Dort kann man es mit dem Neuteil vergleichen.

Motor und Abgasanlage

Folgende Wartungsarbeiten müssen nach dem Wartungsplan durchgeführt werden:

- Motor: Öl- und Filterwechsel.
- Motor: Sichtprüfung auf Ölundichtigkeiten.
- Motor: Ölstand prüfen.
- Kühl- und Heizsystem: Flüssigkeitsstand prüfen, Konzentration des Frostschutzmittels prüfen. Sichtprüfung auf Undichtigkeiten und äußere Verschmutzung des Kühlers.
- Kühlmittel erneuern, siehe Seite 174.
- Zündkabel prüfen.
- Zündkerzen erneuern.
- FIRE-Motor: Ventilspiel prüfen, einstellen, siehe Seite 160.
- Trockenluftfilter: Filtereinsatz erneuern.
- Kraftstofffilter ersetzen.
- Sichtkontrolle Aktivkohlesystem durchführen, siehe Seite 189.
- Zahnriemen ersetzen, siehe Seite 149.
- Keilriemen: Spannung und Zustand prüfen.
- Ansaug- und Abgaskrümmerschrauben mit **25 Nm** nachziehen.
- Abgasanlage: Sichtprüfung auf Beschädigungen.

Motorölstand prüfen

Etwa alle 1.000 km oder vor längeren Fahrten sollte der Ölstand des Motors überprüft und gegebenenfalls ergänzt werden. Auf 1.000 km sollte der Motor nicht mehr als 1,0 Liter Öl verbrauchen. Mehrverbrauch ist ein Zeichen für verschlissene Ventilschaftabdichtungen und/oder Kolbenringe beziehungsweise Öldichtungen.

Erforderliche Betriebsmittel:

- Zum Nachfüllen nur von FIAT freigegebenes Motoröl verwenden, siehe Seite 166.

Prüfen

- Motor warm fahren und Fahrzeug auf einer waagerechten Fläche abstellen.
- Nach Abstellen des Motors ungefähr 10 Minuten lang warten, damit sich das Öl in der Ölwanne sammeln kann.
- Ölmessstab herausziehen und mit einem sauberen Lappen abwischen.
- Anschließend Messstab bis zum Anschlag einführen und wieder herausziehen. Ölstand ablesen:

CINQUECENTO

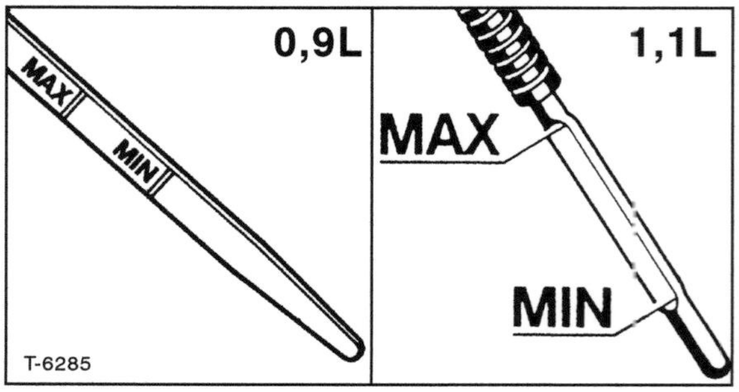

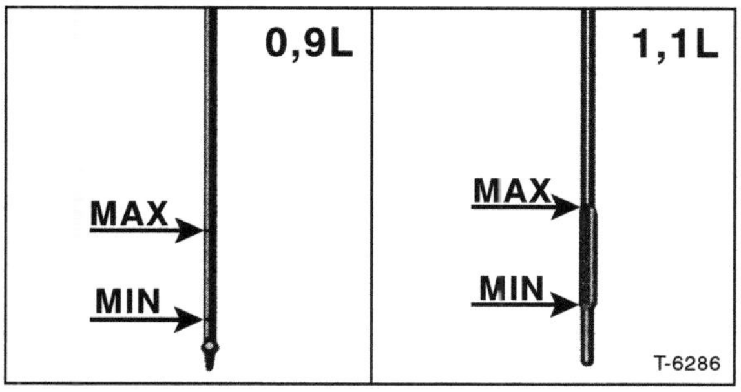

- Der Ölstand soll zwischen der Max- und der Min-Markierung am Ölmessstab stehen.

Achtung: Bei zu niedrigem Ölstand besteht die Gefahr von Motorschäden und bei zu hohem Ölstand die Gefahr von Katalysatorschäden.

- Liegt der Ölstand an der unteren Markierung (»Min«), neues Motoröl bis zur oberen Markierung nachfüllen.

Beim Nachfüllen folgende Punkte beachten:

- Die Mengendifferenz zwischen der Max- und Min-Markierung beträgt ca. 1 Liter.
- Nach dem Auffüllen des Motoröls, Motor kurz laufen lassen und wieder abstellen. Nach einigen Minuten Wartezeit Ölstand messen.
- Wurde zu viel Öl eingefüllt (Ölstand über der Max-Markierung) muss das überschüssige Öl mit einem Absauggerät wieder abgesaugt werden, sonst besteht die Gefahr von Katalysatorschäden.
- Öl wird nachgefüllt am Einfülldeckel am Zylinderkopfdeckel. Richtige Ölsorte verwenden, keine Ölzusätze beimengen.

Achtung: Wahllos abwechselnder Gebrauch verschiedener Öltypen ist ungünstig. Motoröle gleichen Typs aber verschiedener Marken sollen möglichst nicht miteinander gemischt werden. Motoröle gleichen Typs und gleicher Marke, aber verschiedener Viskosität können im Bedarfsfall ohne weiteres nachgefüllt werden.

Motor/Motorraum: Sichtprüfung auf Undichtigkeiten

Folgende Leitungen, Schläuche und Anschlüsse auf Undichtigkeiten, Scheuerstellen, Porosität und Brüchigkeit sichtprüfen:

- Kraftstoffleitungen
- Kühlmittelschläuche
- Bremsleitungen
- Hydraulikleitungen der Servolenkung

Ölundichtigkeit suchen

Bei ölverschmiertem Motor und hohem Ölverbrauch überprüfen, wo das Öl austritt. Dazu folgende Stellen überprüfen:

- Öleinfülldeckel öffnen und Dichtung auf Porosität oder Beschädigung prüfen.
- Belüftungsschläuche vom Motorblock zum Zylinderkopfdeckel, zum Luftfilter beziehungsweise zum Ansaugkrümmer auf festen Sitz prüfen.
- Zylinderkopfdeckel-Dichtung.
- Zylinderkopfdichtung.
- Ölfilterdichtung: Ölfilter am Ölfilterflansch.
- Ölablassschraube.
- Ölwannendichtung.
- Trennstelle zwischen Motor und Getriebe (Dichtung an Schwungrad oder Getriebewelle).

Da sich bei Undichtigkeiten das Öl meistens über eine größere Motorfläche verteilt, ist die Austrittstelle des Öls meist nicht auf den ersten Blick zu erkennen. Bei der Suche geht man zweckmäßigerweise wie folgt vor:

- Motorwäsche durchführen: Motor mit handelsüblichem Kaltreiniger einsprühen und nach einer kurzen Einwirkungszeit mit Wasser abspritzen. Vorher Generator und Sicherungskasten mit Plastiktüte abdecken.

Achtung: Motorwäsche nur in Auto-Selbstwaschanlagen mit Ölabscheider vornehmen.

- Trennstellen und Dichtungen am Motor von außen mit Kalk oder Talkumpuder bestäuben. **Hinweis:** Die Fachwerkstatt verwendet ein spezielles Lecköl-Suchspray.
- Ölstand kontrollieren, gegebenenfalls auffüllen.
- Probefahrt durchführen. Da das Öl bei heißem Motor dünnflüssig wird und dadurch schneller an den Leckstellen austreten kann, sollte die Probefahrt über eine Strecke von ca. 30 km auf einer Schnellstraße durchgeführt werden.
- Anschließend Motor mit Lampe absuchen, undichte Stelle lokalisieren und Fehler beheben.

Kühlsystem prüfen

- Kühlmittelschläuche durch Zusammendrücken und Verbiegen auf poröse Stellen untersuchen, hart gewordene und aufgequollene Schläuche erneuern.
- Die Schläuche dürfen nicht zu kurz auf den Anschlussstutzen sitzen.
- Festen Sitz der Schlauchschellen kontrollieren, gegebenenfalls Schellen erneuern.
- Dichtung des Verschlussdeckels für den Ausgleichbehälter auf Beschädigungen überprüfen.

Achtung: Ein zu niedriger Kühlmittelstand kann auch von einem nicht richtig aufgeschraubten Verschlussdeckel herrühren.

- Deutlicher Kühlmittelverlust und/oder Öl in der Kühlflüssigkeit sowie weiße Abgaswolken bei warmem Motor deuten auf eine defekte Zylinderkopfdichtung hin.

Achtung: Mitunter ist es schwierig, die Leckstelle ausfindig zu machen. Dann empfiehlt sich eine Druckprüfung durch die Werkstatt (Spezialgerät erforderlich). Hierbei kann ebenfalls das Überdruckventil des Verschlussdeckels geprüft werden.

Motorölwechsel

Erforderliches Spezialwerkzeug:

Wenn das Motoröl abgesaugt wird:

- Ölabsauggerät.
- Ölauffangbehälter.
- Ein Spezialwerkzeug zum Lösen des Ölfilters (Ölfilterzange, Spannbandschlüssel).

Wenn das Motoröl abgelassen wird:

- Eine Grube oder ein hydraulischer Werkstatt-Wagenheber mit Unterstellböcken.
- Schlüssel für 12-mm-Innensechskant zum Lösen der Ölablassschraube sowie eine Ölauffangschale, die mindestens 5 Liter Öl fasst (nur wenn Öl nicht abgesaugt wird).
- Ein Spezialwerkzeug zum Lösen des Ölfilters (Ölfilterzange, Spannbandschlüssel).

Erforderliche Betriebsmittel/Verschleißteile:

- Öl-Filterpatrone. **Achtung:** Die Ölfilterpatrone ist auf den Motor abgestimmt. Es darf nur die für den jeweiligen Motor vorgeschriebene Ölfilterpatrone verwendet werden.
- Die für den jeweiligen Motor vorgesehene Menge an Motoröl der richtigen Spezifikation, siehe Seite 166.

Achtung: Nur von FIAT freigegebenes Motoröl verwenden, siehe Seite 166.

Ölwechselmenge mit Filterwechsel:

0,9-l-Motor: 3,8 l

1,1-l-Motor: 3,5 l

Die Mengendifferenz zwischen der MIN- und MAX-Markierung am Ölmessstab beträgt ca. 1 Liter.

Ölwechsel alle 15.000 km durchführen. Falls sehr wenig gefahren wird, Ölwechsel einmal im Jahr vornehmen. Dabei wird gleichzeitig die Filterpatrone gewechselt.

Bei erschwerten Einsatzbedingungen wie Kurzstreckenverkehr, häufiger Kaltstart und staubige Straßenverhältnisse sollten Motoröl und Ölfilter in kürzeren Abständen gewechselt werden.

Das Motoröl darf auch mittels einer Sonde (an der Tankstelle) über das Ölmessrohr abgesaugt werden. Allerdings muss das neue Öl dann meistens bei der betreffenden Tankstelle gekauft werden.

Achtung: Altöl, Ölfilter und ölgetränkte Putzlappen müssen auf jeden Fall bei den Altöl-Sammelstellen abgegeben werden. Die Öl-Verkaufsstellen nehmen die entsprechende Menge Altöl kostenlos entgegen, daher Quittung und Ölkanister für spätere Altölrückgabe aufbewahren! Außerdem informieren Gemeinde- und Stadtverwaltungen darüber, wo sich die nächste Altöl-Sammelstelle befindet. **Keinesfalls dürfen Altöl und Ölfilter einfach weggeschüttet oder dem Hausmüll mitgegeben werden.** Größere Umweltschäden wie beispielsweise Grundwasserverseuchung wären sonst unvermeidbar.

Motoröl ablassen

- Motor auf Betriebstemperatur bringen (+60° C Öltemperatur), dazu ist es notwendig, etwa 10 km weit zu fahren.

Sicherheitshinweis
Beim Aufbocken des Fahrzeugs besteht Unfallgefahr! Deshalb vorher das Kapitel »Fahrzeug aufbocken« durchlesen.

- Fahrzeug waagerecht aufbocken.
- Altöl-Auffangwanne unter die Ölablassschraube stellen.

Sicherheitshinweis
Darauf achten, dass beim Herausdrehen der Ölablassschraube das heiße Motoröl nicht über die Hand läuft.

T-6203

- Öleinfülldeckel oben am Motor abnehmen. Die Abbildung zeigt den 1,1-l-Motor beim CINQUECENTO.
- Gefäß zum Auffangen des Altöls unter die Ölwanne stellen.

T-6247

- Ölablassschraube unten an der Ölwanne mit Schlüssel für 12-mm-Innensechskantschraube herausdrehen und Altöl ganz ablassen.

Achtung: Werden im Motoröl Metallspäne und Abrieb in größeren Mengen festgestellt, deutet dies auf Fressschäden hin, zum Beispiel Kurbelwellen- oder Pleuellagerschäden. Um Folgeschäden zu vermeiden, müssen nach der Motorreparatur die Ölkanäle und Ölschläuche sorgfältig gereinigt werden.

Ölfilter ersetzen

- Ölfilter abschrauben. Der Ölfilter sitzt vorn am Motorblock, beim 1,1-l-FIRE-Motor (Abbildung) an einem separaten Flansch. Zum Lösen gibt es spezielle Werkzeuge, zum Beispiel HAZET 2172, oder ein Spannbandschlüssel. Man kann auch einen spitzen Schraubendreher seitlich in den Ölfilter eintreiben, es läuft dann allerdings Öl aus – Gefäß unterstellen.
- Anlagefläche des Ölfilters am Motorblock mit einem Lappen abwischen. Eventuell dort verbliebene Filterdichtung abnehmen.
- Gummidichtring am neuen Ölfilter mit etwas Motoröl bestreichen. Eventuelle Hinweise auf dem Ölfilter beachten.
- Neuen Ölfilter nur mit der Hand festschrauben. Wenn die Filterdichtung am Motorblock anliegt, Filter noch um mindestens ½ Umdrehung weiterdrehen.

Motoröl auffüllen

- Ölablassschraube einschrauben und fest, aber nicht mit zu großer Gewalt anziehen. Anzugsdrehmoment: **30 Nm**. Das konische Gewinde dichtet dann ab, es ist keine zusätzliche Dichtung erforderlich.
- Fahrzeug ablassen.

- Je nach Modell vorgeschriebene Menge neues Öl am Einfüllstutzen des Zylinderkopfdeckels einfüllen. Deckel anbringen.
- Motor starten und mit erhöhter Drehzahl (ca. 2.500/min) laufen lassen, bis die Ölkontrolllampe erlischt (ca. 5 Sekunden). Motor abstellen.
- Nach 5-minütiger Wartezeit Ölstand mit Messstab kontrollieren.
- Nach Probefahrt Dichtigkeit der Ablassschraube und des Ölfilters überprüfen, gegebenenfalls vorsichtig nachziehen.
- Betriebswarmen Motor abstellen und Ölstand nach ca. 2 Minuten nochmals prüfen, gegebenenfalls korrigieren.
- Um die Betriebsverhältnisse des Motors besser überwachen zu können, soll beim Ölwechsel immer ein Öl gleichen Typs und möglichst auch gleicher Marke verwendet werden. Daher ist es zweckmäßig, bei jedem Ölwechsel ein Hinweisschild am Motor zu befestigen, auf dem Marke und Viskosität des Öles vermerkt sind.
- Wahllos abwechselnder Gebrauch verschiedener Öltypen ist ungünstig. Motoröle gleichen Typs, aber verschiedener Marken sollen möglichst nicht gemischt werden. Motoröle gleichen Typs und gleicher Marke, aber verschiedener Viskosität können im Bedarfsfall während jahreszeitlicher Überschneidung ohne weiteres nachgefüllt werden.

Kühlmittelstand prüfen

Erforderliches Betriebsmittel zum Nachfüllen:

- Kühlerfrostschutzmittel: Nur ein für Aluminiumteile geeignetes Kühlkonzentrat verwenden, zum Beispiel das FIAT-Kühlkonzentrat »PARAFLU«.

Prüfen

Der Kühlmittelstand sollte in regelmäßigen Abständen – etwa alle vier Wochen – geprüft werden, zumindest aber vor jeder größeren Fahrt.

Zum Nachfüllen – auch in der warmen Jahreszeit – nur eine Mischung aus Kühlerfrostschutzmittel und kalkarmem, sauberem Wasser verwenden.

Achtung: Um die Weiterfahrt zu ermöglichen, kann auch, insbesondere im Sommer, reines Wasser nachgefüllt werden. Der Kühlerfrostschutz muss dann jedoch baldmöglichst korrigiert werden.

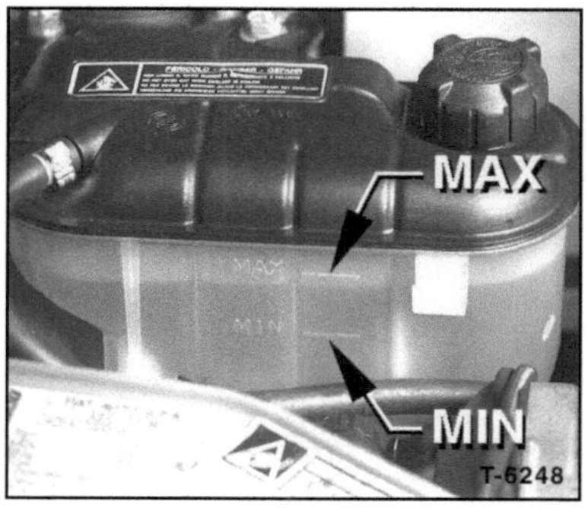

- Der Kühlmittelstand soll bei kaltem Motor (Kühlmitteltemperatur ca. +20° C) zwischen der MIN- und MAX-Markierung am Ausgleichbehälter liegen. Er darf nie unter die MIN-Marke sinken.
- **Kaltes** Kühlmittel nur bei **kaltem Motor** nachfüllen, um Motorschäden zu vermeiden.

Achtung: Verschlussdeckel bei heißem Motor zuerst nur 1 Umdrehung öffnen, damit der Überdruck entweicht. Beim Öffnen Lappen über den Verschlussdeckel legen. Verschlussdeckel nur bei einer Kühlmittel-Temperatur unter +90°C öffnen. **Verbrühungsgefahr!**

- Sichtprüfung auf Dichtheit durchführen, wenn der Kühlmittelstand in kurzer Zeit absinkt.

Frostschutz prüfen

Erforderliches Spezialwerkzeug:

- Eine Prüfspindel, die es preiswert im Zubehörhandel zu kaufen gibt und auch oft an Tankstellen zur Benutzung bereitliegt. Mit dem Prüfgerät HAZET 4810 kann der Frostschutzanteil des Kühlmittels und die Säuredichte der Batterieflüssigkeit geprüft werden.

Erforderliches Betriebsmittel zum Nachfüllen:

- Kühlerfrostschutzmittel: Nur ein für Aluminiumteile geeignetes Kühlkonzentrat verwenden, zum Beispiel das FIAT-Kühlkonzentrat »PARAFLU«.

Regelmäßig vor Winterbeginn sollte die Konzentration des Frostschutzmittels der Kühlflüssigkeit geprüft werden, insbesondere dann, wenn zwischendurch reines Wasser nachgefüllt wurde.

- Der Motor darf nicht warmgefahren sein. Auf dem Messgerät ist die Soll-Temperatur für das Kühlmittel angegeben (meist +21° C, also Zimmertemperatur).
- Verschlussdeckel am Ausgleichbehälter öffnen.

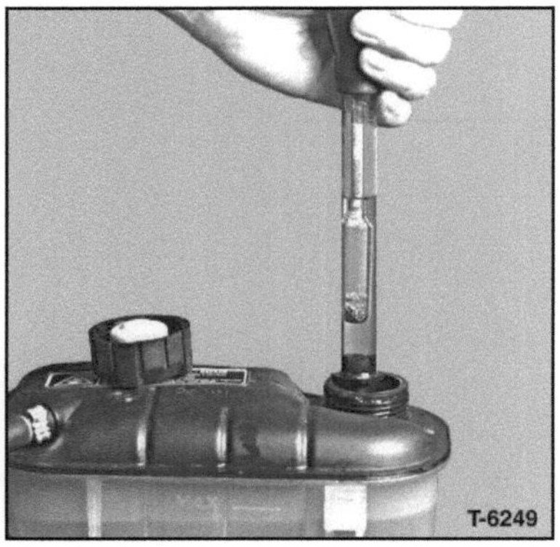
T-6249

- Mit Messspindel Kühlflüssigkeit ansaugen und am Schwimmer Kühlmitteldichte ablesen. Der Frostschutz soll in unseren Breiten bis –35° C reichen. Das Mischungsverhältnis von Kühlkonzentrat zu Wasser beträgt dann 1 : 1.

FIAT-Kühlkonzentrat ergänzen

Beispiel: Die Frostschutz-Messung mit der Spindel ergibt einen Frostschutz bis –10° C. In diesem Fall beim 0,9-l-Motor 1,4 l Kühlflüssigkeit ablassen und dafür 1,4 l reines Frostschutzkonzentrat auffüllen. **Achtung:** Am besten nur das von FIAT freigegebenes Frostschutzmittel »PARAFLU« zum Nachfüllen verwenden.

Motor	Sollwert	Gemessener Wert in °C						Füllmenge
		0	–5	–10	–15	–20	–30	
		Differenzmenge in Liter						
0,9 l	–35°	1,9	1,6	1,4	1,1	0,9	0,4	3,8
1,1 l	–35°	1,8	1,5	1,3	1,0	0,8	0,3	3,5

Hinweis: Die in der Tabelle angegebenen Werte gelten bei einer Kühlflüssigkeitstemperatur von ca. +20° C.

- Verschlussdeckel am Ausgleichbehälter verschließen und nach einer Probefahrt den Frostschutz erneut überprüfen.

Achtung: Ein zu hoher Anteil an Kühlkonzentrat in der Kühlflüssigkeit führt zu einer Verschlechterung der Kühl- und Frostschutzwirkung. Dies ist der Fall ab einem Frostschutzanteil von ca. 60 %.

Zündkerzen ersetzen/ Zündkabel prüfen

Erforderliches Spezialwerkzeug:

- Zündkerzenschlüssel, der preiswert im Zubehörhandel zu kaufen ist. Schlüsselweite 20,8 mm für 0,9-l-Motor beziehungsweise 16 mm für 1,1-l-Motor.

Erforderliche Verschleißteile:

- 4 Zündkerzen. Die richtige Zündkerze, siehe Seite 202.

Ausbau

- Zündung ausschalten.
- **1,1-l-Motor:** Luftfilter ausbauen, siehe Seite 188.

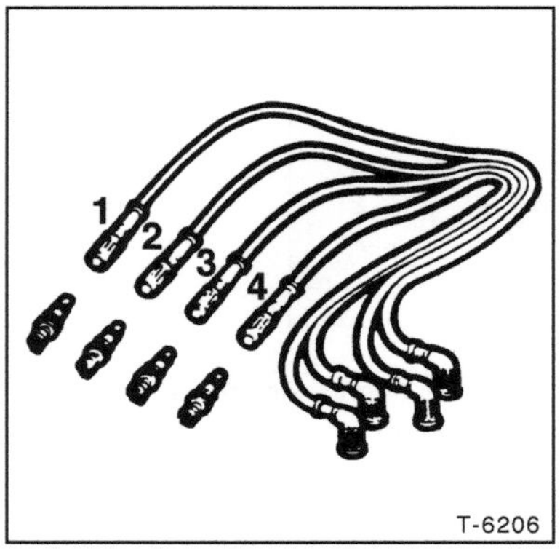

T-6206

- Zündkerzenstecker vor dem Abziehen mit Tesaband von 1 bis 4 durchnummerieren, damit sie beim Aufstecken nicht vertauscht werden. Der erste Zylinder befindet sich rechts an der Keilriemenseite des Motors.
- Sämtliche Zündkerzenstecker abziehen, dabei nur an den Steckern und nicht an den Kabeln ziehen.

- Zündkerzen-Nischen, wenn möglich, mit Pressluft ausblasen, damit bei ausgebauten Zündkerzen kein Schmutz in die Gewindebohrung fällt.
- Zündkerzen mit Zündkerzenschlüssel herausdrehen. **Achtung:** Der Motor muss dabei mindestens auf Handwärme abgekühlt sein, sonst kann beim Herausschrauben das Gewinde im Zylinderkopf beschädigt werden.
- Sieht die Zündkerze verölt aus, deutet das auf Aussetzen der betreffenden Zündkerze oder schlecht abdichtende Kolbenringe hin (Kompression prüfen).
- Isolatoren der Zündkerzen auf Kriechströme untersuchen. Kriechströme zeigen sich als dünne, unregelmäßige Spuren auf der weißen Isolator-Oberfläche.

Einbau

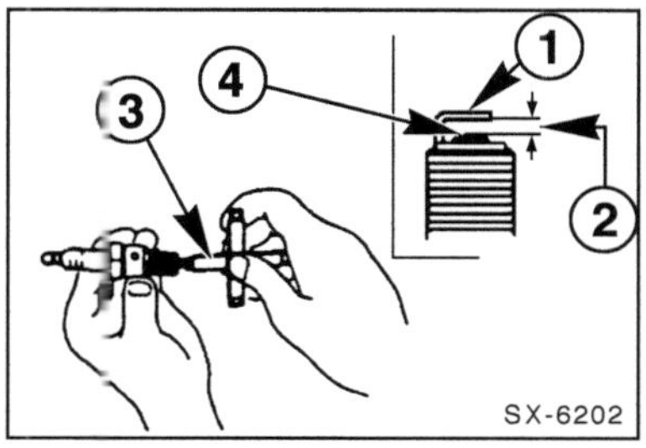

- Elektrodenabstand –2– mit Fühlerblattlehre prüfen. Sollwert: **0,9 mm.** Bei neuen Zündkerzen ist der Elektrodenabstand in der Regel richtig eingestellt, siehe Seite 200.
- Zum Einstellen des Kontaktabstandes Masse-Elektrode –1– nachbiegen. Dafür gibt es ein einfaches, praktisches Werkzeug –3–, andernfalls vorsichtig seitlich gegen die Masse-Elektrode klopfen. Beim Aufbiegen kleinen Schraubendreher am Gewinderand der Zündkerze abstützen, keinesfalls jedoch an der Mittel-Elektrode –4–, da diese sonst beschädigt wird.
- Zündkerzen von Hand bis zur Anlage am Zylinderkopf einschrauben. **Achtung:** Dabei Zündkerzen nicht verkantet ansetzen.
- Zündkerzen mit **30 Nm** festziehen. **Achtung:** Steht kein Drehmomentschlüssel zur Verfügung, neue Zündkerzen mit Zündkerzenschlüssel um ca. 90° (¼ Umdrehung) anziehen. Gebrauchte Zündkerzen nur ca. 15° anziehen. Zu fest angezogene Zündkerzen können beim Herausschrauben abreißen oder das Gewinde im Zylinderkopf beschädigen, siehe auch Abschnitt »Zündkerzengewinde erneuern«.
- Zündkabel an den Zündspulen abziehen.
- Widerstand der Zündkabel prüfen, siehe Seite 197.
- Zündkabel auf engen Radius biegen und auf Risse prüfen. Gegebenenfalls alle Zündkabel ersetzen.
- Zündkabel entsprechend der angebrachten Kennzeichnungen aufstecken.
- Durch Hin- und Herbewegen festen Sitz der Zündkerzenstecker und Zündkabel prüfen.
- **1,1-l-Motor:** Luftfilter einbauen, siehe Seite 188.

Zündkerzengewinde erneuern

Hinweis: Falls festgestellt wird, dass das Zündkerzengewinde defekt ist, muss dieses erneuert werden. Dazu gibt es unter anderem von BERU einen entsprechenden Werkzeug- und Reparatursatz. Mit einem Spezialbohrer wird das alte Gewinde herausgeschält; der Zylinderkopf muss dazu nicht ausgebaut werden. Anschließend wird ein neues Gewinde in den Zylinderkopf geschnitten und die Zündkerze mit einem speziellen Gewindeeinsatz hineingedreht. Nachträglich eingebaute Zündkerzen-Gewindeeinsätze sitzen sicher und sind kompressionsdicht.

Luftfiltereinsatz wechseln

Spezialwerkzeug ist nicht erforderlich:

Erforderliches Verschleißteil:

- Luftfiltereinsatz. Beim Ersatzteilkauf beachten, dass ein Luftfiltereinsatz entsprechend dem Fahrzeugmodell und der Motorleistung benötigt wird.

Ausbau

0,9-l-Motor

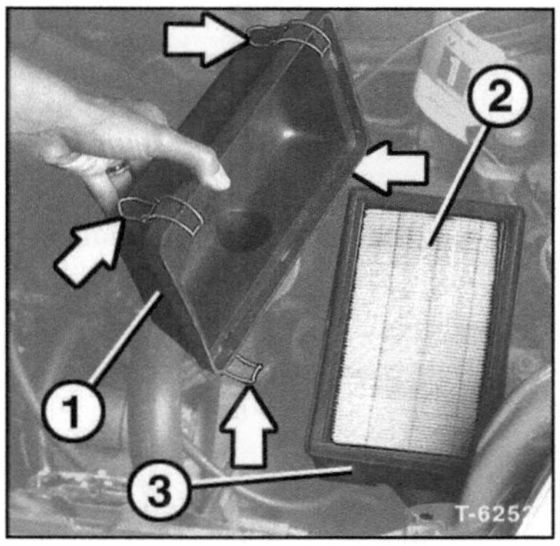

1,1-l-Motor

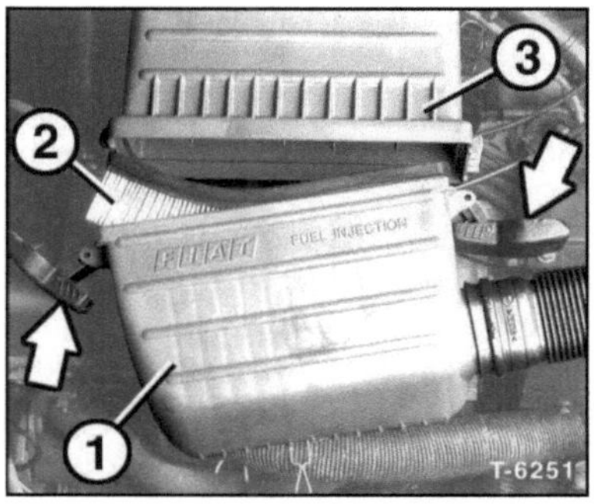

- Spannverschlüsse –Pfeile– am Filtergehäuse öffnen.
- Luftfilterdeckel –1– nach oben beziehungsweise nach vorn abziehen und Filtereinsatz –2– herausnehmen.
- Filtergehäuse –3– mit einem Lappen auswischen.

- Filtereinsatz bei geringer Verschmutzung vorsichtig mit der Schmutzseite nach unten ausklopfen. Verölten Filtereinsatz auf jeden Fall ersetzen.

Achtung: Filtereinsatz weder mit Benzin reinigen, noch mit Öl benetzen. Filtereinsatz nicht mit Pressluft ausblasen.

Einbau

- Neuen Filtereinsatz in das Luftfiltergehäuse einlegen.
- Deckel ansetzen und Schnellverschlüsse einrasten lassen.

Kraftstofffilter ersetzen

Spezialwerkzeug ist keines erforderlich.

Erforderliches Verschleißteil:

- Kraftstofffilter für den jeweiligen Motor. Beim Kauf Baujahr und Fahrzeugmodell angeben.

Achtung: Beim Ausbauen des Kraftstofffilters kann eine größere Menge Kraftstoff auslaufen, deshalb ist zum Auffangen ein kraftstoffresistentes Gefäß erforderlich.

Ausbau

Sicherheitshinweise

- **Kein offenes Feuer, nicht rauchen, keine glühenden oder sehr heißen Teile in die Nähe des Arbeitsplatzes bringen. Unfallgefahr! Feuerlöscher bereitstellen.**
- **Unbedingt für gute Belüftung des Arbeitsplatzes sorgen. Kraftstoffdämpfe sind giftig.**
- **Das Kraftstoffsystem steht auch nach Abstellen des Motors lange unter hohem Druck.** Vor Öffnen des Kraftstoffsystems Kraftstoffdruck abbauen, dazu den Tankverschluss abschrauben.
- Beim Öffnen der Kraftstoffanlage können Kraftstoffspritzer auftreten, daher austretenden Kraftstoff mit einem Lappen auffangen. **Schutzbrille tragen.**

- Batterie-Massekabel (–) bei ausgeschalteter Zündung abklemmen. **Achtung:** Falls das eingebaute Radio einen Diebstahlcode besitzt, wird dieser beim Abklemmen der Batterie gelöscht. Radios mit Diebstahlcode sind erkennbar an dem Wort »CODE« oder einem roten Schlüsselzeichen auf der Frontblende. Das Radio kann anschließend nur durch die Eingabe des richtigen Codes oder durch den Radio-Hersteller wieder in Betrieb genommen werden. Vor dem Abklemmen daher unbedingt den Diebstahlcode ermitteln.
- Druck im Kraftstoffsystem abbauen, dazu Tankdeckel kurzzeitig öffnen.

Sicherheitshinweis
Beim Aufbocken des Fahrzeugs besteht Unfallgefahr! Deshalb vorher das Kapitel »Fahrzeug aufbocken« durchlesen.

- Fahrzeug aufbocken.
- Geeigneten Auffangbehälter unter den Kraftstofffilter stellen. Der Filter befindet sich am Unterboden, beim 1,1-l-Motor neben dem Mittelschalldämpfer.
- Kraftstoffanschlüsse vor dem Lösen sorgfältig reinigen, zum Beispiel mit Kaltreiniger und einem Pinsel.

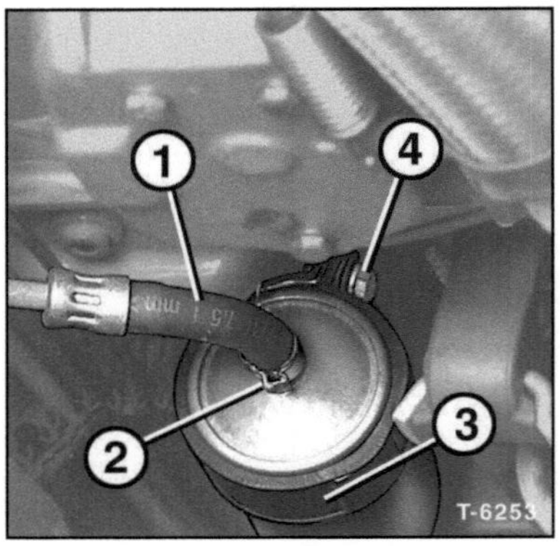

- Kraftstoffschläuche vorn –1– und hinten abziehen.
- Vorher Schellen –2– lösen. Gegebenenfalls Klemmschelle mit Seitenschneider durchkneifen und beim Einbau durch Schraubschelle ersetzen.

Achtung: Die Kraftstoffanlage kann unter Druck stehen, daher beim Abziehen der Schläuche sicherheitshalber dicken Lappen über den jeweiligen Anschluss legen.

- Halteschelle –3– des Kraftstofffilters lösen –4– und Filter nach vorn herausziehen. **Achtung:** Der Filter ist noch zur Hälfte mit Kraftstoff gefüllt.
- Kraftstofffilter herausnehmen.

Einbau

- Kraftstofffilter von vorn in die Halteschelle einschieben. Die Durchflussrichtung ist mit einem Pfeil am Filtergehäuse gekennzeichnet.
- Kraftstoffzu- und -ablaufleitung aufstecken und mit **neuen** Schlauchschellen sichern.
- Halteschelle festschrauben.
- Batterie-Massekabel (–) anklemmen. Gegebenenfalls Diebstahlcode für das Autoradio eingeben und Zeituhr einstellen.
- Fahrzeug ablassen.
- Nach Probelauf des Motors Dichtheit der Kraftstoffanschlüsse kontrollieren.

Keilrippenriemen: Zustand und Spannung prüfen/ersetzen

Keilrippenriemen prüfen/ersetzen

Spezialwerkzeug ist keines erforderlich.

Die FIAT-Werkstätten haben ein Werkzeug zum Prüfen der Spannung, das aber nicht unbedingt benötigt wird.

Erforderliches Verschleißteil:

- Je nach Motor und Ausstattung passenden Keilrippenriemen.

Zu niedrige Keilriemenspannung führt zu erhöhtem Verschleiß oder Ausfall des Keilriemens. Bei zu hoher Spannung können Lagerschäden an den betreffenden Aggregaten auftreten.

Zustand prüfen

- Zündung ausschalten.
- Keilrippenriemen an einer Stelle mit einem Kreidestrich markieren.
- Motor stückweise langsam durchdrehen, bis sich der angebrachte Kreidestrich wieder an gleicher Stelle befindet. Dabei Zustand des Keilrippenriemens sichtprüfen. Motor durchdrehen, siehe Seite 138.

Achtung: Motor nicht rückwärts drehen.

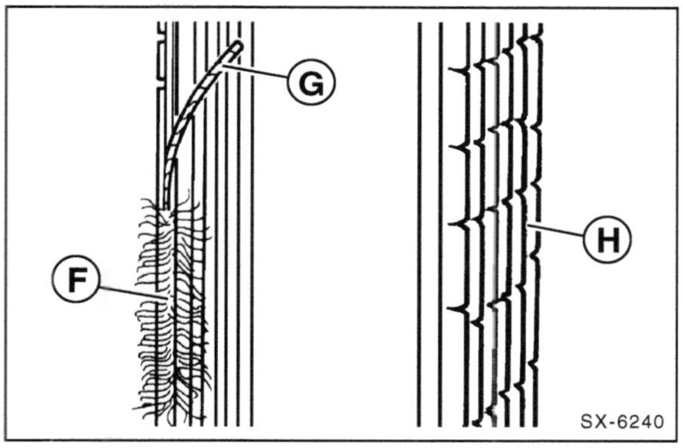

- Keilriemen auf folgende Beschädigungen prüfen:
  - ◆ Öl- und Fettspuren.
  - ◆ Risse oder Ausfransungen an den Flanken.
  - ◆ Porosität, Querschnittbrüche.
  - ◆ Ausfransungen der äußeren Zugstränge –F–.
  - ◆ Zugstrang seitlich herausgerissen –G–.
  - ◆ Querrisse –H– in mehreren Rippen oder auf der Rückseite des Riemens.

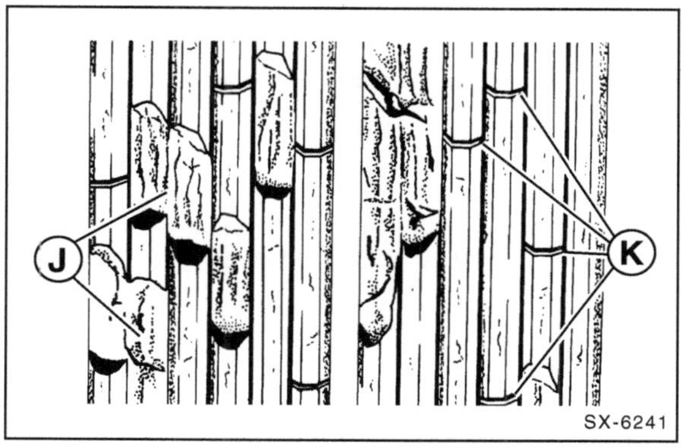

  - ◆ Rippenbrüche –J–.
  - ◆ Rippenquerrisse –K–. **Hinweis:** Für jede Rippe sind bis zu 15 Risse pro 100 mm zulässig.
  - ◆ Einlagerung von Schmutz und Steinen zwischen den Rippen.
  - ◆ Gummiknollen im Rippengrund.
- Wenn eine oder mehrere dieser Beschädigungen vorhanden sind, Keilrippenriemen ersetzen, siehe Seite 163.
- Spannung des Keilrippenriemens prüfen, ersetzen und spannen, siehe Seite 163.

Zahnriemen ersetzen

1,1-l-FIRE-Motor

Wird die Arbeit falsch oder zu spät ausgeführt, kann dies zu erheblichen Motorschäden führen. Deshalb ist auf eine exakte Arbeitsweise zu achten. Der Zahnriemenwechsel wird im Kapitel »Motor« beschrieben.

Sichtprüfung der Abgasanlage

Spezialwerkzeug und Verschleißteile sind nicht erforderlich.

> **Sicherheitshinweis**
> Beim Aufbocken des Fahrzeugs besteht Unfallgefahr! Deshalb vorher das Kapitel »Fahrzeug aufbocken« durchlesen.

- Fahrzeug aufbocken.

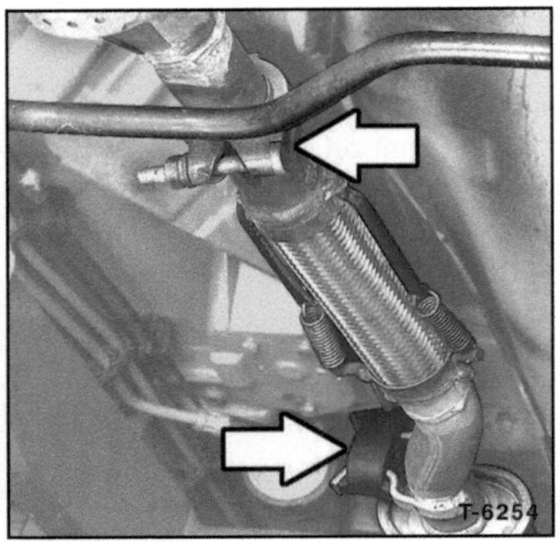

- Befestigungsschellen auf festen Sitz prüfen.
- Abgasanlage mit Lampe auf Löcher, durchgerostete Teile sowie Scheuerstellen absuchen.
- Stark gequetschte Abgasrohre ersetzen.
- Gummihalterungen durch Drehen und Dehnen auf Porosität überprüfen und gegebenenfalls austauschen.
- Elektrische Anschlüsse und festen Sitz der Lambdasonde prüfen.
- Fahrzeug ablassen.

Abgas- und Ansaugkrümmerschrauben nachziehen

Spezialwerkzeug ist keines erforderlich.

Achtung: Beim **0,9-l-Motor** nur Schrauben für Abgaskrümmer nachziehen.

- **1,1-l-Motor:** Luftfilter ausbauen, siehe Seite 188

Ansaugkrümmer 1,1-l-Motor

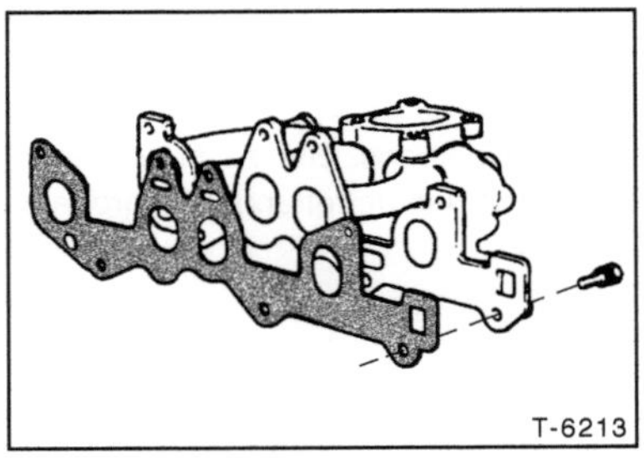

Abgaskrümmer 1,1-l-Motor:

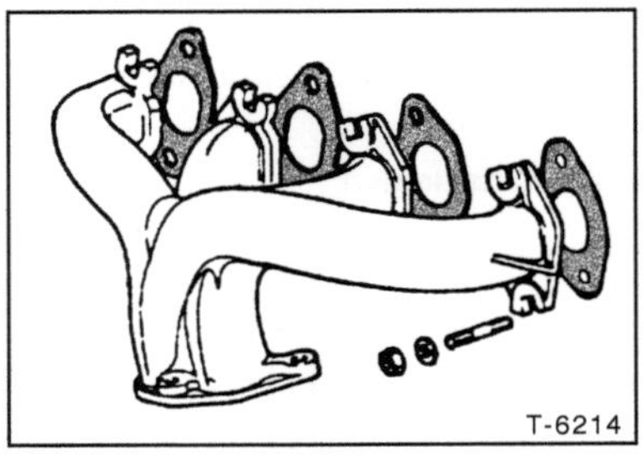

- Die Ansaug- und Abgaskrümmerschrauben am Zylinderkopf über Kreuz mit **25 Nm** nachziehen.
- **1,1-l-Motor:** Luftfilter einbauen, siehe Seite 188.

Getriebe/Achsantrieb/Kupplung

Folgende Wartungsarbeiten müssen nach dem Wartungsplan durchgeführt werden:

- Kupplung: Kupplungseinstellung prüfen.
- Antriebswellen: Gelenkschutzhüllen auf Undichtigkeiten und Beschädigungen prüfen.
- Schaltgetriebe: Sichtprüfung auf Ölundichtigkeiten. Ölstand prüfen/wechseln.

Kupplungsspiel einstellen

Spezialwerkzeug ist keines erforderlich.

Am Kupplungspedal soll kein nennenswertes Spiel vorhanden sein. Die Prüfung/Einstellung wird im Kapitel »Kupplung« beschrieben, siehe Seite 212.

Gummimanschetten der Gelenkwellen prüfen

Sicherheitshinweis
Beim Aufbocken des Fahrzeugs besteht Unfallgefahr! Deshalb vorher das Kapitel »Fahrzeug aufbocken« durchlesen.

- Fahrzeug aufbocken.

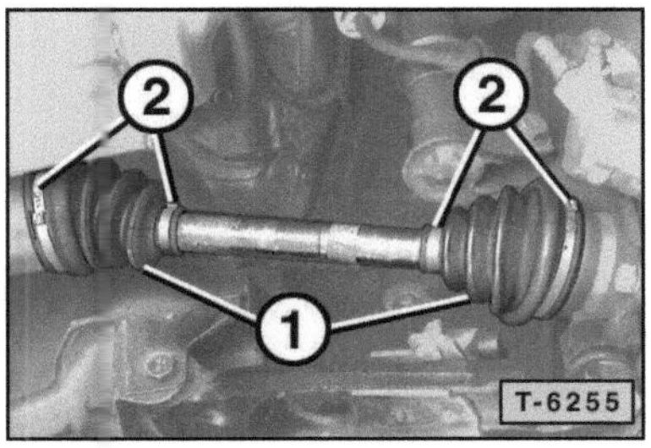

- Auf sichtbare Fettspuren an den Manschetten –1– und in deren Umgebung achten.
- Festen Sitz der Klemmschellen –2– prüfen.
- Gummi der Manschetten mit Lampe auf Porosität und Risse untersuchen. Eingerissene oder nach innen gezogene Gelenkschutzhüllen umgehend erneuern.

Sichtprüfung auf Dichtheit

Folgende Leckstellen sind möglich:

- Trennstelle zwischen Motorblock und Getriebe (Schwungraddichtung/Wellendichtung-Getriebe).
- Trennstelle zwischen den Getriebegehäusehälften.
- Öleinfüll-/Ölablassschraube.

Bei der Suche nach der Leckstelle folgendermaßen vorgehen:

- Getriebegehäuse mit Kaltreiniger reinigen.
- Ölstand kontrollieren, gegebenenfalls auffüllen.
- Mögliche Leckstellen mit Kalk oder Talkumpuder bestäuben.
- Probefahrt durchführen. Damit das Öl dünnflüssig wird, Probefahrt auf einer Schnellstraße über eine Entfernung von ca. 30 km durchführen.
- Anschließend Fahrzeug aufbocken und Getriebe mit einer Lampe nach der Leckstelle absuchen.
- Leckstellen umgehend beseitigen. Anschließend Öl auffüllen.

Schaltgetriebe: Ölstand prüfen/Öl wechseln

Achtung: Altöl, sowohl für den Motor als auch für das Getriebe, ist ein Problemstoff und darf auf gar keinen Fall einfach weggeschüttet oder dem Hausmüll mitgegeben werden. Gemeinde- und Stadtverwaltungen informieren darüber, wo sich die nächste Problemstoff-Sammelstelle befindet beziehungsweise wie die örtlichen Bestimmungen über den Umgang mit Problemstoffen lauten. Außerdem müssen die Getriebeöl-Verkaufsstellen gegen Vorlage der Quittung eine entsprechende Menge an Altöl kostenlos zurücknehmen.

Eine Prüfung des Ölstandes ist alle 45.000 km vorgesehen. Nach 120.000 km oder 8 Jahren ist ein Ölwechsel vorzunehmen.

Erforderliches Spezialwerkzeug

- 12- beziehungsweise 17-mm-Schlüssel für Innensechskantschrauben. Es gibt auch einen speziellen Öldienstschlüssel für den CINQUECENTO/SEICENTO, zum Beispiel von HAZET, Nr. 3667.

Erforderliche Betriebsmittel/Verschleißteile:

- Getriebeöl »**TUTELA ZC 80/S**« (CINQUECENTO) beziehungsweise »**TUTELA ZC 75 SYNTH**« (SEICENTO) von FIAT. Gesamtfüllmenge: 2,4 Liter.

Ölstand prüfen

Sicherheitshinweis
Beim Aufbocken des Fahrzeugs besteht Unfallgefahr! Deshalb vorher das Kapitel »Fahrzeug aufbocken« durchlesen.

- Fahrzeug waagerecht aufbocken.

- Einfüllschraube am Getriebe herausdrehen; die Einfüllschraube, Innensechskant SW 17, befindet sich auf der linken Vorderseite des Getriebes.
- Bei der Ölstandkontrolle mit Finger prüfen, ob der Ölstand bis zum unteren Rand der Einfüllbohrung reicht. Sonst Getriebeöl angegebener Spezifikation nachfüllen.

  Hierfür wird eine Ölspritzkanne benötigt. Beim Nachfüllen Gefäß unterstellen und überschüssiges Öl ablaufen lassen. Nicht zu viel Öl auf einmal einfüllen.
- Öleinfüllschraube mit **45 Nm** festziehen. Der Gewindekonus dichtet ohne weitere Dichtung ab.

Öl wechseln

- Öleinfüllschraube sowie Ölablassschraube –Pfeil– herausdrehen und Öl ganz ablaufen lassen.
- Ölablassschraube einschrauben. Das Anzugsmoment der Schrauben richtet sich nach dem Gewinde-Außendurchmesser der Ölablassschraube. M16-Gewinde (Außendurchmesser 16 mm): **20 Nm**; M22-Gewinde (Außendurchmesser 22 mm): **45 Nm**. Der Gewindekonus dichtet ohne weitere Dichtung ab.
- Neues Öl einfüllen. Füllmenge: 2,4 l.
  CINQUECENTO: **»TUTELA ZC 80/S«** von FIAT.
  SEICENTO: **»TUTELA ZC 75 SYNTH«** von FIAT.

Achtung: Grundsätzlich darauf achten, dass nicht mehr Öl eingefüllt wird als bis zur Unterkante der Öleinfüllbohrung.

- Einfüllschraube mit **45 Nm** festziehen, Fahrzeug ablassen.

Bremsen/Reifen/Räder

Folgende Wartungsarbeiten müssen nach dem Wartungsplan durchgeführt werden:

- Bremsflüssigkeit: Stand und Warnkontakt prüfen.
- Bremsanlage: Dicke der Scheibenbremsbeläge prüfen. Leitungen, Schläuche, Bremszylinder und Anschlüsse auf Undichtigkeiten und Beschädigungen prüfen.
- Bremstrommel ausbauen und sichtprüfen. Riefige Bremstrommeln ausdrehen lassen oder erneuern. Bremsscheibendicke prüfen. Diese Wartungspunkte sind im Kapitel »Bremsanlage« beschrieben.
- Bereifung: Profiltiefe und Reifenfülldruck prüfen; Reifen auf Verschleiß und Beschädigungen (einschließlich Reserverad) prüfen.
- Radschrauben: Mit **90 Nm** über Kreuz nachziehen.

Bremsflüssigkeitsstand/ Warnleuchte prüfen

Der Vorratsbehälter für die Bremsflüssigkeit befindet sich im Motorraum. Er hat zwei Kammern, je eine für jeden Bremskreis. Der Schraubverschluss kann eine Belüftungsbohrung haben, die nicht verstopft sein darf.

Der Vorratsbehälter ist durchscheinend, so dass der Bremsflüssigkeitsstand bei geöffneter Motorhaube jederzeit von außen überwacht werden kann. Außerdem wird ein zu niedriger Flüssigkeitsstand durch eine Warnleuchte im Schalttafeleinsatz angezeigt. Dennoch ist es ratsam, etwa alle 4 Wochen einen Blick auf den Flüssigkeitsstand im Vorratsbehälter zu werfen.

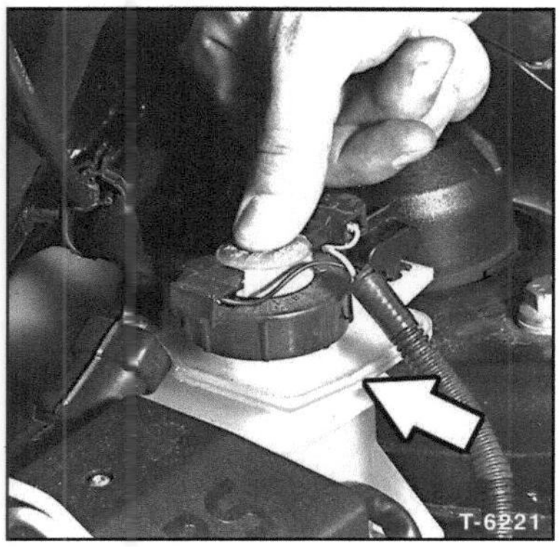

- Der Flüssigkeitsstand soll bei geschlossenem Deckel oberhalb der umlaufenden Schweißnaht zwischen oberem und unterem Behälterteil liegen.
- Zum Nachfüllen nur **neue** Bremsflüssigkeit der Spezifikation **DOT 4** oder »TUTELA TOP 4 270° C« von FIAT verwenden.
- Durch Abnutzung der Bremsbeläge entsteht ein geringfügiges Absinken der Bremsflüssigkeit. Das ist normal.
- Sinkt die Bremsflüssigkeit jedoch innerhalb kurzer Zeit stark ab, ist das ein Zeichen für Bremsflüssigkeitsverlust.

Die Leckstelle muss dann sofort ausfindig gemacht werden. In der Regel liegt es an verschlissenen Manschetten in den Radbremszylindern. Sicherheitshalber sollte die Überprüfung der Anlage von einer Fachwerkstatt durchgeführt werden.

- Mit einem Helfer die Funktion der Warnleuchte für zu niedrigen Bremsflüssigkeitsstand prüfen. Dazu mit dem Daumen auf den Verschluss des Bremsflüssigkeitsbehälters drücken, siehe Abbildung. An der Armaturentafel muss dann die Warnleuchte aufleuchten. Falls nicht, Kontrolllampe und elektrische Leitungen überprüfen.

Bremsbelagdicke prüfen

Spezialwerkzeug ist keines erforderlich.

- Scheibenrad zur Radfelge mit Farbe kennzeichnen, damit das ausgewuchtete Rad wieder an gleicher Stelle montiert werden kann. Radschrauben lösen.

Sicherheitshinweis
Beim Aufbocken des Fahrzeugs besteht Unfallgefahr! Deshalb vorher das Kapitel »Fahrzeug aufbocken« durchlesen.

- Fahrzeug aufbocken, Räder abnehmen.

Scheibenbremse

- Dicke der Bremsbeläge ohne Metall-Rückenplatte sichtprüfen. Im Zweifelsfall Belagdicke mit Schieblehre messen.
- Die Verschleißgrenze der **Scheibenbremsbeläge** ist erreicht, wenn der Reibbelag nur noch eine Dicke von **1,5 mm** aufweist.

Hinweis: Nach einer Faustregel entspricht 1 mm Bremsbelag einer Fahrleistung von mindestens 1.000 km. Diese Faustregel gilt unter ungünstigen Bedingungen. Im Normalfall halten die Beläge viel länger. Bei einer Belagdicke der Scheibenbremsbeläge von 5,0 mm (ohne Rückenplatte) beträgt die Restnutzbarkeit der Bremsbeläge also noch mindestens 3.500 km.

Trommelbremse

- Hinterräder abnehmen. In den hinteren Bremstrommeln befindet sich eine Bohrung zur Kontrolle der Bremsbelagstärke. Mit einer Lampe in die Öffnung leuchten. Die Verschleißgrenze ist erreicht, wenn der Bremsbelag eine Stärke von **1,5 mm** hat. Im Zweifelsfall Bremstrommel ausbauen und Bremsbelagstärke messen.
- Ist die Verschleißgrenze erreicht, Bremsbeläge auswechseln. Grundsätzlich alle Beläge einer Achse erneuern.
- Räder ansetzen und anschrauben.
- Fahrzeug ablassen.
- Radschrauben über Kreuz mit **90 Nm** festziehen.

Sichtprüfung der Bremsleitungen

Spezialwerkzeug ist keines erforderlich.

Sicherheitshinweis
Beim Aufbocken des Fahrzeugs besteht Unfallgefahr! Deshalb vorher das Kapitel »Fahrzeug aufbocken« durchlesen.

- Fahrzeug aufbocken.
- Bremsleitungen mit Kaltreiniger reinigen.

Achtung: Die Bremsleitungen sind zum Schutz gegen Korrosion mit einer Kunststoffschicht überzogen. Wird diese Schutzschicht beschädigt, kommt es zur Korrosion der Leitungen. Aus diesem Grund dürfen Bremsleitungen nicht mit Drahtbürste, Schmirgelleinen oder Schraubendreher gereinigt werden.

- Bremsleitungen vom Hauptbremszylinder zu den einzelnen Radbremsen mit Lampe überprüfen. Der Hauptbremszylinder sitzt im Motorraum unter dem Vorratsbehälter für Bremsflüssigkeit.
- Bremsleitungen dürfen weder geknickt noch gequetscht sein. Auch dürfen sie keine Rostnarben oder Scheuerstellen aufweisen. Andernfalls Leitung bis zur nächsten Trennstelle ersetzen.
- Die Bremsschläuche verbinden die Bremsleitungen mit den Bremssätteln an den beweglichen Teilen des Fahrzeugs. Sie bestehen aus hochdruckfestem Material, können aber mit der Zeit porös werden, aufquellen oder durch scharfe Gegenstände angeschnitten werden. In einem solchen Fall sind sie sofort zu ersetzen.

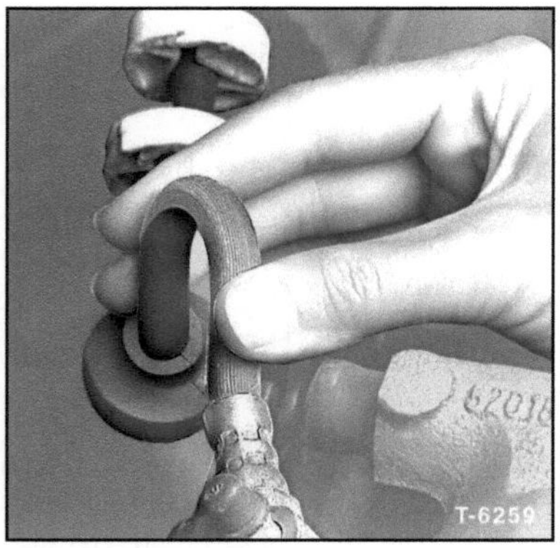

- Bremsschläuche mit der Hand hin- und herbiegen, um Beschädigungen festzustellen.
- Die Bremsschläuche dürfen nicht verdreht sein.

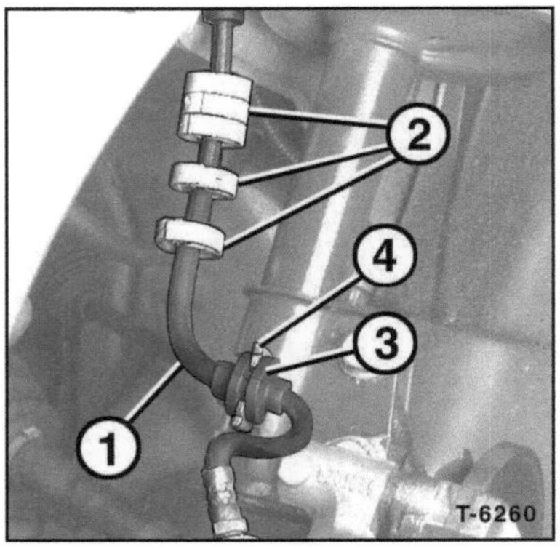

- Verlegung der Bremsschläuche –1–, wie in der Abbildung dargestellt, prüfen. Positionen der Abstandhalter –2– und festen Sitz der Gummitülle –3– im Federbeinhalter –4– prüfen.
- Lenkrad nach links und rechts bis zum Anschlag drehen. Die Bremsschläuche dürfen dabei in keiner Stellung an Fahrwerksteilen scheuern.
- Anschlussstellen von Bremsleitungen und -schläuchen dürfen nicht durch ausgetretene Flüssigkeit feucht sein.

Achtung: Wenn Vorratsbehälter und Dichtungen durch ausgetretene Bremsflüssigkeit feucht sind, so ist das nicht unbedingt ein Hinweis auf einen defekten Hauptbremszylinder. Vielmehr dürfte Bremsflüssigkeit durch die Belüftungsbohrung im Deckel oder durch die Deckeldichtung ausgetreten sein.

- Fahrzeug ablassen.

Bremsflüssigkeit wechseln

Erforderliches Spezialwerkzeug:

- Ringschlüssel für Entlüfterschrauben.

Erforderliches Betriebsmittel/Verschleißteil:

- Bremsflüssigkeit der Spezifikationen **DOT 4** oder »TUTELA TOP 4 270° C« von FIAT.

Die Bremsflüssigkeit nimmt durch die Poren der Bremsschläuche sowie durch die Entlüftungsöffnung des Vorratsbehälters Luftfeuchtigkeit auf. Dadurch sinkt im Laufe der Betriebszeit der Siedepunkt der Bremsflüssigkeit. Bei starker Beanspruchung der Bremse kann es deshalb zu Dampfblasenbildung in den Bremsleitungen kommen, wodurch die Funktion der Bremsanlage stark beeinträchtigt wird.

Die Bremsflüssigkeit soll alle 2 Jahre, möglichst im Frühjahr, erneuert werden. Bei vielen Gebirgsfahrten, Bremsflüssigkeit in kürzeren Abständen wechseln.

Beim Wechseln der Bremsflüssigkeit ist prinzipiell wie beim Entlüften der Bremsanlage vorzugehen, siehe Seite 124.

Folgende Punkte sind zusätzlich zu beachten:

- An jedem Bremssattel müssen ca. 250 – 300 ml Bremsflüssigkeit durch Pumpen mit dem Bremspedal herausgepumpt werden.

- Dadurch ergibt sich ein Bedarf von ca. 1 – 1,2 Liter neuer Bremsflüssigkeit.
- Flüssigkeitsstand im Bremsflüssigkeits-Ausgleichbehälter ständig im Auge behalten und Bremsflüssigkeit nachfüllen. Sinkt der Bremsflüssigkeitsstand im Ausgleichbehälter einmal zu tief ab und wird dadurch Luft angesaugt, muss der ganze Vorgang wiederholt werden.

Sicherheitshinweis
Vorsichtsmaßregeln beim Umgang mit Bremsflüssigkeit beachten, siehe Seite 124.

Reifenprofil prüfen

Die Reifen ausgewuchteter Räder nutzen sich bei gewissenhaftem Einhalten des vorgeschriebenen Fülldrucks und bei fehlerfreier Radeinstellung und Stoßdämpferfunktion auf der gesamten Lauffläche annähernd gleichmäßig ab. Bei ungleichmäßiger Abnutzung, siehe Störungsdiagnose im Kapitel »Reifen«. Im übrigen lässt sich keine generelle Aussage über die Lebensdauer bestimmter Reifenfabrikate machen, denn die Lebensdauer hängt von unterschiedlichen Faktoren ab:

- Fahrbahnoberfläche
- Reifenfülldruck
- Fahrweise
- Witterung

Vor allem eine hektische Fahrweise, scharfes Anfahren und starkes Bremsen, fördern starken Reifenverschleiß.

Achtung: Der Gesetzgeber schreibt vor, dass Reifen bis zu einer Profiltiefe von 1,6 mm abgefahren werden dürfen; und zwar müssen die Profilrillen auf der gesamten Lauffläche noch mindestens 1,6 mm Tiefe aufweisen. Es empfiehlt sich jedoch, sicherheitshalber die Reifen bereits bei einer Mindestprofiltiefe von 2 mm auszutauschen.

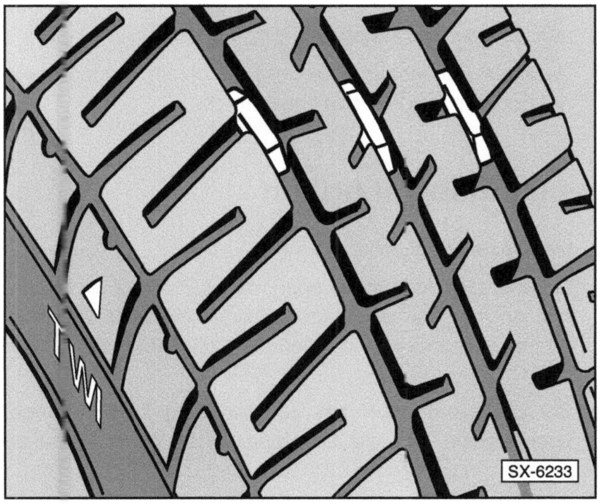

SX-6233

Nähert sich die Profiltiefe der gesetzlich zulässigen Mindestprofiltiefe, das heißt, weist der mehrmals am Reifenumfang angeordnete 1,6 mm hohe Verschleißanzeiger an diesen Stellen kein Profil mehr auf, müssen die Reifen bald gewechselt werden.

Achtung: M + S-Reifen haben auf Matsch und Schnee nur ausreichende Wirkung, wenn ihr Profil noch mindestens 4 mm tief ist.

Achtung: Reifen auf Schnittstellen untersuchen und mit kleinem Schraubendreher Tiefe der Schnitte feststellen. Wenn die Schnitte bis zur Karkasse reichen, korrodiert durch eindringendes Wasser der Stahlgürtel. Dadurch löst sich unter Umständen die Lauffläche von der Karkasse, der Reifen platzt. Deshalb: Bei tiefen Einschnitten im Profil aus Sicherheitsgründen Reifen austauschen.

Reifenfülldruck prüfen

- Reifenfülldruck nur am kalten Reifen prüfen.
- Reifenfülldruck einmal im Monat sowie im Rahmen der Wartung prüfen. Fülldrucktabelle, siehe Seite 98.
- Zusätzlich sollte der Fülldruck vor längeren Autobahnfahrten kontrolliert werden, da hierbei die Belastungen für den Reifen am größten sind.

Reifenventil prüfen

Erforderliches Spezialwerkzeug:

- Ventil-Metallschutzkappe oder HAZET 666-1.

Prüfen

- Staubschutzkappe vom Ventil abschrauben.

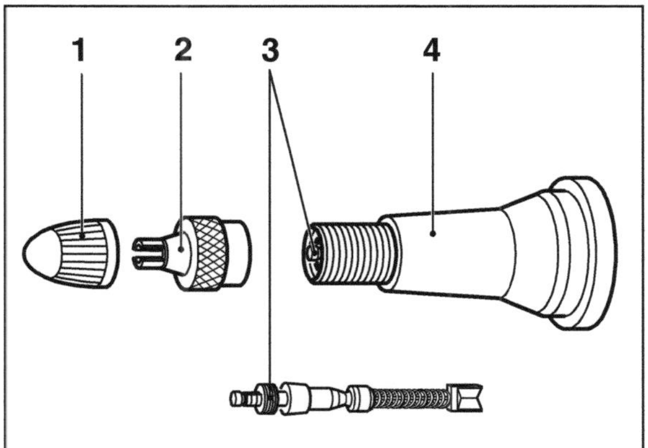

SX-6235

- Etwas Seifenwasser oder Speichel auf das Ventil geben. Wenn sich eine Blase bildet, Ventileinsatz –3– mit umgedrehter Metallschutzkappe –2– festdrehen.

Achtung: Zum Anziehen des Ventils kann nur eine Metallschutzkappe –2– oder das HAZET-Werkzeug 666-1 verwendet werden. Metallschutzkappen sind an der Tankstelle erhältlich. 1 – Gummikappe, 4 – Ventil.

- Spurstangenköpfe: Spiel und Befestigung prüfen, Staubkappen prüfen.
- Achsgelenke: Staubkappen prüfen.
- Achsgelenke auf Spiel prüfen.
- Lenkung: Faltenbälge auf Undichtigkeiten und Beschädigungen prüfen.

Staubkappen für Spurstangen-/Achsgelenke prüfen

Sicherheitshinweis
Beim Aufbocken des Fahrzeugs besteht Unfallgefahr! Deshalb vorher das Kapitel »Fahrzeug aufbocken« durchlesen.

- Fahrzeug vorn aufbocken.

Spurstangengelenk

Achsgelenk

- Staubkappen links und rechts mit Lampe anstrahlen und auf Beschädigungen überprüfen, dabei auf Fettspuren an den Manschetten und in deren Umgebung achten.
- Manschetten auf Risse, Einschnitte und festen Sitz prüfen.
- Bei beschädigter Staubkappe, sicherheitshalber entsprechendes Gelenk mit Schutzkappe alsbald auswechseln. Eingedrungener Schmutz zerstört das Gelenk in kurzer Zeit.
- Befestigungsmuttern für die Gelenke auf festen Sitz prüfen, dabei Mutter jedoch nicht verdrehen.
- Fahrzeug ablassen.

Faltenbälge für Lenkung prüfen

- Auf sichtbare Fettspuren (ölig glänzender Schmutz) an den Faltenbälgen und in deren Umgebung achten.
- Festen Sitz der Schraub- oder Klemmschellen prüfen.

- Gummi der Faltenbälge mit einer Taschenlampe auf Porosität oder Risse untersuchen, dabei Räder nach beiden Seiten einschlagen.
- Defekten Faltenbalg umgehend ersetzen. Eingedrungener Schmutz zerstört das Lenkgetriebe.

Lenkungsspiel prüfen

- Lenkrad in Mittelstellung bringen.
- Lenkrad hin- und herbewegen, dabei Vorderräder beachten. Am Lenkrad darf dabei maximal ein Spiel von etwa 30 mm vorhanden sein, ohne dass die Räder sich bewegen.
- Bei größerem Spiel am Lenkrad sind Lenkgestänge, Lenkgetriebe und die Lagerspiele der Vorderachse zu prüfen.
- Spurstangen kräftig von Hand hin- und herbewegen. Die Kugelgelenke dürfen kein Spiel aufweisen, sonst Gelenke oder Spurstange ersetzen.

Achsgelenke auf Spiel prüfen

Sicherheitshinweis
Beim Aufbocken des Fahrzeugs besteht Unfallgefahr! Deshalb vorher das Kapitel »Fahrzeug aufbocken« durchlesen.

- Fahrzeug vorn aufbocken.
- Einen geeigneten Hebel so ansetzen, dass sich der Hebel am inneren Felgenrand und am unteren Querlenker abstützt.
- Den Hebel vorsichtig nach oben drücken und das Spiel kontrollieren. Das Spiel ist die vom unteren Querlenker zurückgelegte Strecke, bis die Bewegung auf das Schwenklager übertragen wird.
- Das Spiel darf nicht größer als 0,5 mm sein. Wird dieser Wert überschritten, muss das verschlissene Gelenk erneuert werden.
- Fahrzeug ablassen.

Elektrische Anlage

- Beleuchtungsanlage: Sämtliche Scheinwerfer, Schlussleuchten und Blinklampen prüfen, gegebenenfalls Scheinwerfer einstellen.
- Alle Stromverbraucher auf Funktion prüfen.
- Signalhorn: Prüfen.
- Scheibenwischer: Wischergummis auf Verschleiß prüfen.
- Scheiben- und Scheinwerferwaschanlage: Funktion prüfen, Düsenstellung kontrollieren, Flüssigkeit nachfüllen, Scheinwerfer-Waschanlage prüfen.
- Batterie: Spannung und Säurestand prüfen.

Batterie prüfen

Erforderliches Spezialwerkzeug:

- Stahldrahtbürste (Pol- und Klemmenreinigungsbürste).

Erforderliche Betriebsmittel/Verschleißteile:

- Säureschutzfett, zum Beispiel BOSCH-Polfett.
- Destilliertes Wasser.

Batterie-Pole reinigen

Bei der regelmäßigen Durchsicht des Wagens sind auch die Batterie-Pole und Anschlussklemmen zu reinigen. Nach dem Anklemmen der Anschlussklemmen sollen die Klemmen mit Polfett dünn bestrichen werden.

Säurestand prüfen

Bei der serienmäßig eingebauten Batterie reicht die einmal eingefüllte Säuremenge normalerweise für die gesamte Lebensdauer der wartungsarmen Batterie. Dennoch sollte der Säurestand regelmäßig kontrolliert werden.

Achtung: Nicht mit offener Flamme in die Batterie leuchten. Explosionsgefahr!

- Der Flüssigkeitsspiegel soll zwischen den Markierungen außen an der Batterie stehen. Bei niedrigerem Stand bis zur Sollhöhe auffüllen.

- Dazu Befestigungsbügell –1– abschrauben und Deckelleiste –2– mit Schraubendreher –3– abhebeln.
- Jede Zelle einzeln mit destilliertem Wasser auffüllen.

Achtung: Zum Nachfüllen nur destilliertes Wasser verwenden.

- Batteriespannung prüfen, siehe Seite 51.

- Türfeststeller, Türschlösser, Schließkeil/-klaue, Deckelschlossober- und -unterteil: Mit etwas Mehrzweckfett fetten.
- Unterbodenschutz und Hohlraumkonservierung: Prüfen.
- Sicherheitsgurte: Auf Beschädigungen prüfen.

Sichtprüfung aller Sicherheitsgurte

Achtung: Geräusche, die beim Aufrollen des Gurtbandes entstehen, sind funktionsbedingt. Bei störenden Geräuschen kann nur der Sicherheitsgurt ausgetauscht werden. Auf keinen Fall darf zur Behebung von Geräuschen Öl oder Fett verwendet werden. Der Aufrollautomat darf nicht zerlegt werden, da hierbei die vorgespannte Feder herausspringen kann. Unfallgefahr!

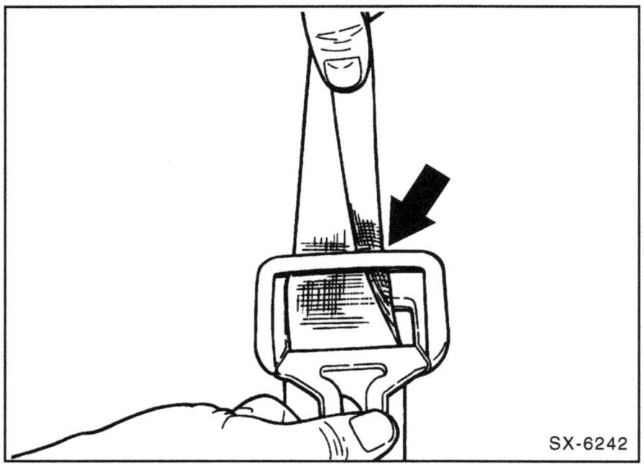

- Sicherheitsgurt ganz herausziehen und Gurtband auf durchtrennte Fasern prüfen. Beschädigungen können zum Beispiel durch Einklemmen des Gurtes oder durch brennende Zigaretten entstehen. In diesem Fall Gurt austauschen.
- Sind Scheuerstellen vorhanden, ohne dass Fasern durchtrennt sind, braucht der Gurt nicht ausgewechselt zu werden.
- Schwer gängigen Gurt auf Verdrehungen prüfen, gegebenenfalls Verkleidung an der Mittelsäule ausbauen.
- Wenn die Aufrollautomatik nicht mehr funktioniert, Gurt auswechseln.
- Gurtbänder nur mit Seife und Wasser reinigen, keinesfalls Lösungsmittel oder chemische Reinigungsmittel verwenden.

Sichtkontrolle Unterboden/Karosserie

Bei der regelmäßigen Pflege Augenmerk auf Lackbeschädigungen legen und auch Unterboden öfters reinigen, siehe Seite 33.

Schlösser schmieren

- Schließeinrichtungen für Türen, Front- und Gepäckraumklappe ölen beziehungsweise fetten.
- Türschlösser an den Schließzapfen, Schließösen und Anlageflächen der Drehfallen fetten.

Wagenpflege

Aus dem Inhalt:

- Fahrzeug waschen
- Lackierung pflegen
- Unterbodenschutz
- Hohlraumkonservierung
- Polster reinigen
- Lackschäden ausbessern
- Werkzeugausrüstung
- Motorstarthilfe
- Fahrzeug abschleppen

Fahrzeug waschen

Aus Umweltschutzgründen ist in den meisten Gemeinden die Wagenwäsche auf öffentlichen Plätzen verboten. Inzwischen gibt es an vielen Tankstellen die Möglichkeit, dort seinen Wagen auch von Hand zu waschen. Da an diesen Tankstellen garantiert ist, dass das Schmutzwasser nicht in der Erde versickert, sollte die Wagenwäsche dort durchgeführt werden.

- Verschmutzten Wagen möglichst umgehend waschen.
- Tote Insekten **vor** der Wagenwäsche einweichen und abwaschen.
- Reichlich Wasser verwenden.
- Weichen Schwamm oder sehr weiche Waschbürste mit Schlauchanschluss benutzen.
- Lackierung nicht scharf abspritzen, sondern nur abbrausen und Schmutz aufweichen lassen.
- Aufgeweichten Schmutz von oben nach unten mit reichlich Wasser abwaschen.
- Schwamm oft ausspülen.
- Zum Abtrocknen sauberes Leder verwenden.
- Nur gute, rückfettende Markenwaschmittel verwenden (falls überhaupt). Mit klarem Wasser gründlich nachspülen, um die Reste des Waschmittels zu entfernen.
- Zum Schutz der Lackierung kann dem Waschwasser ein Waschkonservierer beigegeben werden.
- Bei regelmäßiger Benutzung von Waschmitteln muss öfter konserviert werden.
- Wagen niemals in der Sonne waschen oder trocknen. Wasserflecken auf der Lackierung sind sonst unvermeidlich.
- Durch Streusalze besonders gefährdet sind alle innenliegenden Falze, Flansche und Fugen an Türen und Hauben. Diese Stellen müssen deshalb bei jedem Wagenwaschen – auch nach der Wäsche in automatischen Waschstraßen – mit einem Schwamm gründlich gereinigt und anschließend abgespült und abgeledert werden.

Achtung: Nach der Wagenwäsche ergibt sich eine verringerte Bremswirkung durch Nässe. Deshalb Bremsscheiben kurz trockenbremsen.

Lackierung pflegen

Konservieren: So oft wie nötig soll die sauber gewaschene und getrocknete Lackierung mit einem Konservierungsmittel behandelt werden, um die Oberfläche durch eine Poren schließende und Wasser abweisende Wachsschicht gegen Witterungseinflüsse zu schützen.

Übergelaufenen Kraftstoff, übergelaufenes Öl oder Fett, beziehungsweise übergelaufene Bremsflüssigkeit **sofort entfernen,** sonst kommt es zu Lackverfärbungen.

Das Konservieren muss wiederholt werden, wenn Wasser nicht mehr vom Lack abperlt, sondern großflächig verläuft. Regelmäßiges Konservieren bewirkt, dass der ursprüngliche Glanz der Lackierung sehr lange erhalten bleibt.

Eine weitere Möglichkeit, den Lack zu konservieren, bieten Waschkonservierer. Waschkonservierer schützen die Lackierung jedoch nur ausreichend, wenn sie bei **jeder** Wagenwäsche verwendet werden und der zeitliche Abstand zwischen 2 Wäschen nicht mehr als 2 bis 3 Wochen beträgt. Nur Lackkonservierer verwenden, die Carnauba- oder synthetische Wachse enthalten.

Nach dem Anwenden von Waschmitteln (Schaumwäsche) ist eine Nachbehandlung mit einem Konservierungsmittel besonders zu empfehlen (Gebrauchsanweisung beachten).

Polieren: Das Polieren der Lackierung ist nur dann erforderlich, wenn der Lack infolge mangelhafter Pflege unter der Einwirkung von Straßenstaub, industriellen Abgasen, Sonne und Regen unansehnlich geworden ist und sich durch eine Behandlung mit Konservierungsmitteln kein Glanz mehr erzielen lässt. Zu warnen ist vor stark schleifenden oder chemisch stark angreifenden Poliermitteln, auch wenn der erste Versuch damit noch so sehr zu überzeugen scheint.

Vor jedem Polieren muss der Wagen sauber gewaschen und sorgfältig abgetrocknet werden. Im übrigen ist nach der Gebrauchsanweisung für das Poliermittel zu verfahren.

Die Bearbeitung soll in nicht zu großen Flächen erfolgen, um ein vorzeitiges Eintrocknen der Politur zu vermeiden. Bei manchen Poliermitteln muss anschließend noch konserviert werden. Nicht in der prallen Sonne polieren! Matt lackierte Teile dürfen nicht mit Konservierungs- oder Poliermitteln behandelt werden.

Teerflecke entfernen: Teerflecke fressen sich innerhalb kurzer Zeit in den Lack ein und können dann nicht mehr vollkommen entfernt werden. Frische Teerflecke können mit einem in Waschbenzin getränkten weichen Lappen entfernt werden. Notfalls kann auch Tankstellenbenzin, Petroleum oder Terpentinöl verwendet werden. Sehr gut gegen Teerflecke eignet sich auch ein Lackkonservierer. Bei Verwendung dieses Mittels kann auf ein Nachwaschen verzichtet werden.

Insekten entfernen: Die Reste von Insektenleichen tragen Stoffe in sich, die den Lackfilm beschädigen können, wenn sie nicht innerhalb kurzer Zeit entfernt werden. Einmal festgeklebt, lassen sie sich durch Wasser und Schwamm allein nicht entfernen, sondern müssen mit schwacher, lauwarmer Seifen- oder Waschmittel-Lösung abgewaschen werden. Es gibt auch spezielle Insekten-Entferner.

Baumaterial-Spritzer entfernen: Spritzer jeglichen Baumaterials mit einer lauwarmen Lösung neutraler Waschmittel abwaschen. Nur leicht reiben, da sonst die Lackierung zerkratzt werden kann. Nach dem Waschen sorgfältig mit klarem Wasser nachspülen.

Kunststoffteile pflegen: Kunststoffteile, Kunstledersitze, Himmel, Leuchtengläser sowie mattschwarz gespritzte Teile mit Wasser und eventuell einem Shampoo-Zusatz säubern, Himmel nicht durchfeuchten. Kunststoffteile gegebenenfalls mit Kunststoffreiniger behandeln. Keinesfalls Lösungsmittel wie Nitroverdünner, Kaltreiniger oder Kraftstoff verwenden.

Scheiben reinigen: Fensterscheiben innen und außen mit sauberem, weichem Lappen abreiben. Bei starker Verschmutzung helfen Spiritus oder Salmiakgeist und lauwarmes Wasser, oder auch ein spezieller Scheibenreiniger. Beim Reinigen der Windschutzscheibe Scheibenwischerarm nach vorn klappen.

Bei der Reinigung der Windschutzscheibe sind auch die Wischerblätter zu säubern.

Achtung: Bei Verwendung silikonhaltiger Mittel dürfen die zur Reinigung der Lackierung verwendeten Waschbürsten, Schwämme, Lederlappen und Tücher nicht für die Scheiben verwendet werden. Beim Einsprühen der Lackierung mit silikonhaltigen Pflegemitteln sollten die Scheiben mit Pappe oder anderem Material abgedeckt werden.

Gummidichtungen pflegen: Von Zeit zu Zeit Gummidichtungen durch Einpudern der Dicht- und Gleitflächen mit Talkum oder Besprühen mit Silikonspray geschmeidig halten. So werden auch quietschende oder knarrende Geräusche beim Türenschließen vermieden. Auch das Einreiben der betreffenden Flächen mit Schmierseife beseitigt die Geräusche.

Leichtmetall-Scheibenräder mit Felgenreiniger besonders während der kalten Jahreszeit pflegen, jedoch keine aggressiven, säurehaltigen, stark alkalischen und rauen Reinigungsmittel oder Dampfstrahler über +60° C verwenden.

Sicherheitsgurte nur mit milder Seifenlauge in eingebautem Zustand säubern, nicht chemisch reinigen, da dadurch das Gewebe zerstört werden kann. Automatikgurte nur in trockenem Zustand aufrollen. Gurtband nicht bei einer Temperatur von über +80° C oder direkter Sonneneinstrahlung trocknen.

Unterbodenschutz/ Hohlraumkonservierung

Die gesamte Bodenanlage einschließlich der hinteren Radkästen ist mit PVC-Unterbodenschutz beschichtet. Die besonders stark gefährdeten Bereiche in den vorderen Radläufen sind mit Kunststoffschalen gegen Steinschlag geschützt. Darüber hinaus wurden korrosionsgefährdete Karosserieteile aus verzinktem Blech hergestellt. Vor der kalten Jahreszeit und nach einer Unterbodenwäsche sollte der Unterbodenschutz kontrolliert und nötigenfalls nachkonserviert werden.

Im Schleuderbereich des Unterbaues können sich Staub, Lehm und Sand ablagern. Das Entfernen des angesammelten Schmutzes, der während der Winterzeit auch noch mit Salz angereichert sein kann, ist besonders wichtig.

Motorraum konservieren: Zur Verhinderung von Korrosion am Vorderwagen (zum Beispiel Seitenteile, Längsträger oder Abschlussblech) und des Antriebsaggregates muss der Motorraum einschließlich der im Motorraum befindlichen Teile der Bremsanlage sowie der Vorderachselemente und der Lenkung mit einem hochwertigen Konservierungswachs eingesprüht werden. Vor allen Dingen natürlich nach einer Motorwäsche. **Achtung:** Vor der Motorwäsche, die zum Beispiel mit Kaltreiniger und einem Dampfstrahlgerät durchgeführt werden kann, sind Generator, Sicherungskasten und Bremsflüssigkeitsbehälter mit Plastikhüllen abzudecken.

Polsterbezüge pflegen

Textilbezüge: Polsterbezüge mit Staubsauger absaugen oder mit einer nicht zu weichen Bürste ausbürsten. Bei starker Verschmutzung Textilbezüge mit Trockenschaum reinigen.

Fett- und Ölflecke mit Reinigungsbenzin oder Fleckenwasser behandeln. Das Reinigungsmittel darf aber nicht unmittelbar auf den Stoff gegossen werden, da sich sonst unweigerlich Ränder bilden. Fleck durch kreisförmiges Reiben von außen nach innen bearbeiten. Andere Verschmutzungen lassen sich meistens mit lauwarmem Seifenwasser entfernen.

Lederbezüge: Bei starker Sonneneinstrahlung und längerer Standzeit Sitze abdecken, damit sie nicht ausbleichen.

Trikot- oder Wolllappen mit Wasser leicht anfeuchten und Lederflächen säubern, ohne das Leder oder die Nahtstellen zu durchfeuchten. Anschließend das getrocknete Leder mit einem sauberen und weichen Tuch nachreiben.

Stärker verschmutzte Lederflächen können mit einem milden Feinwaschmittel ohne Aufheller (2 Esslöffel auf 1 Liter Wasser) gereinigt werden. Fett- und Ölflecke vorsichtig ohne Reiben mit Reinigungsbenzin abtupfen.

Lackierte Lederpolster sollten nach dem Reinigen mit einem handelsüblichen Pflegemittel für Lederflächen behandelt werden. Solche Mittel sind bei den Fachwerkstätten und im Autofachhandel erhältlich. Das Mittel vor Gebrauch gut schütteln und mit einem weichen Lappen dünn auftragen. Nach dem Eintrocknen mit einem sauberen und weichen Tuch nachreiben. Diese Behandlung empfiehlt sich bei normaler Beanspruchung alle 6 Monate.

Werkzeugausrüstung

Gutes und stabiles Werkzeug wird von der Firma HAZET (42804 Remscheid, Postfach 100461) angeboten. In den Tabellen sind die Werkzeuge mit der HAZET-Bestellnummer aufgeführt. Vertrieben wird das Werkzeug über den Fachhandel.
Hinweis: Die Werkzeuge zum Ventilspiel einstellen beim 1,1-l-Motor sind nicht im HAZET-Programm. Die dazu benötigten Ventil-Niederdrücker, Niederhalter und Ventilplättchenzange werden von den Werkzeugfirmen Helmut Niemeyer GmbH (HENI) (Walter-Freitag-Str. 9a) oder MABECO (Hammerstr. 19), beide in Remscheid, angeboten.
Neben einer Grundausstattung empfiehlt sich die Anschaffung eines Drehmomentschlüssels.

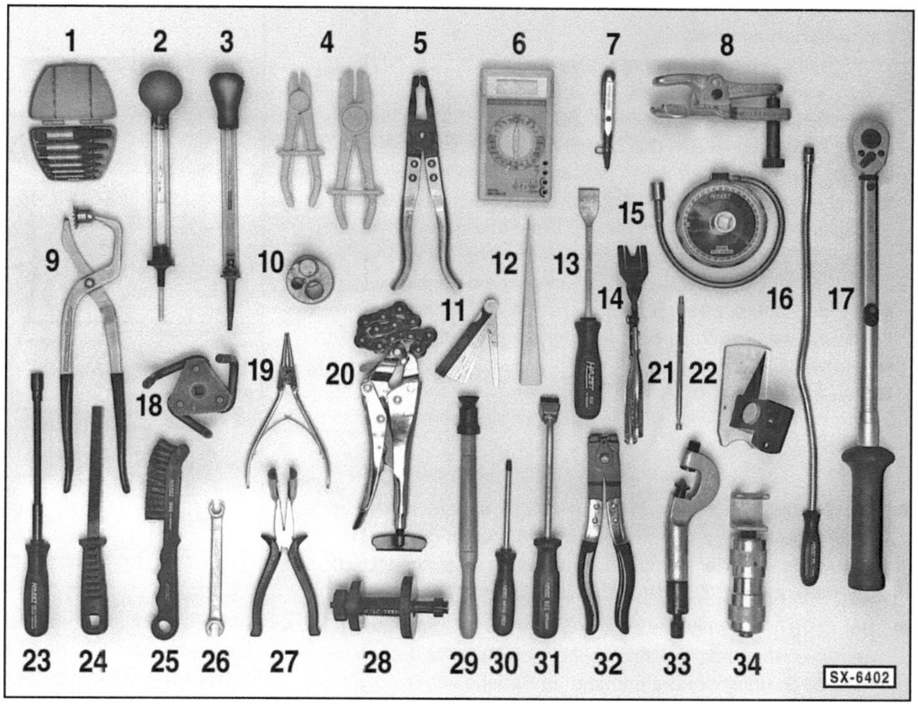

Abb.	Werkzeug	Hazet-Nr.
1	Schraubenausdrehersatz	840/5
2	Batteriesäureprüfer	4650-1
3	Kühlmittel-Frostschutzprüfer	–
4	Abklemmzangen	4590
5	Zange für Ventilschaftabdichtungen	791-5
6	Multimeter	–
7	Spannungsprüflampe mit Spitze	2153
8	Ausdrücker für Spurstangenköpfe	1790-7
9	Bremsfedernzange	797
10	Stehbolzenausdreher	845
11	Fühlerblattlehre 0,05 - 1,0 mm	2147
12	Montagekeil	1965/20
13	Flachschaber zur Beseitigung von Dichtungsrückständen an Zylinderkopf sowie Motorblock	824
14	Abdrückzange für Verkleidungen	799/4
15	Winkelscheibe für drehwinkelgesteuerten Schraubenanzug	6690
16	Magnet-Sucher	1976
17	Drehmomentschlüssel 40 – 200 Nm	6122–1CT
18	Ölfilterschlüssel	2172
19	Spitzzange für Sicherungsringe	1846C/2
20	Ketten-Abgasrohrschneider	4682
21	Spritzdüseneinsteller für Scheibenwaschanlage	4850-1
22	Winkeleinsteller für Scheibenwischerarme	4851-1

Abb.	Werkzeug	Hazet-Nr.
23	Steckschlüssel flexibel, 8 und 10 mm	426-8, -10
24	Bremssattelfeile	4968-1
25	Bremssatteldrahtbürste	4968-2/-3
26	Offener Doppelringschlüssel für Überwurfmuttern der Bremsleitungen	612
27	Zündkerzensteckerzange	1849
28	Zentrierwerkzeug	2174
29	Ventileinschleifer	795
30	Torxschraubendreher (verschiedene Größen)	837-T20, bis -T45
31	Ziehklinge zum Entfernen von Unterbodenschutz etc.	822
32	Klemmzange für Haltebänder der Gelenkwellenmanschetten	1847-1
33	Hydraulischer Muttersprenger	846-22
34	Schlag-Ausziehgerät für Bremsbeläge, Scheibenwischerarme etc.	1966
ohne Abbildung:		
	Zange für Schlauchklemmen der Kühlmittelschläuche	798-5
	Kombi-Messgerät für Säuredichte und Frostschutzanteil	4810
	Spanngerät für Schraubenfedern (mit passenden Spanneinsätzen)	4900-2A
	Kupplungs-Zentrierwerkzeug	2174

Motorstarthilfe

Sicherheitshinweise
Werden die vorgeschriebenen Anschlusshinweise nicht genau eingehalten, besteht die Gefahr der Verätzung durch austretende Batteriesäure. Außerdem können Verletzungen oder Schäden durch eine Batterieexplosion entstehen oder Defekte an der Fahrzeugelektrik auftreten.

- Batterieflüssigkeit von Augen, Haut, Gewebe und lackierten Flächen fern halten. Die Flüssigkeit ist ätzend. Säurespritzer sofort mit klarem Wasser gründlich abspülen. Gegebenenfalls einen Arzt aufsuchen.
- Keine Funken oder offenen Flammen in Batterienähe, da aus der Batterie brennbare Gase austreten können.
- Augenschutz tragen.
- Darauf achten, dass die Starthilfekabel nicht durch drehende Teile wie zum Beispiel den Kühlerventilator beschädigt werden.

- Die Starthilfekabel sollten einen Leitungsquerschnitt von 25 mm^2 aufweisen und mit isolierten Kabelzangen ausgestattet sein. In der Regel ist der Leitungsquerschnitt auf der Packung der Starthilfekabel angegeben.
- Bei beiden Batterien muss die Spannung 12 Volt betragen. Die Kapazität der stromgebenden Batterie darf nicht wesentlich unter der der entladenen Batterie liegen.
- Deckel über der Fahrzeugbatterie öffnen.
- Eine entladene Batterie kann bereits bei –10° C gefrieren. Vor Anschluss der Starthilfekabel muss eine gefrorene Batterie unbedingt aufgetaut werden.
- Die entladene Batterie muss ordnungsgemäß am Bordnetz angeklemmt sein.
- Säurestand der entladenen Batterie prüfen, gegebenenfalls destilliertes Wasser auffüllen.
- Fahrzeuge so weit auseinander stellen, dass kein metallischer Kontakt besteht. Andernfalls könnte bereits beim Verbinden der Pluspole ein Strom fließen.
- Bei beiden Fahrzeugen Handbremse anziehen. Schaltgetriebe in Leerlaufstellung, automatisches Getriebe in Parkstellung »P« schalten.
- Alle Stromverbraucher, auch das Autotelefon, ausschalten.
- Grundsätzlich Motor des Spenderfahrzeuges ca. 1 Minute vor dem Startvorgang und während des Startvorganges mit Leerlaufdrehzahl drehen lassen. Dadurch wird eine Beschädigung des Generators durch Spannungsspitzen beim Startvorgang vermieden
- Starthilfekabel in folgender Reihenfolge anschließen:
  1. Rotes Kabel –1– an den Pluspol (+) der entladenen Batterie –Fahrzeug A– anklemmen.
  2. Das andere Ende des roten Kabels an den Pluspol (+) der Strom gebenden Batterie –Fahrzeug B– anklemmen.
  3. Schwarzes Kabel –2– an den Minuspol (–) der Strom gebenden Batterie anklemmen.

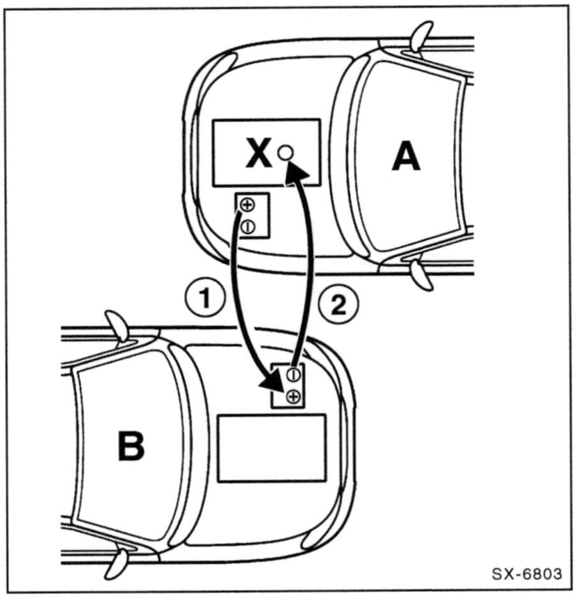

4. Das andere Ende des schwarzen Kabels an eine gute Massestelle –X– des Empfängerfahrzeuges anschließen. **Achtung: Nicht an den Minuspol (–) der leeren Batterie.** Am besten eignet sich ein mit dem Motorblock verschraubtes Metallteil. Unter ungünstigen Umständen könnte beim Anschließen des Kabels an den Minuspol der leeren Batterie, durch Funkenbildung und Knallgasentwicklung, die Batterie explodieren.

Achtung: Die Klemmen der Starthilfekabel dürfen bei angeschlossenen Kabeln nicht in Kontakt miteinander kommen, beziehungsweise die Plusklemmen dürfen keine Massestellen (Karosserie oder Rahmen) berühren – Kurzschlussgefahr!

- Motor des Empfängerfahrzeuges (leere Batterie) starten und laufen lassen. Beim Starten Anlasser nicht länger als 10 Sekunden ununterbrochen betätigen, da sich durch die hohe Stromaufnahme Polzangen und Kabel erwärmen. Deshalb zwischendurch eine »Abkühlpause« von mindestens ½ Minute einlegen.
- Bei Startschwierigkeiten nicht unnötig lange den Anlasser betätigen. Während des Anlassens wird permanent Kraftstoff eingespritzt. Fehlerursache ermitteln und beseitigen.
- Nach erfolgreichem Start beide Fahrzeuge mit der »Strombrücke« noch 3 Minuten laufen lassen.
- Um Spannungsspitzen beim Trennen abzubauen, im Fahrzeug mit der leeren Batterie Gebläse und Heckscheibenheizung einschalten. Nicht das Fahrlicht einschalten. Glühlampen brennen bei Überspannung durch.
- **Nach der Starthilfe** Kabel in **umgekehrter** Reihenfolge abklemmen: Zuerst schwarzes Kabel –2– (–) am Empfängerfahrzeug, dann am Strom gebenden Fahrzeug abklemmen. Rotes Kabel –1– zuerst am Strom gebenden und dann am Empfängerfahrzeug abklemmen.

Fahrzeug abschleppen

Abschleppösen vorn/hinten

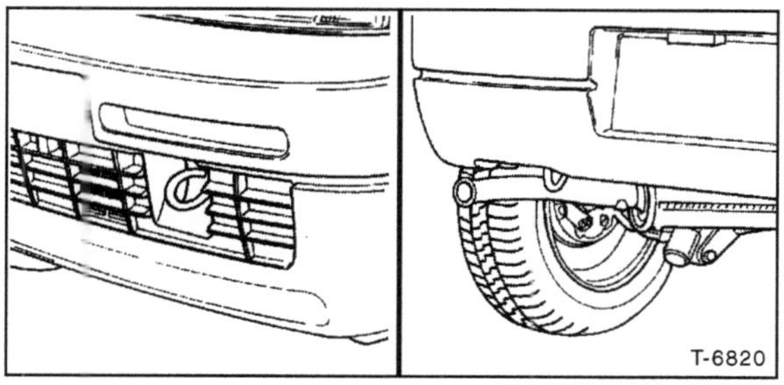
T-6820

- **CINQUECENTO:** Abschleppösen links vorn beziehungsweise hinten rechts befinden sich am Stoßfänger.

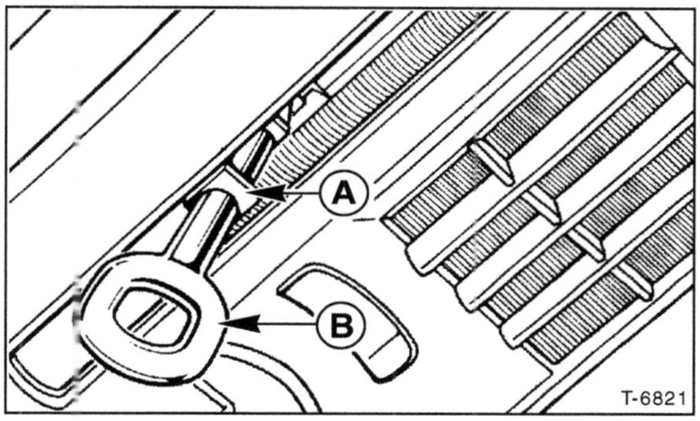

T-6821

- Beim **CINQUECENTO mit Klimaanlage** und beim **SEICENTO** ist vorn keine Abschleppöse vorhanden. Es muss die vordere Abschleppöse –B– dem Bordwerkzeug entnommen und in Aufnahme –A– unterhalb des linken Scheinwerfers eingeschraubt werden.

Regeln beim Abschleppen

- Zündung einschalten, damit das Lenkrad nicht blockiert ist, die Bremsleuchten funktionieren und das Signalhorn und die Scheibenwischer betätigt werden können.
- Getriebe in Leerlaufstellung bringen.
- Warnblinkanlage bei ziehendem und gezogenem Fahrzeug einschalten.
- Da der Bremskraftverstärker nur bei laufendem Motor arbeitet, muss bei nicht laufendem Motor das Bremspedal entsprechend kräftiger betätigt werden!
- **Empfehlenswert ist die Verwendung einer Abschleppstange.** Die Gefahr des Auffahrens ist bei Verwendung eines Abschleppseils groß. Ein Abschleppseil soll elastisch sein, damit das schleppende und das gezogene Fahrzeug geschont werden. Nur Kunstfaserseile oder Seile mit elastischen Zwischengliedern verwenden.

Fahrzeug anschleppen/anschieben

Achtung: Der CINQUECENTO und der SEICENTO dürfen **nicht** angeschleppt oder angeschoben werden, da sonst die Gefahr von Katalysatorschäden besteht.

Elektrische Anlage

Aus dem Inhalt:

- Relais/Schalter prüfen
- Elektromotoren prüfen
- Sicherungen ersetzen
- Batterie ausbauen
- Anlasser prüfen
- Generator prüfen
- Scheibenwischer
- Radio
- Beleuchtungsanlage

Bei der Überprüfung der elektrischen Anlage stößt der Heimwerker in den technischen Unterlagen immer wieder auf die Begriffe Spannung, Stromstärke und Widerstand.

Die Spannung wird in Volt (V) gemessen, die Stromstärke in Ampere (A) und der Widerstand in Ohm (Ω). Mit dem Begriff Spannung ist beim Auto in der Regel die Batteriespannung gemeint. Es handelt sich dabei um eine Gleichspannung von ca. 12 Volt. Die Höhe der Batteriespannung hängt vom Ladezustand der Batterie und von der Außentemperatur ab. Sie kann zwischen 10 bis 13 Volt betragen. Demgegenüber wird die Bordspannung vom Generator (Lichtmaschine) erzeugt, die bei mittleren Drehzahlen ca. 14 Volt beträgt.

Der Begriff Stromstärke taucht im Bereich der Automobil-Elektrik relativ selten auf. Die Stromstärke ist beispielsweise auf der Rückseite von Sicherungen angegeben und weist auf den maximalen Strom hin, der fließen kann, ohne dass die Sicherung durchbrennt und damit den Stromkreis unterbricht.

Überall wo Strom fließt, muss er einen Widerstand überbrücken. Der Widerstand ist unter anderem von folgenden Faktoren abhängig: Leitungsquerschnitt, Leitungsmaterial, Stromaufnahme usw. Ist der Widerstand zu groß, treten Funktionsstörungen auf. Beispielsweise darf der Widerstand in den Zündleitungen nicht zu hoch sein, sonst fehlt ein ausreichend starker Zündfunke an den Zündkerzen, der das Kraftstoff-Luftgemisch entzündet und damit den Motor zum Laufen bringt.

Achtung: Vor Arbeiten an der elektrischen Anlage grundsätzlich das Batterie-Massekabel abklemmen. Dazu Hinweise im Kapitel »Batterie aus- und einbauen« durchlesen. Als Arbeit an der elektrischen Anlage ist dabei schon zu betrachten, wenn eine elektrischen Leitung vom Anschluss abgezogen beziehungsweise abgeklemmt wird.

Messgeräte

Zum Messen der Bord-Elektrik gibt es im Handel so genannte Mehrfach-Messgeräte. Sie vereinen in einem Gerät das Voltmeter, um Spannungen zu messen, das Amperemeter, um die Stromstärke zu messen und das Ohmmeter, um den Widerstand zu messen. Die im Handel befindlichen Messgeräte unterscheiden sich hauptsächlich im Messbereich und in der Messgenauigkeit. Durch den Messbereich wird festgelegt, in welchem Bereich Spannungen oder Widerstände liegen müssen, damit sie überhaupt vom Gerät erfasst werden können.

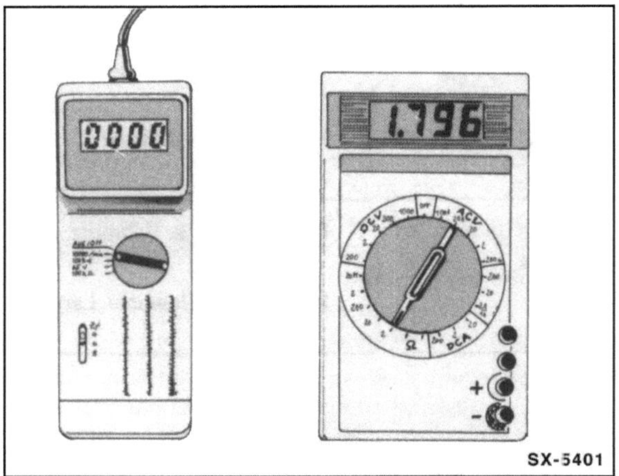

SX-5401

Für den Heimwerker gibt es Vielfach-Messgeräte, die speziell für Prüfarbeiten am Auto abgestimmt sind. Mit solch einem Gerät können Motordrehzahl, Zünd-Schließwinkel und Spannungen bis zu 20 Volt gemessen werden. Bei Widerstandsmessungen beschränkt sich das Gerät in der Regel auf den Kilo-Ohm-Bereich, also etwa 1 – 1.000 kΩ.

Darüber hinaus werden Messgeräte zur Überprüfung von elektrischen und elektronischen Bauteilen angeboten. Sie erlauben eine umfassende Messung von kleinen Widerständen in Ohm (Ω) bis zu großen Widerständen im Mega-Ohm-Bereich (MΩ). Spannungen (in Volt) können sehr exakt gemessen werden, was vor allem bei elektronischen Bauteilen erforderlich ist.

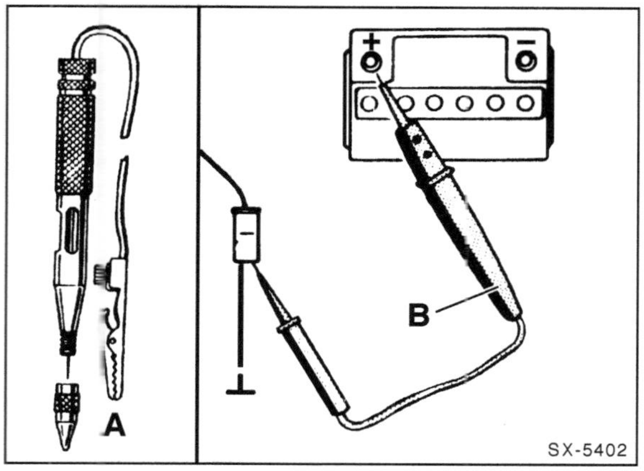

SX-5402

Wenn nur geprüft werden soll, ob überhaupt Spannung (V) anliegt, eignet sich hierzu eine einfache Prüflampe –A–. Dies gilt allerdings nur für Stromkreise, in denen sich keine elektronischen Bauteile befinden. Denn Elektronikteile reagieren äußerst empfindlich auf zu hohe Ströme. Unter Umständen können sie bereits durch Anschließen einer Prüflampe zerstört werden. **Achtung:** Bei der Prüfung elektronischer Bauteile (Transistoren, Dioden, und Steuergeräte) ist ein hochohmiger Spannungsprüfer –B– erforderlich. Er arbeitet wie eine Prüflampe, jedoch ohne dass elektronische Bauteile geschädigt werden, und eignet sich für sämtliche Prüfarbeiten.

Messtechnik

Spannung messen

Spannung kann schon mit einer einfachen Prüflampe oder einem Spannungsprüfer nachgewiesen werden. Allerdings erkennt man dann nur, ob überhaupt Spannung anliegt. Um die Höhe der anliegenden Spannung zu prüfen, muss ein Voltmeter (Spannungs-Messgerät) angeschlossen werden.

Zunächst ist beim Voltmeter der Messbereich einzustellen, in dem sich die zu messende Spannung voraussichtlich befindet. Spannungen am Fahrzeug sind in der Regel nicht höher als ca. 14 Volt. Eine Ausnahme bildet die Zündanlage; hier kann die Zündspannung bis zu 30.000 Volt betragen. Diese hohe Spannung ist nur mit einem speziellen Messgerät oder einem Oszilloskop messbar.

Während man bei Messgeräten, die speziell auf das Auto abgestimmt sind, am Wählschalter nur das Voltmeter einschalten muss, sind bei einem allgemeinen Vielfachmessgerät erst eine Reihe von Entscheidungen zu fällen. Zunächst wird mit dem Wählschalter der Bereich Gleichspannung (DCV im Gegensatz zu ACV = Wechselspannung) eingestellt. Dann wird der Messbereich gewählt. Da beim Auto außer an der Zündanlage keine höheren Spannungen als ca. 14 Volt auftreten, sollte die Obergrenze des einzustellenden Messbereiches etwas höher liegen (ca. 15 bis 20 Volt). Falls sicher ist, dass die gemessene Spannung wesentlich niedriger ist, zum Beispiel im Bereich von 2 Volt, kann der Messbereich heruntergeschaltet werden, um eine größere Anzeigegenauigkeit zu erreichen. Liegen höhere Spannungen an, als sie vom Messbereich des Gerätes erfasst werden, kann das Messgerät zerstört werden.

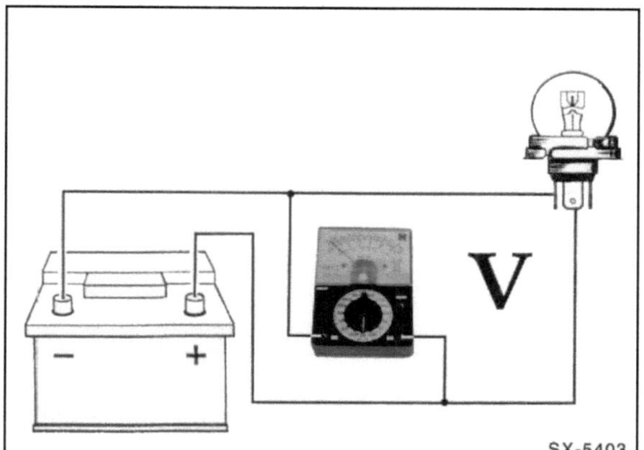

SX-5403

Die Kabel des Messgerätes entsprechend der Zeichnung parallel zum Verbraucher anschließen. Dabei wird das rote Messkabel an die vom Batterie-Pluspol kommende Leitung angelegt, das schwarze Messkabel an die Masse-Leitung oder an Fahrzeugmasse, wie zum Beispiel den Motorblock.

Prüfbeispiel: Wenn der Motor nicht richtig anspringt, weil der Anlasser zu langsam dreht, ist es zweckmäßig, die Batteriespannung zu prüfen, während der Anlasser betätigt wird. Dazu das Voltmeter mit dem roten Kabel (+) an den Batterie-Pluspol und mit dem schwarzen Kabel an Fahrzeugmasse (–) anklemmen. Anschließend durch einen Helfer den Anlasser betätigen lassen und den Spannungswert ablesen. Liegt die Spannung unter ca. 10 Volt (bei einer Batterie-Temperatur von +20°C), muss die Batterie überprüft und eventuell vor den nächsten Startversuchen geladen werden.

Stromstärke messen

Am Auto ist es relativ selten erforderlich, die Stromstärke zu messen. Beispiel, siehe Kapitel »Batterie entlädt sich selbstständig«. Benötigt wird hierzu ein Amperemeter, welches ebenfalls in einem Vielfachmessgerät integriert ist.

Vor der Strommessung wird das Messgerät auf den Messbereich eingestellt, in dem sich die zu messende Stromstärke voraussichtlich befindet. Falls das nicht bekannt ist, höchsten Messbereich einstellen und, falls keine Anzeige erfolgt, nacheinander in die nächstniedrigeren Messbereiche schalten.

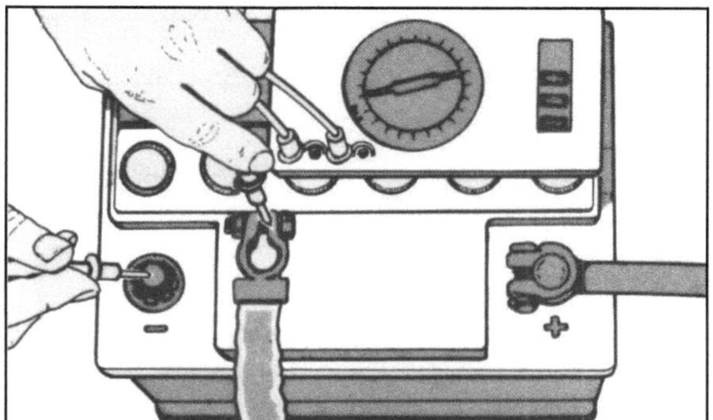
SX-5404

Für die Messung der Stromstärke muss der Stromkreis aufgetrennt werden, das Messgerät (Amperemeter) wird dazwischengeschaltet. Dazu wird beispielsweise der Stecker abgezogen und das rote Kabel (+) des Amperemeters an die Strom führende Leitung angeschlossen. Das schwarze Kabel (–) wird an den Kontakt angelegt, an dem normalerweise die unterbrochene Leitung angeschlossen ist. Die Massekontakte zwischen Verbraucher und Stecker müssen dann mit einem Hilfskabel verbunden werden.

Achtung: Keinesfalls sollte mit einem normalen Amperemeter die Stromstärke in der Leitung zum Anlasser (ca. 150 A) gemessen werden. Durch die hierbei auftretenden hohen Ströme kann das Messgerät zerstört werden. Die Werkstatt benutzt für diese Messung ein Amperemeter mit Gleichstromzange. Dabei wird eine Stromzange über das isolierte Stromkabel geklemmt und der Stromwert durch Induktion gemessen.

Widerstand messen

Vor der Prüfung des Widerstandes ist grundsätzlich sicherzustellen, dass am Bauteil, an welches das Ohmmeter angeschlossen wird, keine Spannung anliegt. Also immer vorher Stecker abziehen, Zündung ausschalten, Leitung beziehungsweise Aggregat ausbauen oder Batterie abklemmen. Andernfalls kann das Messgerät beschädigt werden.

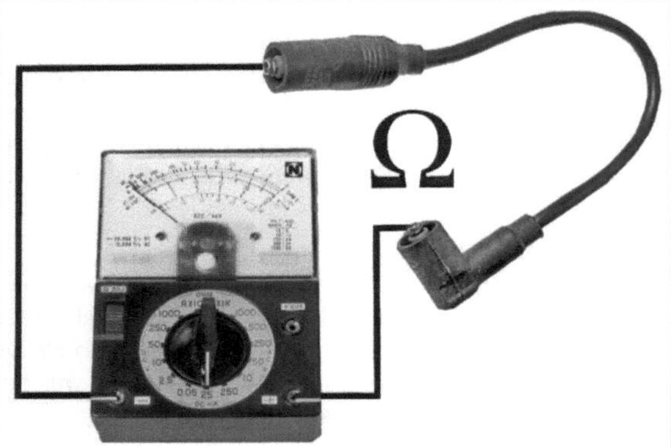

SX-5405

Das Ohmmeter wird an die 2 Anschlüsse eines Verbrauchers oder an die 2 Enden einer elektrischen Leitung angeschlossen. Dabei spielt es keine Rolle, welches Kabel (+/–) des Messgerätes an welchen Kontakt angeklemmt wird. Ausnahme: Widerstandsmessungen an Bauteilen, die Dioden enthalten. Um eine Diode auf Durchgang zu prüfen, muss sie in Durchlassrichtung an das Ohmmeter angeschlossen werden.

Die Widerstandsmessung am Auto erstreckt sich weitgehend auf 2 Bereiche:

1. Kontrolle eines in den Stromkreis integrierten Widerstandes oder Bauteils.

2. »Durchgangsprüfung« einer elektrischen Leitung, eines Schalters oder einer Heizwendel. Dabei wird geprüft, ob eine elektrische Leitung im Fahrzeug unterbrochen ist und deshalb das angeschlossene elektrische Gerät nicht funktionieren kann. Zur Messung wird das Ohmmeter an die beiden Enden der betreffenden elektrischen Leitung angeschlossen. Beträgt der Widerstand 0 Ω, dann ist »Durchgang« vorhanden. Das heißt, die elektrische Leitung ist in Ordnung. Bei unterbrochener Leitung zeigt das Messgerät ∞ (unendlich) Ω an.

Elektrisches Zubehör nachträglich einbauen

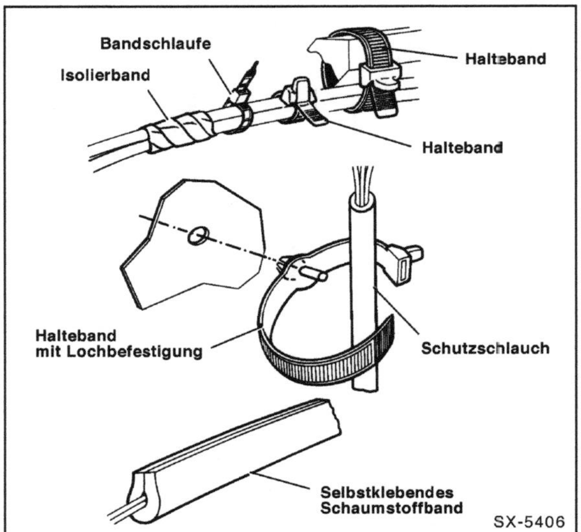

SX-5406

Kabel, die beim Einbau von Zubehör zusätzlich zu dem serienmäßig eingebauten Kabelsatz im Fahrzeug verlegt werden müssen, sind nach Möglichkeit immer entlang der einzelnen Kabelstränge unter Verwendung der vorhandenen Kabelschellen und Gummitüllen zu verlegen.

Falls erforderlich, sind die neu verlegten Kabel, um Geräuschen während der Fahrt vorzubeugen und das Scheuern von Kabeln zu vermeiden, mit Isolierband, plastischer Masse, Kabelbändern und dergleichen zusätzlich festzulegen. Hierbei ist besonders darauf zu achten, dass zwischen den Bremsleitungen und den festverlegten Kabeln ein Mindestabstand von 10 mm sowie zwischen den Bremsleitungen und den Kabeln, die mit dem Motor oder anderen Teilen des Fahrzeuges schwingen, ein Mindestabstand von 25 mm vorliegt.

Beim Bohren von Karosserie-Löchern müssen die Lochränder anschließend entgratet, grundiert und lackiert werden. Die beim Bohren zwangsläufig anfallenden Späne sind restlos aus der Karosserie zu entfernen.

Bei allen Einbauarbeiten, die das elektrische Leitungssystem berühren, ist, um der Gefahr von Kurzschlüssen im elektrischen Leitungssystem vorzubeugen, grundsätzlich das Massekabel (–) von der Fahrzeugbatterie abzuklemmen und zur Seite zu hängen.

Achtung: Wird die Batterie abgeklemmt, werden unter Umständen der Fehlerspeicher für Motor- und Getriebesteuerung, Antiblockiersystem sowie andere elektrische Geräte wie zum Beispiel das Radio und die Zeituhr stillgelegt, beziehungsweise Speicherwerte gelöscht. Spezielle Hinweise zu diesem Thema stehen im Kapitel »Batterie-Ausbau«.

Sofern zusätzliche elektrische Verbraucher eingebaut werden, ist in jedem Fall zu überprüfen, ob die erhöhte Belastung noch von dem vorhandenen Drehstromgenerator mit übernommen werden kann. Falls erforderlich, sollte ein Generator mit größerer Leistung vorgesehen werden.

Fehlersuche in der elektrischen Anlage

Beim Aufspüren eines Defekts in der elektrischen Anlage ist es wichtig, systematisch vorzugehen. Dies gilt sowohl beim Überprüfen von ausgefallenen Glühlampen wie auch bei nicht laufenden Elektromotoren.

Der **erste Schritt** ist immer die Überprüfung der Sicherung, sofern das elektrische Bauteil abgesichert ist. Die aktuelle Sicherungsbelegung ergibt sich aus dem Aufdruck auf dem Sicherungskastendeckel, siehe auch unter Kapitel »Sicherungen auswechseln«.

Defekte Sicherung gegebenenfalls auswechseln und nach Einschalten des elektrischen Verbrauchers kontrollieren, ob diese nicht unmittelbar wieder durchbrennt. In diesem Fall muss zuerst der Fehler aufgespürt und behoben werden, in der Regel handelt es sich um einen Kurzschluss. Das bedeutet, an irgend einer Stelle, mitunter auch intern im elektrischen Gerät, sind Masse- und Plusanschluss miteinander verbunden.

Zweiter Prüfschritt: Wenn bei intakter Sicherung die Glühlampe nicht leuchtet beziehungsweise der Elektromotor nicht anläuft, ist die Stromversorgung zu überprüfen.

Glühlampe prüfen

- Lampe ausbauen und sichtprüfen. Ist der Glühfaden durchgebrannt oder sitzt der Glaskolben locker im Sockel, Lampe erneuern.
- Um einwandfrei festzustellen, ob die Glühlampe intakt ist, geht man folgendermaßen vor: Eine Plusleitung (+) und eine Masseleitung (–) direkt an die Pole der Batterie anschließen und mit der Lampe verbinden. Dabei ist es unwichtig, wie die Kabel an die Lampe angeschlossen werden. Ein Kabel an den Stromanschluss, das andere an das Glühlampengehäuse. Wenn jetzt die Lampe nicht leuchtet, Lampe erneuern. **Hinweis**: Es muss sichergestellt sein, dass die Kontakte an der Lampe und in der Lampenfassung nicht korrodiert sind. Gegebenenfalls korrodierte oder verbogene Anschlüsse abschmirgeln und einwandfreien Kontakt herstellen.
- Ist die Lampe intakt, Lampe einsetzen und einschalten. Leuchtet die Lampe nicht, mit Prüflampe Stromzuführung überprüfen. Dazu Prüflampe an Masse anlegen. Das bedeutet: Das eine Kabel der Prüflampe muss an eine gute Massestelle am Motor (blankes Metall) oder direkt am Batterie-Minuspol angeschlossen werden. Die andere Prüflampen-Prüfspitze (+) entweder an den Strom führenden Stecker halten oder mit der Prüfspitze in das Strom führende Kabel einstechen. Wenn die Prüflampe jetzt aufleuchtet und die Lampe dennoch nicht brennt, ist die Massezuführung zur Lampe unterbrochen. Um dies zu überprüfen, Massehilfsleitung an die Lampenfassung anlegen. Die Lampe muss jetzt leuchten.
  Hinweis: Es gibt Lampen, die nur eine spannungsführende Zuleitung haben, zum Beispiel Fahrzeuginnenbeleuchtung. Diese Lampen sind über ihr Gehäuse direkt mit der Fahrzeugmasse verbunden.
- Wenn das Strom führende Kabel zur Lampe keine Spannung aufweist, die Prüflampe also nicht aufleuchtet, ist sehr wahrscheinlich der Schalter defekt. Schalter auf Durchgang prüfen.

Elektromotoren prüfen

Im Auto werden immer mehr Komfortfunktionen von kleinen Elektromotoren übernommen. Dazu gehören beispielsweise der Fensterheber, das Schiebedach, die elektrische Zentralverriegelung oder die elektrische Antenne.

Jeder Motor wird bei Bedarf über einen Schalter zugeschaltet, meist von Hand. Bei der elektrischen Antenne wird der Schalter automatisch vom Radio angesteuert.

- Sicherung des betreffenden Elektromotors prüfen, gegebenenfalls ersetzen.

Hinweis: Beim elektrischen Fensterheber und der Zentralverriegelung sollte vor einer erneuten Betätigung die Überlastungsursache beseitigt werden. Das können beispielsweise vereiste Scheiben und Schlösser oder verschmutzte Fenster-Führungsschienen sein.

- Brennt die Sicherung gleich wieder durch, liegt ein Kurzschluss vor.
- Um eindeutig zu klären, ob der Defekt im Motor liegt, 2 Hilfskabel (∅ ca. 2 mm) direkt von der Fahrzeugbatterie an den Elektromotor anlegen. Dabei Pluskabel an den Plusanschluss, Massekabel an Masseanschluss des Motors anlegen. Dazu muss der Motor gegebenenfalls ausgebaut werden. Die Anschluss-Belegung ergibt sich im Zweifelsfall aus dem Stromlaufplan. Alle elektrischen Motoren im Fahrzeug werden mit Bordspannung (12 bis 14 Volt) versorgt. Funktioniert der Motor jetzt ordnungsgemäß, war die Stromversorgung defekt. **Hinweis:** Ein zu langsam laufender oder aussetzender Elektromotor kann auf abgenützte Schleifkohlen hinweisen. In diesem Fall Schleifkohlen (Bürsten) ersetzen.
- Funktioniert der Motor, anhand des Stromlaufplans feststellen, welche Zuleitung am Elektromotor Spannung führt, wenn der Schalter betätigt wird und zuvor die Zündung eingeschaltet wurde.
- Spannungsführendes Kabel am Elektromotor mit Prüflampe prüfen. Da bei Elektromotoren ein großer Strom fließt, kann eine herkömmliche Prüflampe mit Glühlampe genommen werden. Diese haben spitze Prüfnadeln, mit denen das Anschlusskabel durchstochen werden kann. So lässt sich auf einfache Weise die Spannung prüfen. Motoren, die links/rechtsherum drehen, zum Beispiel Fensterhebermotoren, haben zwei Plus-Anschlüsse. **Achtung:** Scheibenwischermotor prüfen, siehe entsprechendes Kapitel.
- Liegt keine Spannung am Elektromotor an, ist die Stromversorgung defekt. Fehler in der Zuleitung nach Stromlaufplan suchen und beheben. Elektromotoren haben in der Regel aufgrund des hohen Strombedarfs zusätzliche Schaltrelais. Prüfung, siehe entsprechendes Kapitel.
- Wurde kein Fehler gefunden, Schalter prüfen.
- Ist ein Kabel defekt, ist es oft sinnvoller, man legt ein neues Kabel, da es schwierig ist, einen Defekt im Kabel zu lokalisieren.

Schalter auf Durchgang prüfen

Die meisten elektrischen Verbraucher werden über einen von Hand betätigten Schalter ein- und ausgeschaltet. Darüber hinaus gibt es auch Schalter, die automatisch betätigt werden. Zu diesen Schaltern zählen zum Beispiel der Öldruckschalter und der Geber für Bremsflüssigkeitsstand.

Grundsätzlich hat ein Schalter die Aufgabe, den Stromkreis zu schließen und zu unterbrechen. Es gibt Schalter, die die Masseleitung unterbrechen, und Schalter, die den Plusstrom unterbrechen.

Schalter für Lampen und Elektromotoren prüfen

- Betreffenden Schalter ausbauen.
- Einfache Schalter haben nur 2 Anschlüsse für die Kabel. In diesem Fall muss an einem Anschluss immer Spannung (+) anliegen und nach dem Einschalten an der anderen Klemme auch. Es gibt auch Schalter mit mehreren Klemmen. Bei diesen Schaltern anhand des Stromlaufplans klären, an welcher Klemme Spannung anliegen muss, gegebenenfalls vorher Zündung einschalten.
- Mit Prüflampe prüfen, ob am Schalter Spannung anliegt. Leuchtet die Prüflampe auf, Schalter betätigen und an der Ausgangsklemme prüfen, ob dort auch Spannung anliegt. Ist das der Fall, ist sichergestellt, dass der Schalter funktioniert.
- Wenn an der Eingangsklemme keine Spannung anliegt, liegt eine Unterbrechung in der Leitungs-Zuführung vor. Anhand des Stromlaufplans muss die Spannungszuführung kontrolliert und gegebenenfalls eine neue Leitung gelegt werden.

Geberschalter prüfen

Geberschalter sind beispielsweise: Öldruckschalter, Geber für Bremsflüssigkeits- und Kühlmittelstand.

- Durchgangsprüfer (Prüflampe oder Ohmmeter) an der Zu- und Ableitung des Schalters anschließen, dazu Kabel am Schalter abziehen. **Achtung:** Schalter, die im Motorblock eingeschraubt sind, haben in der Regel kein Massekabel, da das Schaltergehäuse über den Motorblock als Massepol dient.
- Bei geschlossenem Schalter muss der Durchgangsprüfer Durchgang anzeigen. Am besten ist ein Ohmmeter als Durchgangsprüfer: Bei geschlossenem Schalter muss es 0 Ω, bei geöffnetem Schalter ∞ Ω (unendlich) anzeigen.
- Die Funktionsfähigkeit etwa der Kühlmittel- oder Bremsflüssigkeitsstand-Warnschalter lässt sich am schnellsten prüfen, indem bei eingeschalteter Zündung die Zuleitung am Schalter abgezogen wird und an eine gute Massestelle, zum Beispiel gegen den Motorblock, gehalten wird. Spricht die Warnlampe im Kombiinstrument jetzt an, liegt der Fehler am Schalter.
- Ein Sonderfall ist der Öldruckschalter: Bei stehendem Motor ist der Kontakt geschlossen (Warnlampe brennt), erst bei einem gewissen Öldruck öffnet der Schalter.

Relais prüfen

In vielen Stromkreisen ist ein Relais integriert. Ein Schaltrelais arbeitet wie ein Schalter. **Beispiel:** Wenn das Fernlicht über den Handschalter eingeschaltet wird, bekommt das Relais den Befehl, den Strom zum Fernlicht durchzuschalten. Man könnte natürlich den Strom auch direkt über den Lichtschalter von der Batterie zum Fernlicht legen. Bei allen Verbrauchern mit hoher Stromaufnahme (Fernscheinwerfer, Scheibenwischer, Nebelscheinwerfer) schaltet man jedoch ein Relais dazwischen, um den Schalter nicht zu überlasten beziehungsweise um kurze Stromwege sicherzustellen. Neben diesen Schaltrelais gibt es auch Funktionsrelais, zum Beispiel für die Wisch-Wasch-Anlage oder das Warntonrelais für eingeschaltete Außenbeleuchtung.

Schaltrelais prüfen

Beim Einschalten des betreffenden Verbrauchers wird das Relais angesteuert, das heißt durch den Schaltstrom zieht eine Magnetspule im Relaisinnern einen Kontakt an und schließt so den Stromkreis für den »Arbeitsstrom«. Der Arbeitsstrom läuft über das Relais zum Stromverbraucher weiter.

Am einfachsten lässt sich die Funktionsfähigkeit eines Relais prüfen, wenn man es gegen ein intaktes auswechselt. So macht man es auch in der Werkstatt. Da dem Heimwerker jedoch in den seltensten Fällen ein neues Relais sofort zur Verfügung steht, empfiehlt sich folgender Arbeitsschritt bei den so genannten Schaltrelais, wie sie unter anderem zum Schalten von Nebel- und Hauptscheinwerfern verwendet werden. Die hier angegebenen Klemmenbezeichnungen können vor allem bei den serienmäßig eingebauten Relais auch anders lauten.

- Relais aus der Halterung herausziehen.
- Zündung und entsprechenden Schalter einschalten.
- Zuerst mit Spannungsprüfer feststellen, ob an Klemme 30 (+) im Relaishalter Spannung anliegt. Dazu Spannungsprüfer an Masse (–) anschließen und die andere Kontaktspitze vorsichtig in Klemme 30 einführen. Wenn die Leuchtdiode des Spannungsprüfers aufleuchtet, ist Spannung vorhanden. Zeigt der Spannungsprüfer keine Spannung an, Unterbrechung vom Batterie-Pluspol (+) zu Klemme 30 anhand des Schaltplanes aufspüren.
- Leitungsbrücke aus einem Stück isoliertem Draht herstellen, die Enden müssen blank sein.
- Mit dieser Brücke im Relaishalter die Klemme 30 (Batterie +, führt immer Spannung) mit dem Ausgang des Relais-Schließers Klemme 87 verbinden. Mit diesem Arbeitsschritt wird praktisch genau das getan, was ein intaktes Relais auch vornimmt. Wo sich die Klemmen im Relaishalter befinden, ist auf dem Relais beziehungsweise am Steckkontakt aufgeführt.
- Wenn bei eingesetzter Brücke zum Beispiel das Fernlicht aufleuchtet, kann man davon ausgehen, dass das Relais defekt ist.

- Wenn das Fernlicht nicht aufleuchtet, klären, ob die Masseverbindung zum Scheinwerfer intakt ist. Dann Unterbrechung in der Leitungsführung von Klemme 87 zum Hauptscheinwerfer anhand des Schaltplanes aufspüren und beheben.
- Falls erforderlich, neues Relais einsetzen.

Achtung: Falls ein Fehler nur zeitweise in einem Stromkreis auftritt, der mit einem Relais bestückt ist, dann liegt der Defekt in der Regel im Relais. Und zwar bleibt dann ein Kontakt im Relais ab und zu kleben, während das Relais in der übrigen Zeit einwandfrei funktioniert. Bei Auftreten des Fehlers leicht gegen das Relaisgehäuse klopfen. Wenn das Relais daraufhin durchschaltet, Relais ersetzen.

Elektrische Steckverbindungen lösen

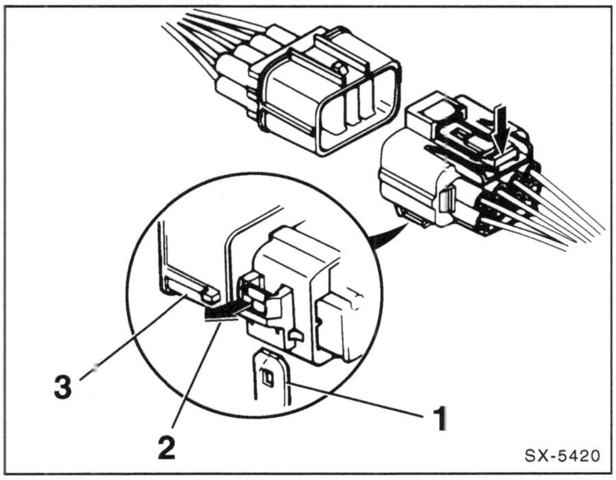

- Manche Steckverbinder sind mit einem Haltebügel –1– an der Karosserie- oder den unterschiedlichsten Bauteilen befestigt. Zum Lösen der Verbindung muss das Gegenstück am Stecker in Pfeilrichtung –2– aufgebogen werden, so dass der Stecker vom Haltebügel abgenommen werden kann.
- Rasthaken –3– zum Lösen der Steckverbindung eindrücken. Bei manchen Steckern muss der Rasthaken auch angehoben werden.

Scheibenwischermotor prüfen

Der Scheibenwischermotor sitzt im Wasserkasten unterhalb der Windschutzscheibe. Zum Prüfen muss die jeweilige Abdeckung demontiert werden.

Klemmenbezeichnungen, CINQUECENTO

Hinweis: Die angegebenen Bezeichnungen orientieren sich an den verwendeten Kabelfarben.

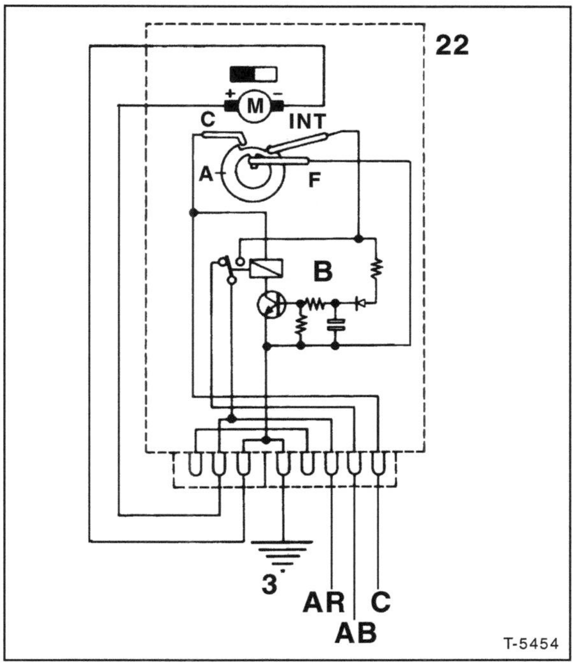

Die Klemmen am Motor sind genormt. Die Benennungen am Anschluss beziehen sich auf die Kabelfarben im Auto. Aufschlüsselung der Kabelfarben, siehe Kapitel »Stromlaufplan«.

- Klemme **3** ist der Masseanschluss (Kabelfarbe schwarz).
- Klemme **AR** erhält Spannung für die erste Wischergeschwindigkeit.
- Klemme **AB** liefert Plusstrom (+) für die Wischer-Endabstellung: Der Motor erhält über einen Schleifkontakt so lange Spannung, bis die Wischer in Ruhestellung gelaufen sind, wenn der Fahrer den Scheibenwischer ausschaltet.

Wischermotor prüfen

Zunächst klären, ob der Wischermotor oder die Stromversorgung defekt ist. Dazu folgendermaßen vorgehen:

- Sicherung für Scheibenwischer prüfen, siehe Seite 46.
- Mehrfachstecker am Wischermotor abziehen.
- Mit 2 Hilfskabeln Spannung (+) und Masse (–) von der Fahrzeugbatterie an den Wischermotor anlegen: Klemme **3** an Masse, **AR** an Plus (+) anschließen.
- Der Scheibenwischermotor muss jetzt laufen. Wenn nicht, ist der Motor defekt. Wischermotor ausbauen, siehe Seite 60.

Blinkanlage prüfen

Die Takte für die Blink- und Warnblinkanlage werden von einem Relais erzeugt, einem so genannten Blinkgeber. Er befindet sich im Relais- und Sicherungskasten. Blink- und Warnblinkanlage sind über separate Sicherungen im Sicherungskasten abgesichert.

- Ist der Blinker-Rhythmus auf einer Seite schneller als auf der anderen Seite, ist auf der »schnellen« Seite eine Glühlampe defekt oder eine Leitungsunterbrechung vorhanden.
- Bei Ausfall der Blink- und Warnblinkanlage zunächst die Sicherungen 1 und 4 prüfen, siehe Seite 46.
- Bei allen anderen Störungen ist meist das Blinkrelais die Ursache. Klemmenbelegung am Blinkgeber, die Anschlussfahnen sind markiert:
- ■ Klemme **31** ist Masse (minus, allgemein in der Fahrzeugelektrik)
- ■ Klemme **+** ist Relaiseingang (plus liegt ständig an), Klemme **L** Relaisausgang
- ■ Eine zusätzliche Leitung geht von Klemme **R** zur Kontrolllampe im Kombiinstrument, bei Anhängevorrichtung kann eine weitere Leitung für die Anhänger-Blinkkontrolle vorhanden sein.
- Steht kein neues Relais zur Verfügung, dünnen Draht vorsichtig zwischen Klemme **+** und **L** im Relaisstecker einstecken. **Achtung:** Dabei dürfen die empfindlichen Relaiskontakte nicht beschädigt werden. Drahtenden vor dem Einstecken umbiegen, damit keine scharfen Kanten vorhanden sind. Defektes Blinkrelais wieder aufsetzen. Die Anschlussfahnen sind so lang, dass das Relais trotz Überbrückung wieder aufgesteckt werden kann.
- Zündung einschalten. Wird der Blinkhebel jetzt betätigt, leuchtet die betreffende Blinkerseite dauernd auf. Durch Ein- und Ausschalten mit dem Blinkerhebel kann ein Blinkrhythmus erzeugt werden.
- Leuchtet das Blinklicht trotz Überbrückung der Relaiskontakte nicht, liegt ein Defekt im Blinkerschalter oder in der elektrischen Zuleitung vor.

Bremslicht prüfen

- Brems-Glühlampen überprüfen, gegebenenfalls erneuern.

Sind die Brems-Glühlampen in Ordnung, anschließend Bremslichtschalter prüfen. Oberhalb des Bremspedals sitzt am Pedalbock der Bremslichtschalter. Beim Niedertreten des Bremspedals wandert ein Druckstift aus dem Schalter heraus. Der Schalterkontakt schließt, und die Bremslichter leuchten auf.

- Bremslichtschalter überprüfen. Der Schalter befindet sich im Fußraum am Lagerbock des Bremspedals.
- Zündung einschalten.
- 2 Stecker vom Bremslichtschalter abziehen und mit einer kurzen Hilfsleitung überbrücken. Wenn die Bremslichter jetzt aufleuchten, ist der Bremslichtschalter defekt, ersetzen.

Heizbare Heckscheibe prüfen

Bei eingeschalteter Heckscheibenheizung muss das Feld mit den sichtbaren Leiterbahnen nach einiger Zeit frei von Beschlag oder Eis sein.

- Bei Störungen zuerst Sicherung im Sicherungskasten überprüfen.
- Ist die Sicherung in Ordnung, anschließend festen Sitz der Kabelstecker links und rechts an der Heckscheibe überprüfen, gegebenenfalls von Korrosion reinigen.
- Da die Heckscheibe in der Heckklappe sitzt, Stromzufuhr zur Heckklappe prüfen. Dazu Heckklappe öffnen. Die Stromzufuhr erfolgt durch am Rahmen federnd angebrachte Stifte. An der Karosserie sind entsprechende Kontaktfelder, auf welchen die Heckklappen-Kontaktstifte bei geschlossener Heckklappe aufliegen. Verbogene Kontakte vorsichtig nachbiegen. Verschmutzte Kontakte mit Spiritus oder Benzin abwischen.
- Funktioniert die Heckscheibenheizung immer noch nicht, Zuleitungen und Schalter sowie Schaltrelais prüfen, siehe Seite 42.

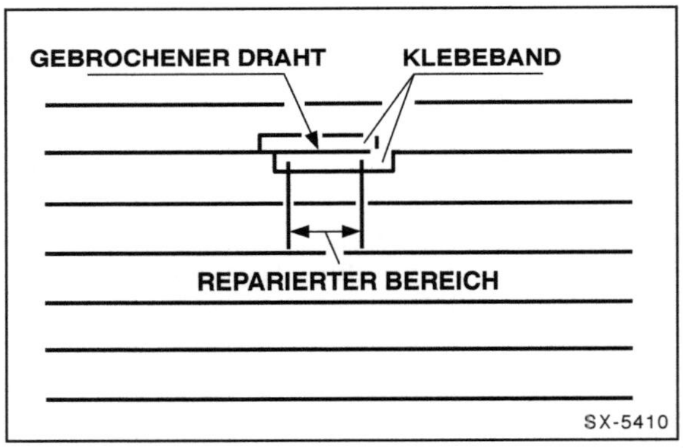

- Sind Heizfäden unterbrochen, hilft handelsüblicher Leitsilberlack zur Wiederherstellung der Verbindung. Dazu beschädigten Bereich mit Verdünner oder Ethylen reinigen.
- Unterbrochene Stelle von beiden Seiten mit Klebeband abkleben und mit einem kleinen Pinsel handelsüblichen Leitsilberlack auftragen.
- Farbe bei +25° C ca. 24 Stunden trocknen lassen. Es kann auch ein Heißluftfön verwendet werden. Bei +150°C trocknet die Farbe in ca. 30 Minuten.

Achtung: Heckscheibenheizung nicht einschalten, bevor die Farbe ganz trocken ist. Kein Benzin oder andere Lösungsmittel zum Reinigen des beschädigten Teils verwenden.

Hupe aus- und einbauen

Im CINQUECENTO/SEICENTO ist eine Hupe eingebaut, die über die Lenkradtaste auch bei ausgeschalteter Zündung betätigt werden kann. Geschaltet wird sie über ein Relais, der Stromkreis wird über eine Sicherung abgesichert.

Ausbau

- Stoßfänger vorn ausbauen, siehe Seite 225.

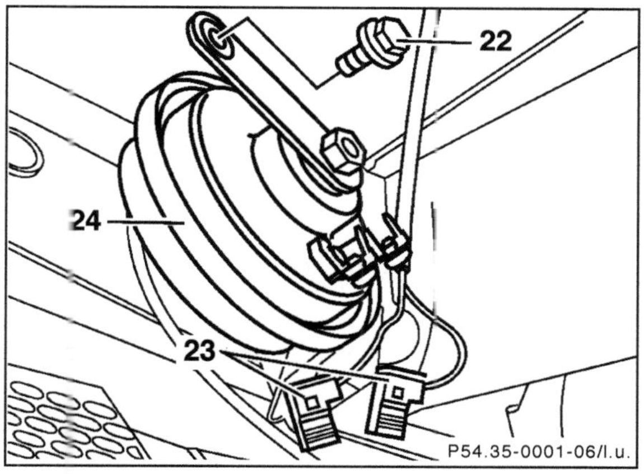

- Kabel –23– vom Horn –24– abziehen.
- Hupe abschrauben –22–.

Einbau

- Hupe anschrauben, dabei die Zahnscheibe unter der Befestigungsschraube nicht vergessen. Kabel aufschieben.
- Stoßfänger anschrauben.

Sicherungen auswechseln

Um Kurzschluss- und Überlastungsschäden an den Leitungen und Verbrauchern der elektrischen Anlage zu verhindern, sind die einzelnen Stromkreise durch Schmelzsicherungen geschützt. Es werden Sicherungen verwendet, die mit Messerkontakten ausgestattet sind, so dass herkömmliche Sicherungen nicht mehr verwendet werden können.

Die Sicherungen sind in einem Sicherungs- und Relaiskasten unter dem Armaturenbrett oberhalb der Pedale untergebracht.

- Sicherungskastendeckel an der Lasche entriegeln und nach unten klappen.
- Vor dem Auswechseln einer Sicherung immer zuerst den betroffenen Verbraucher ausschalten.

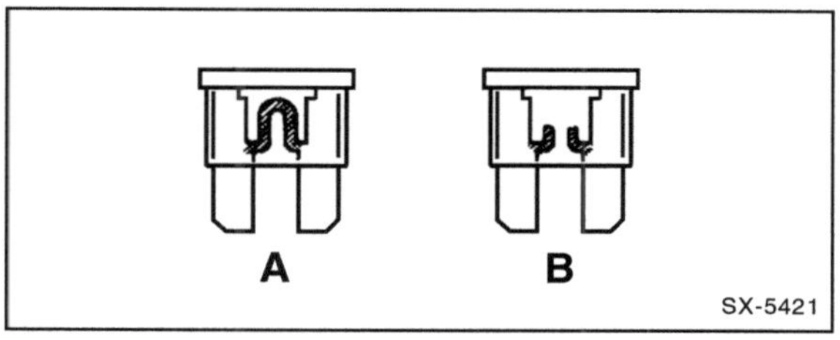

- Eine durchgebrannte Sicherung erkennt man am durchgeschmolzenen Metallstreifen. A – Sicherung in Ordnung, B – Sicherung durchgebrannt.

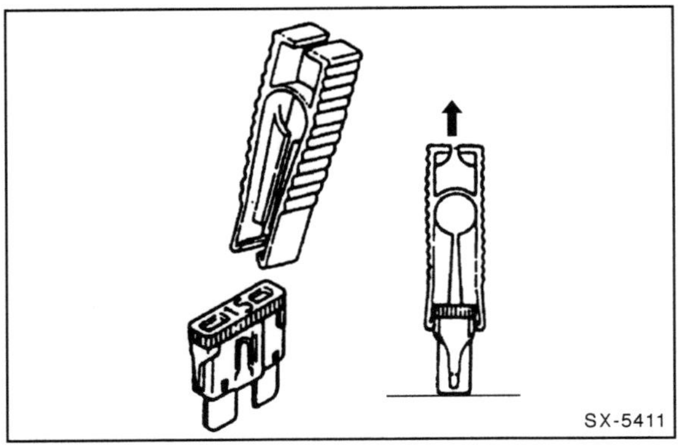

- Defekte Sicherung herausziehen. Zum Ausziehen der Sicherungen befindet sich im Haupt-Sicherungskasten eine Kunststoffpinzette.
- Neue Sicherung **gleicher Sicherungsstärke** einsetzen. Die Nennstromstärke der Sicherung ist auf der Rückseite des Griffes aufgedruckt. Außerdem hat der Griff der Sicherungen eine Kennfarbe, an der ebenfalls die Nennstromstärke zu erkennen ist.

Nennstromstärke in Ampere	Kennfarbe
3	lila
7,5	braun
10	rot
15	blau
20	gelb
25	weiß

- Sicherungskastendeckel wieder hochklappen und einrasten.
- Brennt eine neu eingesetzte Sicherung nach kurzer Zeit wieder durch, muss der entsprechende Stromkreis überprüft werden.
- Auf keinen Fall Sicherung durch Draht oder ähnliche Hilfsmittel ersetzen, weil dadurch ernste Schäden an der elektrischen Anlage auftreten können.
- Es ist empfehlenswert, stets einige Ersatzsicherungen im Wagen mitzuführen. Zur Aufbewahrung befinden sich links im Haupt-Sicherungskasten entsprechende Halterungen.

Sicherungs- und Relaisbelegung

Hinweis: Die Sicherungsbelegung ist abhängig von der Ausstattung und vom Baujahr des Fahrzeuges. Die aktuelle Belegung der Sicherungen ist mit Symbolen über den jeweiligen Sicherungen gekennzeichnet beziehungsweise befindet sich in der Abdeckung des Sicherungskastens.

CINQUECENTO

Haupt-Sicherungsträger unterhalb vom Lenkrad

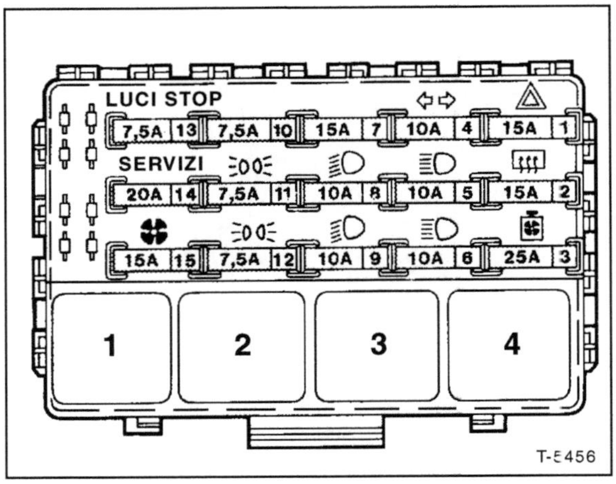

Relaisbelegung: 1 – Relais für Abblendlicht und Lüftermotor, 2 – Relais für Heckscheibenheizung, 3 – Huprelais, 4 – Blinkgeber für Blinklicht und Warnblinklicht.

Hinweis: Mit der Spezialzange HAZET 4770-1 lassen sich die Relais leichter herausziehen.

Zusatz-Sicherungen bei Fahrzeugen mit elektrischen Fensterhebern/Zentralverriegelung:

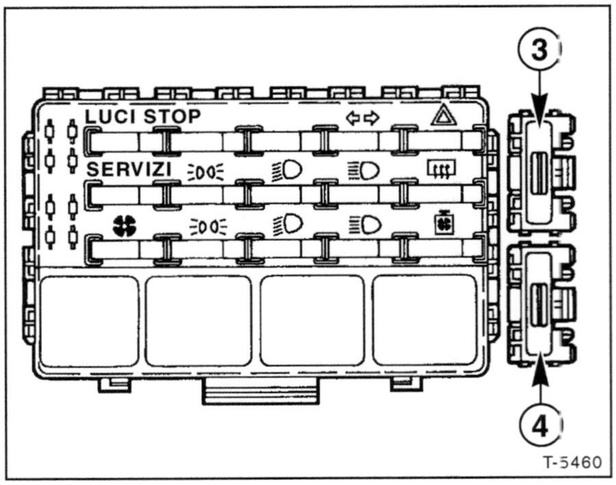

3 – Sicherung für elektrische Fensterheber (25 Ampere)
4 – Sicherung für Zentralverriegelung (15 Ampere)

Hinweis: Das Relais für Fensterheber sitzt zusammen mit dem Steuergerät der Zentralverriegelung rechts unter dem Armaturenbrett, im Beifahrerfußraum.

Symbol	Nr.	Amp.	Abgesicherte Stromkreise
	1	15	Warnblinklicht, Hupe, Innenbeleuchtung, Radio, Zigarettenanzünder, Uhr Klemme 30
	2	15	Heckscheibenheizung
	3	25	Kühlerlüfter
	4	10	Instrumententafel (+), Blinker, Blinkerkontrollleuchte
	5	10	Fernlicht links
	6	10	Fernlicht rechts, Fernlichtkontrolle
	7	15	Scheibenwisch-/Waschanlage
	8	10	Abblendlicht rechts
	9	10	Abblendlicht links
	10	7,5	Nebelschlussleuchte und Kontrollleuchte
	11	7,5	Standleuchte hinten rechts und vorn links, rechte Kennzeichenleuchte, Schalterbeleuchtung für: Leuchtweitenverstellung, Zigarettenanzünder, Uhr
	12	7,5	Standleuchte hinten links und vorn rechts, linke Kennzeichenleuchte, Kontrollleuchte für Standlicht, Beleuchtung Instrumententafel
LUCI STOP	13	7,5	Rückfahrleuchte, Bremslicht, Uhr Klemme 15
SERVIZI SERVICES	14	20	Scheibenwisch-/Waschanlage
	15	15	Heizgebläse

Zusatz-Sicherungen bei Fahrzeugen mit Klimaanlage (im Motorraum auf der linken Seite):

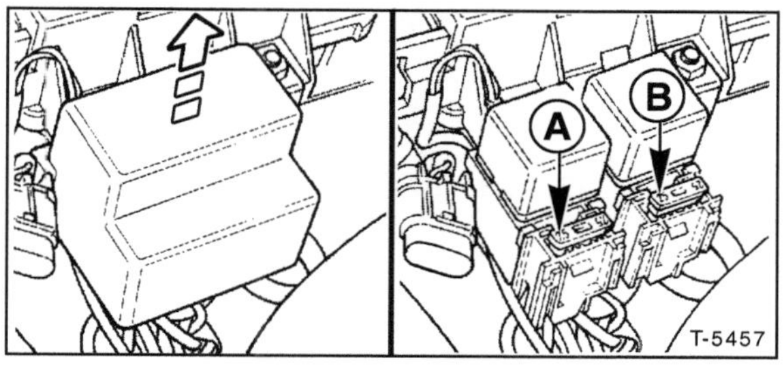

A – Sicherung für Kompressor (7,5 Ampere)
B – Sicherung für Gebläse und Ventilator (25 Ampere)

Zusatz-Sicherungen bei 1,1-l-Motor (im Motorraum auf der rechten Seite):

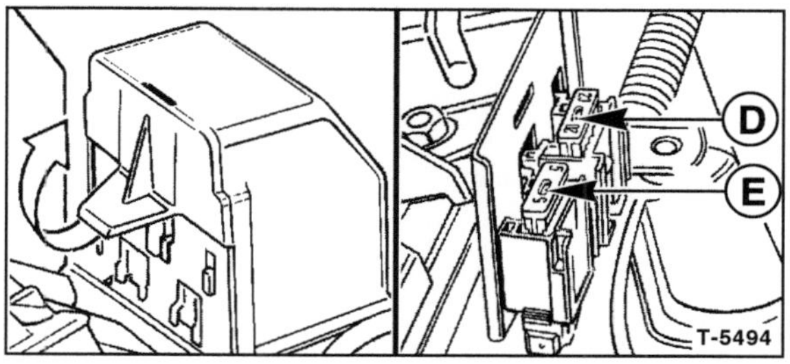

D – Sicherung für Benzinpumpe (20 Ampere)
E – Sicherung für Einspritz-Steuergerät (5 Ampere)

SEICENTO

Der Haupt-Sicherungsträger befindet sich hinter einer Abdeckung, unterhalb des Lenkrads. Um an den Sicherungsträger zu gelangen, die Schraube aus der Abdeckung herausdrehen und Abdeckung abnehmen. Weitere Sicherungsträger befinden sich, je nach Ausstattung und Baujahr, an verschiedenen Stellen im Motorraum des Fahrzeugs. In den Sicherungsträgern sind auch Relais' untergebracht.

Haupt-Sicherungsträger unterhalb vom Lenkrad

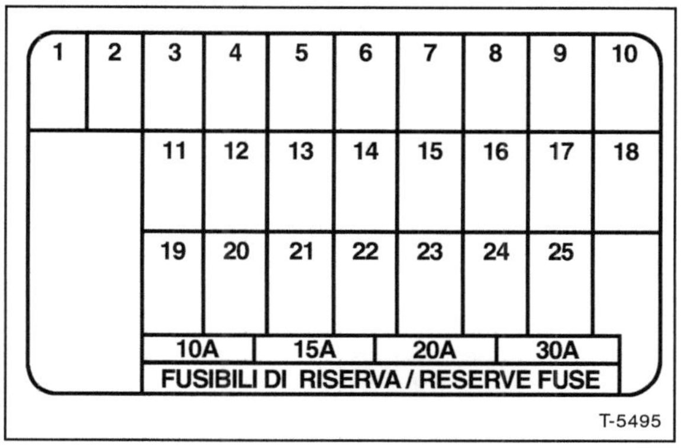

Die Sicherungsbelegung steht auch auf der Rückseite der Abdeckung des Hauptsicherungsträgers.

Linke Motorraumseite, neben Federbeindom:

Rechte Motorraumseite, neben oder hinter Batterie:

Sicherungsbelegung - Alle Sicherungsträger

Bez.	Amp.	Verbraucher
Hauptsicherungsträger		
1	15	Zentralverriegelung
2	25	Elektrische Fensterheber
3	10	Antiblockiersystem (ABS)
4	10	Standlicht vorn und hinten links, Kennzeichenleuchte links, Zigarettenanzünder
5	10	Standlicht vorn und hinten rechts, Kennzeichenleuchte rechts, Instrumententafel
6	10	Abblendlicht links, Leuchtweitenregler
7	10	Abblendlicht rechts, Leuchtweitenregler
8	10	Fernlicht links
9	10	Fernlicht rechts, Fernlicht-Kontrollleuchte
10	–	–
11	20	Elektrisches Schiebedach
12	7,5	Kontrollleuchte für heizbare Heckscheibe
13	–	–
14	20	Heizbare Heckscheibe
15	10	Innenleuchte, Autoradio und Batterie, Empfänger für Alarmanlage
16	10	Warnblinker
17	15	Hupe
18	10	Nebelschlussleuchte
19	10	Nebelscheinwerfer
20	–	–
21	10	Bremslicht links, rechts und mittlere Bremsleuchte, Rückfahrscheinwerfer
22	10	Blinker, Autoradio und Schlüssel
23	10	Airbag-Anlage
24	25	Gebläse
25	20	Scheibenwischer und -wascher
26	–	–
Sicherungsträger im Motorraum, neben oder hinter Batterie		
EFI	20	Steuergerät für Benzineinspritzung
IGN	40	Zündanlassschalter
A ✤	30	Kühlerventilator, Steuerung für Klimaanlage, Hydraulikpumpe für automatische Kupplung (bei SEICENTO Citymatic)
J/BI	60	Versorgung der Armaturentafel-Zentralelektrik
J/B2	30	Versorgung für Sonderausstattungen
Sicherungsträger im Motorraum, neben Federbeindom		
	10	Kraftstoffpumpe
	7,5	FIAT-Code und Einspritzanlage
	3	Steuergerät für automatische Kupplung (bei SEICENTO Citymatic)

Batterie aus- und einbauen

Die Batterie befindet sich im Motorraum auf der rechten Fahrzeugseite.

Achtung: Durch das Abklemmen der Batterie werden im Fahrzeug folgende elektronische Speicher gelöscht:

- Im Einspritz-Steuergerät werden die so genannten »gelernten« Betriebswerte für den Motorlauf gelöscht. Das ist zum Beispiel die individuell auf diesen Motor abgestimmte Leerlaufdrehzahl-Regelung. Nachdem die Batterie wieder angeklemmt wurde, können daher kurze Zeit Mängel im Fahrverhalten (Stottern, Aussetzer beim Beschleunigen oder unrunder Leerlauf) auftreten.
- Aus dem Fehlerspeicher werden alle eventuell gespeicherten Fehler des Einspritz- und Zündsystems gelöscht.
- Im Radio werden der Keycode für die Diebstahlsicherung und die eingestellten Sender gelöscht. Die Anti-Diebstahl-Codierung ist in der Regel bei älteren, serienmäßig eingebauten Autoradios vorhanden. Ist der Code nicht bekannt, kann nur eine FIAT-Werkstatt das Autoradio wieder in Betrieb nehmen.

Damit diese Speicher nicht gelöscht werden, verwendet die Werkstatt ein so genanntes »Memory-Erhaltungskabel«. Dieses Kabel wird mit einer 9-Volt-Trockenbatterie verbunden und über den Zigarettenanzünder angeschlossen. Erhältlich ist das Kabel im Autozubehörhandel, es kann aber auch leicht selbst angefertigt werden. Eine andere Möglichkeit ist, vor dem Abklemmen der Fahrzeugbatterie eine zweite 12-Volt-Autobatterie parallel an die Pole anzuklemmen, zum Beispiel mit einem Starthilfekabel.

- Wird die Bordspannung nicht aufrecht erhalten, sollte vor dem Abklemmen der Batterie sichergestellt werden, dass der Keycode für die Radio-Diebstahlsicherung vorhanden ist und der Fehlerspeicher ausgelesen wurde (Werkstattarbeit).

Hinweis: Wird die Autobatterie ersetzt, unbedingt die Altbatterie zum Händler mitnehmen und zurückgeben. Sonst muss Pfand für die neue Batterie bezahlt werden.

- **Achtung**: Batterien enthalten giftige Substanzen. Sofern die alte Batterie nicht beim Händler abgegeben wurde, muss sie als Sondermüll bei einer Deponie der Gemeinde abgegeben werden.

Ausbau

- Motorhaube öffnen.

Achtung: Bevor die Batteriekabel abgeklemmt werden, sicherstellen, dass alle Stromverbraucher des Fahrzeuges ausgeschaltet sind. **Zündung ausschalten!**

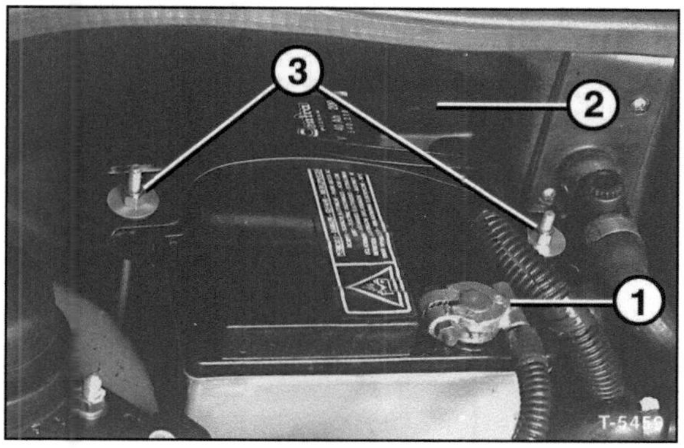

- Batteriekabel abklemmen, zuerst Massekabel –1– (–), dann Pluskabel –2– (+), vorher Abdeckkappe weg klappen.
- Befestigungsmuttern –3– abschrauben und Haltebügel abnehmen. Batterie herausheben.

Einbau

- Vor dem Einbau Batterie-Pole blank kratzen, geeignet ist dazu eine Messingdrahtbürste. Zur Verhinderung von Korrosion beide Pole mit speziellem Säureschutzfett bestreichen, zum Beispiel mit BOSCH-Polfett.
- Batterie einsetzen. Haltebügel ansetzen und festschrauben.

Achtung: Bevor die Batteriekabel angeklemmt werden, prüfen, ob alle Stromverbraucher des Fahrzeuges ausgeschaltet sind. Andernfalls können beim Anklemmen Funken überspringen beziehungsweise elektrische Einrichtungen beschädigt werden. Auf einwandfreie Masseanschlüsse und saubere Kontakte achten. Hohe Übergangswiderstände führen, insbesondere beim Starten, zu einer Überlastung der elektronischen Steuergeräte und können im Extremfall sogar deren Zerstörung bewirken.

- Pluskabel am Pluspol (+), dann Massekabel am Minuspol (–) anklemmen. Am Pluspol Abdeckkappe aufsetzen. **Achtung:** Durch eine falsch angeschlossene Batterie können erhebliche Schäden am Generator und an der elektrischen Anlage entstehen.
- Generatorspannung prüfen, siehe Seite 53.

Hinweis: Eine zu hohe Ladespannung des Generators kann die Ursache für den Ausfall der bisherigen Batterie gewesen sein und, falls der Fehler weiter besteht, die neue Batterie schädigen.

- Polklemmen nach dem Anklemmen an die Batterie mit Vaseline oder Polschutzfett (zum Beispiel von BOSCH) einfetten.
- Die Zeituhr einstellen.
- Gegebenenfalls Diebstahlcode für Radio eingeben, siehe Radio-Bedienungsanleitung. Die Sender neu speichern.

Hinweise zur wartungsarmen Batterie

Der CINQUECENTO/SEICENTO ist serienmäßig mit einer wartungsarmen Batterie ausgestattet. Bei dieser Batterie muss nur selten im Rahmen der Wartung destilliertes Wasser nachgefüllt werden, dennoch sind einige Wartungspunkte zu beachten.

- Zum Laden können die normalen Ladegeräte verwendet werden. Der Ladestrom darf 5 Ampere nicht überschreiten; die Ladespannung soll zwischen 14 und 15 Volt liegen. Ein dauernd zu hoher Ladestrom überlädt die Batterie und führt zu einer wesentlich verringerten Lebensdauer.
- Die Batterie darf **nicht** mit einem Schnellladegerät geladen werden.
- Batterie nur im Freien oder in gut belüfteten Räumen laden.
- Bei zu niedrigem Säurestand, zum Beispiel durch längeren Aufenthalt in heißen Regionen, destilliertes Wasser nachfüllen, siehe Kapitel »Wartung«.
- Wird das Fahrzeug länger als 6 Wochen stillgelegt, Batterie ausgebaut und geladen lagern. Die günstigste Lagertemperatur liegt zwischen 0° C und +27° C. Bei diesen Temperaturen hat die Batterie die günstigste Selbstentladungsrate. **Spätestens nach 3 Monaten Batterie erneut aufladen, da sie sonst unbrauchbar wird.**
- Batteriepole regelmäßig reinigen und die **angeklemmten** Batterieklemmen mit Vaseline oder Bosch-Polfett einreiben. Polfett oder Ähnliches nicht direkt auf die Batteriepole bringen, sonst können erhöhte Übergangswiderstände zwischen Batteriepol und -klemme entstehen, was zu Schäden an der Motorelektronik führen kann.
- Starthilfegeräte dürfen **nicht** verwendet werden, da die Batterie hierdurch kurzfristig einer sehr hohen Stromstärke ausgesetzt wird.

Batterie laden

Achtung: Wenn die Batterie zu lange Zeit entladen war, kann sie nicht mehr vollständig beziehungsweise gar nicht mehr aufgeladen werden.

Die mit ■ gekennzeichneten Positionen entfallen bei der serienmäßig eingebauten wartungsarmen Batterie. Hinweise zur wartungsarmen Batterie beachten.

- Batterie niemals kurzschließen, das heißt Plus- (+) und Minuspol (–) dürfen nicht verbunden werden. Bei Kurzschluss erhitzt sich die Batterie und kann platzen. Nicht mit offener Flamme in Batterie leuchten. Batteriesäure ist ätzend und darf nicht in die Augen, auf die Haut oder die Kleidung gelangen, gegebenenfalls mit viel Wasser abspülen.
- Die Batterie kann auch in eingebautem Zustand geladen werden, vorher jedoch Masse- (–) und Pluskabel (+) abklemmen. **Achtung:** Dadurch werden aus dem Speicher des elektronischen Einspritz-Steuergerätes »Betriebswerte« und aus dem Speicher des Radios der Keycode für die Diebstahlsicherung sowie die eingestellten Sender gelöscht. Vor dem Abklemmen daher unbedingt Hinweise im Kapitel »Batterie aus- und einbauen« durchlesen.
- Vor dem Laden Säurestand prüfen, gegebenenfalls destilliertes Wasser nachfüllen.
- Gefrorene Batterie vor dem Laden auftauen. Eine geladene Batterie gefriert bei ca. –65° C, eine halb entladene bei ca. –30° C und eine entladene bei ca. –12° C.
- ■ Stopfen aus der Batterie herausschrauben oder mit schmalem Schraubendreher herausheben und leicht auf die Öffnungen legen. Dadurch werden Säurespritzer auf dem Lack vermieden, während die beim Laden entstehenden Gase entweichen können.
- Batterie nur in gut belüftetem Raum laden. Beim Laden der eingebauten Batterie Motorhaube geöffnet lassen.
- ■ Bei der Normalladung beträgt der Ladestrom ca. 10 % der Kapazität. (Bei einer 50-Ah-Batterie also etwa 5,0 A). Als Richtwert für die Ladezeit können dann 10 Stunden genommen werden.
- Pluspol (+) der Batterie mit Pluspol, Minuspol (–) der Batterie mit Minuspol des Ladegerätes verbinden.
- Die Säuretemperatur darf während des Ladens +55° C nicht überschreiten, gegebenenfalls Ladung unterbrechen oder Ladestrom herabsetzen.
- ■ So lange laden, bis alle Zellen lebhaft gasen und bei drei im Abstand von je einer Stunde aufeinander folgenden Messungen das spezifische Gewicht der Säure und die Spannung nicht mehr angestiegen sind.
- ■ Nach der Ladung Säurestand prüfen, gegebenenfalls destilliertes Wasser nachfüllen.
- ■ Säuredichte prüfen. Liegt der Wert in einer Zelle deutlich unterhalb der anderen Werte (zum Beispiel 5 Zellen zeigen 1,26 g/ml und 1 Zelle 1,18 g/ml), so ist die Batterie defekt und sollte erneuert werden.
- ■ Batterie ca. 20 Minuten ausgasen lassen, dann Verschlussstopfen einschrauben.

Achtung: Der Motor darf nicht bei abgeklemmter Batterie laufen, da sonst die elektrische Anlage beschädigt wird.

Batterie prüfen

Der Batterie-Zustand wird durch Messen der Spannung mit einem Voltmeter zwischen den Batteriepolen überprüft.

- Batteriepole abklemmen, siehe Seite 49.
- Vor der Prüfung muss die Batterie mindestens 2 Stunden abgeklemmt sein.

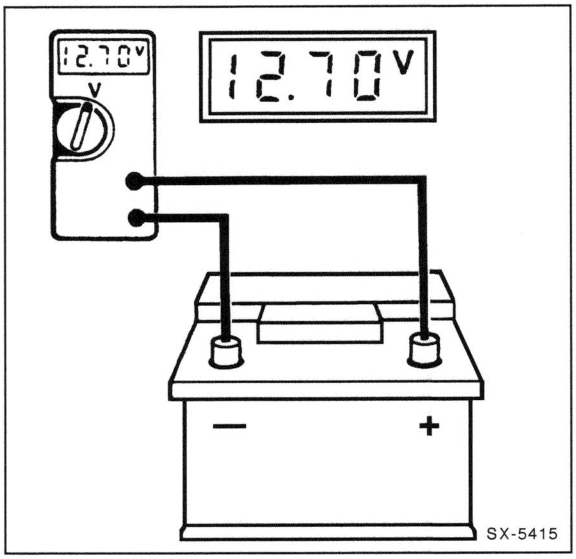

- Voltmeter an die Batteriepole anschließen und Spannung messen.
  Beurteilung:
  12,6 Volt oder darüber = Batterie in gutem Zustand
  12,4 Volt = normal
  12,3 Volt oder darunter = Batterie in schlechtem Zustand, Batterie laden oder ersetzen
- Batterie anklemmen, siehe Seite 49.

Batterie unter Belastung prüfen

- Voltmeter an den Polen der Batterie anschließen.
- Motor starten und Spannung ablesen.
- Während des Startvorganges darf bei einer vollen Batterie die Spannung nicht unter 10 Volt (bei einer Säuretemperatur von ca. +20° C) abfallen.
- Bricht die Spannung sofort zusammen und wurde in den Zellen eine unterschiedliche Säuredichte festgestellt, so ist auf eine defekte Batterie zu schließen.

Säuredichte prüfen

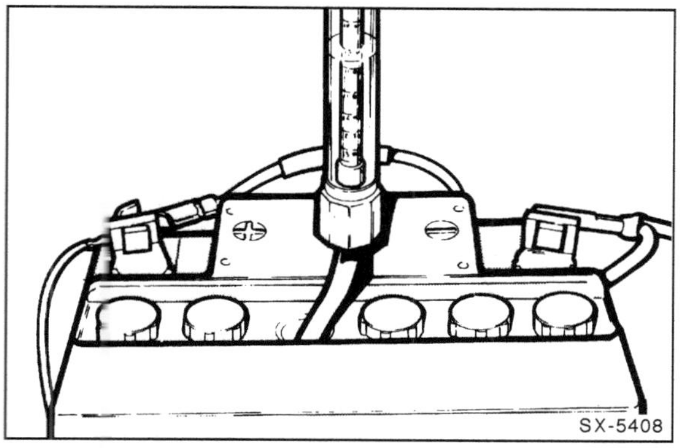

- Die Säuredichte ergibt in Verbindung mit der Spannungsmessung genauen Aufschluss über den Ladezustand der Batterie. Deckelleiste mit Schraubendreher abhebeln. Zur Prüfung dient ein Säureheber, der recht preiswert in Fachgeschäften angeboten wird. Je größer das spezifische Gewicht (Säuredichte) der angesaugten Batteriesäure ist, desto mehr taucht der Schwimmer auf. An der Skala kann man die Säuredichte in spezifischem Gewicht (g/ml) oder Baumégrad (+°Bé) ablesen. Folgende Werte müssen erreicht werden:

Ladezustand	+°Bé	g/ml
entladen	16	1,15
halb entladen	24	1,22
gut geladen	30	1,28

- Nacheinander jede Batteriezelle prüfen, alle Zellen müssen die gleiche Säuredichte (maximale Differenz 0,04 g/ml) haben. Sonst kann auf eine defekte Batterie geschlossen werden.

Batterie entlädt sich selbstständig

Je nach Fahrzeugausstattung addiert sich zur natürlichen Selbstentladung der Batterie auch die Stromaufnahme der verschiedenen Steuergeräte im Ruhezustand. Daher sollte die Batterie in einem abgestellten Fahrzeug spätestens alle 6 Wochen nachgeladen werden. Wenn der Verdacht auf Kriechströme besteht, Bordnetz nach folgender Anleitung prüfen:

- Zur Prüfung geladene Batterie verwenden.

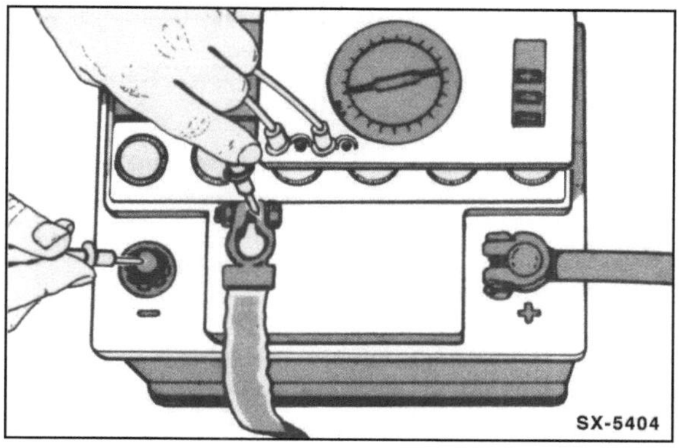

- Am Amperemeter (Messbereich von 0 – 5 mA und 0 – 5 A) den höchsten Messbereich einstellen. Massekabel (–) von der Batterie abklemmen. **Achtung:** Dadurch werden aus dem Speicher des elektronischen Einspritz-Steuergerätes »Betriebswerte« und aus dem Speicher des Radios der Keycode für die Diebstahlsicherung sowie die eingestellten Sender gelöscht. Vor dem Abklemmen daher unbedingt Hinweise im Kapitel »Batterie aus- und einbauen« durchlesen.
- Amperemeter zwischen Batterie-Minuspol (–) und Massekabel (–) schalten. Amperemeter-Plus- (+) Anschluss an Massekabel (–) und Amperemeter-Minus-Anschluss an Batterie-Minuspol (–).

Achtung: Die Prüfung kann auch mit einer Prüflampe durchgeführt werden. Leuchtet die Lampe zwischen Masseband und Minuspol der Batterie jedoch nicht auf, ist auf jeden Fall ein Amperemeter zu verwenden.

- Alle Verbraucher ausschalten, vorhandene Zeituhr (und andere Dauerverbraucher) abklemmen, Türen schließen.
- Vom Amperebereich solange auf den Milliamperebereich zurückschalten, bis eine ablesbare Anzeige erfolgt (1 – 3 mA sind zulässig).
- Durch Herausnehmen der Sicherungen nacheinander die verschiedenen Stromkreise unterbrechen. Wenn bei einem der unterbrochenen Stromkreise die Anzeige auf Null zurückgeht, ist hier die Fehlerquelle zu suchen. Fehler können sein: korrodierte und verschmutzte Kontakte, durchgescheuerte Leitungen, interner Schluss in Aggregaten.
- Wird in den abgesicherten Stromkreisen kein Fehler gefunden, so sind die Leitungen an den nicht abgesicherten Aggregaten, wie Generator und Anlasser, abzuziehen.
- Geht beim Abklemmen von einem der ungesicherten Aggregate die Anzeige auf Null zurück, betreffendes Bauteil überholen oder austauschen. Bei Stromverlust in Anlasser- oder Zündanlage immer auch den Zünd-Anlassschalter nach Stromlaufplan prüfen.
- Batterie-Massekabel (–) anklemmen.
- Zeituhr einstellen.
- Diebstahlcode für Radio eingeben.

Störungsdiagnose Batterie

Störung	Ursache	Abhilfe
Säurestand zu niedrig.	Überladung, Verdunstung (besonders im Sommer).	■ Destilliertes Wasser bis zur vorgeschriebenen Höhe nachfüllen (bei geladener Batterie).
Säure tritt aus dem Entlüftungsdeckel aus.	Ladespannung zu hoch.	■ Spannungsregler prüfen, ggf. austauschen.
	*) Säurestand zu hoch.	■ Überschüssige Säure mit Säureheber absaugen.
Säuredichte zu niedrig.	Säuredichte in einer Zelle deutlich niedriger als in den übrigen Zellen.	■ Kurzschluss in einer Zelle. Batterie erneuern.
	Säuredichte in zwei benachbarten Zellen deutlich niedriger als in den übrigen Zellen.	■ Trennwand undicht, dadurch entsteht eine leitende Verbindung zwischen den Zellen, wodurch die Zellen entladen werden. Batterie erneuern.
	Batterie entladen.	■ Batterie laden.
	Generator nicht in Ordnung.	■ Generator prüfen, ggf. reparieren oder austauschen.
	Kurzschluss im Leitungsnetz.	■ Elektrische Anlage überprüfen.
	*) Säure infolge Wartungsfehler verwässert.	■ Säureausgleich durchführen.
*) Säuredichte zu hoch.	Säure wurde nachgefüllt.	■ Säureausgleich durchführen.
Abgegebene Leistung ist zu gering, Spannung fällt stark ab.	Batterie entladen.	■ Batterie nachladen.
	Ladespannung zu niedrig.	■ Spannungsregler prüfen, ggf. austauschen.
	Anschlussklemmen lose oder oxydiert.	■ Anschlussklemmen reinigen und besonders Unterseite mit Säureschutzfett leicht einfetten, Befestigungsschrauben anziehen.
	Masseverbindungen Batterie-Motor-Karosserie sind schlecht.	■ Masseverbindung überprüfen, ggf. metallische Verbindungen herstellen oder Schraubverbindungen festziehen.
	Zu große Selbstentladung der Batterie durch Verunreinigung der Batteriesäure.	■ Batterie austauschen.
	Evtl. Batterie sulfatiert (grauweißer Belag auf den Plus- und Minusplatten).	■ Batterie mit kleinem Strom laden, damit sich der Belag langsam zurückbildet. Falls nach wiederholter Ladung und Entladung die abgegebene Leistung immer noch zu gering ist, Batterie austauschen.
	Batterie verbraucht, aktive Masse der Platten ausgefallen.	■ Batterie austauschen.
Nicht ausreichende Ladung der Batterie.	Fehler an Generator, Spannungsregler oder Leitungsanschlüssen.	■ Generator und Spannungsregler überprüfen, instand setzen bzw. austauschen; Leitungen einwandfrei befestigen.
	Keilriemen locker, Spannvorrichtung defekt.	■ Keilriemen spannen oder austauschen, Spannvorrichtung prüfen.
	Zu viele Verbraucher angeschlossen.	■ Stärkere Batterie einbauen; evtl. auch leistungsfähigeren Generator verwenden.
Dauernde Überladung.	Fehler am Spannungsregler, evtl. auch am Generator.	■ Spannungsregler austauschen bzw. Generator überprüfen.

*) Die mit *) gekennzeichneten Hinweise gelten nicht für die serienmäßige, wartungsarme Batterie.

Generator

Der FIAT CINQUECENTO/SEICENTO ist mit einem Drehstromgenerator der Marken MARELLI, ISKRA oder NIPPON ausgerüstet. Je nach Modell und Ausstattung sind Generatoren mit unterschiedlicher Leistung eingebaut.

Der Generator wird von der Kurbelwelle über den Keilriemen angetrieben. Dabei dreht sich der Läufer mit der Erregerwicklung innerhalb der feststehenden Ständerwicklung mit etwa doppelter Motordrehzahl.

Über Kohlebürsten und Schleifringe fließt der Erregerstrom durch die Erregerwicklung. Dabei bildet sich ein Magnetfeld. Die Lage des magnetischen Feldes zur Ständerwicklung ändert sich ständig, entsprechend der Umdrehung des Läufers. Dadurch wird in der Ständerwicklung ein Drehstrom erzeugt.

Da die Batterie aber nur mit Gleichstrom geladen werden kann, wird der Drehstrom durch Gleichrichter in der Diodenplatte in Gleichstrom umgewandelt. Der Spannungsregler verändert den Ladestrom durch Ein- und Ausschalten des Erregerstromes, entsprechend dem Ladezustand der Batterie. Gleichzeitig hält der Regler die Betriebsspannung konstant bei ca. 14 Volt, unabhängig von der Drehzahl.

Sicherheitshinweise bei Arbeiten am Drehstromgenerator

Bei Arbeiten am Drehstromgenerator sind verschiedene Punkte zu beachten, um Schäden an der Anlage zu vermeiden. Das komplette Zerlegen und Überholen des Drehstromgenerators sollte von einer Fachwerkstatt durchgeführt werden.

Sicherheitshinweise

- Wenn eine zusätzliche Batterie (zum Beispiel als Starthilfe) angeschlossen wird, unbedingt darauf achten, dass die gleichen Batteriepole miteinander verbunden werden.
- Beim Anschließen eines Ladegerätes Leitungen des Laders mit den richtigen Batterieklemmen verbinden. Masseband- und Pluskabel während des Ladevorganges von Batterie abklemmen.
- Motor nicht ohne Batterie laufen lassen. Batterie oder Spannungsregler nicht bei laufendem Motor abklemmen.
- Klemmen am Drehstromgenerator und am Regler niemals kurzschließen.
- Drehstromgenerator nicht umpolen.

Generator-Ladespannung prüfen

- Voltmeter zwischen Plus- und Minuspol der Batterie anschließen.
- Motor starten. Die Spannung darf beim Startvorgang bis 9,5 Volt absinken.
- Fernlicht einschalten.
- Bei einer Motordrehzahl von 3.000/min soll die Spannung 14 – 15 Volt betragen. Dies ist ein Beweis dafür, dass Generator und Regler arbeiten.

Generator aus- und einbauen

Achtung: Den Generator gibt es je nach Typ auch als Austauschteil. Das bedeutet, dass ein defekter Generator unter Umständen beim Kauf eines überholten oder neuen Generators vom Hersteller in Zahlung genommen wird, daher Altteil zum Händler mitnehmen.

- **Wichtig:** Batterie-Massekabel (–) bei ausgeschalteter Zündung abklemmen. **Achtung:** Falls das eingebaute Radio einen Diebstahlcode besitzt, wird dieser beim Abklemmen der Batterie gelöscht. Radios mit Diebstahlcode sind erkennbar an dem Wort »CODE« oder einem roten Schlüsselzeichen auf der Frontblende. Das Radio kann anschließend nur durch die Eingabe des richtigen Codes oder durch den Radio-Hersteller wieder in Betrieb genommen werden. Vor dem Abklemmen daher unbedingt den Diebstahlcode ermitteln.

Ausbau

- Keilrippenriemen entspannen und von der Generator-Riemenscheibe abnehmen, siehe Seite 163.

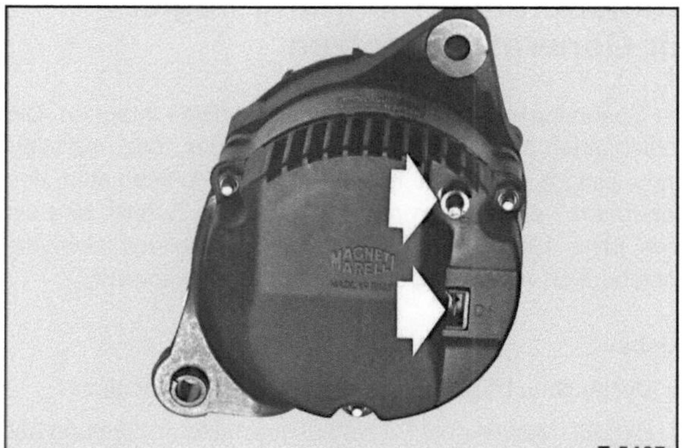

T-5427

- Kabel an der Generator-Rückseite abschrauben, beziehungsweise abziehen.

- Befestigungsschrauben für Drehstromgenerator herausdrehen, Generator herausnehmen.

Einbau

- Generator einsetzen und anschrauben, Unterlegscheiben nicht vergessen.
- Mehrfachstecker am Generator aufstecken, dickes Kabel anschrauben.
- Keilriemen einbauen und spannen, siehe Seite 163.
- Befestigungsschrauben für Drehstromgenerator mit **55 Nm** festziehen.
- Batterie-Massekabel (–) anklemmen. Gegebenenfalls Diebstahlcode für das Autoradio eingeben und Zeituhr einstellen.

Kohlebürsten/Spannungsregler für Generator ersetzen

Der Spannungsregler ist im Kohlebürstenhalter integriert. Die Kohlebürsten können einzeln ersetzt werden, dazu ist allerdings einiges Geschick notwendig. Die Kohlebürsten des Generators verschleißen recht langsam; im Schnitt sind sie nach etwa 120.000 km abgenutzt. Es empfiehlt sich, die Kohlebürsten vorsorglich etwas früher auszuwechseln.

Ausbau

- Der Ausbau ist bei eingebautem Generator möglich.
- Batterie-Massekabel (–) bei ausgeschalteter Zündung abklemmen. **Achtung:** Falls das eingebaute Radio einen Diebstahlcode besitzt, wird dieser beim Abklemmen der Batterie gelöscht. Radios mit Diebstahlcode sind erkennbar an dem Wort »CODE« oder einem roten Schlüsselzeichen auf der Frontblende. Das Radio kann anschließend nur durch die Eingabe des richtigen Codes oder durch den Radio-Hersteller wieder in Betrieb genommen werden. Vor dem Abklemmen daher unbedingt den Diebstahlcode ermitteln.

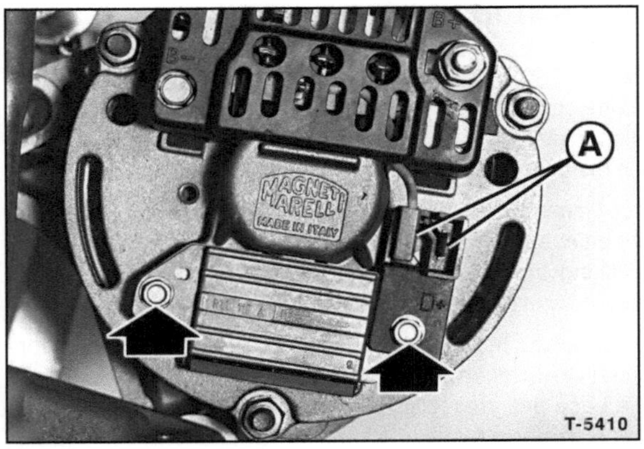

- 2 Befestigungsschrauben –Pfeile– abschrauben, Spannungsregler an der Rückseite des Generators herausziehen.
- Stecker an den Steckkontakten –A– am Spannungsregler abziehen. **Achtung:** Stecker beim Einbau nicht vertauschen.
- Kohlebürsten ersetzen, wenn die Länge 5 mm oder weniger beträgt. Dazu Anschlusslitze auslöten.
- Schleifringe am Generatoranker auf Verschleiß prüfen, gegebenenfalls feinstüberdrehen und polieren lassen.

Einbau

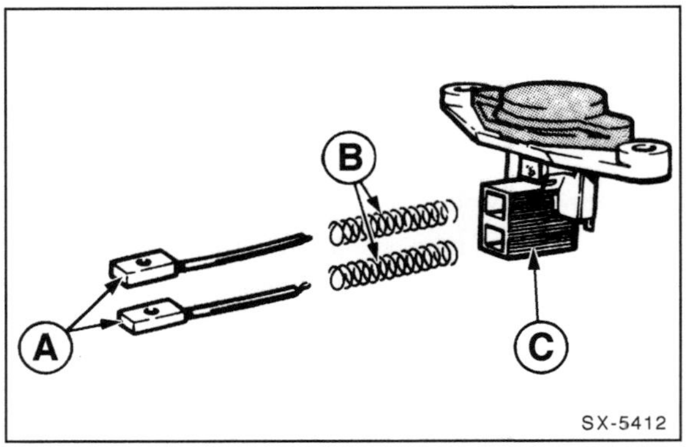

- Kohlebürsten –A– und Federn –B– in den Bürstenhalter –C– einsetzen und Anschlüsse verlöten.
- Damit beim Anlöten der neuen Bürsten kein Lötzinn in der Litze hochsteigen kann, Anschlusslitze der Bürsten mit einer Flachzange fassen. **Achtung:** Durch hochsteigendes Lötzinn würde die Litze steif und die Kohlebürste unbrauchbar werden.
- Nach dem Einbau neue Kohlebürsten auf leichten Lauf in den Bürstenhaltern prüfen.
- Spannungsregler vorsichtig einsetzen, in endgültige Einbaulage drücken und festschrauben.
- Anschlussstecker wie ausgebaut auf den Spannungsregler aufstecken.
- Batterie-Massekabel (–) anklemmen. Gegebenenfalls Diebstahlcode für das Autoradio eingeben und Zeituhr einstellen.

Störungsdiagnose Generator

Störung	Ursache	Abhilfe
Ladekontrolllampe brennt nicht bei eingeschalteter Zündung.	Batterie leer.	■ Batterie laden.
	Kabel an Generator locker oder korrodiert.	■ Kabel auf einwandfreien Kontakt prüfen, Schraube festziehen
	Ladekontrolllampe durchgebrannt.	■ Ersetzen.
	Regler defekt.	■ Regler prüfen, gegebenenfalls austauschen.
	Unterbrechung in der Leitungsführung zwischen Generator, Zündschloss und Kontrolllampe.	■ Mit Ohmmeter nach Stromlaufplan untersuchen.
	Steckverbindungen zwischen Gleichrichterplatte und Spannungsregler nicht gesteckt.	■ Generator demontieren, gegebenenfalls Stecker ersetzen.
	Kohlebürsten liegen nicht auf dem Schleifring auf.	■ Freigängigkeit der Kohlebürsten und Mindestlänge (5 mm) prüfen.
	Erregerwicklung im Generator durchgebrannt.	■ Läufer austauschen.
Ladekontrolllampe erlischt nicht bei Drehzahlsteigerung.	Keilrippenriemen locker.	■ Keilrippenriemen spannen.
	Kohlebürsten abgenutzt.	■ Kohlebürsten sichtprüfen, gegebenenfalls austauschen.
	Regler defekt.	■ Regler prüfen, gegebenenfalls austauschen.
	Leitung zwischen Drehstromgenerator und Regler defekt.	■ Leitung und Kontakte prüfen, ggf. Leitungsstrang ersetzen.
Ladekontrolllampe brennt bei ausgeschalteter Zündung.	Plusdiode hat Kurzschluss.	■ Dioden prüfen, gegebenenfalls Diodenplatte austauschen.

Anlasser

Zum Starten des Verbrennungsmotors ist ein kleiner elektrischer Motor, der Anlasser, erforderlich. Damit der Motor überhaupt anspringen kann, muss der Anlasser den Verbrennungsmotor auf eine Drehzahl von mindestens 300 Umdrehungen in der Minute beschleunigen. Das funktioniert aber nur, wenn der Anlasser einwandfrei arbeitet und die Batterie hinreichend geladen ist.

Der Anlasser besteht aus einem Antriebs-, Pol- und Kollektorgehäuse. In dem Pol- und Kollektorgehäuse sind Anker und Kollektor gelagert sowie der Bürstenhalter. Im Bürstenhalter befinden sich Kohlebürsten, die sich zwar langsam, aber stetig abnutzen. Bei hoher Abnutzung der Kohlebürsten kann der Anlasser nicht mehr einwandfrei arbeiten.

In dem vorderen Antriebsgehäuse ist der Ritzelantrieb untergebracht. Wenn der Anlasser über den Zündanlassschalter Spannung erhält, wird über den Magnetschalter, der auf dem Anlassergehäuse sitzt, das Ritzel auf einem Steilgewinde gegen den Zahnkranz des Motor-Schwungrades geschoben. Sobald das Ritzel bis zum Anschlag auf der Spindel vorgelaufen ist, ist es formschlüssig mit dem Schwungrad verbunden. Nun kann der Anlasser den Motor auf die erforderliche Anlassdrehzahl bringen. Wenn der Verbrennungsmotor anläuft, wird das Ritzel vom Motor her beschleunigt, es läuft also kurzzeitig schneller als der Anlassermotor und spurt aus, wodurch die Verbindung zum Verbrennungsmotor aufgehoben ist.

Da zum Starten eine hohe Stromaufnahme erforderlich ist, ist im Rahmen der Wartung auf eine einwandfreie Kabelverbindung zu achten. Korrodierte Anschlüsse säubern und mit Polschutzfett einstreichen.

Achtung: Den Anlasser gibt es je nach Typ auch als Austauschteil. Das bedeutet, dass ein defekter Anlasser unter Umständen bei Kauf eines überholten oder neuen Anlassers vom Hersteller in Zahlung genommen wird, daher Altteil zum Händler mitnehmen.

Magnetschalter prüfen/ aus- und einbauen

Bei einem Defekt des Magnetschalters wird das Ritzel im Anlasser nicht gegen den Zahnkranz des Schwungrades gezogen. Dadurch kann der Anlasser den Motor nicht durchdrehen. Dieser Defekt tritt häufiger auf als dass der Anlassermotor selbst schadhaft ist.

Prüfen in eingebautem Zustand

- Gang herausnehmen, Schalthebel in Leerlaufstellung.
- Prüfvoraussetzung: Batterie voll geladen.
- Mit Hilfskabel Klemme 30 (= dickes Pluskabel) und 50 (dünnes Kabel, zum Zündschloss) am Anlasser kurz überbrücken, das Anlasserritzel muss nach vorne schnellen (klicken) und der Anlasser anlaufen. Wenn nicht, Anlasser abschrauben und Prüfung in ausgebautem Zustand wiederholen.

Ausbau

- Anlasser ausbauen und Prüfung bei ausgebautem Anlasser mit einer Autobatterie wiederholen. Als Zuleitung zu Klemme 50 des Anlassers eignet sich ein Starthilfekabel. Schnellt das Ritzel nach vorne, ohne dass der Anlasser anläuft, Anlassermotor von einer Werkstatt überholen lassen.
- Schnellt das Ritzel nicht nach vorn, Magnetschalter abschrauben und ersetzen.

Einbau

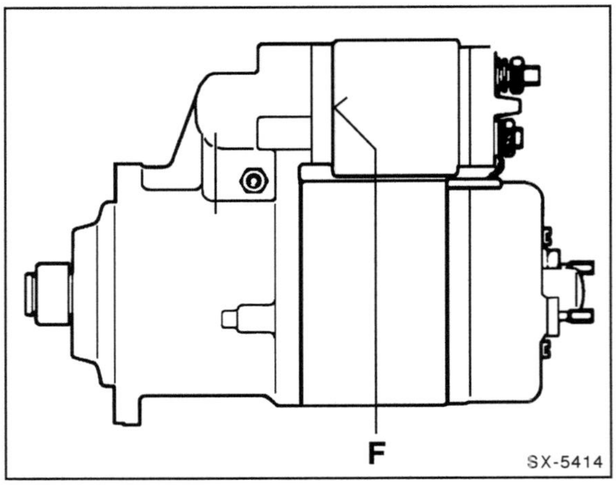

- Trennfuge –F– zum Anlasser mit geeignetem Dichtmittel abdichten.
- Magnetschalter an Gabelhebel im Anlasser einhängen, dann anschrauben.
- Leitung für Magnetschalter anschrauben.
- Anlasser erneut prüfen, wie oben beschrieben.
- Anlasser einbauen, siehe entsprechendes Kapitel.

Anlasser aus- und einbauen

Ausbau

- **Wichtig: Batterie-Massekabel (–) und Batterie-Pluskabel (+) von der Batterie abklemmen. Achtung:** Dadurch werden die elektronischen Speicher gelöscht, wie zum Beispiel der Motorfehlerspeicher oder der Radiocode. Vor dem Abklemmen der Batterie sollten auch die Hinweise im Kapitel »Batterie aus- und einbauen« durchgelesen werden.

Sicherheitshinweis
Beim Aufbocken des Fahrzeugs besteht Unfallgefahr! Deshalb vorher das Kapitel »Fahrzeug aufbocken« durchlesen.

- Fahrzeug aufbocken.

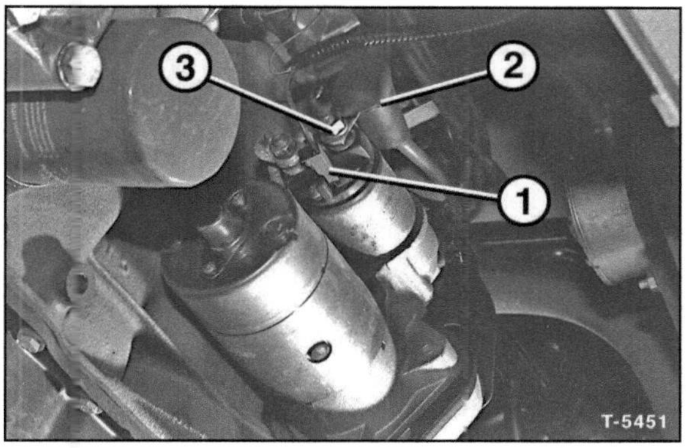

- Von der Unterseite des Fahrzeugs her den Stecker –1– abziehen, Schutzkappe –2– zurückklappen und dickes Kabel –3–, direkt vom Batterie-Pluspol, abschrauben.

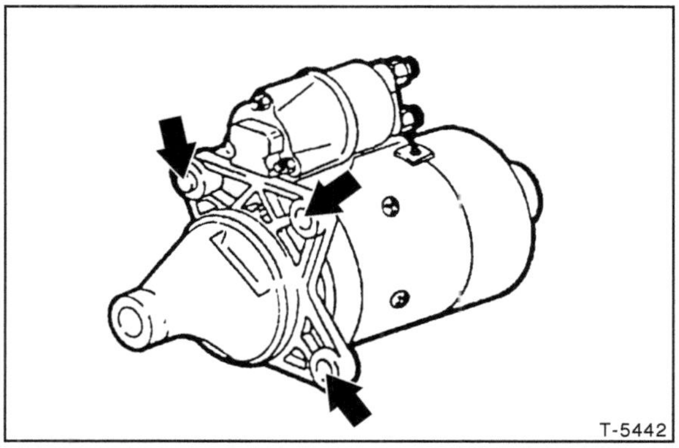

- Anlasser am Getriebeflansch abschrauben –Pfeile– und herausnehmen.

Einbau

- Anlasser einsetzen und mit 3 Schrauben anschrauben.
- Kabel am Magnetschalter anklemmen.
- Fahrzeug ablassen.
- Batterie-Pluskabel (+) und dann das Massekabel (–) anklemmen. Vorhandene Zeituhr einstellen und Diebstahlcode für Radio eingeben.
- Starter auf Funktion überprüfen.

Störungsdiagnose Anlasser

Wenn ein Anlasser nicht durchdreht, ist zunächst zu prüfen, ob an der Klemme 50 des Magnetschalters die zum Einziehen benötigte Spannung von mindestens 10 Volt vorhanden ist. Liegt die Spannung unter dem genannten Wert, dann müssen die Leitungen, die zum Anlasserstromkreis gehören, nach dem Stromlaufplan überprüft werden. Ob der Anlasser bei voller Batteriespannung einzieht, kann folgendermaßen geprüft werden:

- Keinen Gang einlegen, Zündung eingeschaltet.
- Mit einer Leitung (Querschnitt mindestens 4 mm^2) die Klemmen 30 und 50 am Anlasser überbrücken, siehe auch Stromlaufplan.

Spurt der Anlasser dabei einwandfrei ein, so liegt der Fehler in der Leitungsführung zum Anlasser. Anderenfalls Anlasser in ausgebautem Zustand überprüfen.

Prüfvoraussetzung: Leitungsanschlüsse müssen festsitzen und dürfen nicht oxydiert sein.

Störung	Ursache	Abhilfe
Anlasser dreht sich nicht beim Betätigen des Zündanlassschalters.	Batterie entladen.	■ Batterie laden.
	Klemmen 30 und 50 am Anlasser überbrücken: Anlasser läuft an. Leitung 50 zum Zündanlassschalter unterbrochen, Anlassschalter defekt.	■ Unterbrechung beseitigen, defekte Teile ersetzen.
	Kabel oder Masseanschluss ist unterbrochen, oder die Batterie ist entladen.	■ Batteriekabel und Anschlüsse prüfen. Spannung der Batterie messen, ggf. laden.
	Ungenügender Stromdurchgang infolge lockerer oder oxydierter Anschlüsse.	■ Batteriepole und -klemmen reinigen. Stromsichere Verbindungen zwischen Batterie, Anlasser und Masse herstellen.
	Keine Spannung an Klemme 50 (Magnetschalter).	■ Leitung unterbrochen Zündanlassschalter defekt.
Anlasser dreht sich zu langsam und zieht den Motor nicht durch.	Batterie entladen.	■ Batterie laden.
	Kein Mehrbereichsöl im Motor.	■ Motoröl wechseln, Mehrbereichsöl einfüllen.
	Ungenügender Stromdurchgang infolge lockerer oder oxydierter Anschlüsse.	■ Batteriepole und -klemmen und Anschlüsse am Anlasser reinigen, Anschlüsse festziehen.
	Kohlebürsten liegen nicht auf dem Kollektor auf, klemmen in ihren Führungen, sind abgenutzt, gebrochen, verölt oder verschmutzt.	■ Kohlebürsten überprüfen, reinigen bzw. auswechseln. Führungen prüfen.
	Ungenügender Abstand zwischen Kohlebürsten und Kollektor.	■ Kohlebürsten ersetzen und Führungen für Kohlebürsten reinigen.
	Kollektor riefig oder verbrannt und verschmutzt.	■ Kollektor abdrehen oder Anker ersetzen.
	Spannung an Klemme 50 fehlt (mind. 10 Volt).	■ Zündanlassschalter oder Magnetschalter überprüfen.
	Magnetschalter defekt.	■ Magnetschalter auswechseln.
Anlasser spurt ein und zieht an, Motor dreht nicht oder nur ruckweise.	Ritzelgetriebe defekt.	■ Ritzelgetriebe ersetzen.
	Ritzel verschmutzt.	■ Ritzel reinigen.
	Zahnkranz am Schwungrad defekt.	■ Zahnkranz nacharbeiten, falls erforderlich, Schwungrad erneuern lassen.
Ritzelgetriebe spurt nicht aus.	Ritzelgetriebe oder Steilgewinde verschmutzt beziehungsweise beschädigt.	■ Ritzelgetriebe reinigen, ggf. ersetzen.
	Magnetschalter defekt.	■ Magnetschalter ersetzen.
	Rückzugfeder schwach oder gebrochen.	■ Rückzugfeder erneuern.
Anlasser läuft weiter, nachdem der Zündschlüssel losgelassen wurde.	Magnetschalter hängt, schaltet nicht ab.	■ Zündung sofort ausschalten, Magnetschalter ersetzen.
	Zündschloss schaltet nicht ab.	■ Sofort Batterie abklemmen, Zündschloss ersetzen.

Scheibenwischanlage

Scheibenwischergummi für Frontscheibe ersetzen

Die Scheibenwischergummis sind bei schlechtem Wischbild zu ersetzen. Im Handel werden sowohl komplette Scheibenwischerblätter (Wischergummi mit Träger) als auch einzelne Wischgummis angeboten. Wird nur das Wischgummi ersetzt, darauf achten, dass der Träger nicht verbogen wird.

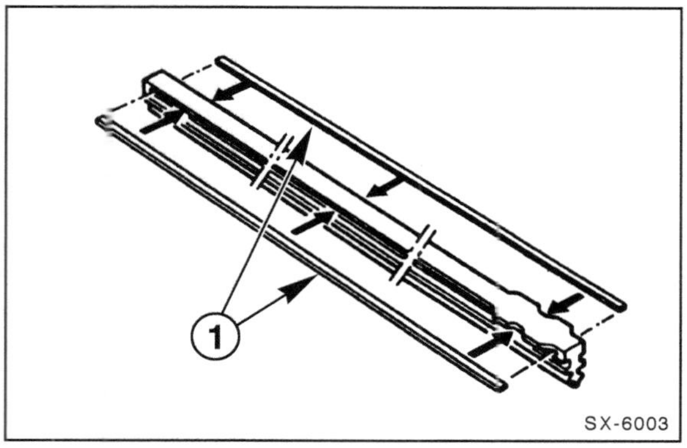

Das Wischergummi ist in 2 Metall-Halteschienen –1– geführt, die zum Ausbau einzeln demontiert werden müssen.

Ausbau

Achtung: Bei Arbeiten an der Wischeranlage den Zündschlüssel abziehen. Durch Bewegungen am Wischerarm oder Wischergestänge kann ab Zündschlüsselstellung »1« die Parkstellungsautomatik angeregt werden. Das heißt, der Wischer läuft los, bis er sich in Endabstellung befindet. Verletzungsgefahr!

- Wischerblatt hochklappen und einrasten.
- Wischerblatt senkrecht zum Wischerarm stellen.

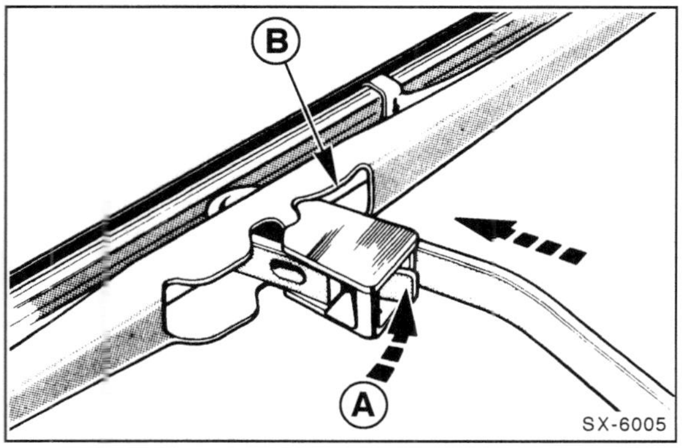

- Wischerblatt nach unten aus dem Haken am Wischerarm schieben. Wo vorhanden, dabei Federklammer –A– niederdrücken.
- Wischerblatt nach oben schieben und durch die Öffnung –B– vom Haken des Wischerarms abnehmen.

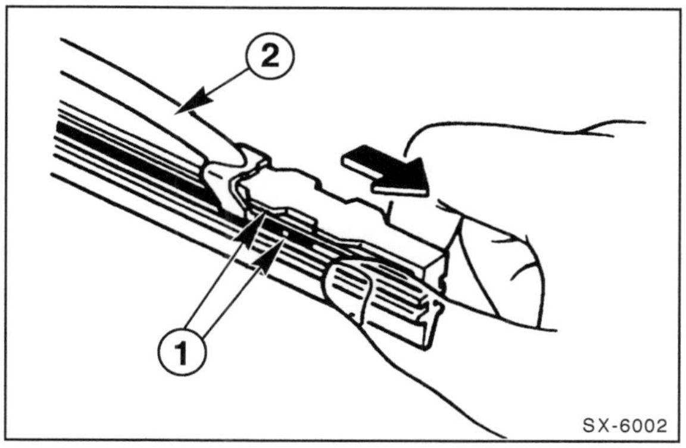

- An der geschlossenen Seite des Wischgummis beide Stahlschienen zusammendrücken (falls erforderlich, Kombizange verwenden), seitlich aus der oberen Klammer herausnehmen und Gummi komplett mit Schienen aus den restlichen Klammern des Wischerblattes herausziehen.

Einbau

- Neues Wischgummi ohne Halteschienen in die eine Klammer des Wischerblattes lose einlegen.

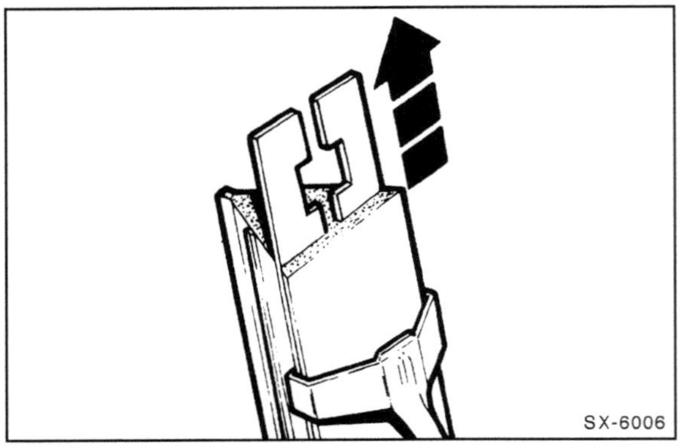

SX-6006

- Beide Schienen so in die erste Rille des Wischergummis einführen, dass die Aussparungen zum Gummi zeigen und in die Gumminasen der Rille einrasten. **Achtung:** Die Schienen sind leicht gebogen. Schienen so einsetzen, dass der Bauch des Bogens vom Wischerblatt weg gerichtet ist.
- Wischergummi an der geschlossenen Seite mit Seifenwasser bestreichen, damit es besser in die Haltebügel gleitet.
- Beide Stahlschienen und das Gummi zusammendrücken (mit Kombizange) und so in die andere Klammer einsetzen, dass die Klammernasen beidseitig in die Haltenuten des Wischgummis einrasten.
- Wischerblatt über den Wischerarm schieben und Federklammer in den Haken des Wischerarms einclipsen.
- Wischerarm zurückklappen. Darauf achten, dass das Wischgummi überall an der Scheibe anliegt.

Scheibenwaschdüsen einstellen

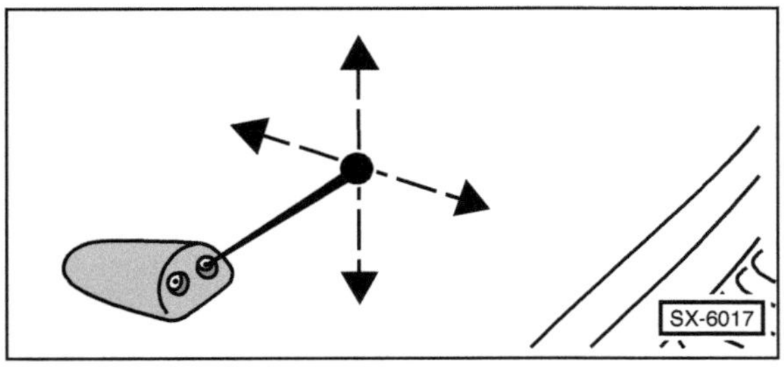

SX-6017

- Die Spritzrichtungen der Düsen können gegebenenfalls mit einer Nadel korrigiert werden. Im Stand soll der Spritzstrahl für die Windschutzscheibe an der Oberkante des Wischfelds auftreffen. Von HAZET gibt es hierfür das Werkzeug 4850-1. Es besteht aus einem dünnen Stift, der in die Scheibenwaschdüse eingeführt wird, und einem ausziehbaren Teleskopstab, mit dem die Ausrichtung der Düse auf der Scheibe festgestellt wird.

Scheibenwischermotor vorn aus- und einbauen

Ausbau

- Windschutzscheibe mit Wasser benetzen.
- Scheibenwischeranlage kurz laufen lassen und über den Scheibenwischerschalter abschalten. Dadurch läuft der Wischer in die Endstellung.
- Ruhestellung der Wischerblätter auf der Windschutzscheibe mit Abdeck-Klebeband markieren. Dazu einen Streifen Klebeband direkt neben das Wischerblatt auf die Windschutzscheibe kleben. Beim Einbau wird der Wischerarm wieder so auf die Verzahnung des Tandemlagers gesetzt, dass sich das Wischerblatt direkt neben dem Klebestreifen befindet.
- Batterie-Massekabel (–) bei ausgeschalteter Zündung abklemmen. **Achtung:** Falls das eingebaute Radio einen Diebstahlcode besitzt, wird dieser beim Abklemmen der Batterie gelöscht. Radios mit Diebstahlcode sind erkennbar an dem Wort »CODE« oder einem roten Schlüsselzeichen auf der Frontblende. Das Radio kann anschließend nur durch die Eingabe des richtigen Codes oder durch den Radio-Hersteller wieder in Betrieb genommen werden. Vor dem Abklemmen daher unbedingt den Diebstahlcode ermitteln.

SX-6007

- Kunststoffkappen an den Wischerarmen nach oben klappen.
- Befestigungsmutter ca. 2 Umdrehungen lösen. Wischerarm durch seitliche Bewegungen vom Konus des Tandemlagers lösen. Gegebenenfalls Scheibenwischerarme hochklappen. Festsitzenden Wischerarm mit Schlagauszieher 1966-5 von HAZET lösen.
- Wischerarm wieder zurückklappen, Mutter abschrauben und Wischerarm abnehmen. Zweiten Wischerarm auf gleiche Weise ausbauen.

- Gummidichtung nach oben von der Spritzwand abziehen. Spritzwandabdeckung abschrauben –Pfeile–.

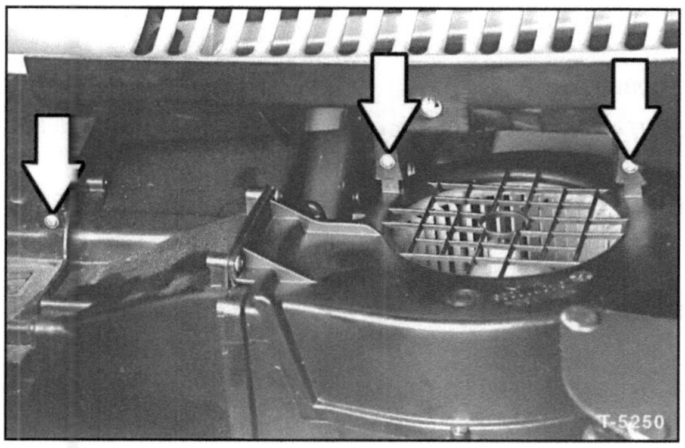

- Schrauben abschrauben und obere Heizungsabdeckung abnehmen.

- Befestigungsschrauben für Wischergestänge, an den Wischerlagern und am Motor, herausdrehen und Gestänge mit Motor herausheben.
- Mehrfachstecker vom Wischermotor abziehen.

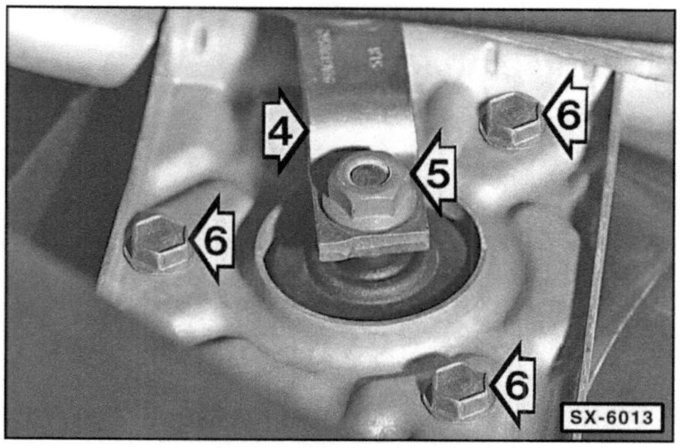

- Stellung der Kurbel –4– zur Montageplatte markieren. Dazu mit Filzstift entlang der Kurbel einen Strich auf der Montageplatte anbringen.
- Mutter –5– von der Antriebswelle abschrauben und Kurbel –4– vom Konus abziehen.
- 3 Befestigungsschrauben –6– für Wischermotor herausdrehen und Wischermotor von der Montageplatte abnehmen.

Einbau

Achtung: Vor dem Einbau prüfen, ob sich der Wischermotor in Endstellung befindet. Dazu kurzzeitig Mehrfachstecker aufschieben und Batterie-Massekabel anschließen. Motor kurz laufen lassen und anschließend mit Wischerschalter ausschalten, damit der Motor in Endstellung stehen bleibt.

- Wischermotor an der Montageplatte anschrauben.
- Kurbel entsprechend der beim Ausbau angebrachten Markierung ansetzen, gegenhalten und mit **25 Nm** festschrauben.
- Mehrfachstecker anschließen.
- Motor mit Wischergestänge einsetzen und die 4 Schrauben mit **10 Nm** festziehen.
- Obere Heizungsabdeckung und Spritzwandabdeckung einbauen. Gummidichtung oben auf die Spritzwand aufsetzen.
- Wischerarme einbauen. Dazu jeweiligen Wischerarm so auf den Konus des Tandemlagers aufsetzen, dass sich das Wischerblatt neben den Klebe-Markierungen auf der Windschutzscheibe befindet. Muttern leicht beiziehen, nicht festziehen.
- Batterie-Massekabel (–) anklemmen.
- Windschutzscheibe mit Wasser benetzen und Wischeranlage kurz laufen lassen und prüfen, ob die Wischerarme nicht am Scheibenrand anschlagen. Gegebenenfalls Wischerarme umsetzen.
- Muttern für Wischerarme mit **15 Nm** festziehen. Kunststoffabdeckungen auf die Muttern aufdrücken.
- Zeituhr einstellen. Diebstahlcode für Radio eingeben.

Scheibenwischermotor hinten aus- und einbauen

Ausbau

- Ruhestellung des Wischerblattes auf der Heckscheibe mit Abdeck-Klebeband markieren. Dazu einen Streifen Klebeband direkt neben das Wischerblatt auf die Heckscheibe kleben. Beim Einbau wird der Wischerarm wieder so auf die Verzahnung der Antriebswelle gesetzt, dass sich das Wischerblatt direkt neben dem Klebestreifen befindet.
- Batterie-Massekabel (–) bei ausgeschalteter Zündung abklemmen. **Achtung:** Falls das eingebaute Radio einen Diebstahlcode besitzt, wird dieser beim Abklemmen der Batterie gelöscht. Radios mit Diebstahlcode sind erkennbar an dem Wort »CODE« oder einem roten Schlüsselzeichen auf der Frontblende. Das Radio kann anschließend nur durch die Eingabe des richtigen Codes oder durch den Radio-Hersteller wieder in Betrieb genommen werden. Vor dem Abklemmen daher unbedingt den Diebstahlcode ermitteln.
- Befestigungsmutter abschrauben und Wischerarm von der Lagerachse abziehen.
- Heckklappen-Innenverkleidung ausbauen, siehe Seite 230.

CINQUECENTO

- Mehrfachstecker für Wischermotor abziehen. Motor komplett mit Halter abschrauben –Pfeile–.

SEICENTO

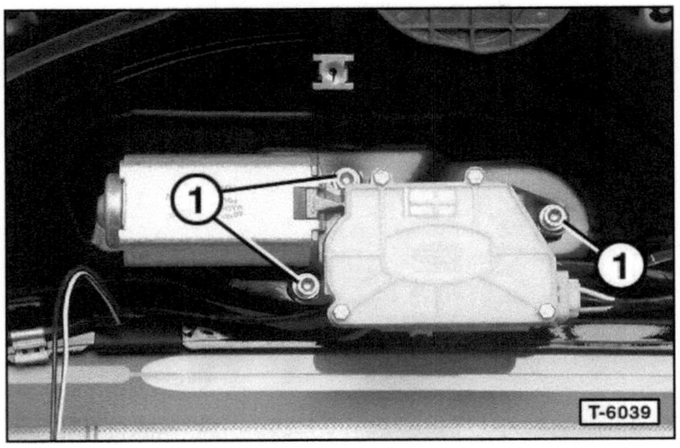

- Mehrfachstecker für Heckwischermotor abziehen. Motor abschrauben –1– und abnehmen.

Einbau

- Wischermotor mit Halter an der Heckklappe anschrauben und festziehen.
- Mehrfachstecker anschließen und Batterie-Massekabel (–) anklemmen. Gegebenenfalls Diebstahlcode für das Autoradio eingeben und Zeituhr einstellen.
- Wischermotor kurz laufen lassen und mit Wischerschalter abschalten, damit der Motor in Endstellung stehen bleibt.
- Wischerarm einbauen. Dazu Wischerarm auf den Konus der Antriebswelle auflegen, nach den Klebe-Markierungen auf der Heckscheibe ausrichten und aufdrücken.
- Federscheibe auflegen und Wischerarm mit Mutter und **15 Nm** festschrauben.

Behälter für Scheibenwaschanlage/ Waschpumpe aus- und einbauen

Die Scheibenwaschanlagen für Front- und Heckscheibe werden aus einem gemeinsamen Vorratsbehälter versorgt, der sich vor dem rechten Vorderrad im Kotflügel befindet.

Ausbau

- Fahrzeug vorn aufbocken und Innenkotflügel rechts ausbauen, siehe Seite 224.

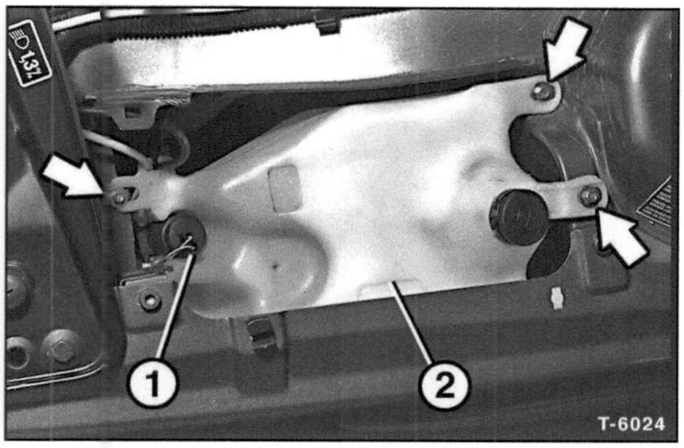

- Stecker –1– von der Waschpumpe abziehen. Die Abbildung zeigt nicht den CINQUECENTO/SEICENTO.
- Scheibenwaschbehälter abschrauben und nach unten herausnehmen.
- Schläuche von der Waschpumpe abziehen.
- Behälter für Scheibenwaschanlage –2– herausnehmen.
- Waschpumpe aus dem Behälter herausziehen. Dichtgummis abnehmen.
- Waschwasserbehälter entleeren.

Einbau

- Dichtgummis für Waschpumpe in den Flüssigkeitsbehälter einsetzen. Vorher Dichtgummis auf Porosität oder Beschädigung prüfen, gegebenenfalls ersetzen.
- Waschpumpe im Behälter einrasten lassen.
- Behälter für Scheibenwaschanlage am Fahrzeug einsetzen.
- Schläuche sowie Mehrfachstecker auf Pumpe aufschieben.
- Behälter für Scheibenwaschanlage in Einbaulage bringen und anschrauben.
- Waschwasserbehälter mit Scheibenwaschwasser auffüllen.
- Innenkotflügel einbauen.

Störungsdiagnose Scheibenwischergummi

Wischbild	Ursache	Abhilfe
Schlieren.	Wischgummi verschmutzt.	■ Wischgummi mit harter Nylonbürste und einer Waschmittellösung oder Spiritus reinigen.
	Ausgefranste Wischlippe, Gummi ausgerissen oder abgenutzt.	■ Wischgummi erneuern.
	Wischgummi gealtert, rissige Oberfläche.	■ Wischgummi erneuern.
Im Wischfeld verbleibende Wasserreste ziehen sich sofort zu Perlen zusammen.	Windschutzscheibe durch Lackpolitur oder Öl verschmutzt.	■ Windschutzscheibe mit sauberem Putzlappen und einem Fett-Öl-Silikonentferner reinigen.
Wischerblatt wischt einseitig gut - einseitig schlecht, rattert.	Wischgummi einseitig verformt, »kippt nicht mehr«.	■ Neues Wischgummi einbauen.
	Wischerarm verdreht, Blatt steht schief auf der Scheibe.	■ Wischerarm vorsichtig verdrehen, bis richtige, senkrechte Stellung erreicht ist.
Nicht gewischte Flächen.	Wischgummi aus der Fassung herausgerissen.	■ Wischgummi vorsichtig in die Fassung einsetzen.
	Wischerblatt liegt nicht mehr gleichmäßig an der Scheibe an, da Federschienen oder Bleche verbogen.	■ Wischerblatt ersetzen. Dieser Fehler tritt vor allem bei unsachgemäßem Montieren eines Ersatzblattes auf.
	Anpressdruck durch Wischerarm zu gering.	■ Wischerarmgelenke und Feder leicht einölen oder neuen Arm einbauen.

Beleuchtungsanlage

Zur Beleuchtungsanlage zählen: Hauptscheinwerfer, Heckleuchten, Bremsleuchten, Rückfahrscheinwerfer, Blinkleuchten, Nebelschlussleuchten, Kennzeichenleuchten und Innenleuchten. Die Instrumentenbeleuchtung wird im Kapitel »Armaturen« beschrieben.

Glühlampen verschleißen mit der Zeit. Etwa alle 2 Jahre sollten sie deshalb ausgewechselt werden, auch wenn sie noch intakt sind. Dies gilt nicht für Halogenlampen, wie sie beispielsweise in den Haupt- und den Nebelscheinwerfern verwendet werden. Sie halten normalerweise wesentlich länger und müssen erst bei einem Defekt gewechselt werden. Eine Glühlampe mit verminderter Leuchtkraft erkennt man auch an schwarzen Ablagerungen auf dem Glaskolben.

Vor dem Auswechseln einer Glühlampe Schalter des betreffenden Verbrauchers ausschalten. **Achtung: Glaskolben nicht mit bloßen Fingern anfassen.** Der Fingerabdruck würde verdunsten und sich – aufgrund der Wärme – auf dem Reflektor niederschlagen und diesen erblinden lassen. Grundsätzlich Glühlampe nur durch eine gleiche Ausführung ersetzen. Versehentlich entstandene Berührungsflecken mit sauberem, nicht faserndem Tuch und Spiritus entfernen.

Glühlampentabelle

Um jederzeit eine Glühlampe auswechseln zu können, sollte stets ein Kasten mit Ersatz-Glühlampen im Fahrzeug mitgeführt werden. Der FIAT-Kundendienst führt solche Ersatz-Glühlampenboxen.

12-V-Glühlampe für:	Typ	Leistung
Fernlicht, Abblendlicht	H4	60/55 W
Blinkleuchten vorn/hinten	Bajonett	21 W
Bremslicht, Rückfahrlicht	Bajonett	21 W
Nebelschlusslicht	Bajonett	21 W
Leselampe	Bajonett	5 W
Blinkleuchten seitlich	Glassockel	5 W
Standlicht	Glassockel	5 W
Nebelscheinwerfer	H 3	55 W
Kennzeichenleuchte	Soffitte	5 W
Gepäckraum-/Innenleuchte	Soffitte	5W
Mittlere Bremsleuchte	W5W	5 W

Glühlampen auswechseln

- Schalter der betreffenden Lampe ausschalten.

Hauptscheinwerfer

In die Hauptscheinwerfer sind das Fern- und Abblend-, sowie das Standlicht integriert.

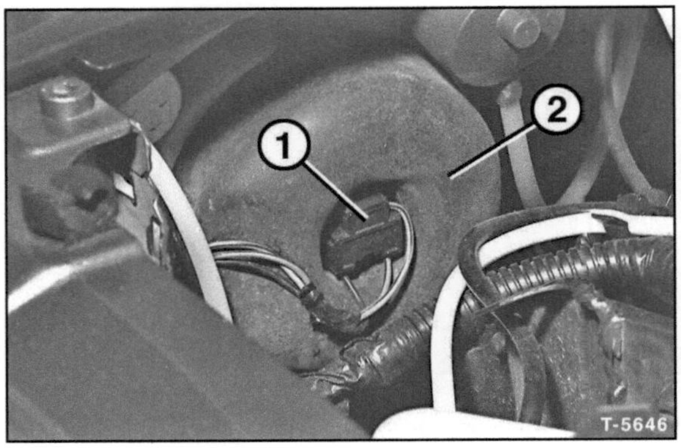

- Stecker –1– vom Lampensockel abziehen.
- Scheinwerfer-Abdeckkappe –2– abziehen.

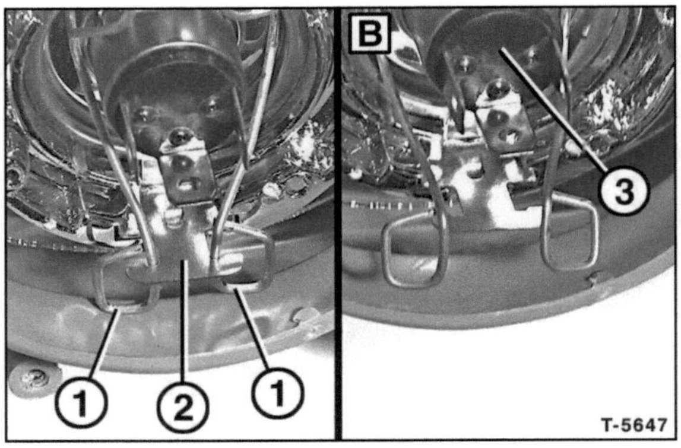

- Haltefeder –1– zusammendrücken und aus dem Halter –2– aushängen –B–.
- Glühlampe –3– für Fern-/Abblendlicht herausnehmen.
- Glühlampe für Fern-/Abblendlicht so einsetzen, dass die Nase am Lampensockel in die entsprechende Aussparung am Gehäuse passt. Anschließend Federbügel nach innen klappen und einhaken.

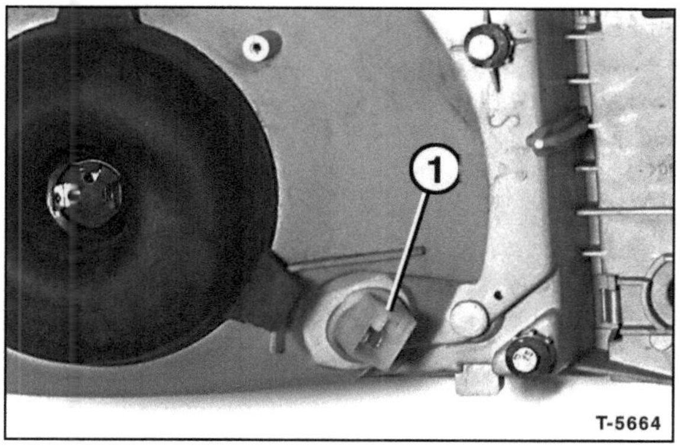

- Die Stand- beziehungsweise Parkleuchte zum Wechseln am Lampensockel –1– um 90° (¼ Umdrehung) nach links drehen und aus dem Reflektor herausziehen.

- Standlichtlampe aus der Fassung gerade herausziehen.
- Neue Standlichtlampe in die Fassung eindrücken.
- Fassung der Standlichtlampe in den Reflektor einsetzen und um 90° drehen.
- Scheinwerfer-Abdeckkappe ansetzen, Stecker aufschieben.

Blinkleuchte vorn

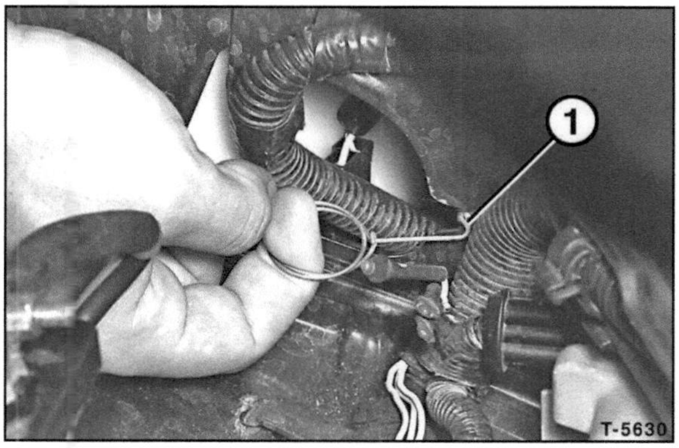

- Vom Motorraum aus Feder –1– aushängen, dabei Blinkleuchtenglas nach außen ziehen.

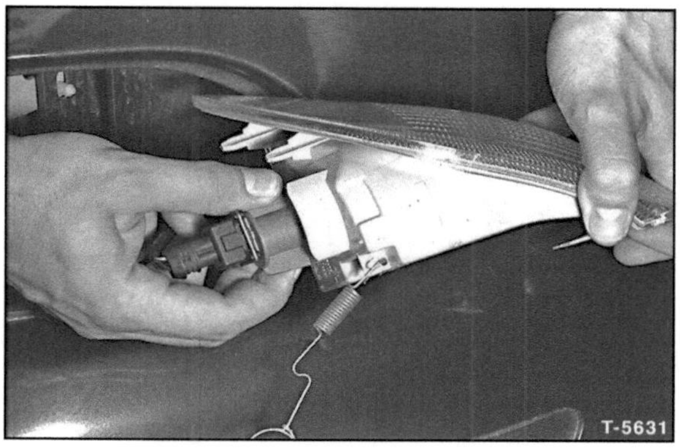

- Lampensockel um 90° (¼ Umdrehung) drehen und aus dem Reflektor herausziehen.
- Glühlampe etwas in die Fassung eindrücken, nach links drehen und herausnehmen.
- Neue Glühlampe in die Fassung eindrücken, nach rechts drehen und einrasten.
- Fassung der Blinklichtlampe in den Reflektor einsetzen und um 90° nach rechts drehen.

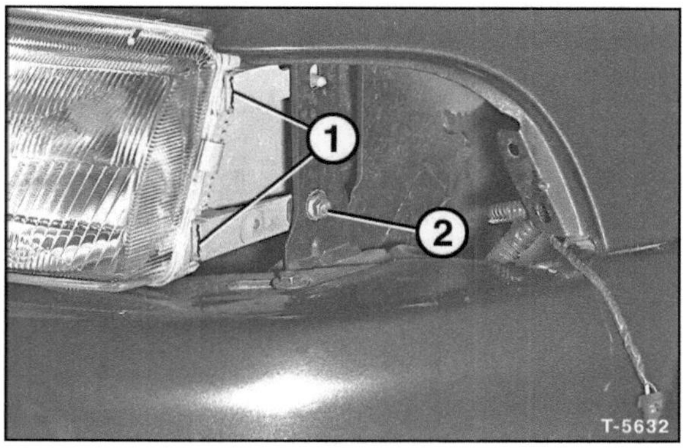

- Blinker-Lampenglas mit den seitlichen Nasen in die Führungen –1– am Scheinwerfer einsetzen und mit Feder befestigen. 2 – Befestigungsschraube.

Seitliche Blinkleuchte

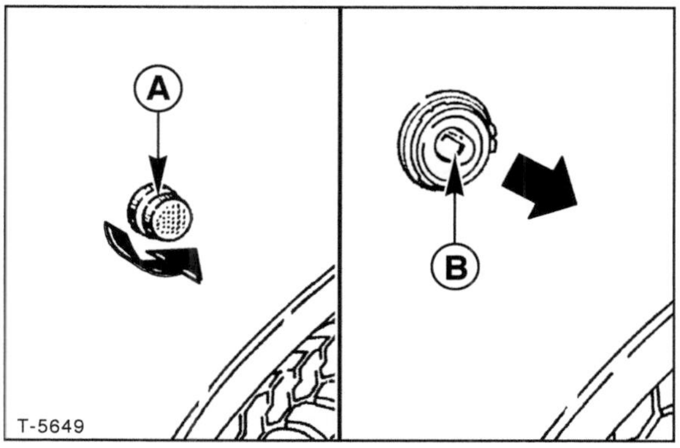

- Streuglas –A– nach links drehen und abnehmen.

- Glassockellampe –B– aus der Fassung ziehen und ersetzen.
- Streuglas ansetzen und durch Rechtsdrehen arretieren.

Heckleuchten

- Heckklappe öffnen.

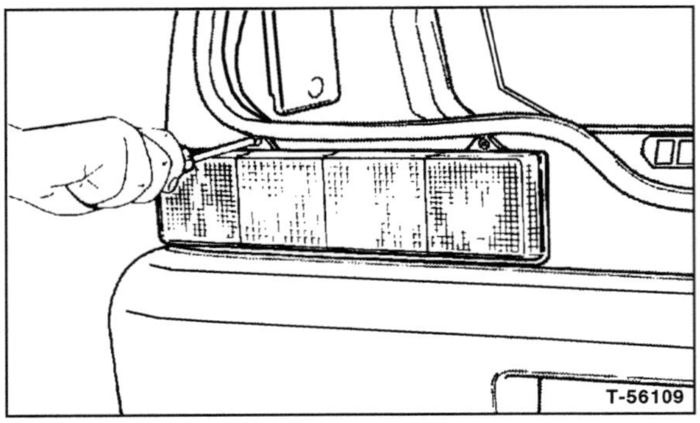

- Leuchteneinheit mit 2 oder 3 Schrauben abschrauben. **Hinweis:** Die Heckleuchte beim SEICENTO unterscheidet sich im Aussehen, wird aber auf die gleiche Weise aus- und eingebaut.

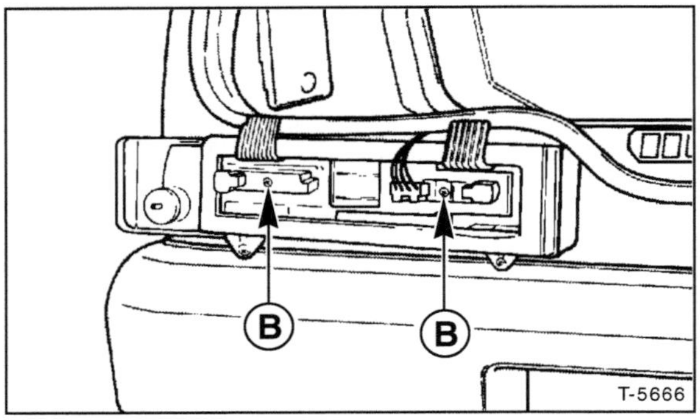

- Leuchteneinheit um 180° herausklappen und Kabelstecker abziehen.
- Lampenhalter mit 2 Schrauben –B– abschrauben.

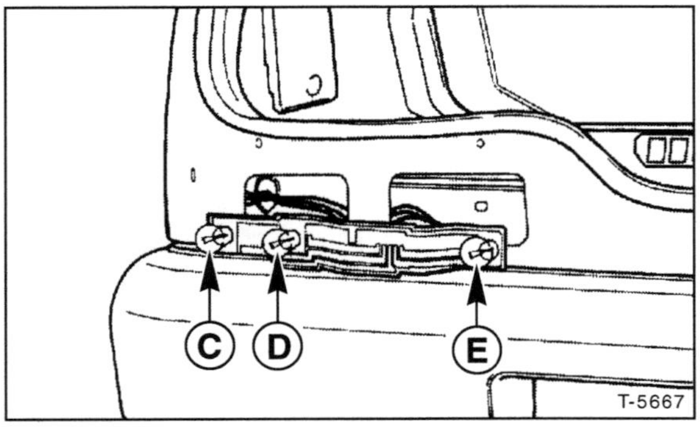

- Defekte Glühlampe leicht eindrücken, nach links drehen und herausnehmen. Anordnung der Glühlampen:
  C – Blinklicht, D – Bremslicht/Schlusslicht, E – Rückfahrleuchte (rechts) beziehungsweise Nebelschlusslicht (links).
- Glühlampe in Fassung eindrücken, nach rechts drehen und einrasten.
- Lampenhalter mit Gummidichtung an der Leuchteneinheit einsetzen und anschrauben.
- Kabelstecker einrasten.
- Leuchteneinheit an der Karosserie ansetzen und nicht zu fest anschrauben.

Mittlere Bremsleuchte

SEICENTO

- Heckklappe öffnen.
- Heckklappen-Innenverkleidung ausbauen, siehe Seite 230.
- Steckverbindung für die mittlere Bremsleuchte trennen.

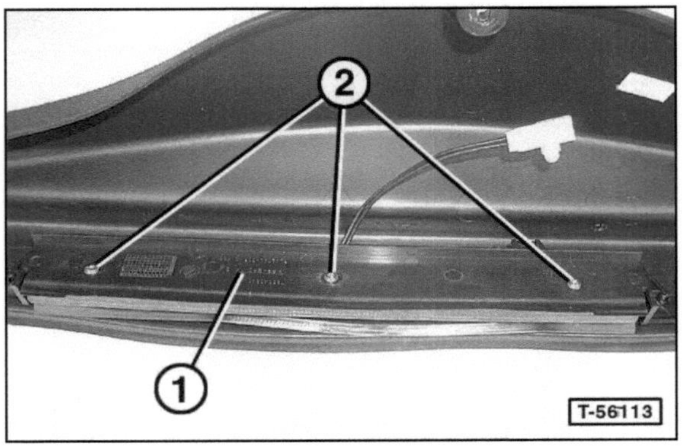

- Mittlere Bremsleuchte –1– von der Heckklapen-Innenverkleidung abschrauben –2– und abnehmen.
- Lampenträger vom Leuchtenglashalter abschrauben. Dazu 4 Schrauben auf der Rückseite des Lampenträgers abschrauben.
- Defekte Glühlampe aus der Fassung herausziehen und ersetzen.
- Der Einbau erfolgt sinngemäß in der umgekehrten Ausbaureihenfolge.

Kennzeichenleuchte

CINQUECENTO

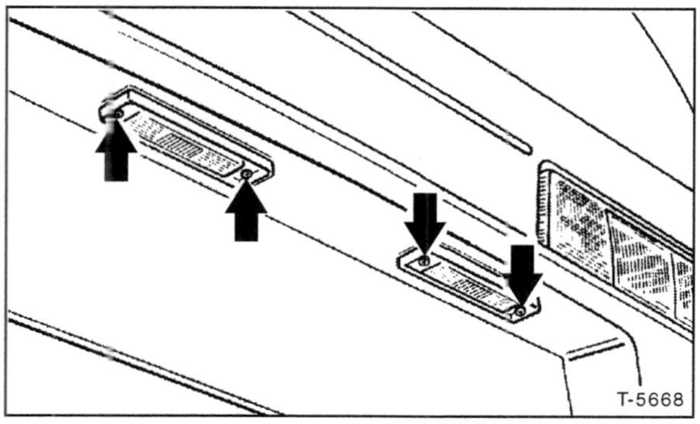

- Leuchte am Stoßfänger abschrauben.
- Soffittenlampe auswechseln. Gegebenenfalls Kontaktzungen für Soffittenlampe nachbiegen.
- Lampenglas ansetzen und anschrauben.

SEICENTO

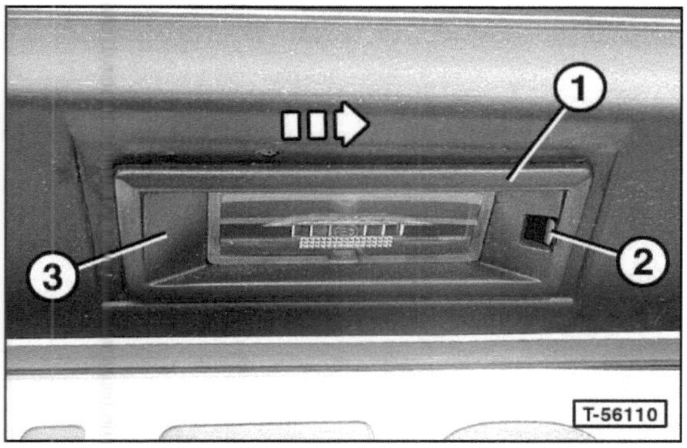

- Kennzeichenleuchte –1– mit einem Schraubendreher aus dem Stoßfänger lösen. Dazu mit dem Schraubendreher die Haltefeder –2– etwas anheben. **Hinweis:** Falls die Haltefeder –2– hineingerutscht ist, Kennzeichenleuchte mit einem stumpfen Gegenstand, zum Beispiel mit dem Kunststoffkeil HAZET 1965-20, in Pfeilrichtung drücken und an der linken Seite –3– herausziehen.
- Kennzeichenleuchte herausnehmen und Glühlampe aus der Fassung herausziehen.
- Neue Glühlampe in die Fassung einsetzen und hineindrücken.
- Gegebenenfalls Haltefeder etwas zusammendrücken und so einhaken, dass das Ende der Haltefeder von außen sichtbar ist, siehe Abbildung.
- Kennzeichenleuchte in die Halterung einsetzen. Die Leuchte muss einrasten.

Innenleuchte

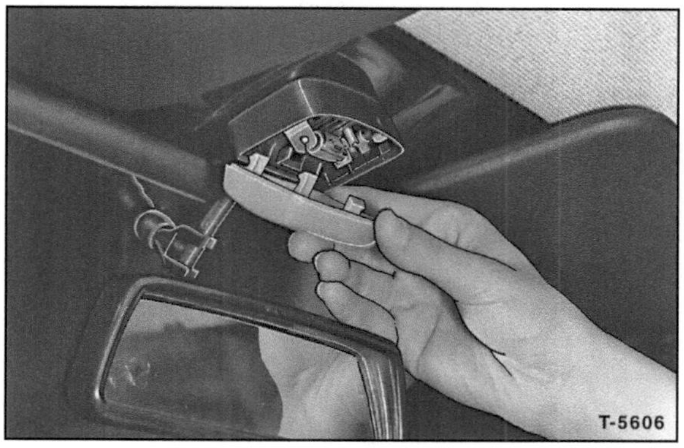

- **CINQUECENTO:** Leuchtenglas von Hand vom Lampenträger abdrücken.
- **SEICENTO:** Leuchtenglas mit einem Schraubendreher aus der Halterung heraushebeln.
- Soffittenlampe für Innenbeleuchtung auswechseln. Gegebenenfalls Kontaktzungen für Soffittenlampe nachbiegen.
- Leuchtenscheibe ansetzen und einrasten.

Scheinwerfer/Blinkleuchte aus- und einbauen

Hinweis: Die Blinkleuchte wird beim CINQUECENTO und beim SEICENTO auf die gleiche Weise aus- und eingebaut.

CINQUECENTO

Ausbau

- Mehrfachstecker für Scheinwerferlampe und Standlichtlampe abziehen. Dazu beim Stecker für Standlicht- und Blinklampe den mittleren Haken eindrücken.

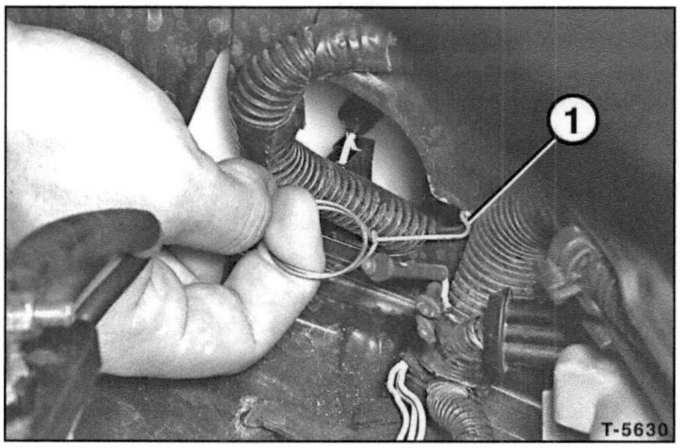

- Vom Motorraum aus Feder –1– für Blinkleuchtenglas aushängen. **Hinweis:** Wird nur die Blinkleuchte ausgebaut, Blinkleuchte aushängen und von vorne herausziehen. Stecker an der Blinkleuchte abziehen. Die Blinkleuchte wird beim CINQUECENTO und beim SEICENTO auf die gleiche Weise aus- und eingebaut.

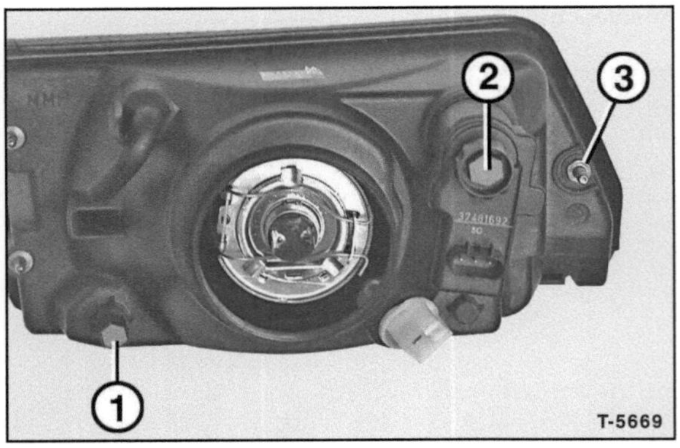

- Scheinwerfer mit Mutter –3– abschrauben und komplett mit Blinkleuchte nach vorn abnehmen. 1 – Schraube für Seitenverstellung, 2 – Schraube für Höheneinstellung.
- Stecker für Blinklampe abziehen.

Einbau

- Scheinwerfer ansetzen, Stecker für Blinklampe einrasten. **Hinweis:** Wurde nur die Blinkleuchte ausgebaut, Stecker an der Blinkleuchte aufschieben, Blinkleuchte von vorn einsetzen und mit der Feder einhaken.

- Scheinwerfer lose anschrauben und nach den umliegenden Bauteilen ausrichten. Rastnasen in die dafür vorgesehenen Federn eindrücken und Mutter festziehen.
- Feder für Blinkleuchte einhängen.
- Mehrfachstecker für Scheinwerferlampe und Standlichtlampe aufstecken.
- Scheinwerfereinstellung prüfen, gegebenenfalls Scheinwerfer einstellen lassen.

SEICENTO

Ausbau

- Blinkleuchte ausbauen, siehe Abschnitt »CINQUECENTO«.

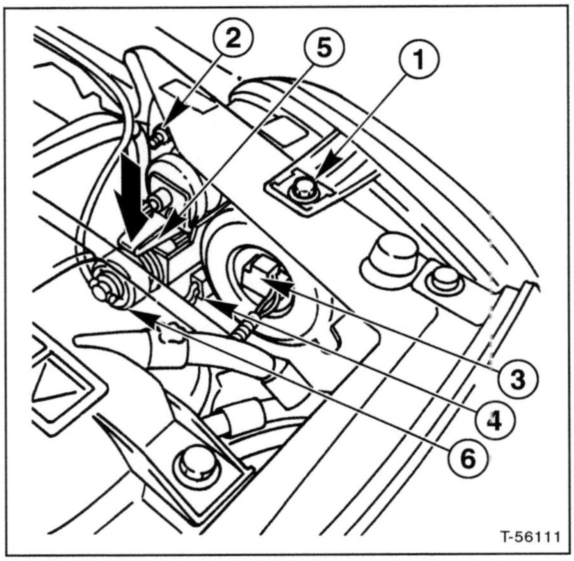

- Schraube –1– und Mutter –2– abschrauben.
- Stecker für Scheinwerferlampe –3– und für Standlicht –4– abziehen.
- Hebel –5– nach unten drücken –Pfeil–, Stellglied –6– im Uhrzeigersinn drehen und somit lösen. Stellglied abnehmen.
- Scheinwerfer nach vorne herausnehmen.

Einbau

- Scheinwerfer einsetzen. Stellglied am Scheinwerfer ansetzen und gegen den Uhrzeigersinn drehen.
- Hebel –5– nach oben ziehen, dadurch wird das Stellglied –6– fixiert.
- Stecker für Scheinwerferlampe und für Standlicht aufschieben.
- Scheinwerfer mit der Schraube und der Mutter anschrauben.
- Blinkleuchte einbauen, siehe Abschnitt »CINQUECENTO«.
- Scheinwerfereinstellung prüfen, gegebenenfalls Scheinwerfer einstellen lassen.

Scheinwerfer/Nebelscheinwerfer einstellen

Für die Verkehrssicherheit ist die richtige Einstellung der Scheinwerfer von großer Bedeutung. Die exakte Einstellung der Scheinwerfer ist nur mit einem Spezialeinstellgerät möglich. Es wird deshalb nur gezeigt, wo der Scheinwerfer eingestellt werden kann und welche Bedingungen zum richtigen Einstellen der Scheinwerfer erfüllt sein müssen.

- Reifen müssen den vorgeschriebenen Reifenfülldruck haben.
- Das Fahrzeug muss vollgetankt sein. Falls der Tank nur halb voll ist, muss ein Gewicht von ca. 30 kg in den Kofferraum gelegt werden.
- Das unbeladene Fahrzeug muss mit 75 kg (eine Person) auf dem Fahrersitz belastet sein.
- Leuchtweitenregulierung am Armaturenbrett auf »0« stellen.
- Fahrzeug auf ebene Fläche stellen.
- Vorderwagen mehrmals kräftig nach unten drücken, damit die Federung der Vorderradaufhängung sich setzt.
- Die Scheinwerfer dürfen nur bei Abblendlicht eingestellt werden. Das Neigungsmaß beträgt für Normalscheinwerfer 13 cm auf 10 m Entfernung (= 1,3%).

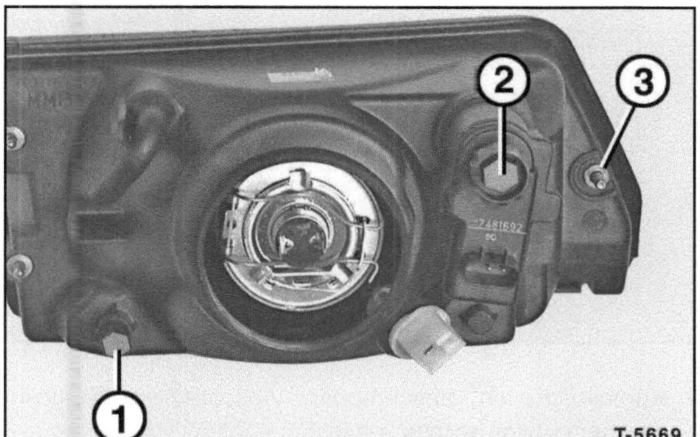

T-5669

- Lage der Einstellschrauben:
  1 = Schraube für Seitenverstellung
  2 = Schraube für Höhenverstellung
  (3 = Befestigungsmutter).

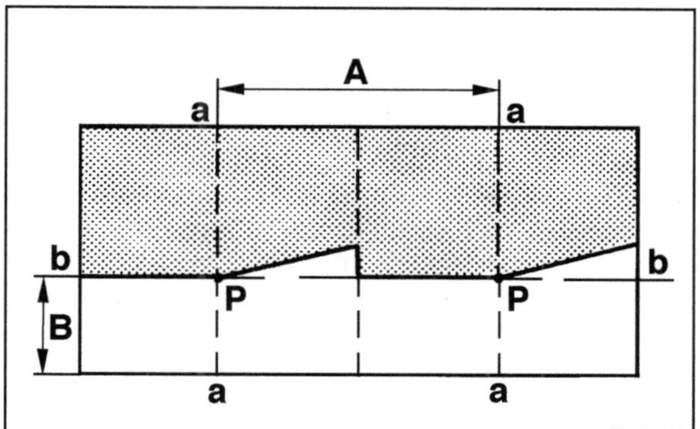

T-5662

- Falls ein Scheinwerfer-Einstellgerät nicht zur Verfügung steht, Fahrzeug auf eine ebene Fläche mit einem Abstand von 10 m vor einer weißen Wand abstellen und Abblendlicht einschalten.
- Die Helldunkelgrenze –b-b– muss sich 13 cm unter dem Maß –B– (Abstand des Scheinwerfer-Mittelpunktes vom Boden) befinden. A = Abstand der beiden Scheinwerfer-Mittelpunkte.

Hinweis: Das Neigungsmaß (Höheneinstellung) beträgt für **Nebelscheinwerfer** 22 cm auf 10 m Entfernung (= 2,2 %). Eine Seitenverstellung ist beim Nebelscheinwerfer nicht möglich.

Armaturen

Die Armaturen sind in einem Kombiinstrument zusammengefasst, allerdings kann beim SEICENTO ein separater Drehzahlmesser vorhanden sein. Das Kombiinstrument beziehungsweise der Drehzahlmesser muss beispielsweise ausgebaut werden, wenn Glühlampen der Instrumentenbeleuchtung oder Kontrollleuchten ersetzt werden sollen. Sind einzelne Instrumente defekt, kann das Kombiinstrument zerlegt und das Instrument erneuert werden. In diesem Kapitel wird auch der Aus- und Einbau des Lenkstockschalters für Scheibenwischer/Fern- und Abblendlicht/Blinklicht, sowie der Aus- und Einbau des Radios beschrieben.

Kombiinstrument/Kontrolllampen aus- und einbauen

CINQUECENTO

Ausbau

- Batterie-Massekabel (–) bei ausgeschalteter Zündung abklemmen. **Achtung:** Falls das eingebaute Radio einen Diebstahlcode besitzt, wird dieser beim Abklemmen der Batterie gelöscht. Radios mit Diebstahlcode sind erkennbar an dem Wort »CODE« oder einem roten Schlüsselzeichen auf der Frontblende. Das Radio kann anschließend nur durch die Eingabe des richtigen Codes oder durch den Radio-Hersteller wieder in Betrieb genommen werden. Vor dem Abklemmen daher unbedingt den Diebstahlcode ermitteln.

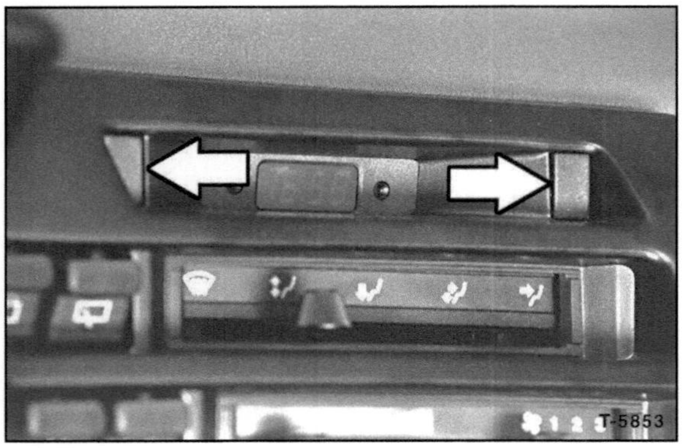

- Kleine Abdeckungen links und rechts neben der Uhr abhebeln.

- Rahmen für Kombiinstrument mit Innensechskantschlüssel abschrauben.
- Rahmen abnehmen.

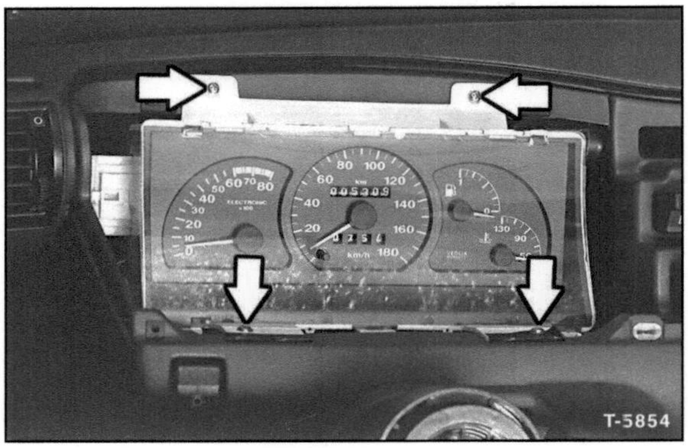

- Kombiinstrument abschrauben. Anschließend Kombiinstrument etwas herausziehen.
- Tachowelle hinten am Kombiinstrument an der Überwurfhülse abziehen.
- Alle elektrischen Mehrfachstecker hinten am Kombiinstrument abziehen. Beim Abziehen Sicherungsklammern der Stecker zusammendrücken. Einbaulage merken.

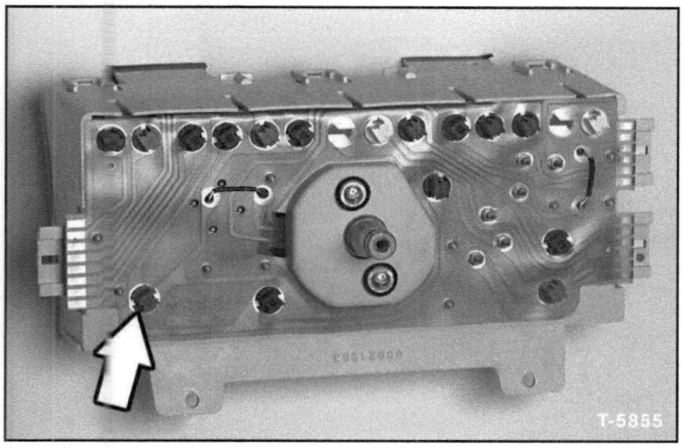

- Fassung der defekten Glühlampe leicht herunterdrücken und durch Linksdrehen herausheben. Lampe gerade aus der Fassung herausziehen und erneuern. Fassung mit Lampe durch Rechtsdrehen befestigen.
- Bei Defekt können auch einzelne Anzeigeinstrumente erneuert werden, dazu Kombiinstrument zerlegen.

Einbau

- Alle Kombistecker auf Kombiinstrument aufschieben, sie müssen einrasten.
- Tachowelle aufschieben und durch Aufschieben der Überwurfhülse arretieren.
- Kombiinstrument in Schalttafel einsetzen und mit 4 Schrauben befestigen.
- Rahmen mit Innensechskantschrauben anschrauben.
- Blenden links und rechts neben der Zeituhr aufdrücken.
- Batterie-Massekabel (–) anklemmen. Gegebenenfalls Diebstahlcode für das Autoradio eingeben und Zeituhr einstellen.

SEICENTO

Instrument für Geschwindigkeitsmesser, Tankuhr, Kühlmittel-Temperaturanzeige

Ausbau

- Lenksäulenverkleidung und gegebenenfalls Lenkrad ausbauen, siehe Seite 221 und 108.

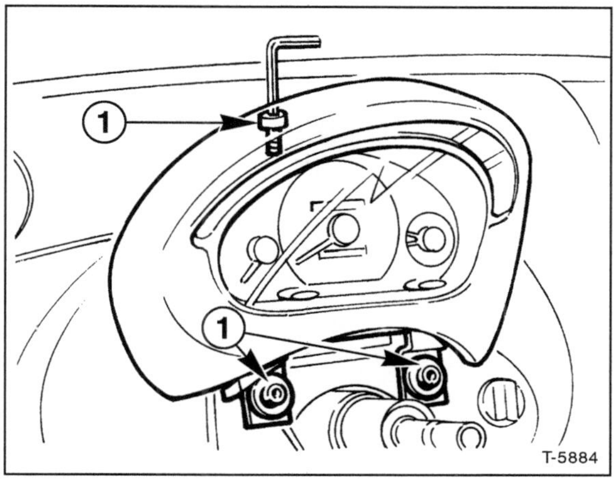

- Schrauben –1– herausdrehen und Kombiinstrument abnehmen.

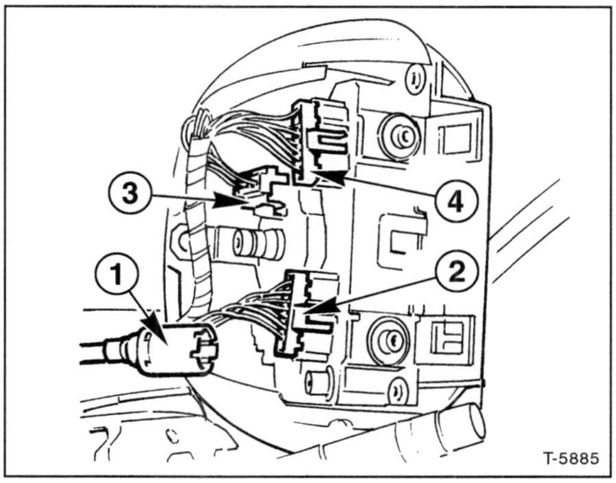

- Tachowelle –1– vorsichtig abziehen.
- Mehrfachstecker –2/3/4– abziehen.

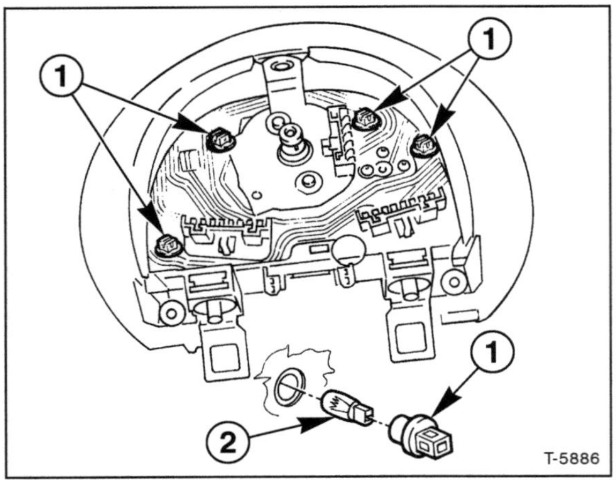

- Entsprechende Glühlampenfassung –1– mit defekter Glühlampe entgegen dem Uhrzeigersinn drehen und aus dem Kombiinstrument herausziehen.
- Defekte Glühlampe –2– aus der Fassung –1– herausziehen und ersetzen.

Einbau

- Neue Glühlampe ganz in die Fassung hineinschieben.
- Fassung mit Glühlampe in das Kombiinstrument einführen und durch Verdrehen im Uhrzeigersinn fixieren.
- Mehrfachstecker am Kombiinstrument aufschieben.
- Tachowelle am Kombiinstrument vorsichtig aufschieben. Die Welle muss mit der Halterung am Kombiinstrument einrasten.
- Kombiinstrument anschrauben.
- Lenksäulenverkleidung und gegebenenfalls Lenkrad einbauen, siehe Seite 221 und 108.

Drehzahlmesser

Ausbau

- Batterie-Massekabel (–) bei ausgeschalteter Zündung abklemmen. **Achtung:** Falls das eingebaute Radio einen Diebstahlcode besitzt, wird dieser beim Abklemmen der Batterie gelöscht. Radios mit Diebstahlcode sind erkennbar an dem Wort »CODE« oder einem roten Schlüsselzeichen auf der Frontblende. Das Radio kann anschließend nur durch die Eingabe des richtigen Codes oder durch den Radio-Hersteller wieder in Betrieb genommen werden. Vor dem Abklemmen daher unbedingt den Diebstahlcode ermitteln.

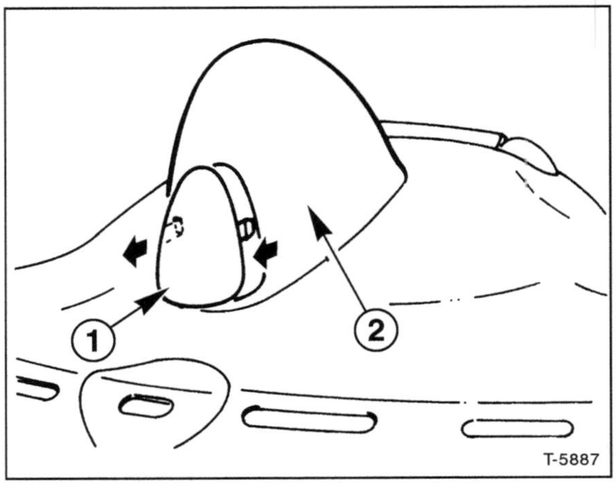

- Deckel –1– vom Drehzahlmessergehäuse –2– abhebeln.

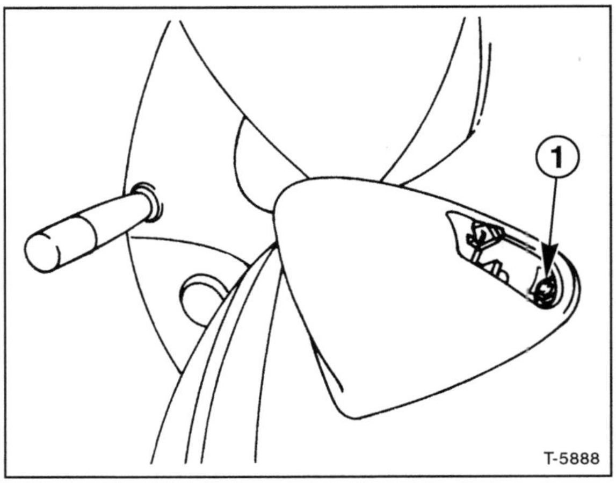

- Drehzahlmessergehäuse abschrauben –1–.

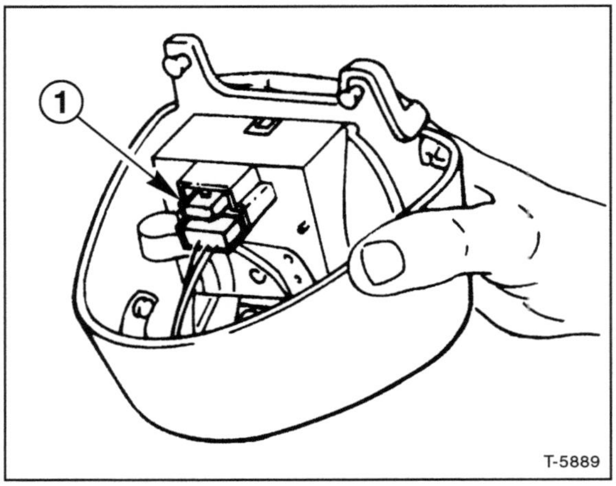

- Mehrfachstecker –1– abziehen und Drehzahlmesser abnehmen.

Einbau

- Mehrfachstecker am Drehzahlmesser aufschieben.
- Drehzahlmesser am Armaturenbrett mit ca. 4 Nm anschrauben.
- Deckel am Drehzahlmessergehäuse anbringen.
- Batterie-Massekabel (–) anklemmen. Gegebenenfalls Diebstahlcode für das Autoradio eingeben und Zeituhr einstellen.

Lenkstockschalter aus- und einbauen

Die Schalter für Blinker, Fernlicht und Scheibenwischer sind so genannte Lenkstockschalter. Beim CINQUECENTO ist auch der Schalter für die Hupe in den Lenkstockschalter integriert.

CINQUECENTO

Ausbau

- Batterie-Massekabel (–) bei ausgeschalteter Zündung abklemmen. **Achtung:** Falls das eingebaute Radio einen Diebstahlcode besitzt, wird dieser beim Abklemmen der Batterie gelöscht. Radios mit Diebstahlcode sind erkennbar an dem Wort »CODE« oder einem roten Schlüsselzeichen auf der Frontblende. Das Radio kann anschließend nur durch die Eingabe des richtigen Codes oder durch den Radio-Hersteller wieder in Betrieb genommen werden. Vor dem Abklemmen daher unbedingt den Diebstahlcode ermitteln.
- Lenkrad ausbauen, siehe Seite 108.

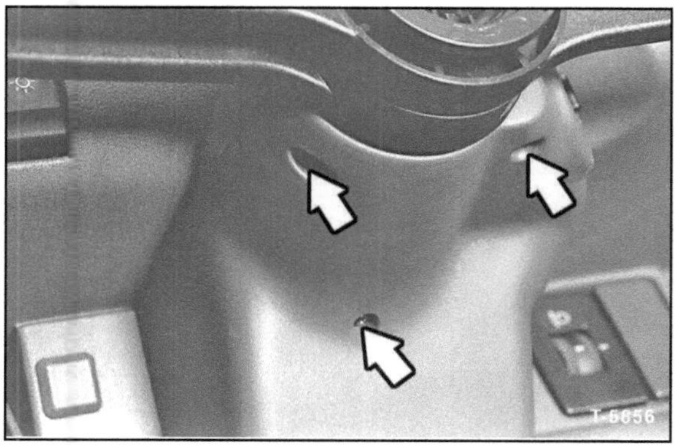

- 3 Kreuzschlitzschrauben –Pfeile– an der Verkleidung der Lenksäule abschrauben. Verkleidung nach oben und unten abnehmen.
- Anschlussstecker an den Lenkstockschaltern abziehen.

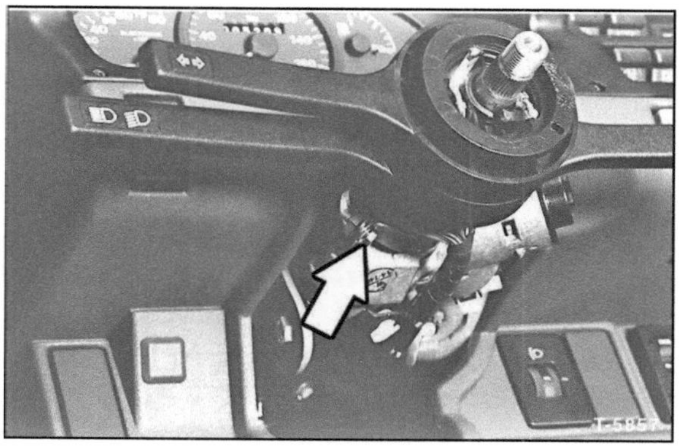

- Schelle lösen und Lenkstockschalter nach oben über die Lenkspindel abziehen.

Einbau

- Stecker des Lenkstockschalters zusammenfügen.
- Lenkstockschalter aufstecken und festschrauben.
- Lenksäulenverkleidung mit 3 Kreuzschlitzschrauben festschrauben.
- Lenkrad einbauen, siehe Seite 108.
- Batterie-Massekabel (–) anklemmen. Gegebenenfalls Diebstahlcode für das Autoradio eingeben und Zeituhr einstellen.
- Alle Funktionen des Lenkstockschalters prüfen. Prüfen ob die automatische Rückstellung des Blinkerschalters funktioniert. Gegebenenfalls muss das Lenkrad nochmals ausgebaut werden und bei ausgeschaltetem Blinker und geradeaus gestellten Vorderrädern in Mittelstellung wieder eingebaut werden. Siehe auch Kapitel »Lenkrad aus- und einbauen«.

SEICENTO

- Batterie-Massekabel (–) bei ausgeschalteter Zündung abklemmen. **Achtung:** Falls das eingebaute Radio einen Diebstahlcode besitzt, wird dieser beim Abklemmen der Batterie gelöscht. Radios mit Diebstahlcode sind erkennbar an dem Wort »CODE« oder einem roten Schlüsselzeichen auf der Frontblende. Das Radio kann anschließend nur durch die Eingabe des richtigen Codes oder durch den Radio-Hersteller wieder in Betrieb genommen werden. Vor dem Abklemmen daher unbedingt den Diebstahlcode ermitteln.
- Lenksäulenverkleidung ausbauen, siehe Seite 221.
- Lenkrad ausbauen, siehe Seite 108.
- Spiralfedereinheit ausbauen, siehe Seite 110.

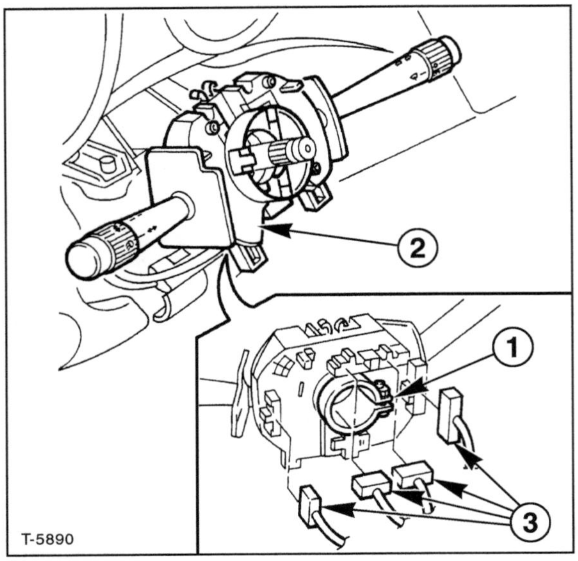

T-5890

- Schraube an der Klemme –1– lösen, die Klemme muss locker sein.
- Mehrfachstecker –3– am Lenkstockschalter abziehen.
- Lenkstockschalter –2– nach oben von der Lenksäule abziehen.

Einbau

- Lenkstockschalter in Einbaulage so weit es geht auf die Lenksäule aufschieben.
- Mehrfachstecker am Lenkstockschalter aufschieben.
- Lenkstockschalter mit der Klemme befestigen, dazu die Schraube an der Klemme anziehen.
- Spiralfedereinheit einbauen und einstellen, siehe Seite 110.
- Lenkrad einbauen, siehe Seite 108.
- Lenksäulenverkleidung einbauen, siehe Seite 221.
- Batterie-Massekabel (–) anklemmen. Gegebenenfalls Diebstahlcode für das Autoradio eingeben und Zeituhr einstellen.

Druckschalter aus- und einbauen

Hinweis für SEICENTO: Zum Aus- und Einbau der Schalter in der Mitte des Armaturenbretts muss die Blende für das Heizungsbedienteil ausgebaut werden, siehe Kapitel »Heizung«.

CINQUECENTO

Die Bedienungsschalter für Nebelleuchte, heizbare Heckscheibe und Heckscheibenwischer sind als Druckschalter in der Mitte der Schalttafel zusammengefasst.

Ausbau

- Rahmen für Kombiinstrument abschrauben, siehe Kapitel »Kombiinstrument ausbauen«.

T-5858

- Betreffenden Schalter aus seinem Sitz mit Schraubendreher heraushebeln und Kabelstecker an der Rückseite abziehen.

Einbau

- Kabelstecker aufstecken, Schalter einsetzen und Rahmen anschrauben.

Radio aus- und einbauen

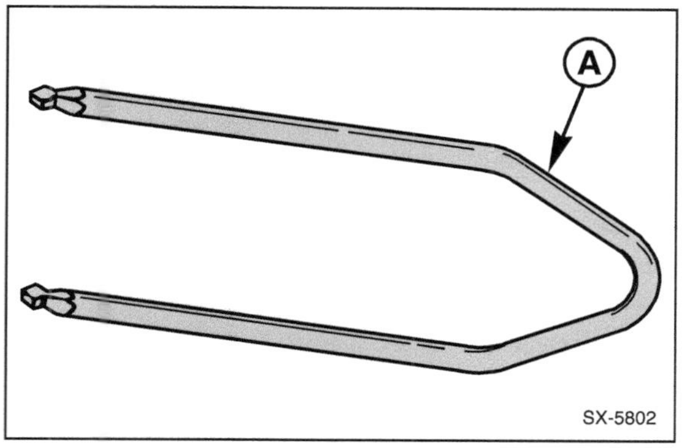

Die vom Werk eingebauten Radiogeräte sind mit einer Einschubhalterung ausgestattet, die den schnellen Ein- und Ausbau des Radios ermöglicht. Allerdings gelingt das nur mit einem Spezialwerkzeug –A–, welches beim Kauf des Radios beigelegt oder im Fachhandel erhältlich ist. Ob ein Radio mit Einschubhalterung eingebaut ist, erkennt man in der Regel an den 4 Bohrungen in der Frontplatte.

Ausbau

- Batterie-Massekabel (–) bei ausgeschalteter Zündung abklemmen. **Achtung:** Falls das eingebaute Radio einen Diebstahlcode besitzt, wird dieser beim Abklemmen der Batterie gelöscht. Radios mit Diebstahlcode sind erkennbar an dem Wort »CODE« oder einem roten Schlüsselzeichen auf der Frontblende. Das Radio kann anschließend nur durch die Eingabe des richtigen Codes oder durch den Radio-Hersteller wieder in Betrieb genommen werden. Vor dem Abklemmen daher unbedingt den Diebstahlcode ermitteln.
- Beide Auszieher links und rechts in die Öffnungen der Frontplatte einführen und einrasten.

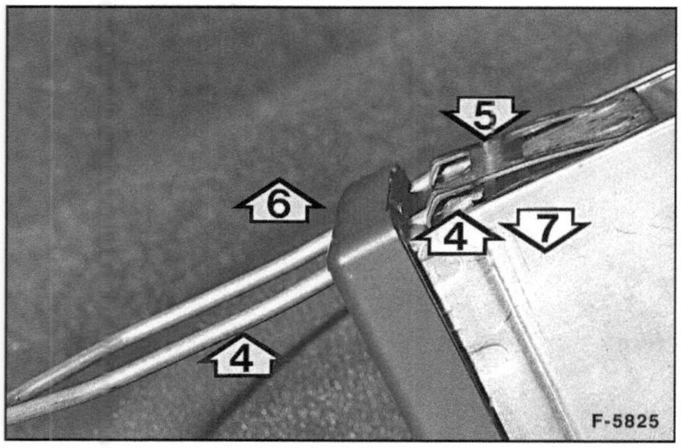

- Auszieher –4– leicht nach außen drücken –6–, dadurch werden die Haltelaschen –5– nach innen gedrückt –7–. In dieser Stellung Radio gleichmäßig herausziehen. Radio beim Herausziehen nicht verkanten.
- Steckverbindungen für Lautsprecher mit Tesaband kennzeichnen (links/rechts) und abziehen. Stecker für Antennenleitung herausziehen. Steckverbindung für Batterie-Plus (+) und Masse abziehen.

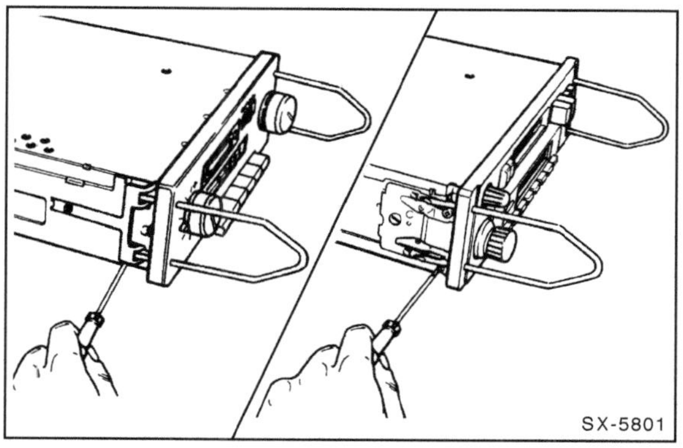

- Auszieher abnehmen. Dazu Halteclips mit kleinem Schraubendreher zusammendrücken.

Einbau

- Elektrische Anschlüsse und Antenne an der Rückseite des Radiogerätes anbringen.
- Radio so weit in die Armaturentafel eindrücken, bis die Haltefedern einrasten.
- Batterie-Massekabel (–) anklemmen.
- Radio einschalten und Funktion überprüfen. Falls das Radio mit einer Keycode-Diebstahlsicherung ausgerüstet ist, Keycode neu eingeben. Nach Wiederherstellen der Stromzufuhr funktioniert das Gerät erst wieder, wenn der richtige Keycode eingegeben wurde, siehe Bedienungsanleitung des Radios.

Hinweise für den nachträglichen Radioeinbau

Serienmäßig sind bereits die Kabel zum Anschluss des Radios, Kabel für 2 Lautsprecher im Armaturenbrett und das Antennenkabel zum Sockel der Dachantenne im Fahrzeug verlegt.

Achtung: Wird das serienmäßige Anschlusskabel nicht verwendet, unbedingt darauf achten, dass keine unisolierten Kabel frei herumliegen. Ein sonst möglicher Kurzschluss kann zu einem Kabelbrand führen.

Zum Einbau des Radios wird das Ablagefach unterhalb der Heizungsbedienung ausgebaut, dahinter befinden sich die Anschlusskabel. Die vorderen Lautsprecher werden nach Entfernen der Abdeckgitter eingesetzt, die Antenne nach Entfernen der Sockel-Abdeckung oberhalb der Windschutzscheibe eingeschraubt. Passende Lautsprecher und Antennen gibt es von FIAT.

Werden Lautsprecher hinten eingebaut, Lautsprecherkabel unter dem Bodenbelag seitlich entlang den Türen nach hinten führen und Lautsprecher links und rechts an der hinteren Ablage montieren. Im Handel gibt es vorgefertigte Ablagen mit Lautsprechern.

- Darauf achten, dass nur typgeprüfte Entstörsätze (mit allgemeiner Betriebserlaubnis, ABE) verwendet werden, sonst kann die Zulassung des Fahrzeuges erlöschen. Im Handel gibt es speziell auf den FIAT abgestimmte Entstörsätze mit Einbauanleitung.
- Bei Ausstattung mit Radiovorbereitung (Mehrausstattung) sind Lautsprecher, Antenne und Funkentstörung bereits im Fahrzeug eingebaut.
- Radio auf Antenne abstimmen. Dazu schwachen Mittelwellensender etwa bei 1400 KHz einstellen. Ist kein Sender vorhanden, kann auch das Rauschen zum Abstimmen verwendet werden. Antennenabgleichschraube (vorn links im Radiogehäuse) mit kleinem Schraubendreher verdrehen, bis der beste Empfang oder der höchste Rauschpegel erreicht ist. **Achtung:** Dabei Abgleichschraube nur maximal ½ Umdrehung verdrehen.

Antenne aus- und einbauen

CINQUECENTO

Achtung: Das Antennenkabel ist vom Dachbefestigungspunkt über die rechte A-Säule (Dachsäule vor der Vordertür) hinter dem Armaturenbrett zum Radio verlegt.

Ausbau

Achtung: Die Antennenpeitsche kann separat vom Antennenfuß abgeschraubt werden.

- Innenspiegel ausbauen, siehe Seite 218.
- Durch die Öffnung Antennenfuß abschrauben.
- Antennenkabel vom Antennenfuß abnehmen und Antenne mit Antennenfuß nach oben vom Dach abheben.

Einbau

- Antenne auf dem Dach ansetzen und Antennenfuß von unten zusammen mit dem Antennenkabel festschrauben.
- Antenne auf Funktion prüfen.
- Innenspiegel einbauen.

Heizung/Klimatisierung

Aus dem Inhalt:

- Frischluftgebläse
- Vorwiderstand
- Heizungsregulierung
- Wärmetauscher
- Heizungszüge
- Klimaanlagenprinzip

Die Frischluft für die Heizung wird außen unterhalb der Windschutzscheibe angesaugt und von einem Gebläse dem Fahrzeug-Innenraum zugeführt. Dabei durchströmt die Luft das Heizungsgehäuse und wird anschließend über verschiedene Luftverteilungsklappen auf die einzelnen Luftaustrittsdüsen im Fahrzeug verteilt. In das Heizungsgehäuse ist der Wärmetauscher integriert. Wird die Temperatureinstellung der Heizung auf »warm« gestellt, öffnet die Warmluftklappe; die kühle Frischluft wird über den Wärmetauscher geleitet und dadurch erwärmt. Beheizt wird der Wärmetauscher von der heißen Motor-Kühlflüssigkeit. Der Wärmetauscher besteht aus Lamellen, durch die das heiße Motor-Kühlmittel von der Kühlmittelpumpe gepumpt wird. Durch die Stellung der Warmluftklappe kann die Temperatur der Heizluft, die in das Fahrzeug gelangt, variiert werden.

Die Luftverteilungsklappe und die Warmluftklappe werden durch Bowdenzüge betätigt, die am Heizungsbedienteil angeschlossen sind.

Zur Erhöhung des Luftdurchsatzes im Fahrzeug, und somit auch zur Erhöhung der Heizleistung, dient ein 3-stufiges Gebläse, das ebenfalls im Heizungsgehäuse untergebracht ist. Um den Elektromotor des Gebläses in den 3 Geschwindigkeitsstufen betreiben zu können, sind dem Motor Widerstände vorgeschaltet. Diese befinden sich an der Anschlussplatte am Gebläsemotor.

Bei Defekt eines Vorwiderstandes läuft der Gebläsemotor in der entsprechenden Geschwindigkeitsstufe nicht.

Der CINQUECENTO/SEICENTO kann mit einer manuell bedienbaren Klimaanlage ausgestattet sein, siehe Seite 81.

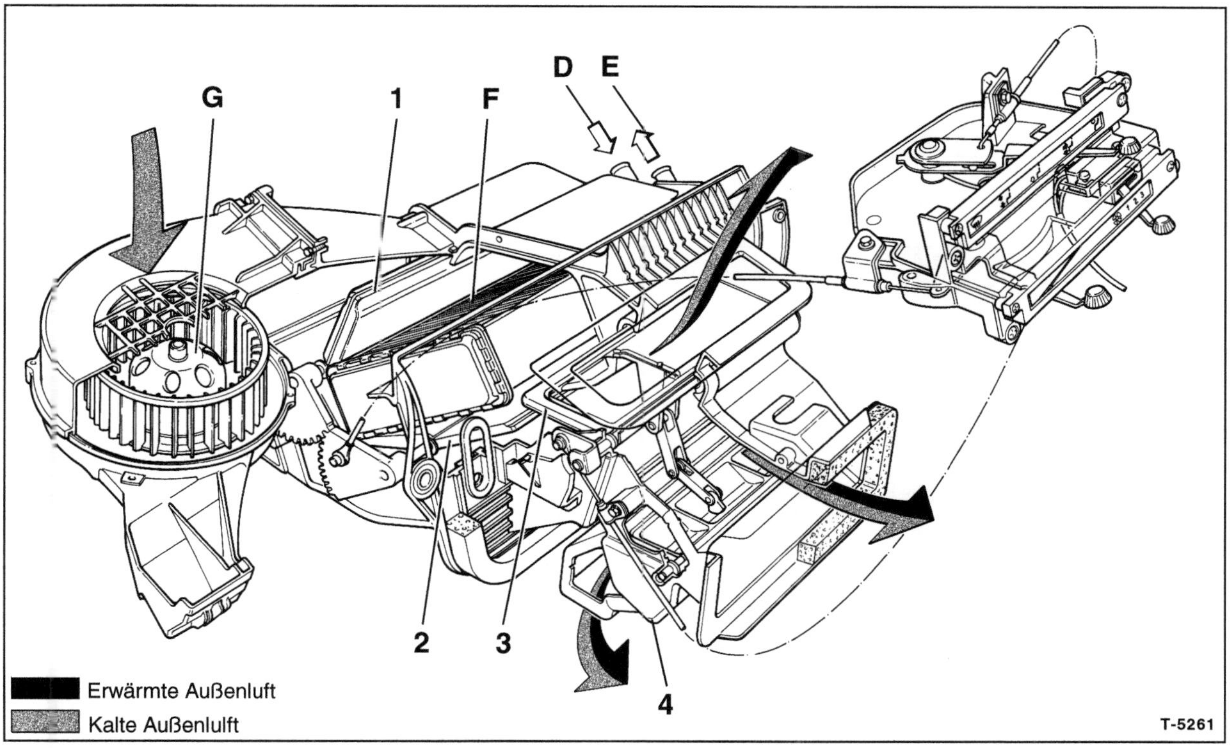

1, 2 – Luftmischklappen
3, 4 – Luftleitklappen (Luftverteilung)
D – Kühlmittelzufluss
E – Kühlmittelabfluss
F – Heizungs-Wärmetauscher
G – Heizungsgebläse

Heizgebläse/Wärmetauscher aus- und einbauen

CINQUECENTO

Hinweis: Zum Wechsel des Gebläsemotors, der Vorwiderstände oder der Bowdenzüge ist zuvor das gesamte Heizaggregat wie folgt auszubauen. Beim SEICENTO ist entsprechend vorzugehen.

Ausbau

- Batterie-Massekabel (–) bei ausgeschalteter Zündung abklemmen. **Achtung:** Falls das eingebaute Radio einen Diebstahlcode besitzt, wird dieser beim Abklemmen der Batterie gelöscht. Radios mit Diebstahlcode sind erkennbar an dem Wort »CODE« oder einem roten Schlüsselzeichen auf der Frontblende. Das Radio kann anschließend nur durch die Eingabe des richtigen Codes oder durch den Radio-Hersteller wieder in Betrieb genommen werden. Vor dem Abklemmen daher unbedingt den Diebstahlcode ermitteln.
- Batterie ausbauen, siehe Seite 49.
- Rahmen der Instrumententafel ausbauen, siehe Seite 70.

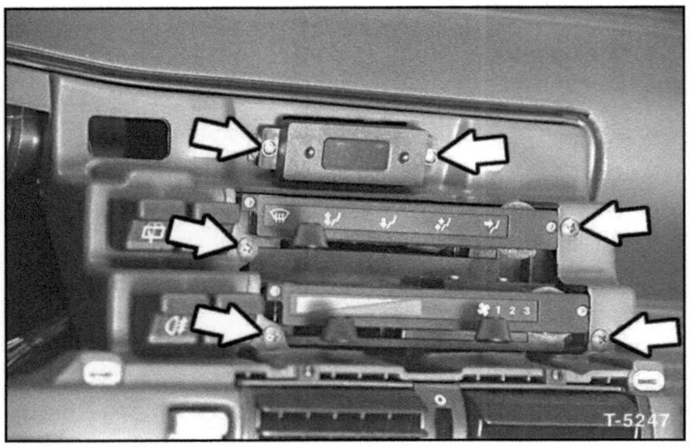

- Schrauben für Heizungsbedienung herausdrehen.

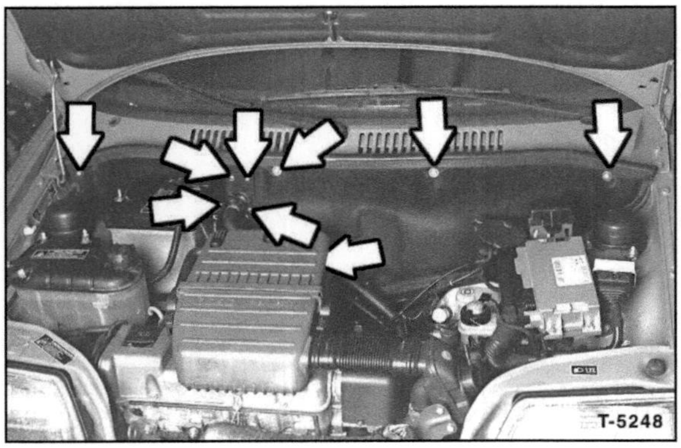

- Spritzwandabdeckung abschrauben –Pfeile–. Dabei auch Abdeckung der Kühlmittelzu- und -ablaufleitungen zum Wärmetauscher abschrauben.
- Gummidichtung nach oben von der Spritzwand abziehen.

- Wärmetauscher mit 3 Schrauben lösen und seitlich aus dem Heizungsgehäuse herausziehen. Soll der Wärmetauscher ersetzt werden, Kühlmittel ablassen, Schlauchschellen am Wärmetauscher lösen und abziehen. Kühlmittel ablassen, siehe Seite 174.

- Obere Heizungsabdeckung abschrauben.
- Scheibenwischergestänge ausbauen, siehe Seite 60.
- Unterhalb des Armaturenbretts, rechts neben dem Sicherungskasten, Stecker für Heizung trennen.

- 4 Schrauben lösen und komplettes Heizungsgehäuse herausziehen. In der Abbildung ist der Steckschlüssel an der Befestigungsschraube rechts unten angesetzt.
- Stecker am Heizungsmotor abziehen.

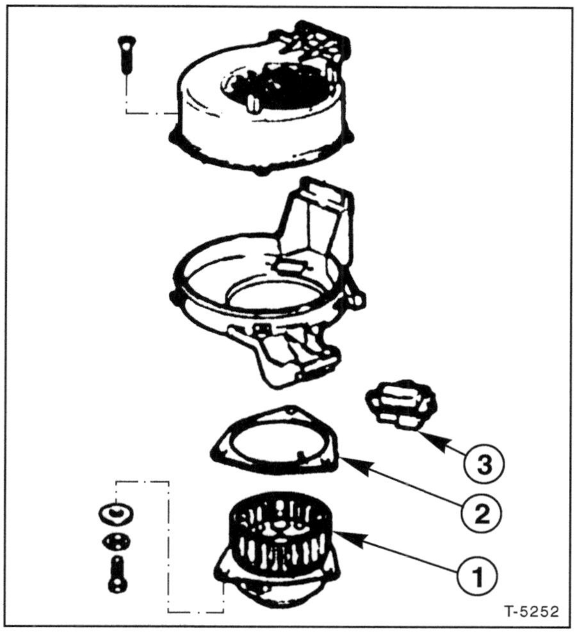

- 3 Schrauben lösen und Gebläsemotor –1– mit Dichtung –2– nach unten aus dem Gehäuse herausziehen.
- Gegebenenfalls Vorwiderstände –3– komplett ersetzen. Die Widerstände können nicht einzeln erneuert werden.

Einbau

- Heizungskasten komplettieren, einsetzen und an der Stirnwand anschrauben. 2 Kabelstecker an Gebläsemotor und unterhalb der Armaturentafel zusammenfügen.
- Im Innenraum Heizungsbetätigung anschrauben.
- Wärmetauscher seitlich in das Heizungsgehäuse einschieben und anschrauben. Gegebenenfalls Zu- und Ablaufleitung am Wärmetauscher aufschieben und mit Schlauchschellen sichern. Kühlmittel auffüllen, siehe Seite 174.
- Obere Heizungsabdeckung anschrauben.
- Scheibenwischergestänge einbauen, siehe Seite 60.
- Spritzwandabdeckungen einbauen, siehe Abbildungen unter »Ausbau«. Gummidichtung oben auf Spritzwand aufdrücken.
- Rahmen der Instrumententafel einbauen, siehe Seite 70.
- Batterie einbauen, siehe Seite 49.
- Batterie-Massekabel (–) anklemmen. Gegebenenfalls Diebstahlcode für das Autoradio eingeben und Zeituhr einstellen.

Heizungszüge aus- und einbauen

Ausbau

- Heizungsgehäuse ausbauen, siehe vorhergehendes Kapitel.
- Bowdenzughülle am Heizungskasten abschrauben und Seilzug am Betätigungshebel aushängen.
- Seilzug herausnehmen, dabei Verlegung des Zugs beachten.

Einbau

- Neuen Seilzug wie den alten verlegen und in den Schieberegler sowie an der Klappe einhängen. Bowdenzughülle anschrauben.
- Leichtgängigkeit des Bowdenzugs prüfen.
- Heizungsgehäuse einbauen.

Blende für Heizungsbedienteil aus- und einbauen

SEICENTO

Ausbau

- Batterie-Massekabel (–) bei ausgeschalteter Zündung abklemmen. **Achtung:** Falls das eingebaute Radio einen Diebstahlcode besitzt, wird dieser beim Abklemmen der Batterie gelöscht. Radios mit Diebstahlcode sind erkennbar an dem Wort »CODE« oder einem roten Schlüsselzeichen auf der Frontblende. Das Radio kann anschließend nur durch die Eingabe des richtigen Codes oder durch den Radio-Hersteller wieder in Betrieb genommen werden. Vor dem Abklemmen daher unbedingt den Diebstahlcode ermitteln.

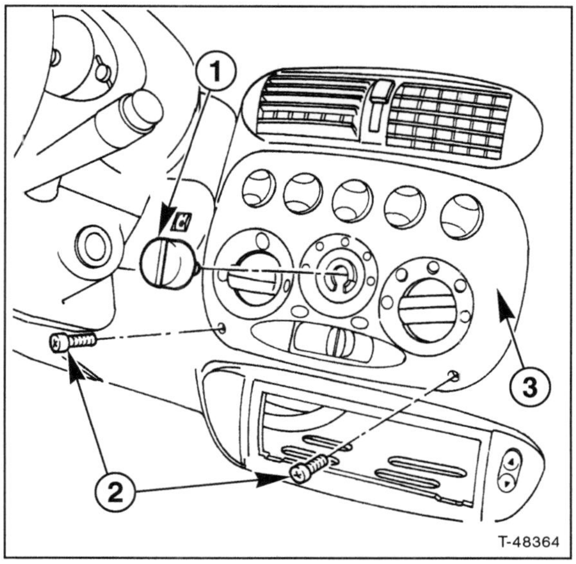

- Drehregler für Gebläsedrehzahl –1– abziehen.
- Schrauben –2– herausdrehen.

- Blende –3– für Heizungsbedienteil abnehmen.

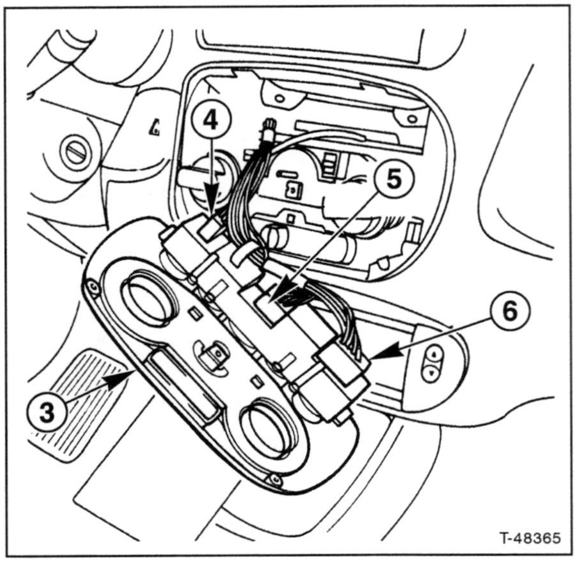

- Steckverbindungen –4/5/6– abziehen und Blende –3– abnehmen.

Einbau

- Blende ansetzen und Steckverbindungen aufschieben.
- Blende an das Heizungsbedienteil ansetzen und anschrauben.
- Drehregler für Gebläsedrehzahl aufschieben.
- Batterie-Massekabel (–) anklemmen. Gegebenenfalls Diebstahlcode für das Autoradio eingeben und Zeituhr einstellen.

Funktionsprinzip der Klimaanlage

Sicherheitshinweis
Der **Kältemittelkreislauf der Klimaanlage darf nicht geöffnet** werden, da das Kältemittel bei Hautberührung Erfrierungen hervorrufen kann.
Bei versehentlichem Hautkontakt sofort mindestens 15 Minuten lang mit kaltem Wasser spülen. Kältemittel ist farb- und geruchlos sowie schwerer als Luft. Bei austretendem Kältemittel besteht am Boden beziehungsweise in unteren Räumen Erstickungsgefahr (nicht wahrnehmbar).

Die Klimaanlage arbeitet wie ein Kühlschrank: Der Kompressor, vom Motor angetrieben, verdichtet das dampfförmige, umweltverträgliche, FCKW-freie Kältemittel (R-134 a). Dieses erhitzt sich dabei und wird in den Kondensator geleitet. Dort wird das Kältemittel abgekühlt und verflüssigt sich. Über ein Expansionsventil wird das Kältemittel entspannt und in den Verdampfer eingespritzt, wo es aufgrund seines niedrigen Druckes verdampft. Es kühlt dabei stark ab. Durch diesen Verdampfungs- und Abkühlungsprozess wird der von außen über das Röhren- oder Wabensystem vorbei streichenden Luft Wärme entzogen.

Die Luft kühlt also ab, und mitgeführte Luftfeuchtigkeit wird zu Kondenswasser, das ins Freie geleitet wird.

Bei laufendem Motor und eingeschaltetem Gebläse kann dem Innenraum über verschiedene Austrittsöffnungen gekühlte Luft zugeführt werden. Die Intensität der Kühlung ist abhängig von der eingestellten Temperatur und von der Gebläseschalterstellung.

Hinweis für den Betrieb der Klimaanlage

Die Klimaanlage muss mindestens einmal pro Monat für mindestens 10 Minuten eingeschaltet werden, insbesondere in der kalten Jahreszeit.

Dadurch wird das im Kältemittel enthaltene Schmiermittel regelmäßig in Umlauf gebracht und die beweglichen Teile der Klimaanlage geschmiert. Außerdem können sich auf dem Verdampfer der Klimaanlage bei längerem Nichtgebrauch Ablagerungen bilden, die dann bei erneutem Betrieb nach längerer Pause zu Geruchsbelästigungen im Fahrzeug führen können.

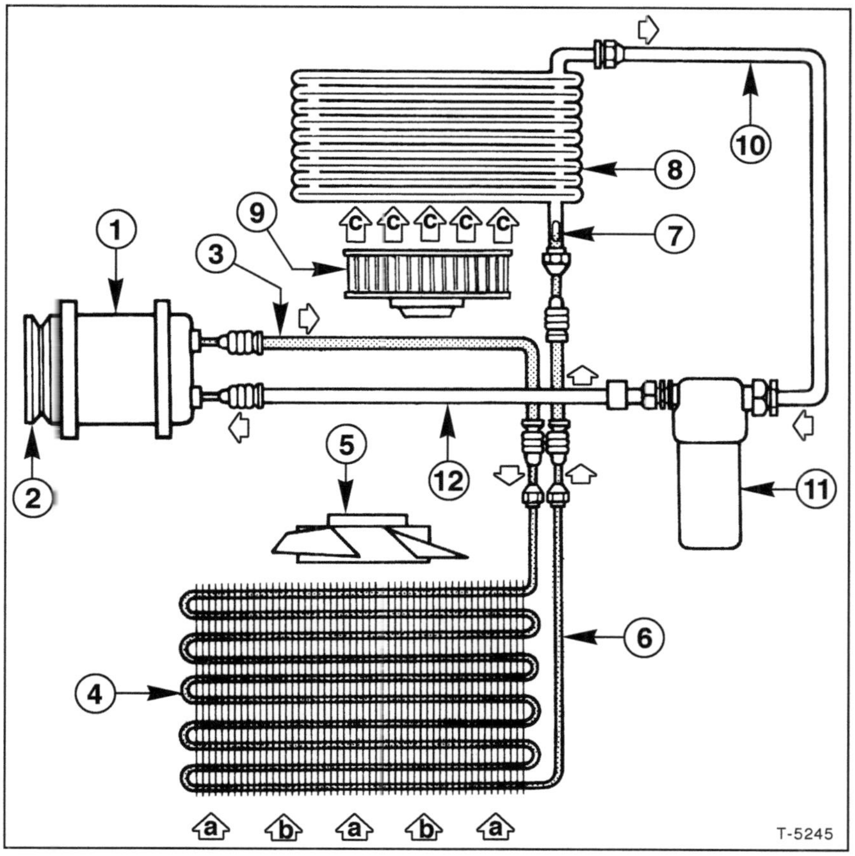

1 – Kompressor
2 – Riemenscheibe mit elektromagnetischer Kupplung
3 – Hochdruckleitung zum Kondensator
4 – Kondensator
5 – Elektrolüfter für Kondensator
6 – Verbindungsleitung Kondensator - Verdampfer
7 – Expansionsventil
8 – Verdampfer
9 – Gebläsemotor
10 – Verbindungsleitung Verdampfer - Entwässerungsfilter
11 – Entwässerungsfilter
12 – Niederdruckleitung zum Kompressor

a – Fahrtwind zur Kondensatorkühlung.
b – Luftstrom zur Kondensatorkühlung durch Elektrolüfter bei stehendem Fahrzeug.
c – Luftstrom für Verdampfer durch Heizgebläse.

Hochdruckkreislauf
Niederdruckkreislauf

Störungsdiagnose Heizung

Störung	Ursache	Abhilfe
Heizgebläse läuft nicht.	Sicherung für Gebläsemotor defekt.	■ Sicherung für Gebläse prüfen, gegebenenfalls ersetzen.
	Gebläseschalter defekt.	■ Prüfen, ob an den Vorwiderständen Spannung anliegt. Wenn nicht, Gebläse-schalter ausbauen und prüfen.
	Elektromotor defekt.	■ Gebläsemotor prüfen, gegebenenfalls ersetzen.
Heizgebläse läuft nur in einer Geschwindigkeitsstufe nicht.	Vorwiderstand defekt.	■ Anschlussplatte beziehungsweise Vorwiderstände ersetzen
Heizleistung zu gering.	Kühlmittelstand zu niedrig.	■ Kühlmittelstand prüfen, gegebenenfalls Kühlmittel auffüllen.
	Heizungsbetätigung schwergängig, defekt.	■ Heizungsbetätigung prüfen, gegebenenfalls Bowdenzug ersetzen.
	Wärmetauscher undicht oder verstopft.	■ Wärmetauscher ersetzen.
Heizung lässt sich nicht ausschalten.	Heizungsbetätigung schwergängig, defekt.	■ Heizungsbetätigung prüfen, gegebenenfalls Bowdenzug ersetzen.
Geräusche im Bereich des Heizgebläses.	Eingedrungener Schmutz, Laub.	■ Gebläse ausbauen, reinigen, Luftkanal säubern.
	Lüfterrad hat Unwucht, Lager defekt.	■ Gebläsemotor ausbauen und auf leichten Lauf prüfen.

Vorderachse

Aus dem Inhalt:

- Federbein
- Stoßdämpfer
- Schraubenfeder
- Gelenkwelle
- Achsgelenk
- Radlager
- Stoßdämpfer prüfen

Die Vorderräder werden von unteren Dreieck-Querlenkern und Federbeinen geführt. Die Querlenker sind in Gummi-/Metall-Lagern am Aufbau befestigt. Die Federbeine sind oben über Federbeinlager mit der Karosserie verschraubt.

Die Achsschenkel sind mit dem Querlenker über ein Achsgelenk (Kugelgelenk) verbunden und mit dem Federbein verschraubt.

Beim SEICENTO und beim CINQUECENTO mit 1,1-l-Motor sind beide Achslenker über einen Querstabilisator miteinander verbunden, wodurch die Neigung des Fahrzeugs bei Kurvenfahrt verringert wird.

Der Motor treibt über zwei Gelenkwellen mit jeweils zwei Gleichlaufgelenken die Vorderräder an.

Die Vorderradlager sind nicht zerlegbar und müssen nach jedem Ausbau komplett ersetzt werden.

Sicherheitshinweis
Schweiß- und Richtarbeiten an tragenden und radführenden Bauteilen der Vorderradaufhängung **sind nicht zulässig. Selbstsichernde Muttern**, sowie korrodierte Schrauben/Muttern im Reparaturfall **immer ersetzen.**

Vorderachseinstellwerte, FIAT SEICENTO

Vorspur	-1 ± 1 mm
Radsturz*	0° 12' ± 30'
Nachlauf*:	
Modell Sporting	1° 52' ± 30'
Modell Suite + Citymatic	1° 30' ± 30'

*) nicht einstellbar, defekte Teile erneuern

Angaben zum CINQUECENTO und zur Fahrwerkvermessung allgemein stehen im Kapitel »Fahrwerkvermessung« auf Seite 114.

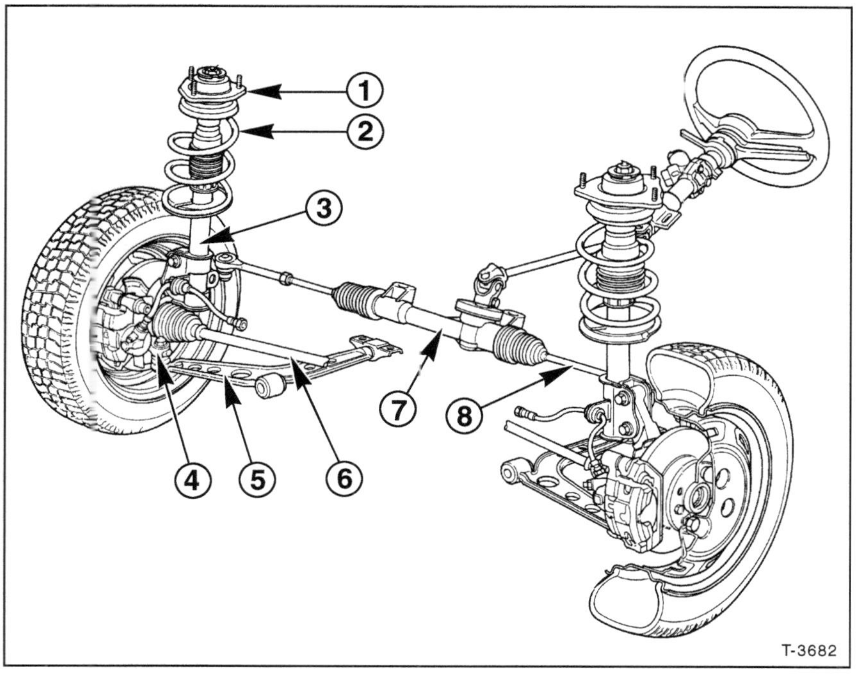

1 – Federbeinlager
2 – Schraubenfeder
3 – Federbein
4 – Achsschenkel
5 – Querlenker
6 – Gelenkwelle
7 – Lenkgetriebe
8 – Spurstange

Federbein aus- und einbauen

Ausbau

- Batterie-Massekabel (–) bei ausgeschalteter Zündung abklemmen. **Achtung:** Falls das eingebaute Radio einen Diebstahlcode besitzt, wird dieser beim Abklemmen der Batterie gelöscht. Radios mit Diebstahlcode sind erkennbar an dem Wort »CODE« oder einem roten Schlüsselzeichen auf der Frontblende. Das Radio kann anschließend nur durch die Eingabe des richtigen Codes oder durch den Radio-Hersteller wieder in Betrieb genommen werden. Vor dem Abklemmen daher unbedingt den Diebstahlcode ermitteln.
- **Federbein rechts:** Kühlmittel-Ausgleichbehälter abschrauben und mit angeschlossenen Schläuchen zur Seite legen. Darauf achten, dass kein Kühlmittel ausläuft.
- **Federbein links:** Motor-Steuergerät abschrauben und mit angeschlossenen Leitungen zur Seite legen.
- Abdeckkappe für Federbein im Motorraum abnehmen.

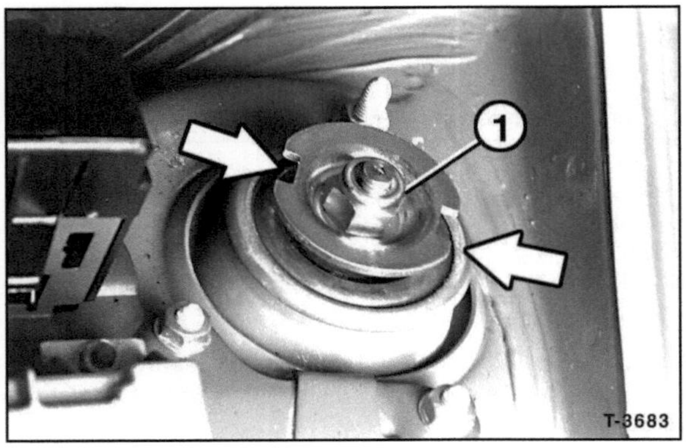

- Falls das Federbein nach dem Ausbau zerlegt wird, obere Befestigungsmutter –1– für Kolbenstange mit einer Stecknuss lösen, nicht abschrauben. Dabei Stützlager mit Rohrzange an den Aussparungen –Pfeile– gegenhalten (Zwischenlage aus Pappe verwenden), damit sich die Kolbenstange nicht mitdrehen kann. **Achtung:** Dabei muss das Fahrzeug auf dem Boden stehen.

Sicherheitshinweis
Beim Aufbocken des Fahrzeugs besteht Unfallgefahr! Deshalb vorher das Kapitel »Fahrzeug aufbocken« durchlesen.

- Stellung des Vorderrades zur Radnabe mit Farbe kennzeichnen. Dadurch kann das ausgewuchtete Rad wieder in derselben Position montiert werden. Radschrauben bei auf dem Boden stehendem Fahrzeug lösen. Fahrzeug vorn aufbocken und Vorderrad abnehmen.

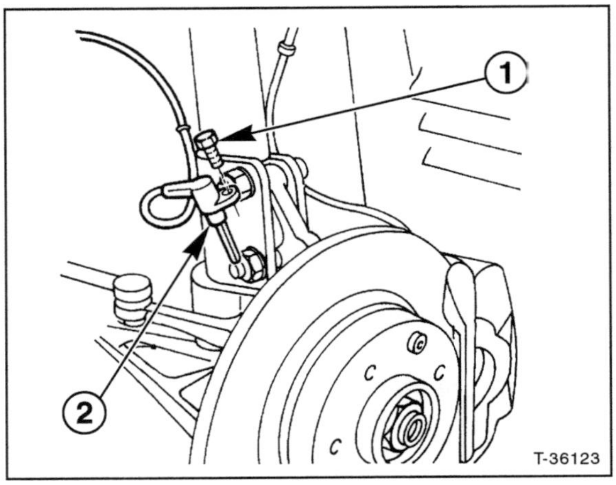

- Gegebenenfalls Drehzahlfühler für ABS abschrauben. Dazu Schraube –1– herausdrehen und Drehzahlfühler –2– mit Anschlussleitung abnehmen.
- Querlenker von unten mit einem hydraulischen Wagenheber abstützen oder gegen Herunterfallen sichern.

- Bremsschlauch am Federbein ausclipsen –Pfeil links–.
- 2 Schrauben für Achsschenkel am Stoßdämpfer abschrauben, –Pfeile rechts–.

- Muttern –Pfeile– für Federbein abschrauben.
- Federbein nach unten herausnehmen.

Einbau

- Federbein von unten einsetzen und oben an der Karosserie mit **25 Nm** anschrauben.
- Untere Befestigungsschrauben für Federbein am Achsschenkel einsetzen, mit **neuen selbstsichernden** Muttern festziehen. **Anzugsmomente:** CINQUECENTO = **110 Nm**, SEICENTO = **90 Nm**.
- Bremsschlauch am Halter des Federbeines einsetzen.
- Gegebenenfalls Drehzahlfühler für ABS mit Anschlussleitung einsetzen und anschrauben.
- Vorderrad so ansetzen, dass die beim Ausbau angebrachten Markierungen übereinstimmen. Vorher Zentriersitz der Felge an der Radnabe mit Wälzlagerfett leicht einfetten. Rad anschrauben. Fahrzeug ablassen und Radschrauben über Kreuz mit **90 Nm** festziehen.
- Freigängigkeit vom Bremsschlauch prüfen. Dazu die Vorderräder bis zum Anschlag nach links und rechts von einem Helfer einschlagen lassen.
- Obere Federbeinmuttern bei auf den Rädern stehendem Fahrzeug nochmals auf **25 Nm** nachziehen.
- Mittlere Befestigungsmutter für Kolbenstange, falls gelöst, festziehen. Dabei Stützlager mit Rohrzange (Zwischenlage aus Pappe verwenden) an den Aussparungen gegenhalten. Anzugsmomente: CINQUECENTO = **90 Nm**, SEICENTO = **65 Nm**.
- Falls ausgebaut, Kühlmittel-Ausgleichbehälter und Motorsteuergerät anschrauben
- Abdeckkappe für Federbein im Motorraum aufsetzen.
- Batterie-Massekabel (–) anklemmen. Gegebenenfalls Diebstahlcode für das Autoradio eingeben und Zeituhr einstellen.

Federbein zerlegen/Stoßdämpfer/ Schraubenfeder aus- und einbauen

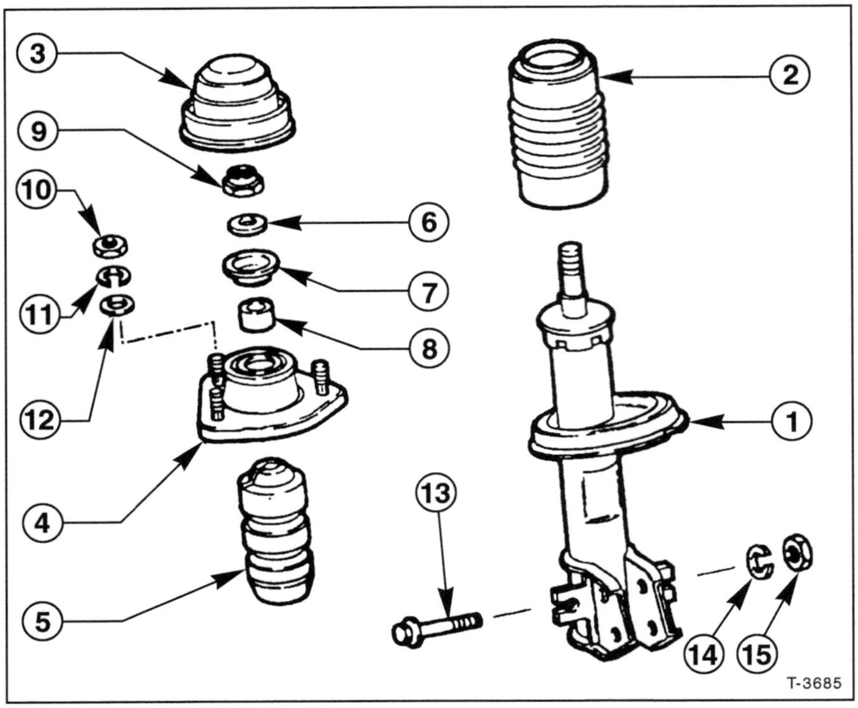

1 – Stoßdämpfer
2 – Faltenbalg
3 – Abdeckung
4 – Stützlager
5 – Anschlagpuffer
6 – Unterlegscheibe
7 – Zentrierteller
8 – Distanzstück
9 – Selbstsichernde Mutter
CINQUECENTO = **90 Nm**
SEICENTO = **65 Nm**
10 – Mutter, 25 Nm
11 – Federscheibe
12 – Unterlegscheibe
13 – Schraube
14 – Federscheibe
15 – Selbstsichernde Mutter
CINQUECENTO = **110 Nm**
SEICENTO = **90 Nm**

Ausbau

- Federbein ausbauen, siehe Seite 84.

Achtung: Um den Stoßdämpfer ausbauen zu können, **muss die Schraubenfeder mit einem geeigneten Federspanner vorgespannt werden.**

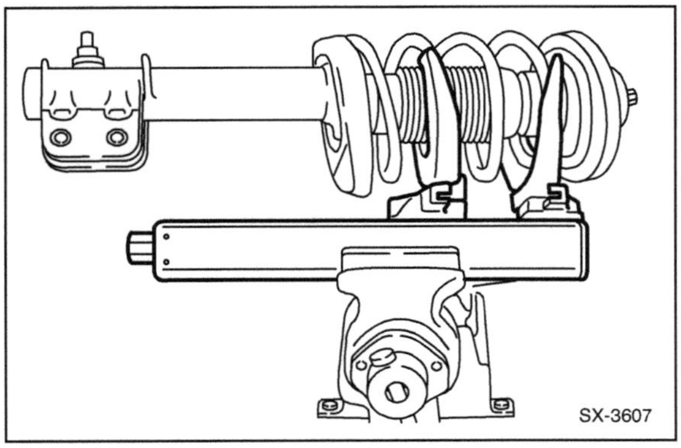

- Federspanner in einen Schraubstock einspannen.
- Federbein in den Federspanner einsetzen und Feder langsam und gleichmäßig zusammenpressen, bis die obere Federauflage entlastet ist.

Achtung: Falls ein handelsüblicher Federspanner verwendet wird, der in die Windungen der Feder eingreift, darauf achten, dass die Federwindungen sicher umfasst werden und der Federspanner nicht abrutschen kann. Feder grundsätzlich an 3 gegenüberliegenden Seiten spannen. Die Schraubenfeder steht unter großer Vorspannung, deshalb nur stabiles Werkzeug verwenden. Keinesfalls Feder mit Draht zusammenbinden. Unfallgefahr!

Achtung: Die Befestigungsmutter des Stützlagers darf nur dann abgeschraubt werden, wenn die Feder sicher gespannt ist.

- Befestigungsmutter –9– für Stützlager –4– abschrauben, siehe große Abbildung.
- Stützlager und oberen Federteller abnehmen.

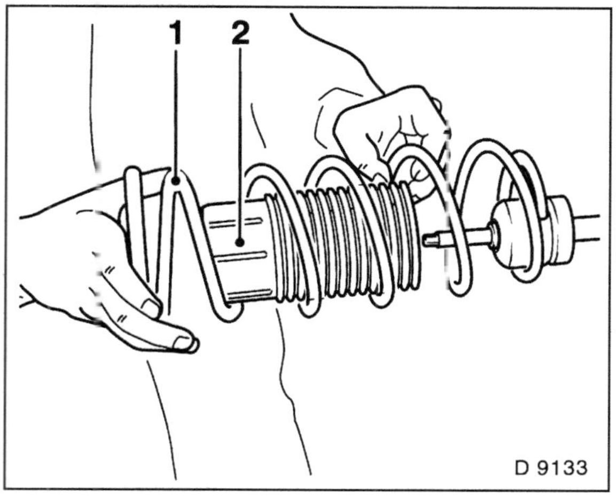

- Falls nur die Feder ausgewechselt werden soll, Feder –1– langsam entspannen und mit Faltenbalg –2– abnehmen. Soll dagegen nur der Stoßdämpfer ersetzt werden, bleibt die Feder gespannt und der Stoßdämpfer wird aus der Feder herausgenommen.
- Gummipuffer von der Kolbenstange abziehen.

Einbau

- Stoßdämpfer mit einer Laufleistung bis etwa 25.000 km können einzeln ersetzt werden, sonst immer die Stoßdämpfer der Vorderräder gemeinsam erneuern.
- Vor dem Einbau, Stoßdämpfer prüfen, siehe entsprechendes Kapitel.
- Federn auf Risse und Verformungen sichtprüfen, gegebenenfalls ersetzen. Bei Nachkauf beachten, dass nur Federn gleicher Farbkennzeichnung (gelb oder weiß) an Rädern einer Achse eingebaut werden dürfen.
- Falls erforderlich, neue Schraubenfeder spannen.
- Anschlagpuffer über die Kolbenstange schieben.
- Falls vorhanden, Staubmanschette aufsetzen.
- Stoßdämpfer durch die Feder schieben. Darauf achten, dass die Schraubenfeder an der Einprägung der unteren Federauflage anliegt.
- Oberen Federteller so ansetzen, dass das Ende der Feder an der Einprägung des Federtellers anliegt.
- Stützlager aufschieben. Distanzstück, Zentrierteller und Unterlegscheibe einsetzen. **Neue selbstsichernde** Mutter handfest anschrauben, dabei Kolbenstange mit Gabelschlüssel gegenhalten. **Achtung:** Vor dem Festziehen der Mutter prüfen, ob das Lager korrekt auf der Kolbenstange sitzt.
- Schraubenfeder langsam entspannen. Dabei sicherstellen, dass die Enden der Feder und die Lager korrekt im Formteil der Federauflagen sitzen.
- Federbein einbauen, siehe Seite 84.

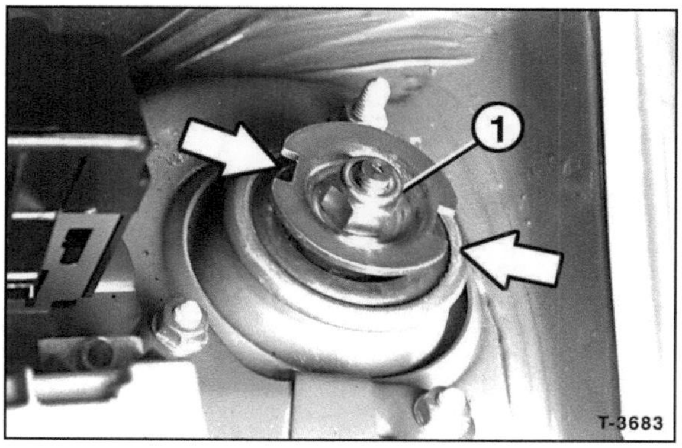

- Bei auf den Rädern stehendem Fahrzeug die Mutter –1– für Kolbenstange festziehen. Dabei Stützlager mit Rohrzange (Zwischenlage aus Pappe verwenden) an den Aussparungen –Pfeile– gegenhalten, damit sich die Kolbenstange nicht mitdrehen kann. Anzugsmomente für Mutter –1–:
CINQUECENTO = **90 Nm**.
SEICENTO = **65 Nm**.

Stoßdämpfer prüfen/verschrotten

Folgende Fahreigenschaften weisen auf defekte Stoßdämpfer hin:

- Langes Nachschwingen der Karosserie bei Bodenunebenheiten.
- Aufschaukeln der Karosserie bei aufeinander folgenden Bodenunebenheiten.
- Springen der Räder auch auf normaler Fahrbahn.
- Ausbrechen des Fahrzeuges beim Bremsen (kann auch andere Ursachen haben).
- Kurvenunsicherheit durch mangelnde Spurhaltung, Schleudern des Fahrzeuges.
- Poltergeräusche während der Fahrt.
- Abnorme Reifenabnutzung mit Abflachungen (Auswaschungen) am Reifenprofil.

Der Stoßdämpfer kann von Hand geprüft werden. Eine genaue Überprüfung der Stoßdämpferleistung ist jedoch nur mit einem Shock-Tester bei eingebautem Stoßdämpfer oder mit einer Stoßdämpfer-Prüfmaschine möglich.

Prüfung von Hand

- Stoßdämpfer ausbauen.

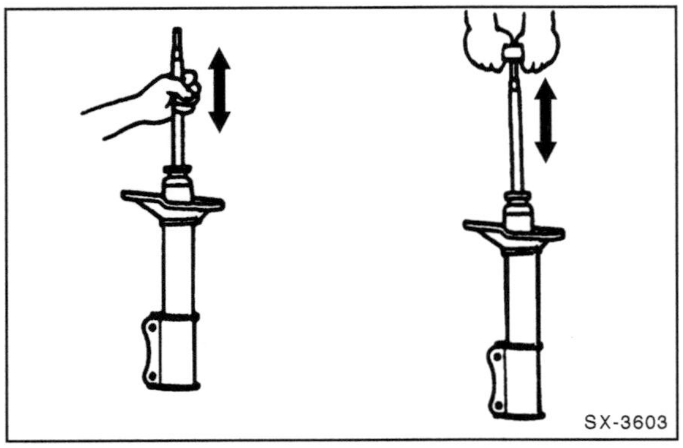

- Stoßdämpfer in Einbaulage halten, Stoßdämpfer mindestens 3-mal auseinander ziehen und zusammendrücken. Der Stoßdämpfer muss sich dabei über den gesamten Hub gleichmäßig schwer und ruckfrei bewegen lassen, außerdem dürfen keine ungewöhnlichen Geräusche auftreten.
- Die Kolbenstange vollständig einschieben und dann loslassen. Die Kolbenstange muss sich mit gleichmäßiger Geschwindigkeit wieder herausschieben.
- Bei einwandfreier Funktion sind geringe Spuren von Stoßdämpferöl an der Kolbenstange kein Grund zum Austausch. Im Gegenteil ist etwas Öl an der Kolbenstange sogar zu begrüßen, weil dadurch die Kolbenstangendichtung geschmiert wird und sich dadurch deren Lebensdauer erhöhen kann.
- Bei starkem Ölverlust Stoßdämpfer austauschen.
- Stoßdämpfer einbauen.

Stoßdämpfer verschrotten

- Stoßdämpfer sind mit Öl gefüllt. Daher nicht in den Hausmüll geben, sondern beim Rohstoffhandel oder bei der Sondermüllsammelstelle abgeben.
- In der Werkstatt werden die Stoßdämpfer vor der Verschrottung wie folgt entleert.

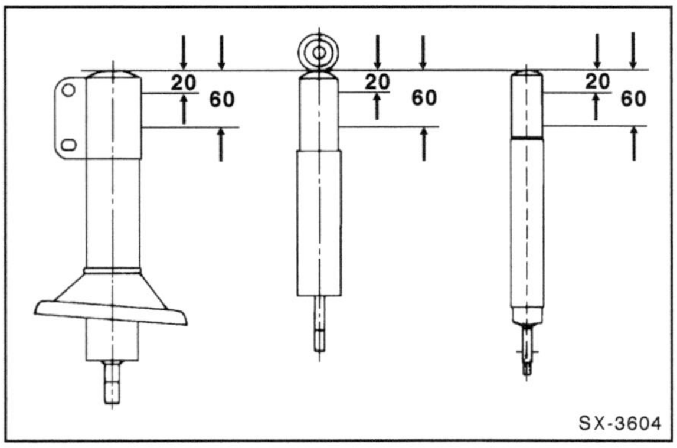

- Stoßdämpfer senkrecht mit der Kolbenstange nach unten in den Schraubstock spannen.
- Etwa 20 mm unterhalb des Bodens das Dämpferrohr mit einem Bohrer, ∅ = 3 mm, anbohren, um das Gas entweichen zu lassen. Das entweichende Gas ist farblos, geruchlos und ungiftig.
- Etwa 60 mm unterhalb des Bodens ein weiteres Loch mit ∅ = 5 mm für das Öl bohren.
- Durch mehrmaliges Auf- und Abbewegen der Kolbenstange das Dämpferöl herauspumpen und auffangen.

Achtung: Altöl nicht einfach wegschütten oder in den Hausmüll geben. Stoßdämpferöl ist Mineralöl und kann laut Abfallgesetz zusammen mit Motorenöl entsorgt werden.

Querlenker aus- und einbauen

Ausbau

Sicherheitshinweis
Beim Aufbocken des Fahrzeugs besteht Unfallgefahr! Deshalb vorher das Kapitel »Fahrzeug aufbocken« durchlesen.

- Stellung des Vorderrades zur Radnabe mit Farbe kennzeichnen. Dadurch kann das ausgewuchtete Rad wieder in derselben Position montiert werden. Radschrauben bei auf dem Boden stehendem Fahrzeug lösen. Fahrzeug vorn aufbocken und Vorderrad abnehmen.

- **Gegebenenfalls** Stabilisator am Querlenker abschrauben –Pfeile–.

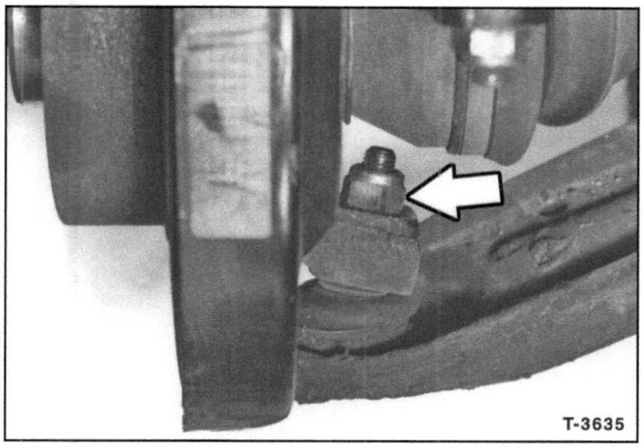
T-3635

- Mutter –Pfeil– abschrauben und Achsgelenk mit geeignetem Abzieher, zum Beispiel HAZET 779, aus dem Achsschenkel herausdrücken.
- Querlenker am Unterboden abschrauben und abnehmen. Lage der Schrauben, siehe Abbildungen unter »Einbau«.

Einbau

- Querlenker auf Verformung überprüfen und darauf achten, dass der Kugelkopf nicht zu viel Spiel aufweist. Die Schutzmanschette und die elastischen Lagerbuchsen dürfen nicht beschädigt sein, sonst Querlenker ersetzen.

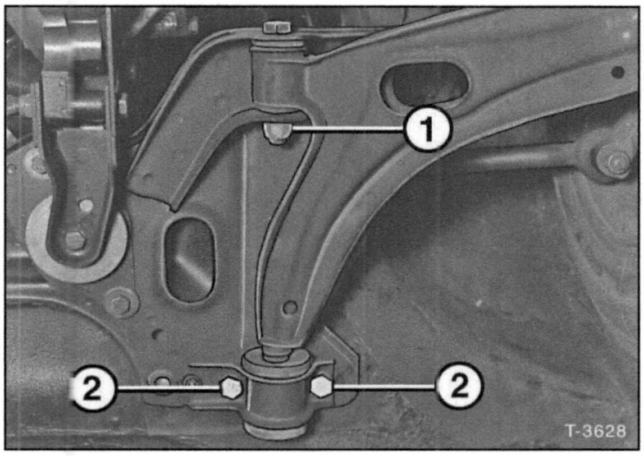

T-3628

- Querlenker anschrauben. **Achtung:** Die vordere Schraube nur von vorn nach hinten einsetzen. **Neue selbstsichernde Mutter** –1– verwenden, mit **90 Nm** anschrauben, hintere Schrauben –2– mit **90 Nm** anschrauben.
- Achsgelenk am Achsschenkel einsetzen, **neue selbstsichernde Mutter** mit **50 Nm** festziehen.
- Gegebenenfalls Stabilisator am Querlenker mit **20 Nm** anschrauben.
- Vorderrad so ansetzen, dass die beim Ausbau angebrachten Markierungen übereinstimmen. Rad anschrauben. Fahrzeug ablassen und Radschrauben über Kreuz mit **90 Nm** festziehen.
- Baldmöglichst Spur überprüfen, gegebenenfalls einstellen lassen.

Gelenkwelle aus- und einbauen

Achtung: Bei demontierter Gelenkwelle darf das Fahrzeug nicht geschoben werden, da bei fehlender axialer Vorspannung die Wälzkörper des Radlagers beschädigt werden.

Bei eingefallener Gelenkmanschette braucht die Gelenkwelle nicht ausgebaut zu werden. Kleine Klemmschelle entfernen. Manschette mit Schraubendreher anheben und dadurch entlüften. Anschließend Manschette mit neuer Klemmschelle befestigen.

Ausbau

- Gang einlegen, Handbremse anziehen und Fußbremse von Helfer treten lassen.

T-3652

- Sicherung –1– zurückbiegen. **Hinweis:** Die Verstemmungen –1– sind nicht bei allen Fahrzeugen vorhanden.
- Nabenmutter lösen. **Achtung:** Die Mutter ist mit hohem Drehmoment angezogen, das Fahrzeug soll dabei möglichst auf dem Boden stehen! Unfallgefahr!
- Getriebeöl ablassen, siehe Seite 25.
- Getriebeöl-Ablassschraube einschrauben und mit **45 Nm** anziehen.

> **Sicherheitshinweis**
> Beim Aufbocken des Fahrzeugs besteht Unfallgefahr! Deshalb vorher das Kapitel »Fahrzeug aufbocken« durchlesen.

- Stellung der Vorderräder zur Radnabe mit Farbe kennzeichnen. Dadurch kann das ausgewuchtete Rad wieder in derselben Position montiert werden. Radschrauben bei auf dem Boden stehendem Fahrzeug lösen. Fahrzeug vorn aufbocken und Vorderräder abnehmen.

● Selbstsichernde Mutter für Spurstangenkopf am Achsschenkel lösen, Spurstange mit handelsüblichem Abdrücker, zum Beispiel HAZET 779, abdrücken. Mutter vollständig abschrauben.

● Bremsschlauch am Federbein ausclipsen, –Pfeil links–.

● 2 Schrauben für Achsschenkel am Stoßdämpfer abschrauben, –Pfeile rechts–.

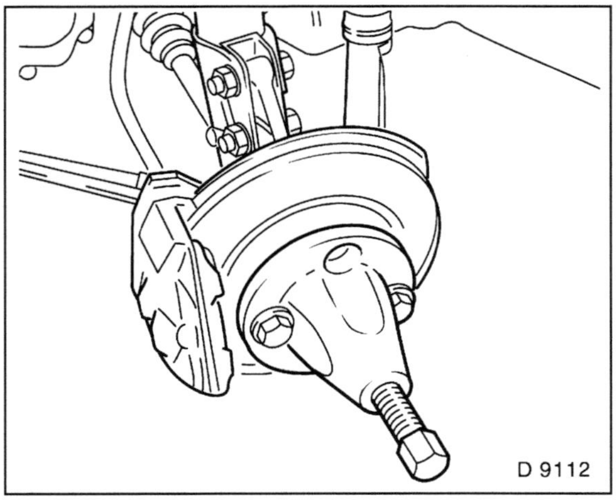

● Achsschenkel nach außen klappen, dabei gleitet die Gelenkwelle aus der Verzahnung der Vorderradnabe. Falls das nicht möglich ist, Gelenkwelle mit handelsüblichem Radnabenabzieher herausdrücken, siehe Abbildung. Die Schrauben für Federbein am Achsschenkel müssen entfernt sein, Abbildung zeigt eingebaute Schrauben.

● Gelenkwelle mit Draht hochbinden, damit die Gelenke beim Ausbau einer Seite nicht bis zum Anschlag gebeugt werden.

● Inneres Gelenk für Gelenkwelle vom Getriebeflansch abschrauben.

● Gelenkwelle abnehmen.

Einbau

● Vor dem Einbau Verzahnung der Gelenkwelle und Radnabe mit Benzin reinigen (fett- und ölfrei) sowie alle Rückstände entfernen.

● Gelenkwelle am Getriebe einsetzen und anschrauben.

● Gelenkwelle in die Verzahnung der Vorderradnabe einsetzen.

● Untere Befestigungsschrauben für Federbein am Achsschenkel einsetzen, mit **neuen selbstsichernden** Muttern festziehen. Anzugsmomente: CINQUECENTO = **110 Nm**, SEICENTO = **90 Nm**.

● Spurstangengelenk in Achschenkel einsetzen, mit **neuer selbstsichernder Mutter** und **35 Nm** festziehen.

● **Neue Scheibe** und **neue Achsmutter** handfest auf die Gelenkwelle aufschrauben, noch nicht festziehen.

● Vorderräder so ansetzen, dass die beim Ausbau angebrachten Markierungen übereinstimmen. Räder anschrauben. Fahrzeug ablassen und Radschrauben über Kreuz mit **90 Nm** festziehen.

● Achsmutter der Gelenkwelle mit **240 Nm** festziehen. Dazu muss das Fahrzeug auf dem Boden stehen, Gang einlegen und von Helfer Bremspedal treten lassen. **Achtung:** Achsmutter nach jedem Lösen ersetzen.

T-3634

- Achsmutter durch Verstemmen mit einem stumpfen Meißel sichern. Dabei Bund der Mutter mit Dorn in die Nut der Welle treiben. **Hinweis:** Die Verstemmung muss nicht bei allen Fahrzeugen angebracht werden. Siehe auch Abschnitt »Ausbau«.

- 2,4 Liter des richtigen Getriebeöls einfüllen, siehe Seite 25.
- Öleinfüllschraube am Getriebe einschrauben und mit **45 Nm** anziehen. Die Schraube wird über ihre Konusform abgedichtet, es ist kein weiteres Dichtmittel anzubringen.
- Baldmöglichst Sturz überprüfen, gegebenenfalls einstellen lassen.

Gelenkwelle zerlegen

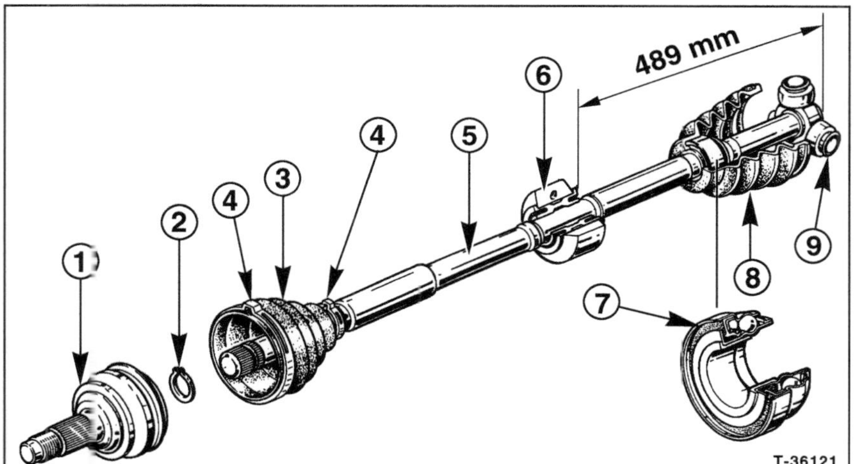

T-36121

1 – **Äußeres Gleichlaufgelenk** Kugelgelenk, nicht zerlegen.
2 – **Sicherungsring** Immer erneuern.
3 – **Äußere Gelenkschutzhülle**
4 – **Schlauchbinder**
5 – **Welle**
6 – **Tilgergewicht** Nur rechte Gelenkwelle.
7 – **Dichtlager**
8 – **Innere Gelenkschutzhülle**
9 – **Inneres Gleichlaufgelenk** Sterngelenk (Tripodegelenk).

Defekte Manschetten sofort erneuern. Zum Erneuern der Schutzhüllen muss die Gelenkwelle zerlegt werden. Falls Schmutz in das Fett eingedrungen ist, Gelenk auswaschen und mit neuem TUTELA MRM2-Fett von FIAT (Lithium-MoS_2-Fett) schmieren. Defekte Kugeln oder Laufringe in den Lagern machen sich durch Lastwechselschlagen und Knackgeräusche bemerkbar. In diesem Fall Gelenke komplett erneuern.

Zerlegen

- Gelenkwelle ausbauen.
- Einbaulage der Manschetten mit einem Filzstift markieren.
- Schlauchbinder an der äußeren Gelenkschutzhülle mit Seitenschneider aufschneiden und abnehmen. Gelenkschutzhülle zurückschieben.

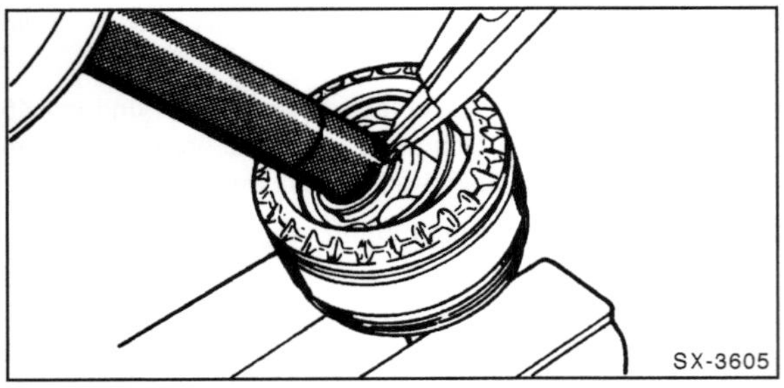

- Fett abwischen, mit Spitzzange Sicherungsring spreizen und Gelenkwelle aus dem Gelenkflansch herausziehen. Darauf achten, dass die Kugeln nicht aus dem Gelenk rutschen können.

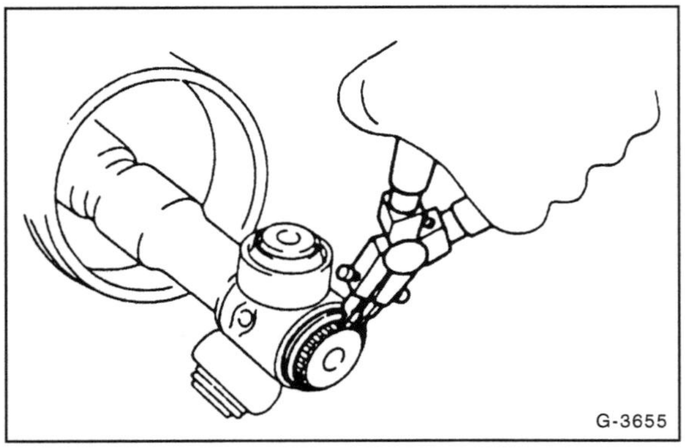

- Inneres Tripodegelenk zerlegen: Einbauposition des Gelenksterns zur Welle mit Filzstift markieren. Sicherungsring mit geeigneter Zange spreizen und abnehmen. Gelenkstern mit Hammer und einem Messingstab von der Welle schlagen, dabei nicht auf die Rollen schlagen.
- Schlauchklemmen für Manschetten mit Seitenschneider aufschneiden und abnehmen.
- Gummimanschetten abnehmen.
- Gleichlaufgelenke mit Benzin gründlich auswaschen und auf einwandfreien Zustand sichtprüfen. Kugeln und Laufbahnen müssen spiegelglatt sein und dürfen keine Einlaufspuren oder Riefen aufweisen. Defektes Gelenk erneuern.
- Gelenkwelle sichtprüfen. Die Welle darf nicht verformt sein oder einen Schlag aufweisen. Die Berührungsflächen der Manschetten dürfen nicht abgenutzt sein.
- Sollen Dichtlager oder Tilgergewicht der rechten Gelenkwelle von der Welle abgedrückt werden, vorher Einbauposition mit Farbe oder Reißnadel markieren, da sie an gleicher Stelle wieder eingebaut werden müssen.

Zusammenbau

- Gelenkschutzhüllen grundsätzlich erneuern.
- Gelenkwellenoberfläche leicht einfetten, damit die Manschette leichter rutscht.
- **Neue** Gelenkschutzhülle mit Schlauchbinder für äußeres Gelenk auf die Welle schieben.

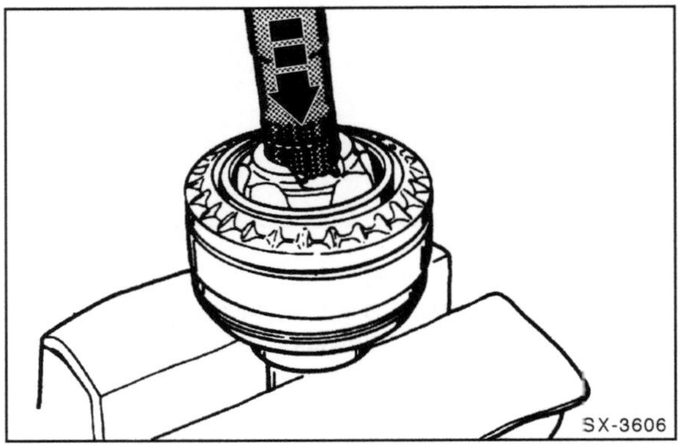

- Welle mit **neuem** Sicherungsring gerade in die Verzahnung des Gelenks eindrücken, bis der Sicherungsring einrastet.
- Äußeres Gelenk mit ca. 80 Gramm TUTELA MRM2-Schmierfett – je 40 g von jeder Seite – füllen. Wenn nur die Gelenkschutzhülle erneuert wird, gegebenenfalls Gelenk nur nachfetten.

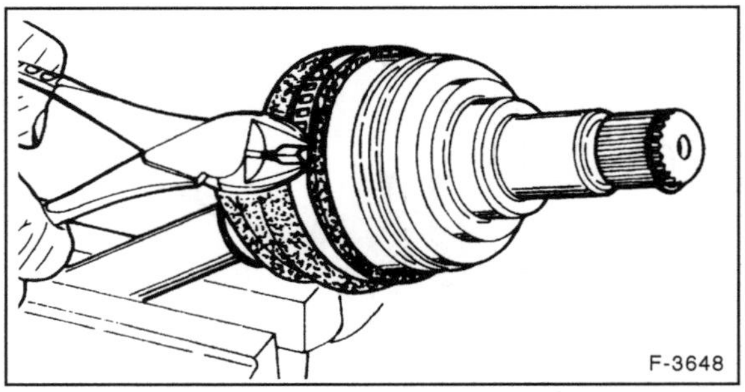

- Gelenkschutzhülle in richtige Lage bringen, Schlauchbänder mit geeigneter Zange, zum Beispiel HAZET 1847-1, festklemmen.

Achtung: Die Gelenkschutzhülle wird beim Aufsetzen auf den Gelenkkörper häufig eingedrückt. Dadurch entsteht in der Gelenkschutzhülle ein Unterdruck, der im Fahrbetrieb eine Falte nach innen zieht. Deshalb nach der Montage Schutzhülle am kleinen Durchmesser kurz mit einem Schraubendreher anlüften und so für einen Druckausgleich sorgen.

- **Neue** Gummimanschette für inneres Gelenk mit Halteband für kleinen Durchmesser auf die Welle schieben.

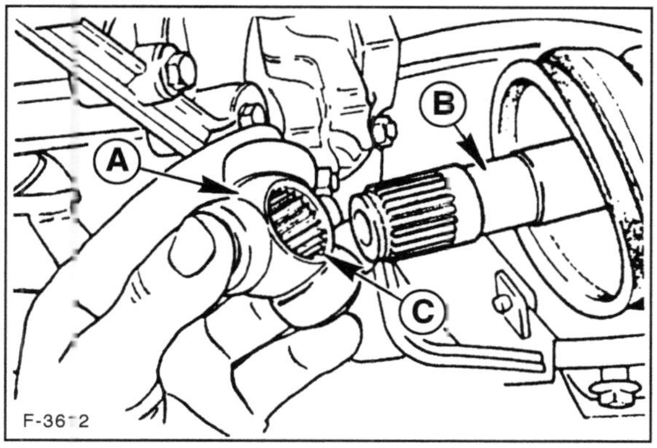

- Inneres Gelenk: Tripode –A– mit der Innenverzahnung –C– auf die Gelenkwelle –B– schieben und mit **neuem** Sicherungsring sichern. Dabei auf die beim Ausbau angebrachte Markierung achten. Tripodestern gegebenenfalls mit einem geeigneten Rohr bis zum Anschlag auftreiben. **Achtung:** Dabei Lagersitz der Gleichlaufrollen nicht beschädigen.
- Gummimanschette in Einbauposition bringen und mit Halteband am kleinen Durchmesser befestigen.
- Gelenkwelle einbauen.

Das Radlager

Defekte Radlager machen sich folgendermaßen bemerkbar: Geräusche in engen Kurven; Schwergängigkeit des Rades bei gelöster Bremse. Die Radlager sitzen so fest im Achsschenkel, dass sie nur mit geeigneten Einziehwerkzeugen fachgerecht montiert werden können. Diese Arbeiten sollten der FIAT-Werkstatt überlassen werden. Zum Ersetzen des Radlagers müssen zuvor der komplette Achsschenkel und die Radnabe ausgebaut werden.

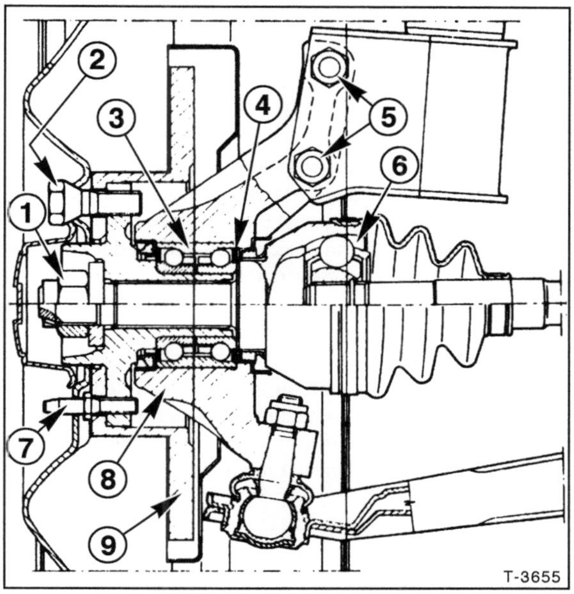

1 – Achsmutter
2 – Radschraube
3 – Radlager
4 – Sprengring
5 – Befestigungsschrauben Federbein an Achsschenkel
6 – Äußeres Gleichlaufgelenk
7 – Befestigungsschraube Bremsscheibe
8 – Achsschenkel
9 – Bremsscheibe

Hinterachse

Aus dem Inhalt:

- **Stoßdämpfer**
- **Schraubenfeder**
- **Radnabe**

Die hinteren Radführungselemente sind am Hinterachsträger befestigt, der mit der Karosserie verschraubt ist. Zwei unten liegende Längslenker übernehmen zusammen mit den Stoßdämpfern die Radführung. Zur Abfederung der Hinterräder dienen 2 Schraubenfedern mit separat angeordneten Stoßdämpfern.

Sicherheitshinweis
Schweiß- und Richtarbeiten an tragenden und radführenden Bauteilen der Hinterradaufhängung **sind nicht zulässig. Selbstsichernde Muttern**, sowie korrodierte Schrauben/Muttern im Reparaturfall **immer ersetzen.**

Hinterachseinstellwerte, FIAT SEICENTO

Vorspur	0 ± 3 mm
Radsturz*:	
Modell Sporting	22' ± 30'
Modell Suite + Citymatic	42' ± 30'

*) nicht einstellbar, defekte Teile erneuern

Angaben zum CINQUECENTO und zur Fahrwerkvermessung allgemein stehen im Kapitel »Fahrwerkvermessung« auf Seite 114.

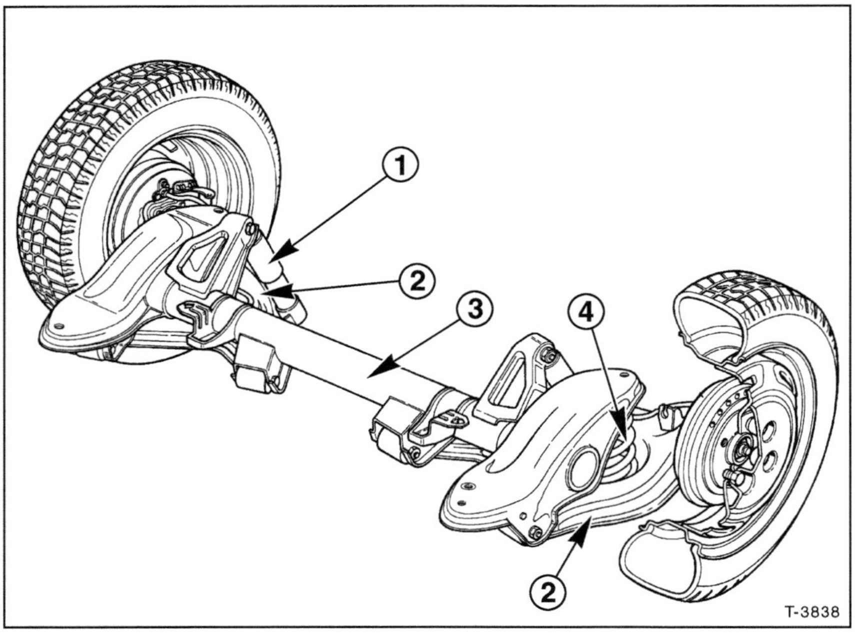

1 – Stoßdämpfer
2 – Längslenker
3 – Achsträger
4 – Schraubenfeder

Stoßdämpfer hinten aus- und einbauen

Ausbau

Sicherheitshinweis
Beim Aufbocken des Fahrzeugs besteht Unfallgefahr! Deshalb vorher das Kapitel »Fahrzeug aufbocken« durchlesen.

- Stellung der Hinterräder zur Radnabe mit Farbe kennzeichnen. Dadurch kann das ausgewuchtete Rad wieder in derselben Position montiert werden. Radschrauben bei auf dem Boden stehendem Fahrzeug lösen. Fahrzeug hinten aufbocken und Hinterräder abnehmen.
- Längslenker unterhalb der Schraubenfeder mit Werkstattwagenheber abstützen (etwas anheben), sonst schnappt nach dem Lösen des Stoßdämpfers der Längslenker nach unten, **Unfallgefahr!**

T-3839

- Stoßdämpfer abschrauben –Pfeile– und herausnehmen.

Einbau

- Stoßdämpfer oben anschrauben.
- Längslenker anheben, bis das Auge des Stoßdämpfers mit der Befestigungsbohrung übereinstimmt. Stoßdämpfer oben und unten mit **50 Nm** anschrauben.
- Wagenheber entfernen.
- Hinterräder so ansetzen, dass die beim Ausbau angebrachten Markierungen übereinstimmen. Vorher Zentriersitz der Felge an der Radnabe mit Wälzlagerfett leicht einfetten. Räder anschrauben. Fahrzeug ablassen und Radschrauben über Kreuz mit **90 Nm** festziehen.

Schraubenfeder hinten aus- und einbauen

Ausbau

- Stoßdämpfer ausbauen.
- Längslenker mit Werkstattwagenheber so weit absenken, bis die Schraubenfeder ganz entlastet ist und herausgenommen werden kann.

Einbau

- Federn auf Risse und Verformungen sichtprüfen, gegebenenfalls ersetzen. Bei Nachkauf beachten, dass nur Federn gleicher Farbkennzeichnung (gelb oder weiß) an Rädern einer Achse eingebaut werden dürfen.
- Schraubenfeder mit den Federenden in die Aussparungen der Federteller einsetzen.
- Stoßdämpfer einbauen.

Radnabe/Radlager aus- und einbauen

Ein defektes Radlager macht sich durch Laufgeräusche und übermäßiges Spiel bemerkbar. Das Radlager ist nicht einstellbar und kann nicht einzeln ausgetauscht werden. Bei defektem Radlager muss die komplette Radnabe ersetzt werden.

Die Abbildung zeigt einen Schnitt durch die Hinterradnabe.

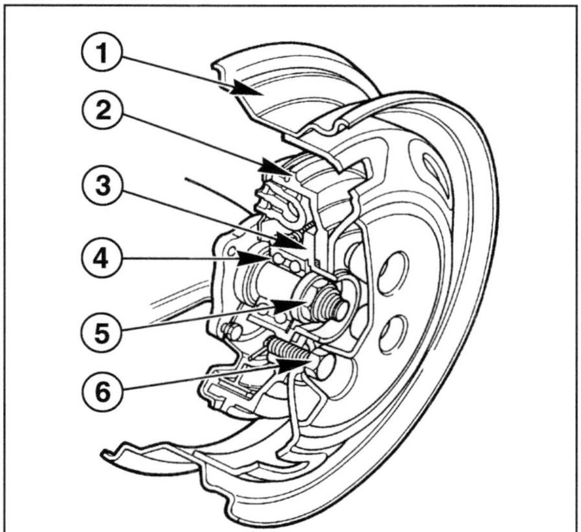

T-3840

1 – Felge
2 – Bremstrommel
3 – Radnabe
4 – Radlager
5 – Achsmutter
6 – Radschraube

Ausbau

Sicherheitshinweis
Beim Aufbocken des Fahrzeugs besteht Unfallgefahr! Deshalb vorher das Kapitel »Fahrzeug aufbocken« durchlesen.

- Stellung der Hinterräder zur Radnabe mit Farbe kennzeichnen. Dadurch kann das ausgewuchtete Rad wieder in derselben Position montiert werden. Radschrauben bei auf dem Boden stehendem Fahrzeug lösen. Fahrzeug hinten aufbocken und Hinterräder abnehmen.
- Fettkappe (Radnabendeckel) von der Radnabe vorsichtig abdrücken. Das Abdrücken der Fettkappe kann mit unterschiedlichen Werkzeugen erfolgen, dabei ist jedoch darauf zu achten, dass die Fettkappe nicht beschädigt wird. Durch eine verbeulte oder deformierte Fettkappe kann Wasser in das Radlager eindringen, wodurch dieses in kurzer Zeit zerstört wird. Beschädigte Fettkappe deshalb immer ersetzen.
- Hinterräder wieder anschrauben und Fahrzeug ablassen. Handbremse anziehen.
- Befestigungsmutter mit Stecknuss an der Radnabe lösen. **Achtung:** Das Fahrzeug muss dabei auf dem Boden stehen, Unfallgefahr durch hohes Drehmoment. Die Achsmutter muss nach jedem Lösen erneuert werden.
- Handbremse lösen, Fahrzeug aufbocken, Hinterräder abschrauben.

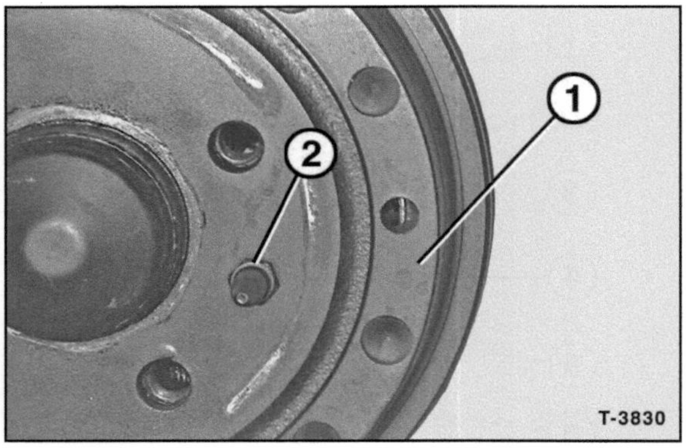

- Bremstrommel –1– mit 2 Halteschrauben –2– abschrauben und abnehmen.
- Achsmutter abschrauben und Radnabe mit Radlager vom Achszapfen abziehen. Falls erforderlich, handelsübliche Abziehvorrichtung verwenden.

Einbau

- Achszapfen vor dem Einbau der Radnabe sichtprüfen. Er darf keine Risse, Verformungen oder Anzeichen von Verschleiß aufweisen, sonst muss der komplette Längslenker ersetzt werden.
- Radnabe mit Radlager am Achszapfen aufdrücken. Dabei Distanzringe vor und hinter dem Lager nicht vergessen. Mutter kräftig festziehen. **Achtung:** Dabei darf kein Bremsstaub auf den Achszapfen oder ins Radlager gelangen. Eingedrungener Schmutz zerstört mit der Zeit das Lager.
- Bremstrommel ansetzen und mit 2 Schrauben und 10 Nm festziehen.
- Hinterräder so ansetzen, dass die beim Ausbau angebrachten Markierungen übereinstimmen. Vorher Zentriersitz der Felge an der Radnabe mit Wälzlagerfett leicht einfetten. Räder anschrauben. Fahrzeug ablassen, Handbremse anziehen und Radschrauben über Kreuz mit **90 Nm** festziehen.
- Radnabe mit **neuer** Befestigungsmutter und **220 Nm** festziehen. **Achtung:** Unfallgefahr, da hohes Drehmoment! Nur stabilen Drehmomentschlüssel verwenden. Das Fahrzeug muss beim Anziehen auf dem Boden stehen.

- Fettkappe mit handelsüblichem Lithiumfett füllen, zum Beispiel TUTELA MR3. Rand der Fettkappe mit sauberem Lappen abwischen und Radnabendeckel vorsichtig auftreiben. Statt dem FIAT-Sonderwerkzeug kann auch ein geeignetes Rohr verwendet werden. Der Innendurchmesser des Rohres muss dabei am Wulst der Fettkappe anliegen. Gegebenenfalls Radnabendeckel vorsichtig mit einem Gummihammer auftreiben. Ist die Fettkappe auch nur geringfügig verformt, muss sie erneuert werden.

Räder und Reifen

Aus dem Inhalt:

- Profiltiefe prüfen
- Räder austauschen
- Schneeketten
- Radschrauben anziehen
- Reifenpflege
- Fahrzeug aufbocken
- Reifencode
- Reifenfülldruck

Der FIAT CINQUECENTO und SEICENTO ist je nach Modell und Ausstattung mit schlauchlosen Gürtelreifen sowie Felgen unterschiedlicher Größe ausgerüstet. Sofern Reifen und/oder Felgen montiert werden, die nicht in den Fahrzeugpapieren vermerkt sind, ist eine Eintragung in die Fahrzeugpapiere erforderlich. Dazu wird in der Regel eine Freigabebescheinigung vom Fahrzeughersteller benötigt.

Neben der Felgenbreite und dem Felgendurchmesser ist bei einem Wechsel der Felge auch die Einpresstiefe zu beachten. Die Einpresstiefe ist das Maß von der Felgenmitte bis zur Anlagefläche der Radschüssel an die Bremsscheibe.

Alle Scheibenräder sind als Hump-Felgen ausgelegt. Der Hump ist ein in die Felgenschulter eingepresster Wulst, der auch bei extrem scharfer Kurvenfahrt nicht zulässt, dass der schlauchlose Reifen von der Felge gedrückt wird.

Profiltiefe messen

Reifen dürfen aufgrund gesetzlicher Vorschriften bis zu einer Profiltiefe von 1,6 mm abgefahren werden, und zwar an der gesamten Reifenlauffläche gemessen. Es empfiehlt sich aber aus Sicherheitsgründen, die Sommerreifen bereits bei einer Profiltiefe von 2 mm und die Winterreifen bei einer Tiefe von 4 mm auszutauschen.

Die Tiefe des Reifenprofils ist in den Hauptprofilrillen an den am stärksten verschlissenen Stellen des Reifens zu messen. Am Grund der Hauptprofilrillen sind die Abnutzungsindika-

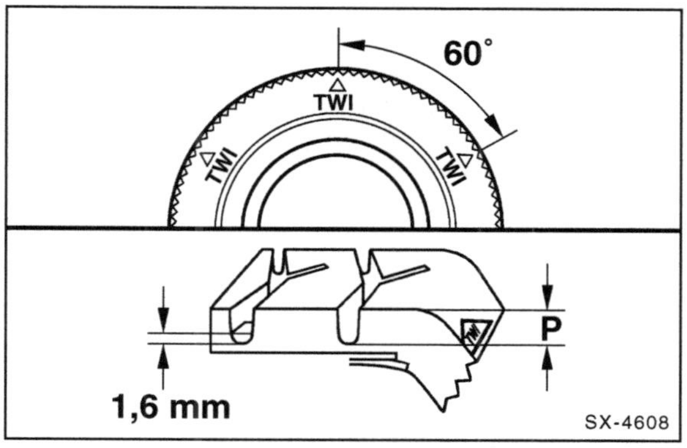

toren (TWI = **T**read **W**ear **I**ndicator) zu erkennen. Die Positionen der TWIs sind mehrmals an der Reifenflanke gekennzeichnet. Die Flächen der Abnutzungsindikatoren haben eine Höhe von 1,6 mm. Sie dürfen nicht in die Messung mit einbezogen werden. Für die Messwerte entscheidend ist das Maß an der Stelle mit der geringsten Profiltiefe –P–.

Eine Auswahl von Reifen-/Felgenkombinationen für den FIAT CINQUECENTO/SEICENTO

Modell	Motor	Felgengröße	Reifengröße	Reifenfülldruck (Überdruck) in bar			
				halbe Zuladung		volle Zuladung	
				vorn	hinten	vorn	hinten
CINQUECENTO	29 kW/40 PS	4 J x 13 H	145/70 R 13 S	2,0	2,0	2,2	2,2
	40 kW/55 PS	4½ J x 13H2*	155/65 R 13 S	2,0	2,0	2,2	2,2
	Notrad	4½ J x 13	135/70 R 13 S	2,2	2,2	2,2	2,2
SEICENTO	29 kW/40 PS	5 B x 13 H	155/65 R 13 T	2,0	2,0	2,2	2,2
	40 kW/55 PS	5½ B x 13 H2*	165/55 R 13 H	2,1	2,1	2,2	2,2
	Notrad	4½ J x 13	135/70 R 13 T	2,8	2,8	2,8	2,8

* = Leichtmetallfelge

Reifenfülldruck

Für den CINQUECENTO/SEICENTO sind unterschiedliche Reifendimensionen und Felgengrößen vom Werk zugelassen. Die vorliegende Reifentabelle listet nur einen Querschnitt möglicher Reifen-/Felgenkombinationen auf. Eine komplette Liste aller zugelassenen Reifen und Felgen hat jede Fachwerkstatt. Der Reifenfülldruck wird vom Automobilhersteller in Abhängigkeit verschiedener Parameter festgelegt. Dazu zählen unter anderem die Fahrzeugbelastung und die Fahrzeug-Höchstgeschwindigkeit.

Es ist wichtig, dass der für den jeweiligen Reifen festgelegte Reifenfülldruck eingehalten wird, siehe Anhaltswerte in der Tabelle. Auch bei der Verwendung von Winterreifen muss der vorgeschriebene Reifenfülldruck eingehalten werden. Für die Lebensdauer der Reifen und die Fahrzeugsicherheit ist das Einhalten des Reifenfülldrucks von großer Wichtigkeit. Reifenfülldruck deshalb alle 2 Wochen und vor jeder größeren Fahrt prüfen.

- Reifenfülldruckangaben beziehen sich auf **kalte** Reifen. Der sich bei längerer Fahrt einstellende und um ca. 0,2 bis 0,4 bar höhere Überdruck darf nicht reduziert werden. **Winterreifen** müssen mit einem um **0,2 bar höheren Überdruck** als Sommerreifen gefahren werden. Auf jeden Fall müssen die Reifenfülldrücke bei Winterreifen entsprechend den Vorgaben des Reifenherstellers eingehalten werden. Unterliegen die Winterreifen einer Geschwindigkeitsbeschränkung, muss ein Hinweis im Blickfeld des Fahrers angebracht werden (§ 36, Absatz 1 StVZO).
- Der Reifenfülldruck für das **Reserverad** entspricht dem höchsten Fülldruck bei der maximalen Belastung. **Achtung: Für ein Reserverad, das in seinen Abmessungen nicht den montierten Rädern entspricht (Reserve-Notrad) sind folgende Regeln zu beachten:** Der Fülldruck für das Notrad beträgt beim CINQUECENTO **2,2 bar** und beim SEICENTO **2,8 bar**. Nicht über 80 km/h fahren. Vollgasbeschleunigung, starkes Bremsen und rasante Kurvenfahrten vermeiden. Niemals mit mehr als einem Rad anderer Größe fahren. Abweichendes Rad so schnell wie möglich durch ein normales Rad ersetzen. Keine Schneekette auf dieses Rad montieren und keine Radkappe am Notrad montieren. Sollte die Verwendung von Schneeketten vorgeschrieben sein, ist das Notrad an der Hinterachse einzusetzen. Gegebenenfalls müssen die Reifen getauscht werden.

Schneeketten

Schneeketten sind nur für die **Antriebsräder** (vorn) zulässig. Keine Schneekette auf dem Notrad verwenden. Um Beschädigungen an den Radvollblenden und Felgenzierringen zu vermeiden, sollten diese bei Schneekettenbetrieb abgenommen werden. Allerdings sind die Radschrauben aus Sicherheitsgründen dann mit Abdeckkappen zu versehen. Nach Entfernen der Schneeketten Radblenden und Zierringe sofort wieder montieren.

Mit Schneeketten darf in Deutschland nicht schneller als **50 km/h** gefahren werden. Auf schnee- und eisfreien Straßen sind die Schneeketten abzunehmen. Nur feingliedrige Schneeketten verwenden, die nicht mehr als 12 mm (einschließlich Kettenschloss) auftragen.

Austauschen der Räder/ Laufrichtung beachten

Es ist nicht zweckmäßig, bei einem Austausch der Räder die Drehrichtung der Reifen zu ändern, da sich die Reifen nur unter vorübergehend stärkerem Verschleiß der veränderten Drehrichtung anpassen. Bei einigen Reifen ist die Laufrichtung durch einen Pfeil auf der Reifenflanke vorgegeben, die Laufrichtung ist dann unbedingt einzuhalten.

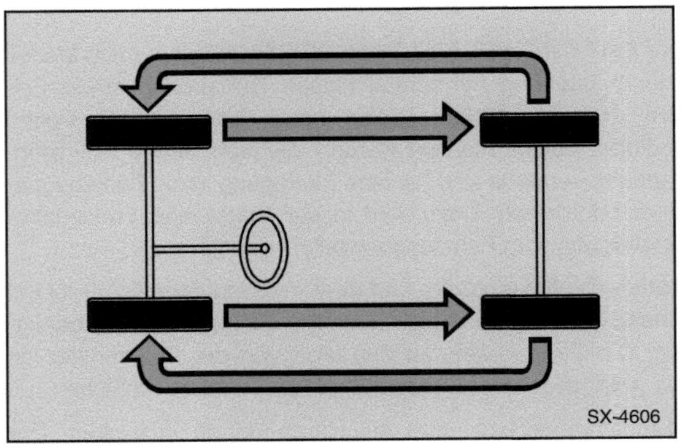

Bei größerem Verschleiß der vorderen Reifen empfiehlt es sich, die Vorderräder gegen die Hinterräder zu tauschen. Dadurch haben alle 4 Reifen etwa die gleiche Lebensdauer.

Sicherheitshinweise
Reifen nicht einzeln, sondern mindestens achsweise ersetzen. Reifen mit der größeren Profiltiefe **vorn** montieren. An Vorder- und Hinterachse nur Reifen **gleicher** Größe und Bauart, möglichst auch gleichen Fabrikats und Profilausführung montieren. Reifen, die älter als 6 Jahre sind, nur im Notfall und bei vorsichtiger Fahrweise verwenden. Beim Erneuern und Demontieren schlauchloser Reifen unbedingt das Reifenventil mit austauschen.

- Bei **laufrichtungsgebundenem Profil**, erkennbar an Pfeilen auf der Reifenflanke in Laufrichtung, muss die Laufrichtung des Reifens unbedingt eingehalten werden. Dadurch werden optimale Laufeigenschaften bezüglich Aquaplaning, Haftvermögen, Geräusch und Abrieb sichergestellt. Falls das Reserverad bei einer Reifenpanne einmal entgegen der Laufrichtung montiert werden muss, sollte dieser Einsatz nur vorübergehend sein. Insbesondere bei Nässe empfiehlt es sich, die Geschwindigkeit den Fahrbahnverhältnissen anzupassen
- Vor der Demontage des Rades dieses mit Kreide oder Farbstift zur Radnabe markieren, damit es in gleicher Stellung wieder montiert werden kann.
- **Radschrauben lösen, wenn das Fahrzeug auf dem Boden steht.** Schrauben noch nicht ganz herausdrehen. Dazu Handbremse anziehen, 1. Gang einlegen und gegenüberliegendes Rad mit einem Stein oder dergleichen sichern, damit das Fahrzeug nicht wegrollt.

Achtung Leichtmetallfelgen sind durch einen Klarlacküberzug gegen Korrosion geschützt. Beim Radwechsel darauf achten, dass die Schutzschicht nicht beschädigt wird, andernfalls mit Klarlack ausbessern.

- Fahrzeug aufbocken, siehe Seite 103.
- Die 3 Radschrauben herausdrehen, mit denen die Radblende befestigt ist. Die 4. Radschraube befindet sich auf der entgegengesetzten Seite des Reifenventils.
- Radblende von Hand abnehmen.
- Die 4. Radschraube herausdrehen und das Rad abnehmen.
- Zum Schutz gegen das Festrosten des Rades ist der Zentriersitz des Scheibenrades an der Radnabe vorn und hinten vor jeder Montage des jeweiligen Rades mit Wälzlagerfett dünn einzufetten.
- Verschmutzte Schrauben und Gewinde reinigen. Gewinde der Radschrauben **nicht** fetten oder ölen.
- Rad entsprechend der beim Ausbau angebrachten Markierung ansetzen. Rad mit einer Schraube leicht anschrauben, dabei die Radschraube so positionieren, dass diese dem Reifenventil entgegengesetzt liegt.
- Radblende mit der großen Bohrung auf die bereits angebrachte Radschraube aufsetzen.
- Die 3 restlichen Radschrauben hineindrehen und leicht anziehen.

Radschrauben anziehen

Felgen und Radschrauben sind aufeinander abgestimmt. Bei jeder Umrüstung auf andere Felgen, zum Beispiel Leichtmetallfelgen oder Räder mit Winterbereifung, müssen deshalb die dazugehörigen Radschrauben mit der richtigen Länge verwendet werden. Der Festsitz der Räder und die Funktion der Bremsanlage hängen davon ab.

- Fahrzeug ablassen.
- Radschrauben über Kreuz in mehreren Durchgängen anziehen. Zum Festziehen der Radschrauben sollte stets ein Drehmomentschlüssel verwendet werden. Dadurch wird sichergestellt, dass die Radschrauben gleichmäßig fest angezogen sind. **Das Anzugsmoment beträgt für alle Radschrauben 90 Nm**.
- Wurde beim Radwechsel festgestellt, dass die Radschrauben korrodiert und schwergängig sind, müssen diese möglichst rasch erneuert werden. Bis dahin vorsichtshalber nur mit mäßiger Geschwindigkeit fahren.

Achtung: Durch einseitiges oder unterschiedlich starkes Anziehen der Radschrauben können das Rad und/oder die Radnabe verspannt werden.

- Nach dem Reifenwechsel unbedingt Reifenfülldruck prüfen und gegebenenfalls korrigieren.

Reifen- und Scheibenrad-Bezeichnungen/Herstellungsdatum

Reifen-Bezeichnungen

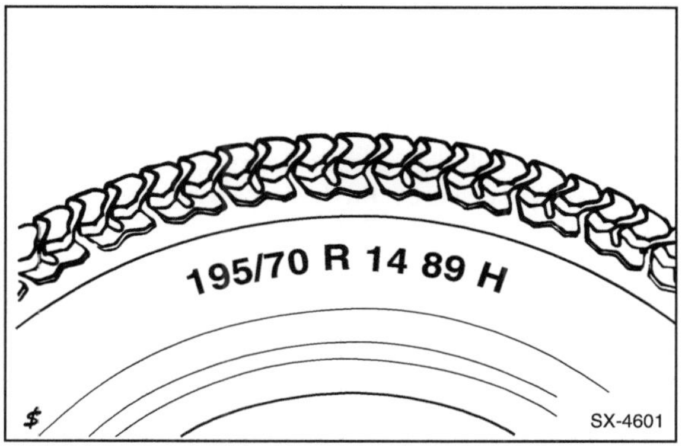

195 = Reifenbreite in mm.

/70 = Verhältnis Höhe zu Breite (die Höhe des Reifenquerschnitts beträgt 70 % von der Breite).

Fehlt eine Angabe des Querschnittverhältnisses (zum Beispiel 155 R 13), so handelt es sich um das »normale« Höhen-Breiten-Verhältnis. Es beträgt bei Gürtelreifen 82 %.

R = Radial-Bauart (= Gürtelreifen).

14 = Felgendurchmesser in Zoll.

89 = Tragfähigkeits-Kennzahl.

Achtung: Steht zwischen den Angaben 14 und 89 die Bezeichnung M+S, dann handelt es sich um einen Reifen mit Winterprofil.

H = Kennbuchstabe für zulässige Höchstgeschwindigkeit, H: bis 210 km/h.

Der Geschwindigkeitsbuchstabe steht hinter der Reifengröße. Die Geschwindigkeitsbuchstaben gelten sowohl für Sommer- als auch für Winterreifen.

Geschwindigkeits-Kennbuchstabe

Kennbuchstabe	Zulässige Höchstgeschwindigkeit
Q	160 km/h
S	180 km/h
T	190 km/h
H	210 km/h
V	240 km/h
W	270 km/h
Y	über 270 km/h
ZR	über 240 km/h

Achtung: Steht hinter der Reifenbezeichnung das Wort »reinforced«, handelt es sich um einen Reifen in verstärkter Ausführung, beispielsweise für Vans und Transporter.

Reifen-Herstellungsdatum

Das Herstellungsdatum steht auf dem Reifen.

Beispiel: DOT CUL2 UM8 3704 TUBELESS

DOT = Department of Transportation (US-Verkehrsministerium)
CU = Kürzel für Reifenhersteller
L2 = Reifengröße
UM8 = Reifenausführung
3704 = Herstellungsdatum = 37. Produktionswoche 2004
Hinweis: Falls anstelle der 4-stelligen Ziffer eine 3-stellige Ziffer gefolgt von einem ◁-Symbol aufgeführt ist, dann wurde der Reifen im vergangenen Jahrzehnt produziert. Die Bezeichnung 509◁ bedeutet beispielsweise: 50. Produktionswoche 1999.
TUBELESS = schlauchlos (TUBETYPE = Schlauchreifen)

Achtung: Neureifen müssen seit 10/98 zusätzlich mit einer ECE-Prüfnummer an der Reifenflanke versehen sein. Diese Prüfnummer weist nach, dass der Reifen dem ECE-Standard entspricht. Werden Reifen seit 10/98 **ohne** ECE-Prüfnummer montiert, erlischt die Allgemeine Betriebserlaubnis (ABE) des Fahrzeuges.

Scheibenrad-Bezeichnungen

Beispiel : 5½B x 13 H2,
LK4/100, ET 43

5½ = Maulweite (Innenbreite) der Felge in Zoll.
B = Kennbuchstabe für Höhe und Kontur des Felgenhorns (J = höhere Hornform).
x = Kennzeichen für einteilige Tiefbettfelge.
13 = Felgen-Durchmesser in Zoll.
H2 = Felgenprofil an Außen- und Innenseite mit Hump-Schulter (Hump = Sicherheitswulst, damit der Reifen nicht von der Felge rutscht).
LK4 = Anzahl der Bohrungen in der Felge für die Radschrauben/-muttern (= Lochkreise).
100 = Lochkreis-Durchmesser in mm.
ET 43 = Einpresstiefe des Scheibenrades von 43 mm.

Räder aus- und einbauen

Ausbau

- Stellung der Räder zur Radnabe mit Farbe kennzeichnen. Dadurch kann das ausgewuchtete Rad wieder in derselben Position montiert werden. Radschrauben lösen, dabei muss das Fahrzeug auf dem Boden stehen. Fahrzeug aufbocken und Räder abnehmen.

Hinweis: Felgen, Radschrauben und auch das eventuell vorhandene Notrad sind aufeinander abgestimmt. Sollen beispielsweise Räder mit Stahlfelgen gegen Räder mit Leichmetallfelgen getauscht werden, müssen die Radschrauben gegen solche mit der richtigen Länge ersetzt werden. Auch das Notrad ist dann gegebenenfalls gegen ein entsprechendes zu ersetzen. Im Zweifelsfall in der Fachwerkstatt nachfragen, welche Radschrauben und welches Notrad zu verwenden ist.

Einbau

- Vorderräder so ansetzen, dass die beim Ausbau angebrachten Markierungen übereinstimmen. Vorher Zentriersitz der Felge an der Radnabe mit Wälzlagerfett dünn einfetten. Gewinde der Radschrauben **nicht** fetten oder ölen. Korrodierte Radschrauben erneuern. Räder anschrauben. Fahrzeug ablassen und Radschrauben über Kreuz mit **90 Nm** festziehen.

Auswuchten von Rädern

Die serienmäßigen Räder werden im Werk ausgewuchtet. Das Auswuchten ist notwendig, um unterschiedliche Gewichtsverteilung und Materialungenauigkeiten auszugleichen. Im Fahrbetrieb macht sich die Unwucht durch Trampel- und Flattererscheinungen bemerkbar. Das Lenkrad beginnt dann bei höherem Tempo zu zittern.

In der Regel tritt dieses Zittern nur in einem bestimmten Geschwindigkeitsbereich auf und verschwindet wieder bei niedrigerer und höherer Geschwindigkeit.

Solche Unwuchterscheinungen können mit der Zeit zu Schäden an Achsgelenken, Lenkgetriebe und Stoßdämpfern führen.

Räder nach jeder Reifenreparatur auswuchten lassen, da sich durch Abnutzung und Reparatur die Gewichts- und Materialverteilung am Reifen ändert.

Reifenpflegetipps

Reifen haben ein »Gedächtnis«. Unsachgemäße Behandlung – und dazu zählt beispielsweise auch schon schnelles oder häufiges Überfahren von Bordstein- oder Schienenkanten – führt deshalb zu Reifenpannen, mitunter sogar erst nach längerer Laufleistung.

Reifen reinigen

- Reifen generell **nicht** mit einem Dampfstrahlgerät reinigen. Wird die Düse des Dampfstrahlers zu nahe an den Reifen gehalten, dann wird die Gummischicht innerhalb weniger Sekunden irreparabel zerstört, selbst bei Verwendung von kaltem Wasser. Ein auf diese Weise gereinigter Reifen sollte sicherheitshalber ersetzt werden.
- Ersetzt werden sollte auch ein Reifen, der über längere Zeit mit Öl oder Fett in Berührung kam. Der Reifen quillt an den betreffenden Stellen zunächst auf, nimmt jedoch später wieder seine normale Form an und sieht äußerlich unbeschädigt aus. Die Belastungsfähigkeit des Reifens nimmt aber ab.

Reifen lagern

- Reifen sollten kühl, dunkel und trocken aufbewahrt werden. Sie dürfen nicht mit Fett und Öl in Berührung kommen.
- Räder liegend oder an den Felgen aufgehängt in der Garage oder im Keller lagern.
- Bevor die Räder abmontiert werden, Reifenfülldruck etwas erhöhen (ca. 0,3 – 0,5 bar).
- Für Winterreifen eigene Felgen verwenden, denn das Ummontieren der Reifen lohnt sich aus Kostengründen nicht.

Reifen einfahren

Neue Reifen haben vom Produktionsprozess her eine besonders glatte Oberfläche. Deshalb müssen neue Reifen – das gilt auch für das neue Ersatzrad – eingefahren werden. Bei diesem Einfahren raut sich durch die beginnende Abnutzung die glatte Oberfläche auf, das Haftvermögen des Reifens verbessert sich.

Während der ersten 300 km sollte man mit neuen Reifen speziell auf Nässe besonders vorsichtig fahren.

Fehlerhafte Reifenabnutzung

- In erster Linie ist auf vorschriftsmäßigen Reifenfülldruck zu achten, wobei alle 2 und längstens alle 4 Wochen eine Prüfung vorgenommen werden sollte.
- Reifenfülldruck nur bei kühlen Reifen prüfen. Der Reifenfülldruck steigt nämlich mit zunehmender Erhitzung bei schneller Fahrt an. Dennoch ist es völlig falsch, aus so erhitzten Reifen Luft abzulassen.

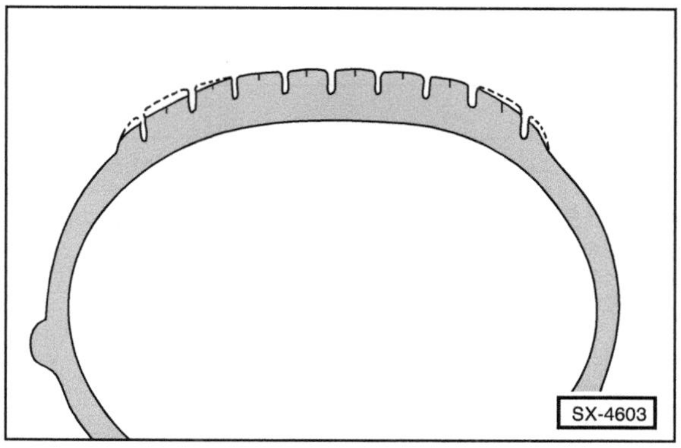

- An den Vorderrädern ist eine etwas größere Abnutzung der Reifenschultern gegenüber der Laufflächenmitte normal, wobei aufgrund der Straßenneigung die Abnutzung der zur Straßenmitte zeigenden Reifenschulter (linkes Rad: außen, rechtes Rad: innen) deutlicher ausgeprägt sein kann.
- Ungleichmäßiger Reifenverschleiß ist zumeist die Folge zu geringen oder zu hohen Reifenfülldrucks. Er kann auch auf Fehler in der Radeinstellung oder der Radauswuchtung sowie auf mangelhafte Stoßdämpfer oder Felgen zurückzuführen sein.
- Bei zu hohem Reifenfülldruck wird die Laufflächenmitte mehr abgenutzt, da der Reifen an der Lauffläche durch den hohen Innendruck mehr gewölbt ist.
- Bei zu niedrigem Reifenfülldruck liegt die Lauffläche an den Reifenschultern stärker auf, und die Laufflächenmitte wölbt sich nach innen durch. Dadurch ergibt sich ein stärkerer Reifenverschleiß der Reifenschultern.

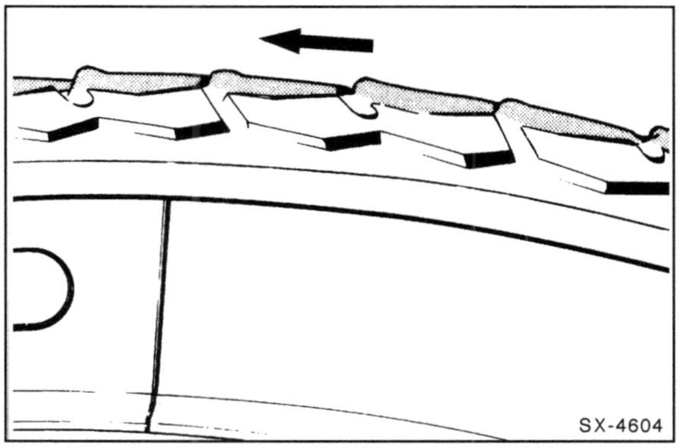

- Sägezahnförmige Abnutzung des Profils ist in der Regel auf eine Überbelastung des Fahrzeugs zurückzuführen.

Störungsdiagnose Reifen

Abnutzung	Ursache
Stärkerer Reifenverschleiß auf beiden Seiten der Lauffläche.	■ Zu niedriger Reifenfülldruck.
Stärkerer Reifenverschleiß in der Mitte der Lauffläche, über den gesamten Umfang.	■ Zu hoher Reifenfülldruck.
Auswaschungen der Profilseite.	■ Statische und dynamische Unwucht des Rades. Eventuell zu großer Seitenschlag der Felge, zu großes Spiel in den Traggelenken.
Auswaschungen in der Mitte des Reifenprofils.	■ Statische Unwucht des Rades. Eventuell Folge von zu großem Höhenschlag.
Starke Abnutzung an einzelnen Stellen in der Mitte der Lauffläche.	■ Blockierspuren von Vollbremsungen.
Schuppenförmige oder sägezahnähnliche Abnutzung des Profils. In krassen Fällen mit Gewebebrüchen verbunden, die nach einiger Zeit außen sichtbar werden.	■ Überbelastung des Wagens. Innenseite der Reifen auf Gewebebrüche untersuchen!
Gummizungen an den seitlichen Profilkanten.	■ Fehlerhafte Radeinstellung. Reifen radiert. Bei Hinterrädern auch Zustand der Stoßdämpfer prüfen!
Gratbildung an einer Profilseite des Vorderrades.	■ Falsche Spureinstellung. Reifen radiert. Häufiges Fahren auf stark gewölbter Fahrbahn. Schnelle Kurvenfahrt
Stoßbrüche im Reifenunterbau. Anfangs nur im Innern des Reifens sichtbar.	■ Überfahren von kantigen Steinen, Schienenstößen und Ähnlichem bei hohen Geschwindigkeiten.
Einseitig abgefahrene Laufflächen.	■ Sturzeinstellung überprüfen.

Fahrzeug aufbocken

Bei Arbeiten unter dem Fahrzeug muss dieses, falls es nicht auf einer Hebebühne steht, auf zwei oder vier stabilen Unterstellböcken stehen. **Auf keinen Fall dürfen Arbeiten unter dem Fahrzeug ausgeführt werden, wenn dieses nicht ausreichend gesichert ist oder nur mit dem Wagenheber abgestützt wird. Lebensgefahr!**

- Das Fahrzeug nur in unbeladenem Zustand auf ebener, fester Fläche aufbocken.
- Die Räder, die beim Anheben auf dem Boden stehen bleiben, mit Keilen gegen Vor- oder Zurückrollen sichern. Nicht auf die Feststellbremse verlassen, diese muss bei einigen Reparaturen gelöst werden.
- Fahrzeug mit Unterstellböcken so abstützen, dass jeweils ein Bein seitlich nach außen zeigt.

Achtung: Durch eine geeignete Gummi- oder Holzzwischenlage werden beim Anheben Beschädigungen am Unterbau vermieden.

Anhebe- und Aufbockpunkte:

Bordwagenheber und Hebebühne

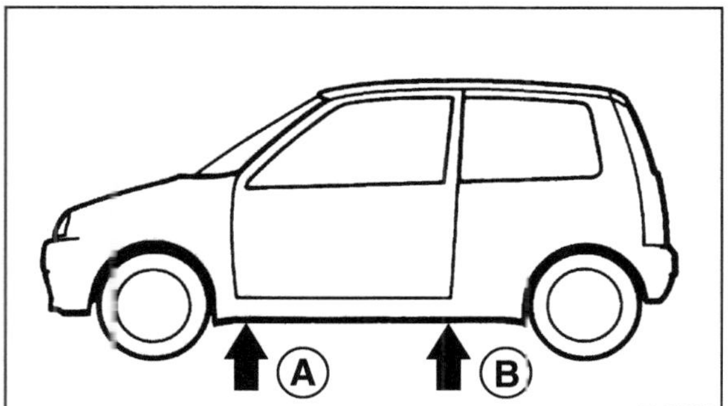

T-6822

- **Wagenheber** nur am Schweller ansetzen, an den durch Eindrückungen markierten Stellen –A– oder –B–. Dabei muss der Schweller in die Rille des Wagenhebers eingreifen. Ausleger der **Hebebühne** links und rechts ebenfalls in diesen Bereichen ansetzen, Fahrzeug anheben.
- Wagenheber hochkurbeln, bis das Rad vom Boden abgehoben hat. Fahrzeug mit Unterstellböcken abstützen.

Werkstattwagenheber

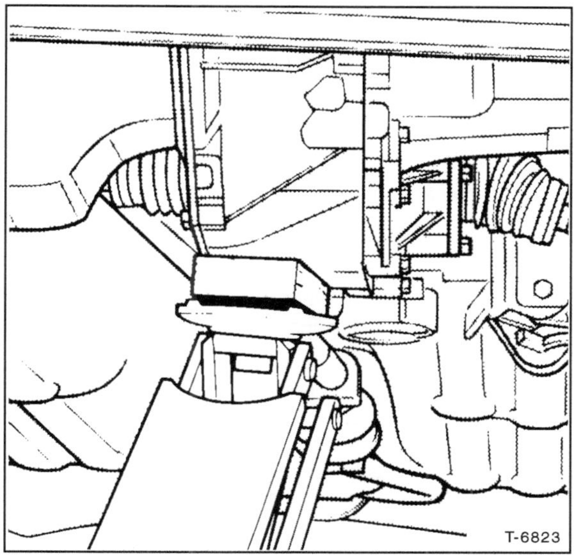

T-6823

- Fahrzeug vorn nur am Getriebegehäuse anheben. Zwischen Wagenheber und Getriebe einen Holzklotz oder eine Gummilage zwischenlegen.

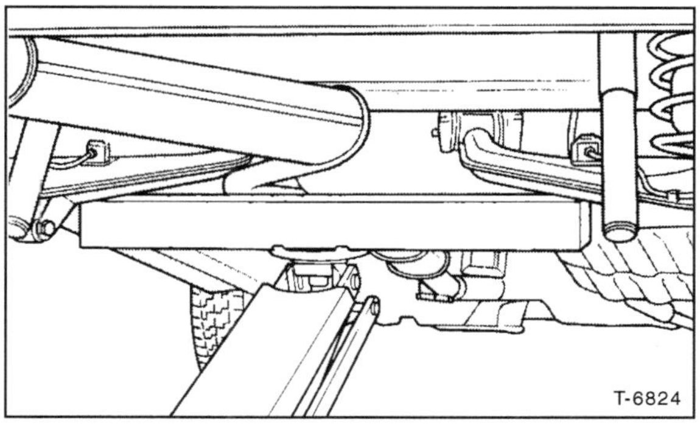

T-6824

- Fahrzeug hinten mit einem selbst angefertigten Holzbalken anheben, der an den hinteren Achslenkern angesetzt wird. Der 65 cm lange Holzbalken soll einen Querschnitt von 8 cm x 6,5 cm haben.

Lenkung

Aus dem Inhalt:

- Airbag
- Airbag-Sicherheitshinweise
- Lenkrad
- Spurstangenkopf
- Lenkgetriebe

Die Lenkung besteht im Wesentlichen aus dem Lenkrad, der Lenksäule, dem Zahnstangen-Lenkgetriebe und den Spurstangen.

Das Lenkrad ist auf der Lenksäule aufgeschraubt, die die Lenkbewegungen auf das Lenkgetriebe überträgt. Im Lenkgetriebe wird eine Zahnstange entsprechend dem Lenkradeinschlag nach links oder rechts bewegt. Spurstangen, die an den Enden der Zahnstange befestigt sind, übertragen die Lenkkräfte über den Lenkhebel am Achsschenkel auf die Räder.

Die Zahnstangenlenkung ist leichtgängig und spielfrei von Anschlag zu Anschlag. Sie ist wartungsfrei, allerdings müssen die Abdicht-Faltenbälge auf einwandfreien Zustand geprüft werden.

Der FIAT SEICENTO kann mit dem elektrischen Lenkhilfesystem EPAS ausgestattet sein (**EPAS** = **E**lectrical **P**ower **As**sisted **S**teering). Die Lenkhilfe verringert den Kraftaufwand beim Einschlagen des Lenkrades, insbesondere bei stehendem Fahrzeug und beim Rangieren. Im Gegensatz zu den herkömmlichen hydraulischen Lenkhilfen, ist beim EPAS-System der elektrische Lenkhilfeantrieb in die Lenksäule integriert. Vorteile sind geringes Gewicht und kein Kraftstoffmehrverbrach durch den ständigen Antrieb einer Hydraulikpumpe, wie es bei hydraulischen Systemen der Fall ist. Aus- und Einbau des Lenkrades sowie der Spurstangenköpfe erfolgen auf die gleiche Weise wie bei Fahrzeugen ohne Lenkhilfe. Weiterführende Arbeiten an der Lenkung sollten der Fachwerkstatt vorbehalten bleiben.

Achtung: Selbstsichernde Muttern immer ersetzen. Schweiß- und Richtarbeiten an Lenkungsteilen sind nicht zulässig. Fehlt die nötige Erfahrung sowie bei größeren Reparaturen sollten Arbeiten an der Lenkung einer Fachwerkstatt vorbehalten bleiben.

Je nach Modell ist beim CINQUECENTO ein Fahrer-**Airbag** serienmäßig eingebaut oder als Zusatzausstattung erhältlich. Der SEICENTO ist in allen Modellversionen serienmäßig mit Fahrer- und Beifahrer-Airbag ausgestattet. Der zusammen-

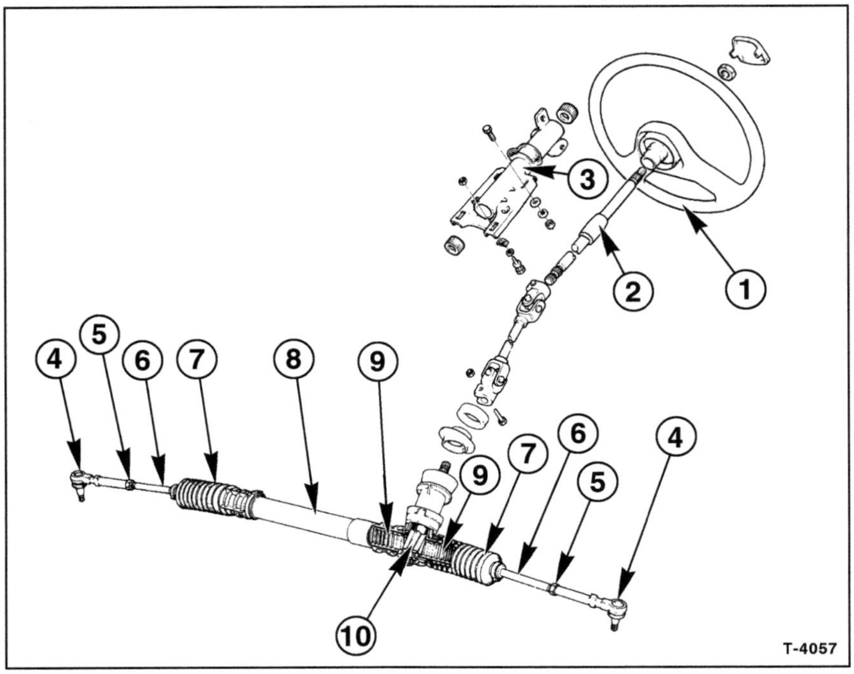

Mechanische Lenkung

1 – Lenkrad
2 – Lenksäule
3 – Mantelrohr
4 – Spurstangenkopf
5 – Kontermutter
6 – Spurstange
7 – Faltenbälge
8 – Lenkgetriebe
9 – Zahnstange
10 – Ritzel

gefaltete Luftsack befindet sich im Lenkrad. Im Fall einer Frontalkollision wird über ein Steuergerät eine kleine Sprengladung in der Airbag-Einheit gezündet, die Abgase der Explosion blasen den Luftsack innerhalb weniger Millisekunden auf. Diese Zeit reicht aus um den Aufprall des nach vorn schnellenden Fahrers zu dämpfen. Der Airbag fällt dann innerhalb weniger Sekunden in sich zusammen, da die Gase durch Austrittsöffnungen entweichen. Das Airbag-System ist modell- und ausstattungsbhängig entweder mechanisch oder elektronisch gesteuert. Bei Fahrzeugen, die nur mit dem Fahrer-Airbag ausgestattet sind, erfolgt die Auslösung mechanisch; Bei Fahrzeugen mit Fahrer- und Beifahrer-Airbag sowie mit Gurtstraffern erfolgt die Auslösung elektronisch. Arbeiten am Airbag-System sollten aus Sicherheitsgründen von einer FIAT-Werkstatt durchgeführt werden.

Achtung: Schweiß- und Richtarbeiten an Lenkungsteilen sind nicht zulässig. Selbstsichernde Schrauben und Muttern immer ersetzen.

Airbag-Sicherheitshinweise

Neben dem Fahrer-Airbag gibt es auch den Beifahrer-Airbag. Wird auf dem Beifahrersitz ein gegen die Fahrtrichtung angeordneter Kindersitz eingebaut, muss der Beifahrer-Airbag deaktiviert werden. Dies geschieht über einen Schalter im Armaturenbrett, vor dem Gangschalthebel. Der Schalter wird mit dem Zündschlüssel des Fahrzeugs aus- und eingeschaltet. Die Deaktivierung des Beifahrer-Airbags wird im Kombiinstrument durch Aufleuchten der Warnlampe für deaktivierten Beifahrer-Airbag angezeigt. Aus Gründen der Sicherheit sollten Kindersitze stets auf dem Rücksitz eingebaut werden.

Bei Fahrzeugen, die nur mit dem Fahrer-Airbag ausgestattet sind, erfolgt die Auslösung mechanisch; Bei Fahrzeugen mit Fahrer- und Beifahrer-Airbag sowie mit Gurtstraffern erfolgt die Auslösung elektronisch. Unterschiedliche Vorgehensweisen beim Aus- und Einbau beachten. Im Zweifelsfall in der Fachwerkstatt nachfragen, welcher Typ Airbag eingebaut ist.

Achtung: Wir empfehlen aus Sicherheitsgründen, keine Arbeiten an Teilen durchzuführen, die zum Airbag- oder Gurtstraffer-System gehören. Siehe dazu auch Kapitel »Hinweise zum pyrotechnischen Gurtstraffer«, auf Seite 222.

Vor dem Ausbau der Fahrer-Airbageinheit folgende Punkte unbedingt beachten:

- Vor Beginn der Arbeiten unbedingt feststellen, ob ein Airbag-System mit mechanischer oder mit elektronischer Steuerung eingebaut ist. Bei Fahrzeugen die nur mit dem Fahrer-Airbag ausgestattet sind erfolgt die Auslösung mechanisch; bei Fahrzeugen mit Fahrer- und Beifahrer-Airbag sowie mit Gurtstraffern erfolgt die Auslösung elektronisch. **Aus Sicherheitsgründen aber in der Fachwerkstatt nachfragen, welches System am Fahrzeug eingebaut ist**. Je nach System sind unterschiedliche Arbeitsschritte erforderlich.
- Ein Airbag-Lenkrad ist an der Aufschrift »AIRBAG« erkennbar.
- Erst Batterie-Massekabel (–) und dann Batterie-Pluskabel (+) bei ausgeschalteter Zündung abklemmen. **Achtung:** Falls das eingebaute Radio einen Diebstahlcode besitzt, wird dieser beim Abklemmen der Batterie gelöscht. Radios mit Diebstahlcode sind erkennbar an dem Wort »CODE« oder einem roten Schlüsselzeichen auf der Frontblende. Das Radio kann anschließend nur durch die Eingabe des richtigen Codes oder durch den Radio-Hersteller wieder in Betrieb genommen werden. Vor dem Abklemmen daher unbedingt den Diebstahlcode ermitteln.
- Batteriepole mit Klebeband isolieren, um versehentlichen Kontakt zu vermeiden.
- Nach dem Abklemmen der Batterie mindestens 10 Minuten warten, bevor weitere Arbeiten am Airbagsystem durchgeführt werden.
- Räder in Geradeausstellung bringen.

Achtung: Werden diese Hinweise nicht beachtet, kann es zum unbeabsichtigten Auslösen des Airbags beziehungsweise zum Ausfall des Airbag-Systems kommen. **Unfallgefahr!**

Allgemeine Hinweise:

- Beim Anklemmen der Batterie darf sich keine Person im Innenraum des Fahrzeuges aufhalten.
- Die Airbageinheit ist im ausgebauten Zustand immer so abzulegen, dass die gepolsterte Seite nach oben zeigt.
- Bei Arbeitsunterbrechung die Airbageinheit nicht unbeaufsichtigt liegen lassen.
- Die Airbageinheit darf nicht zerlegt werden, bei Defekt ist sie immer komplett zu ersetzen. Da die Airbageinheit Explosivstoffe enthält, ist sie unter Verschluss oder geeigneter Aufsicht aufzubewahren. Die Entsorgung sollte die FIAT-Werkstatt vornehmen.
- Das Airbagsystem darf nur in der Fachwerkstatt geprüft werden. Keinesfalls mit Prüflampe, Voltmeter oder Ohmmeter prüfen.
- Die Airbageinheit darf nicht mit Flüssigkeiten wie Fett oder Reinigungsmitteln behandelt werden.
- Eine Airbageinheit, die auf eine harte Unterlage herabgefallen ist, darf nicht mehr eingebaut werden.
- Bei Arbeiten an Airbags oder in deren Nähe ist aus Sicherheitsgründen eine Schutzbrille zu tragen.
- Keine Arbeiten am Airbag-System in Eigenregie durchführen. Es besteht zum Teil erhebliche Verletzungsgefahr.
- Keinesfalls eine gebrauchte Airbageinheit aus einem anderen Fahrzeug einbauen, nur Neuteile verwenden.
- Das serienmäßig eingebaute Airbag-Lenkrad darf nur durch ein vom Fahrzeughersteller freigegebenes Lenkrad ersetzt werden.
- Elektrische Leitungen des Airbag-Systems dürfen nicht repariert werden. Defekte Leitungen oder Bauteile komplett gegen Neuteile austauschen.
- Beim Tragen einer Airbageinheit ist diese stets mit der Prallfläche nach vorne zu halten.

Sicherheitshinweise für den Fahrbetrieb

- Der Airbag ersetzt nicht das Anlegen des Sicherheitsgurtes. Die Fahrzeuginsassen müssen angeschnallt sein, nur dann werden sie bei einem Aufprall optimal geschützt.
- Zwischen Fahrzeuginsasse und Airbag dürfen sich keine Gegenstände befinden.
- Abdeckung des Beifahrer-Airbags nicht als Ablagefläche verwenden.

Airbageinheit im Lenkrad aus- und einbauen

SEICENTO, Airbag mit mechanischer Auslösung

Ausbau

Achtung: Aus Sicherheitsgründen empfehlen wir, diese Arbeit in der Fachwerkstatt durchführen zu lassen. Sollte dies nicht möglich sein, sind die im Folgenden gegebenen Arbeitsanweisungen unbedingt peinlichst genau einzuhalten. **Zuerst Airbag-Sicherheitshinweise durchlesen**, siehe Seite 105.

Hinweis: Die Airbageinheit besteht aus der Lenkradabdeckung, in die der zusammengefaltete Luftsack eingebaut ist, und dem Metallbehälter, der den Gasgenerator samt Auslösevorrichtung enthält.

- Erst Batterie-Massekabel (–) dann Batterie-Pluskabel (+) bei ausgeschalteter Zündung abklemmen. **Achtung:** Falls das eingebaute Radio einen Diebstahlcode besitzt, wird dieser beim Abklemmen der Batterie gelöscht. Radios mit Diebstahlcode sind erkennbar an dem Wort »CODE« oder einem roten Schlüsselzeichen auf der Frontblende. Das Radio kann anschließend nur durch die Eingabe des richtigen Codes oder durch den Radio-Hersteller wieder in Betrieb genommen werden. Vor dem Abklemmen daher unbedingt den Diebstahlcode ermitteln.
- Batteriepole mit Klebeband isolieren, um versehentlichen Kontakt zu verhindern. Zündschlüssel abziehen.
- 10 Minuten warten.
- Räder in Geradeausstellung, Lenkrad in Mittelstellung bringen.

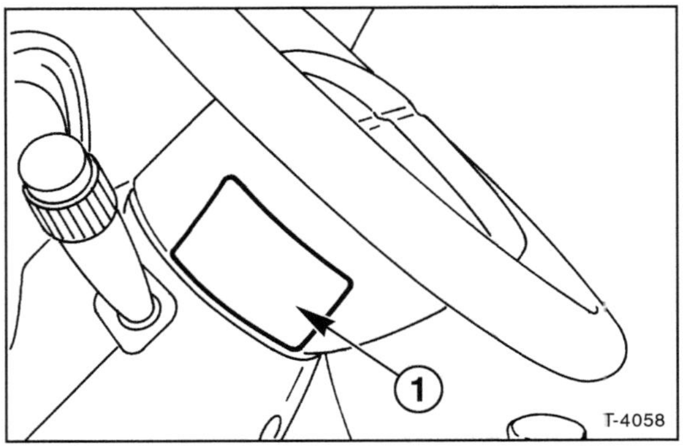

- Abdeckkappe –1– links und rechts am Lenkrad abhebeln, zum Beispiel mit dem Kunststoffkeil HAZET 1965-20.

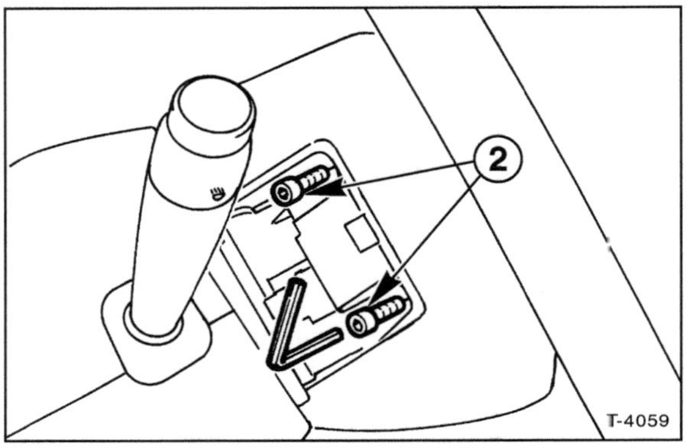

- Befestigungsschrauben –2– für Airbageinheit links und rechts am Lenkrad mit Innensechskantschlüssel herausschrauben.

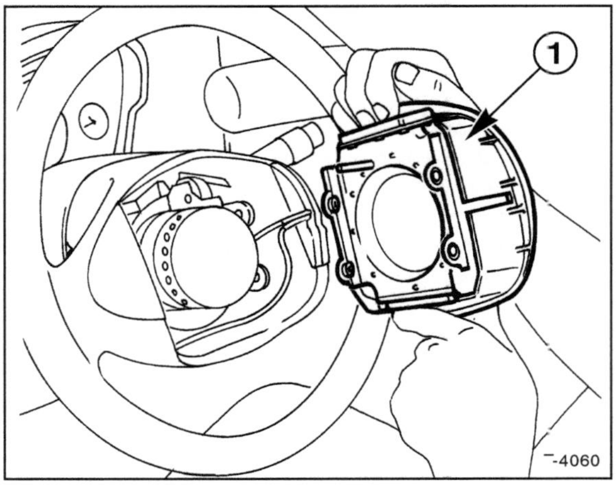

- Abdeckung –1– **vorsichtig mit den Händen** vom Lenkrad abziehen. **Achtung:** Abdeckung nur auf diese Weise abnehmen. Keinerlei Werkzeuge zuhilfe nehmen. Die Abdeckung enthält den eigentlichen Airbag-Luftsack.
- Abdeckung so beiseite legen, dass sie keinen Beschädigungen ausgesetzt ist.

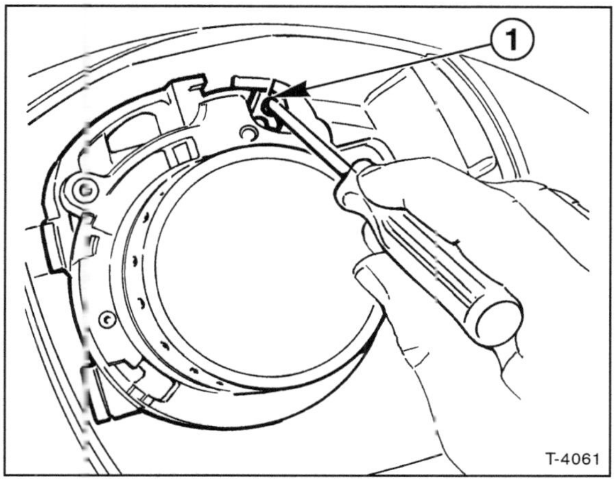

- Feder –1– am Gasgenerator wie dargestellt mit einem Schraubendreher anheben.

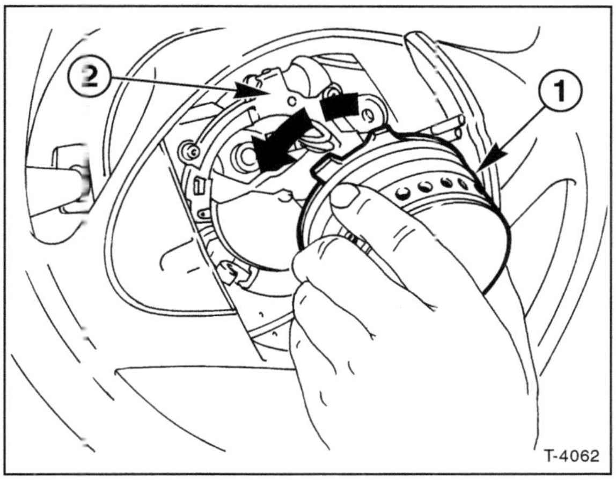

- Gasgenerator –1– **von Hand** um ca. 45° entgegen dem Uhrzeigersinn –Pfeil– verdrehen, bis die Haltenasen am Gasgenerator mit den Aussparungen am Haltering –2– übereinstimmen. **Achtung: Gasgenerator nur von Hand verdrehen, kein Werkzeug zuhilfe nehmen.**
- Gasgenerator aus dem Haltering herausziehen und so ablegen, dass die am Umfang angebrachten Löcher oben sind.

Einbau

- Vor dem Einbau, alle Teile auf äußerliche Beschädigungen wie zum Beispiel Dellen, Brüche oder Risse überprüfen. Gegebenenfalls beschädigte Teile durch Neuteile ersetzen.
- Gasgenerator so in den Haltering einsetzen, dass die Haltenasen mit den Aussparungen am Haltering übereinstimmen. Gasgenerator um 45° im Uhrzeigersinn verdrehen und dadurch am Haltering einrasten.
- Abdeckung lagerichtig am Lenkrad auf den Gasgenerator aufsetzen und mit 4 Innensechskantschrauben anschrauben, siehe Abbildung T-4059.
- Abdeckkappen links und rechts am Lenkrad einsetzen.
- Isolierung von den Batteriepolen entfernen.

Sicherheitshinweis
Während des Anklemmens der Batterie dürfen sich keine Personen im Fahrzeug aufhalten.

- Zuerst Batterie-Pluskabel (+), dann Batterie-Minuskabel (–) bei ausgeschalteter Zündung anklemmen. Gegebenenfalls Diebstahlcode für das Autoradio eingeben und Zeituhr einstellen.

SEICENTO, Airbag mit elektronischer Auslösung

Ausbau

Achtung: Aus Sicherheitsgründen empfehlen wir, diese Arbeit in der Fachwerkstatt durchführen zu lassen. Sollte dies nicht möglich sein, sind die im Folgenden gegebenen Arbeitsanweisungen unbedingt peinlichst genau einzuhalten. **Zuerst Airbag-Sicherheitshinweise durchlesen**, siehe Seite 105.

- Erst Batterie-Massekabel (–) dann Batterie-Pluskabel (+) bei ausgeschalteter Zündung abklemmen. **Achtung:** Falls das eingebaute Radio einen Diebstahlcode besitzt, wird dieser beim Abklemmen der Batterie gelöscht. Radios mit Diebstahlcode sind erkennbar an dem Wort »CODE« oder einem roten Schlüsselzeichen auf der Frontblende. Das Radio kann anschließend nur durch die Eingabe des richtigen Codes oder durch den Radio-Hersteller wieder in Betrieb genommen werden. Vor dem Abklemmen daher unbedingt den Diebstahlcode ermitteln.
- Batteriepole mit Klebeband isolieren, um versehentlichen Kontakt zu verhindern. Zündschlüssel abziehen.
- 10 Minuten warten.
- Räder in Geradeausstellung, Lenkrad in Mittelstellung bringen.

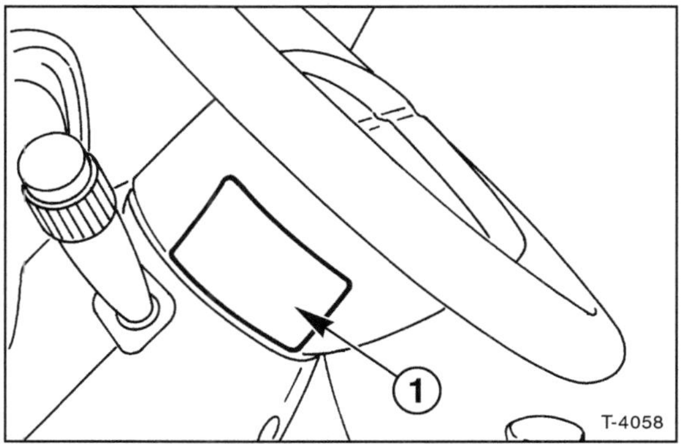

- Abdeckkappe –1– links und rechts am Lenkrad abhebeln, zum Beispiel mit dem Kunststoffkeil HAZET 1965-20.

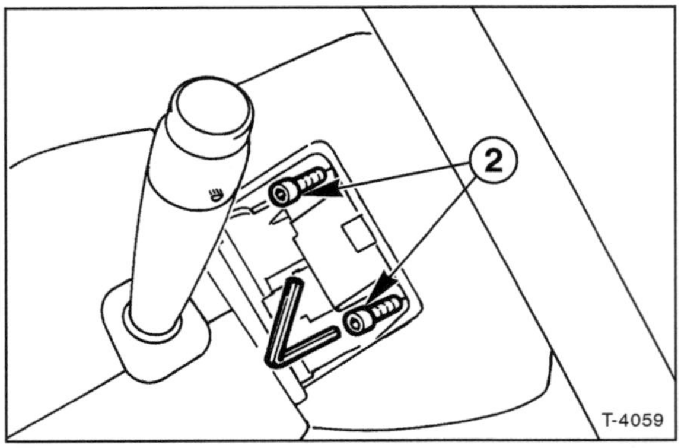

- Befestigungsschrauben –2– für Airbageinheit links und rechts am Lenkrad mit Innensechskantschlüssel herausschrauben.

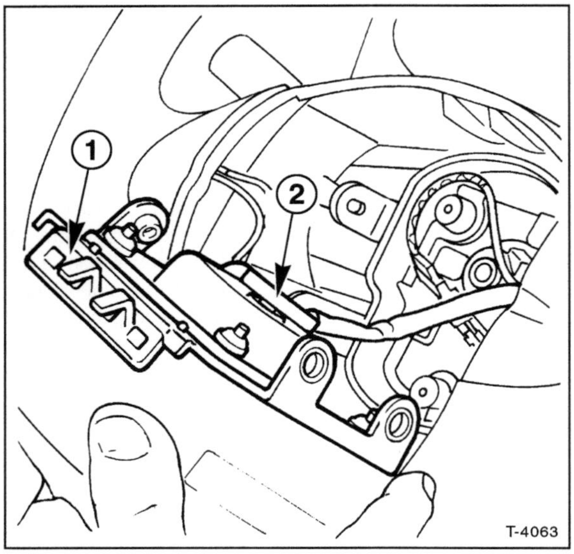

- Airbageinheit –1– etwas vom Lenkrad abziehen.
- Stecker –2– an der Airbageinheit vorsichtig abziehen.
- Airbageinheit mit der gepolsterten Seite nach oben ablegen.

Einbau

- Vor dem Einbau, alle Teile auf äußerliche Beschädigungen wie zum Beispiel Dellen, Brüche oder Risse überprüfen. Gegebenenfalls beschädigte Teile durch Neuteile ersetzen.
- Airbageinheit lagerichtig am Lenkrad ansetzen.
- Stecker an der Rückseite der Airbageinheit vorsichtig aufschieben.
- Airbageinheit einsetzen und mit den 4 Befestigungsschrauben links und rechts am Lenkrad anschrauben.
- Abdeckkappen links und rechts am Lenkrad einsetzen.
- Isolierung von den Batteriepolen entfernen.

Sicherheitshinweis
Während des Anklemmens der Batterie dürfen sich keine Personen im Fahrzeug aufhalten.

- Zuerst Batterie-Pluskabel (+), dann Batterie-Minuskabel (–) bei ausgeschalteter Zündung anklemmen. Gegebenenfalls Diebstahlcode für das Autoradio eingeben und Zeituhr einstellen.
- Zündung einschalten und überprüfen, ob die Airbag-Warnleuchte im Kombiinstrument nach ca. 4 Sekunden erlischt. Erlischt die Lampe nicht, Airbagsystem schnellstmöglich in der Werkstatt überprüfen lassen.
- Airbagsystem in der Werkstatt mit dem elektronischen Diagnosegerät überprüfen lassen.

Lenkrad aus- und einbauen

Achtung: Die Arbeitsanweisungen für den CINQUECENTO gelten nur für Lenkräder ohne Airbag. Lenkräder mit Airbag sollten aus Sicherheitsgründen nur von der Fachwerkstatt ausgebaut werden, sollte dies nicht möglich sein, unbedingt die hier aufgeführten Arbeitshinweise beachten. Keine anderen, als die hier beschriebenen Arbeiten durchführen, insbesondere bei Fahrzeugen mit Airbag im Lenkrad.

Hinweis: Ein verschmutztes oder klebrig wirkendes Lenkrad kann mit neutralem Haushaltsreiniger und lauwarmem Wasser gereinigt werden, keine Scheuermittel oder lösungsmittelhaltige Reiniger verwenden.

CINQUECENTO, ohne Airbag

Ausbau

- Batterie-Massekabel (–) bei ausgeschalteter Zündung abklemmen. **Achtung:** Falls das eingebaute Radio einen Diebstahlcode besitzt, wird dieser beim Abklemmen der Batterie gelöscht. Radios mit Diebstahlcode sind erkennbar an dem Wort »CODE« oder einem roten Schlüsselzeichen auf der Frontblende. Das Radio kann anschließend nur durch die Eingabe des richtigen Codes oder durch den Radio-Hersteller wieder in Betrieb genommen werden. Vor dem Abklemmen daher unbedingt den Diebstahlcode ermitteln.
- Räder in Geradeausstellung bringen.
- Lenkrad-Nabenabdeckung von Hand abziehen.

T-4037

- Mutter für Lenkrad herausdrehen, dabei Lenkrad von Hand festhalten.
- Stellung des Lenkrades zur Lenkspindel markieren. Dazu mit Filzstift einen Strich über Lenkrad und Lenkspindel ziehen.
- Lenkrad von der Lenkspindel abziehen. Dazu ist eine kräftige Person erforderlich, da das Lenkrad recht fest sitzt. Man kann auch eine geeignete Abziehvorrichtung verwenden. Lenkrad auf keinen Fall durch Hammerschläge von der Lenksäule abtreiben.

Einbau

- Prüfen, ob sich der Blinkerhebel in Mittelstellung (Blinker aus) befindet, sonst kann beim Aufschieben des Lenkrades der Nocken für die Rückstellung beschädigt werden.
- Lenkrad so auf den Konus der Lenkspindel aufschieben, dass die beim Ausbau angebrachten Markierungen übereinstimmen.
- Befestigungsmutter für Lenkrad mit **50 Nm** anschrauben.
- Lenkrad-Nabenabdeckung aufdrücken.
- Probefahrt durchführen und bei Geradeausfahrt Stellung des Lenkrades überprüfen.
- Fall das Lenkrad bei Geradeausfahrt nur leicht schräg steht, Einstellung durch Verdrehen der Spurstangenköpfe auf den Spurstangen korrigieren. Dabei müssen die Spurstangenköpfe links und rechts jeweils um den gleichen Betrag verdreht werden, siehe Kapitel »Spurstangenköpfe aus- und einbauen«.
- Falls das Lenkrad stark schräg steht, Lenkrad erneut ausbauen und versetzen.
- Automatische Rückstellung des Blinkerschalters prüfen.
- Batterie-Massekabel (–) anklemmen. Gegebenenfalls Diebstahlcode für das Autoradio eingeben und Zeituhr einstellen.

SEICENTO, mit Airbag

Ausbau

Sicherheitshinweis! Vor dem Ausbau eines Lenkrads mit Airbag, muss der Airbag ausgebaut werden. Airbag-Sicherheitshinweise durchlesen! Unfallgefahr!

- Erst Batterie-Massekabel (–) dann Batterie-Pluskabel (+) bei ausgeschalteter Zündung abklemmen. **Achtung:** Falls das eingebaute Radio einen Diebstahlcode besitzt, wird dieser beim Abklemmen der Batterie gelöscht. Radios mit Diebstahlcode sind erkennbar an dem Wort »CODE« oder einem roten Schlüsselzeichen auf der Frontblende. Das Radio kann anschließend nur durch die Eingabe des richtigen Codes oder durch den Radio-Hersteller wieder in Betrieb genommen werden. Vor dem Abklemmen daher unbedingt den Diebstahlcode ermitteln.
- Batteriepole mit Klebeband isolieren, um versehentlichen Kontakt zu verhindern. Zündschlüssel abziehen.
- 10 Minuten warten.
- Räder in Geradeausstellung, Lenkrad in Mittelstellung bringen.
- Lenksäulenverkleidung ausbauen, siehe Seite 221.

Hinweis: Beim Aus- und Einbau des Fahrer-Airbags beim SEICENTO muss unterschieden werden zwischen Airbags mit mechanischer oder elektronischer Auslösung.

- Airbag ausbauen, siehe entsprechendes Kapitel.

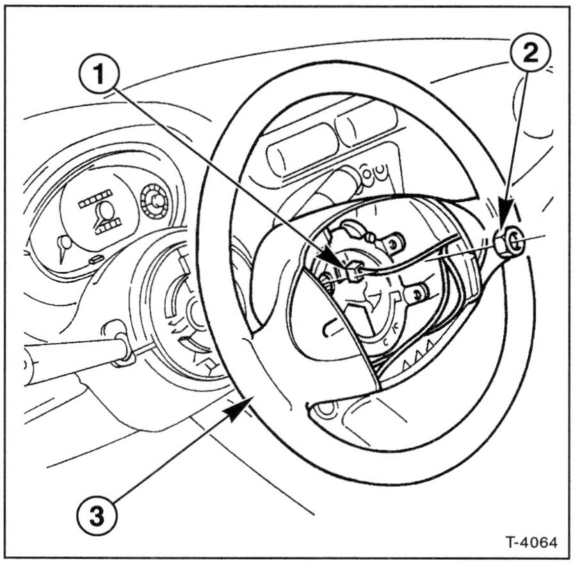

T-4064

- Anschlusskabel für Hupe –1– abklemmen.
- Mutter –2– abschrauben. Dabei das Lenkrad gegenhalten.
- Stellung des Lenkrades zur Lenksäule mit Farbe markieren.

- Lenkrad –3– von der Lenksäule abziehen. **Hinweis:** Das Lenkrad kann sehr fest auf der Lenksäule sitzen. Gegebenenfalls Lenkrad mit einer geeigneten Abziehvorrichtung von der Lenksäule abziehen. Keinesfalls darf das Lenkrad beispielsweise mit Hammerschlägen von der Lenksäule abgetrieben werden.
- Gegebenenfalls Hupenkontakte abnehmen.

Einbau

- Sicherstellen, dass sich der Blinkerhebel in Mittelstellung (Blinker aus) befindet.
- Gegebenenfalls Hupenkontakte einbauen.
- Lenkrad entsprechend der beim Ausbau angebrachten Markierung auf die Lenksäule aufstecken.
- Zentrale Befestigungsmutter für Lenkrad mit **50 Nm** anziehen. Dabei Lenkrad von Helfer gegenhalten lassen.
- Anschlusskabel für Hupe aufschieben.
- Fahrer-Airbag einbauen, siehe entsprechendes Kapitel.
- Isolierung von den Batteriepolen entfernen.

Sicherheitshinweis
Während des Anklemmens der Batterie dürfen sich keine Personen im Fahrzeug aufhalten.

- Zuerst Batterie-Pluskabel (+), dann Batterie-Minuskabel (–) bei ausgeschalteter Zündung anklemmen. Gegebenenfalls Diebstahlcode für das Autoradio eingeben und Zeituhr einstellen.
- Lenksäulenverkleidung einbauen, siehe Seite 221.
- Probefahrt durchführen und bei Geradeausfahrt Stellung des Lenkrades überprüfen.
- Falls das Lenkrad schräg steht, Lenkrad erneut ausbauen und um den entsprechenden Betrag versetzen. Bei Geradeausstellung der Vorderräder müssen die oberen Lenkradspeichen beziehungsweise die Oberseite der Airbag-Abdeckung waagerecht stehen.
- Automatische Rückstellung des Blinkerschalters prüfen.

Spiralfedereinheit aus- und einbauen

Die Spiralfedereinheit gehört zum Airbagsystem. Die Spiralfedereinheit muss beispielsweise dann ausgebaut werden, wenn der Lenkstockschalter ausgebaut werden muss.

Ausbau

- Airbag ausbauen, siehe entsprechendes Kapitel.
- Lenkrad ausbauen, siehe entsprechendes Kapitel.

Achtung: Nachdem das Lenkrad ausgebaut wurde darf die Stellung der Lenksäule und der Vorderräder nicht mehr verändert werden.

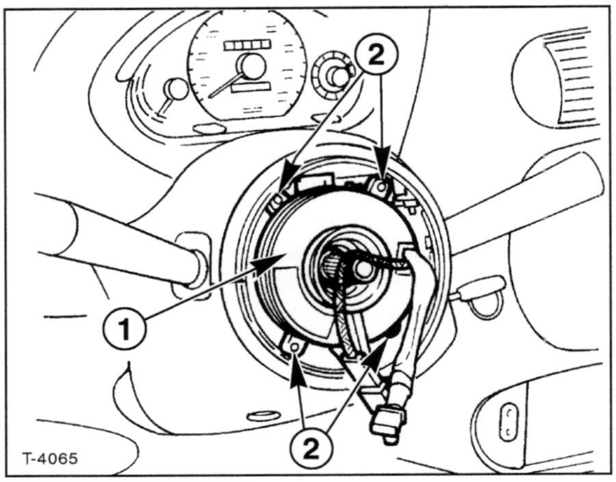

- Spiralfedereinheit –1– mit 4 Schrauben –2– abschrauben und vorsichtig herausnehmen. **Achtung:** Spiralfedereinheitober- und -unterteil auf keinen Fall gegeneinander verdrehen.

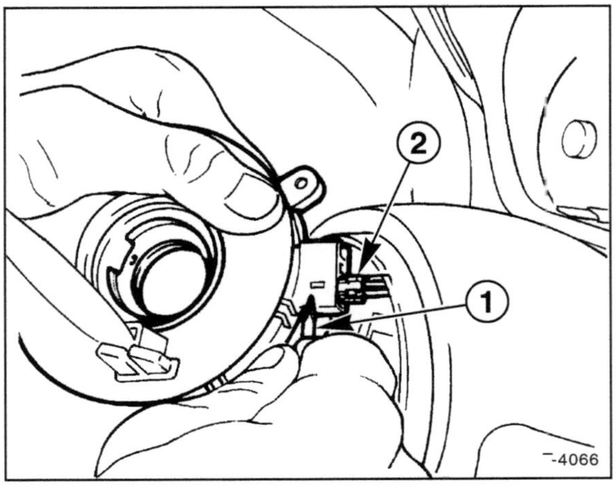

- Mit einem kleinen Schraubendreher –1– die Lasche am Anschlussstück eindrücken und den Anschlussstecker –2– abziehen. Der Stecker darf nur bei eingedrückter Lasche abgezogen werden. **Hinweis:** Das Anschlusskabel führt zum Airbag-Steuergerät.

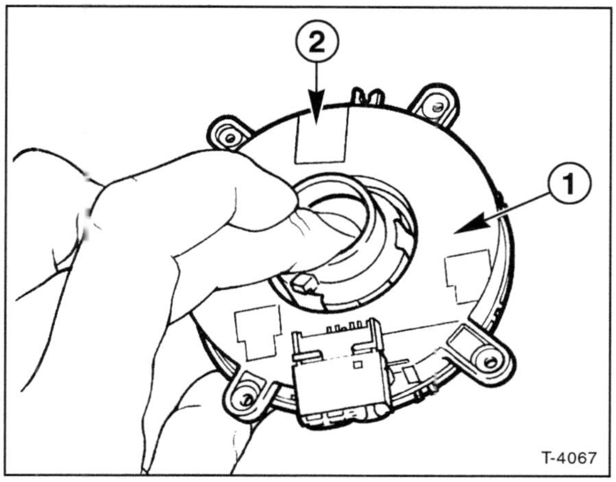

- Ober- und Unterteil der ausgebauten Spiralfedereinheit –1– gegen Verdrehen sichern. Dazu einen Streifen Klebeband –2– so anbringen, dass die beiden Teile nicht gegeneinander verdreht werden können.

Achtung: Falls die Teile der Spiralfedereinheit versehentlich gegeneinander verdreht wurden und die richtige Stellung der Teile nicht zweifelsfrei wieder hergestellt werden kann, **muss die Spiralfedereinheit ganz erneuert werden**.

Einbau

- Sicherstellen, dass die Vorderräder in Geradeausstellung stehen.
- Anschlussstecker an der Spiralfedereinheit einstecken.
- Klebestreifen an der Spiralfedereinheit vorsichtig entfernen. Darauf achten, dass die Spiralfedereinheit nicht verdreht wird.
- Spiralfedereinheit am Lenkstockschalter ansetzen und mit 4 Schrauben anschrauben.
- Lenkrad einbauen, siehe entsprechendes Kapitel.
- Airbageinheit einbauen, siehe entsprechendes Kapitel.

Spurstangenkopf aus- und einbauen

Achtung: Auf Rechts- beziehungsweise Links-Innengewinde der Spurstangenköpfe achten.

Sollte das Lenkrad bei Geradeausfahrt leicht schräg stehen, kann mithilfe der Position der Spurstangenköpfe auf den Spurstangen das Lenkrad eingestellt werden, ohne dass das Lenkrad ausgebaut werden muss. Entsprechende Hinweise stehen am Ende des Kapitels.

Ausbau

Sicherheitshinweis
Beim Aufbocken des Fahrzeugs besteht Unfallgefahr! Deshalb vorher das Kapitel »Fahrzeug aufbocken« durchlesen.

- Stellung der Vorderräder zur Radnabe mit Farbe kennzeichnen. Dadurch kann das ausgewuchtete Rad wieder in derselben Position montiert werden. Radschrauben bei auf dem Boden stehendem Fahrzeug lösen. Fahrzeug vorn aufbocken und Vorderräder abnehmen.
- Selbstsichernde Mutter vom Spurstangengelenk abschrauben.

- Spurstangengelenk mit handelsüblichem Ausdrücker am Lenkhebel abdrücken.

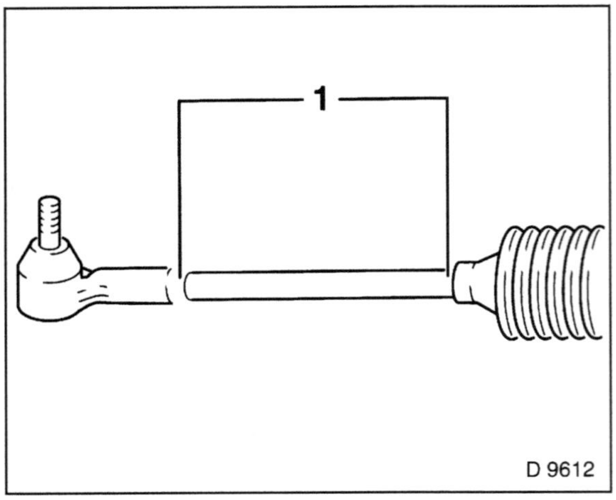

- Aufschraubtiefe –1– des Spurstangenkopfes auf der Spurstange messen und notieren.
- Kontermutter lösen, dabei mit Maulschlüssel am Sechskant der Spurstange gegenhalten.
- Spurstangenkopf von der Spurstange abschrauben. **Achtung:** Zusätzlich Umdrehungen notieren, um Gelenk beim Einbau gleich weit aufschrauben zu können.

Einbau

- Spurstangengelenk entsprechend dem notierten Maß oder der gezählten Umdrehungen aufschrauben, Kontermutter noch nicht festziehen.

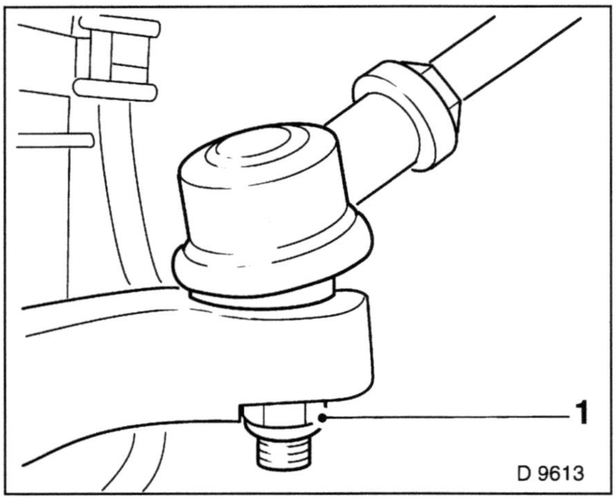

- Gelenk in den Lenkhebel einsetzen, **neue selbstsichernde Mutter** –1– mit **35 Nm** festziehen.
- Kontermutter für Spurstangenkopf festziehen, dabei mit Maulschlüssel am Sechskant der Spurstange gegenhalten.
- Vorderräder so ansetzen, dass die beim Ausbau angebrachten Markierungen übereinstimmen. Vorher Zentriersitz der Felge an der Radnabe mit Wälzlagerfett leicht einfetten. Räder anschrauben. Fahrzeug ablassen und Radschrauben über Kreuz mit **90 Nm** festziehen.
- Fahrzeug vermessen, gegebenenfalls Spur einstellen (Werkstattarbeit).

Lenkradstellung einstellen

Hinweis: In diesem Abschnitt wird nur beschrieben, wie die Lenkradstellung mithilfe der Spurstangen eingestellt wird. Alle anderen, vorbereitenden Arbeiten, werden am Anfang des Kapitels beschrieben. Ebenso der Zusammenbau nach erfolgter Einstellung.

- Spurstangenköpfe an beiden Lenkhebeln (links und rechts) herausdrücken.
- Kontermuttern an beiden Spurstangen lösen.
- Spurstangenköpfe auf den Spurstangen so verdrehen, dass das Maß –1– in Abbildung D 9612 um das gleiche Maß zu beziehungsweise abnimmt. Wenn also der Spurstangenkopf der linken Spurstange so verdreht wird, dass das Maß größer wird, muss der Spurstangenkopf der rechten Spurstange so verdreht werden, dass das Maß an dieser Spurstange um den gleichen Betrag kleiner wird. Dabei ist gegebenenfalls auf Links- beziehungsweise Rechtsgewinde der Spurstangen und -köpfe zu achten.

Spurstange aus- und einbauen

Ausbau

- Spurstangenkopf ausbauen, siehe entsprechendes Kapitel.
- Faltenbalg für die Spurstange ausbauen. Dazu Schlauchschelle am Faltenbalg des Lenkgetriebes öffnen, Faltenbalg abziehen.
- Lenkrad einschlagen, damit die Spurstange möglichst weit aus dem Lenkgetriebe heraussteht.

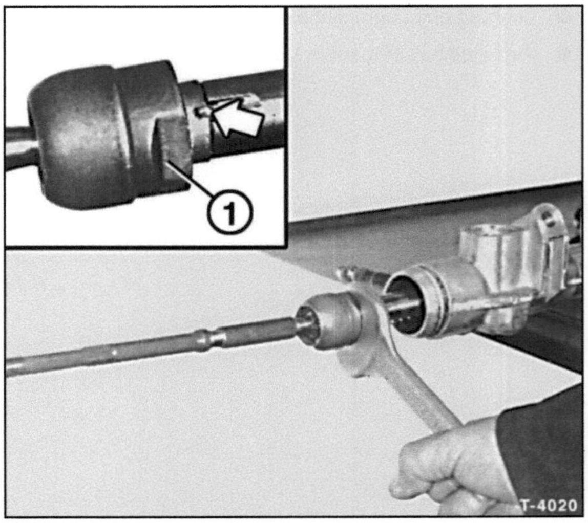

- Kugelbolzen von der Zahnstange abschrauben, dazu Gabelschlüssel an der abgeflachten Stelle –1– ansetzen.

Einbau

- Kugelkopf vor dem Einbau prüfen, gegebenenfalls ersetzen. Der Kugelbolzen darf nicht zu schwergängig sein, er muss sich frei in jeder Richtung bewegen lassen, darf sich aber nicht durch sein Eigengewicht verstellen.
- Kugelbolzen mit **35 Nm** auf die Zahnstange aufschrauben. Anschließend Bund des Kugelbolzens mit der Nut der Zahnstange verstemmen –Pfeil–
- Faltenbalg einbauen.
- Spurstangenkopf einbauen, siehe entsprechendes Kapitel.
- Spur einstellen lassen.

Faltenbälge für Lenkung aus- und einbauen

Ausbau

Sicherheitshinweis
Beim Aufbocken des Fahrzeugs besteht Unfallgefahr! Deshalb vorher das Kapitel »Fahrzeug aufbocken« durchlesen.

- Stellung der Vorderräder zur Radnabe mit Farbe kennzeichnen. Dadurch kann das ausgewuchtete Rad wieder in derselben Position montiert werden. Radschrauben bei auf dem Boden stehendem Fahrzeug lösen. Fahrzeug vorn aufbocken und Vorderräder abnehmen.
- Spurstangenkopf ausbauen.
- Schellen am Faltenbalg öffnen, beziehungsweise mit Seitenschneider durchkneifen und beim Einbau durch neue Schellen ersetzen. Es können auch handelsübliche Schraubschellen verwendet werden.
- Faltenbalg nach außen abziehen.

Achtung: Falls Schmutz in das Lenkgetriebe eingedrungen ist, wovon man in der Regel ausgehen kann, wenn bereits eine Zeitlang mit defektem Faltenbalg gefahren wurde, Fettfüllung im Lenkgetriebe erneuern. Eingedrungene Schmutzpartikel, mit dem Fett vermischt, wirken wie Schleifpaste und können das Lenkgetriebe über kurz oder lang zerstören.

- In diesem Fall beide Faltenbälge ausbauen und von der Spurstange abziehen, Lenkrad langsam nach beiden Seiten drehen und dadurch das Schmierfett aus dem Lenkgetriebe herausdrücken. Das Fett wird dadurch zwar nicht ganz, aber doch in ausreichender Menge herausgedrückt.

Einbau

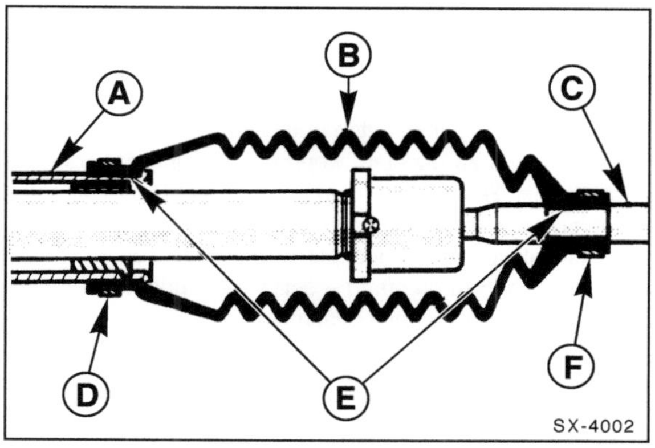

- Faltenbalg –B– innen am Bund etwas fetten –E– und über die Spurstange –C– aufziehen.
- Linken Faltenbalg vorerst ohne Schellen montieren, da hier das Fett eingefüllt wird.
- Rechten Faltenbalg mit Schraubschelle –D/F– am Zahnstangengehäuse –A– und Spurstange –C– befestigen.
- Spurstangengelenke einbauen.
- Fahrzeug so aufbocken, dass die linke Fahrzeugseite etwas höher steht als die rechte Seite, damit das Fett beim Einfüllen durch das Lenkgetriebe läuft.
- **»Spezialfett K-854«** von FIAT seitlich in das Lenkgetriebe einfüllen. **Füllmenge:** 100 g. Zur Erleichterung des Einfüllvorgangs Zahnstange hin- und herbewegen.
- Linken Faltenbalg mit Schraubschellen am Gehäuse und an der Spurstange befestigen.
- Vorderräder so ansetzen, dass die beim Ausbau angebrachten Markierungen übereinstimmen. Vorher Zentriersitz der Felge an der Radnabe mit Wälzlagerfett leicht einfetten. Räder anschrauben. Fahrzeug ablassen und Radschrauben über Kreuz mit **90 Nm** festziehen.

Fahrwerkvermessung

Optimale Fahreigenschaften und geringster Reifenverschleiß sind nur dann zu erzielen, wenn die Stellung der Räder einwandfrei ist. Bei erhöhter und ungleichmäßiger Reifenabnutzung sowie mangelhafter Straßenlage – bei schlechter Richtungsstabilität in Geradeausfahrt sowie schlechten Lenkeigenschaften in Kurvenfahrt – sollte die Werkstatt aufgesucht werden, um den Wagen optisch vermessen zu lassen.

Die Fahrzeugvermessung kann ohne eine entsprechende Messanlage nicht durchgeführt werden. Ich beschränke mich deshalb hier auf die Beschreibung der für die Vermessung erforderlichen Grundbegriffe.

Spur/Sturz/Spreizung/Nachlauf

Als **Spur** bezeichnet man den seitlichen Abstand der Räder voneinander. Vorspur bedeutet, dass die Räder – in Höhe des Radmittelpunktes gemessen – vorn etwas enger zusammenstehen als hinten. Nachspur bedeutet, dass die Vorderräder vorn etwas weiter auseinander stehen als hinten.

Sturz und Spreizung vermindern die Übertragung von Fahrbahnstößen auf die Lenkung und halten bei Kurvenfahrt die Reibung möglichst gering.

Sturz ist der Winkel, um den die Radebene von der Senkrechten abweicht. Die Vorderräder stehen also schräg, bei negativem Sturz beispielsweise im Radaufstandspunkt mehr auseinander als oben.

Spreizung ist der Winkel zwischen der Schwenkachse des Achsschenkels und der Senkrechten im Reifenaufstandspunkt, in Längsrichtung des Wagens gesehen.

Nachlauf ist der Winkel zwischen der Schwenkachse des Achsschenkels und der Senkrechten im Reifenaufstandspunkt in Querrichtung des Fahrzeuges gesehen. Der Nachlauf beeinflusst maßgeblich die Geradeausführung der Vorderräder. Zu geringer Nachlauf begünstigt ein Abweichen aus der Fahrtrichtung auf schlechten Straßen oder bei Seitenwind und lässt zudem nach der Kurvenfahrt die Lenkung nicht weit genug zur Mittelstellung zurücklaufen.

Prüfvoraussetzungen

- Lenkung richtig eingestellt.
- Kein unzulässiges Spiel in den Spurstangen- und Achsgelenken sowie Radlagern. Felgen und Reifen einwandfrei, maximaler Höhen- und Seitenschlag 3 mm.
- Reifenfülldruck richtig eingestellt.
- Fahrzeug in Leergewichtszustand: Reserverad und Wagenheber befinden sich an den dafür vorgesehenen Stellen. Sonst muss das Fahrzeug leer sein.
- Fahrzeug vorher kräftig durchgefedert.

Achseinstellwerte, FIAT CINQUECENTO

vorn	Vorspur	0 ± 1 mm
	Radsturz*	30' ± 30'
	Nachlauf*	1°50' ± 30'
hinten	Vorspur*	0 ± 3 mm
	Radsturz*	20'± 30'

*) nicht einstellbar, defekte Teile erneuern

Angaben für den FIAT SEICENTO, siehe Seite 83 und 94.

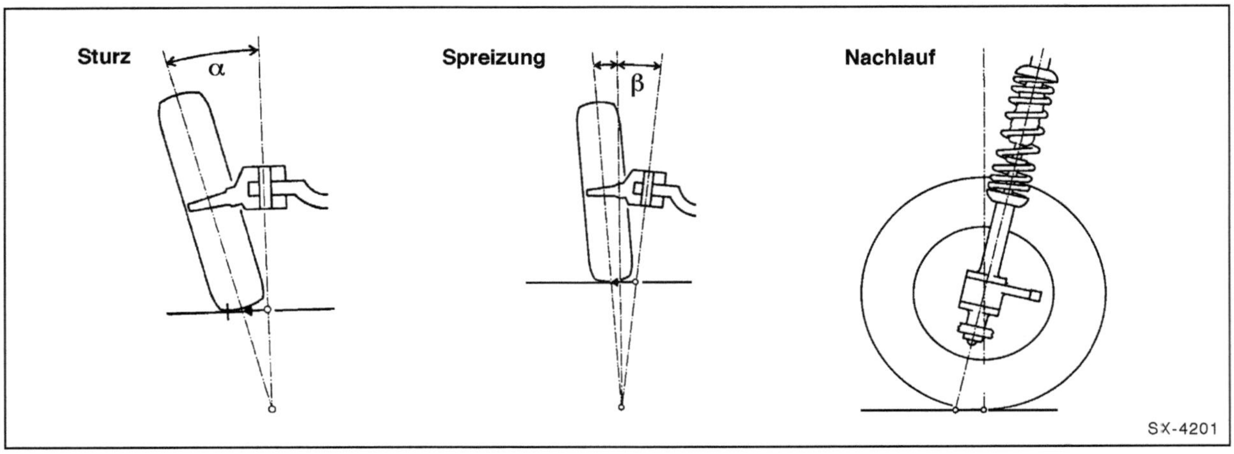

Bremsanlage

Aus dem Inhalt:

- Bremsbeläge wechseln
- Bremsscheibe prüfen
- Bremsscheibe wechseln
- Bremse entlüften
- Handbremse einstellen
- ABS/EBD
- Handbremse
- Bremskraftverstärker
- Bremslichtschalter

Das hydraulische Fußbremssystem besteht aus dem Hauptbremszylinder, dem Bremskraftverstärker, den Scheibenbremsen für die Vorderräder und den Trommelbremsen für die Hinterräder. Das Fahrzeug kann mit dem Antiblockiersystem ABS und der Elektronischen Bremskraftverteilung EBD ausgestattet sein. Das ABS-Gerät ist dem Bremskraftverstärker nachgeschaltet.

Das Bremssystem ist in zwei Kreise aufgeteilt, die diagonal wirken. Und zwar wirkt jeweils ein Bremskreis vorn rechts/hinten links und der andere Bremskreis vorn links/ hinten rechts. Dadurch kann bei Ausfall eines Bremskreises, zum Beispiel durch Undichtigkeit, das Fahrzeug über den anderen Bremskreis zum Stehen gebracht werden. Der Druck für beide Bremskreise wird im Tandem-Hauptbremszylinder über das Bremspedal aufgebaut.

Der Bremsflüssigkeitsbehälter befindet sich im Motorraum über dem Hauptbremszylinder und versorgt das ganze Bremssystem mit Bremsflüssigkeit.

Der Bremskraftverstärker ist mit dem Motor-Ansaugrohr verbunden und speichert einen Teil des vom Motor erzeugten Ansaug-Unterdrucks. Beim Bremsen wird die Pedalkraft durch den Unterdruck verstärkt.

Die vorderen Scheibenbremsen sind mit einem so genannten Faustsattel ausgestattet. Bei einem Faustsattel wird nur ein Kolben benötigt, um beide Bremsbeläge gegen die Bremsscheibe zu drücken.

Die Handbremse wirkt über Seilzüge auf die Hinterräder.

Die Scheibenbremsbeläge wie auch die Bremsbacken der hinteren Trommelbremsen stellen sich automatisch nach, so dass der Bremspedalweg immer konstant bleibt.

Im Bremssystem integrierte Bremskraftregler sorgen dafür, dass die Hinterräder bei starken Bremsungen nicht überbremsen (blockieren). Bei Fahrzeugen mit Antiblockiersystem (ABS) ist kein separater Bremskraftregler vorhanden; die elektronische Bremskraftverteilung EBD ist im ABS integriert.

Sicherheitshinweis
Das Arbeiten an der Bremsanlage erfordert peinliche Sauberkeit und exakte Arbeitsweise. Falls die nötige Arbeitserfahrung fehlt, sollten die Arbeiten an der Bremse von einer Fachwerkstatt durchgeführt werden.

Die Bremsbeläge sind Bestandteil der Allgemeinen Betriebserlaubnis (ABE), außerdem sind sie vom Werk auf das jeweilige Fahrzeugmodell abgestimmt. Es empfiehlt sich deshalb, nur von FIAT beziehungsweise vom Kraftfahrtbundesamt freigegebene Bremsbeläge zu verwenden. Diese Bremsbeläge haben eine KBA-Freigabenummer.

Hinweis: Auf stark regennassen Fahrbahnen sollte während des Fahrens die Bremse von Zeit zu Zeit betätigt werden, um die Bremsscheiben von Rückständen zu befreien. Durch die Zentrifugalkraft während der Fahrt wird zwar das Wasser von den Bremsscheiben geschleudert, doch bleibt teilweise ein dünner Film von Silikonen, Gummiabrieb, Fett und Verschmutzungen zurück, der das Ansprechen der Bremse vermindert.

Eingebrannter Schmutz auf den Bremsbelägen und zugesetzte Regennuten in den Bremsbelägen führen zur Riefenbildung auf den Bremsscheiben. Dadurch kann eine verminderte Bremswirkung eintreten.

Nach dem Einbau von neuen Bremsbelägen müssen diese eingebremst werden. Während einer Fahrtstrecke von rund 200 km sollten unnötige Vollbremsungen unterbleiben.

Korrodierte Scheibenbremsen erzeugen beim Abbremsen einen Rubbeleffekt, der sich auch durch längeres Abbremsen nicht beseitigen lässt. In diesem Fall müssen die Bremsscheiben erneuert werden.

Sicherheitshinweise

- Beim Reinigen der Bremsanlage fällt Bremsstaub an. Dieser Staub kann zu gesundheitlichen Schäden führen. Deshalb beim Reinigen der Bremsanlage darauf achten, dass der Bremsstaub nicht eingeatmet wird.
- Regeln im Umgang mit Bremsflüssigkeit beachten, siehe entsprechendes Kapitel.

ABS: Das Anti-Blockier-System verhindert bei scharfem Abbremsen das Blockieren der Räder, dadurch bleibt das Fahrzeug lenkbar.

EBD: Die elektronische Bremskraftverteilung (**EBD** = **E**lectronic **B**rake **D**istributor) verteilt mittels ABS-Hydraulik die Bremskraft an die Hinterräder. Da die elektronische EBD-Steuerung wesentlich sensibler arbeitet als ein mechanisch wirkender Bremskraftregler, wird ein deutlich größerer Regelbereich ausgenutzt. Bei Geradeausfahrt wird die Hinterradbremse voll an der Bremsleistung beteiligt. Um auch bei Kurvenbremsungen die Fahrstabilität zu gewährleisten, muss der Bremskraftanteil der Hinterachse reduziert werden. Über die ABS-Drehzahlsensoren erkennt die EBD, ob das Fahrzeug geradeaus oder durch eine Kurve fährt. Bei Kurvenfahrt wird der Bremsdruck für die Hinterräder reduziert. Dadurch können die Hinterräder die maximale Seitenführungskraft aufbringen.

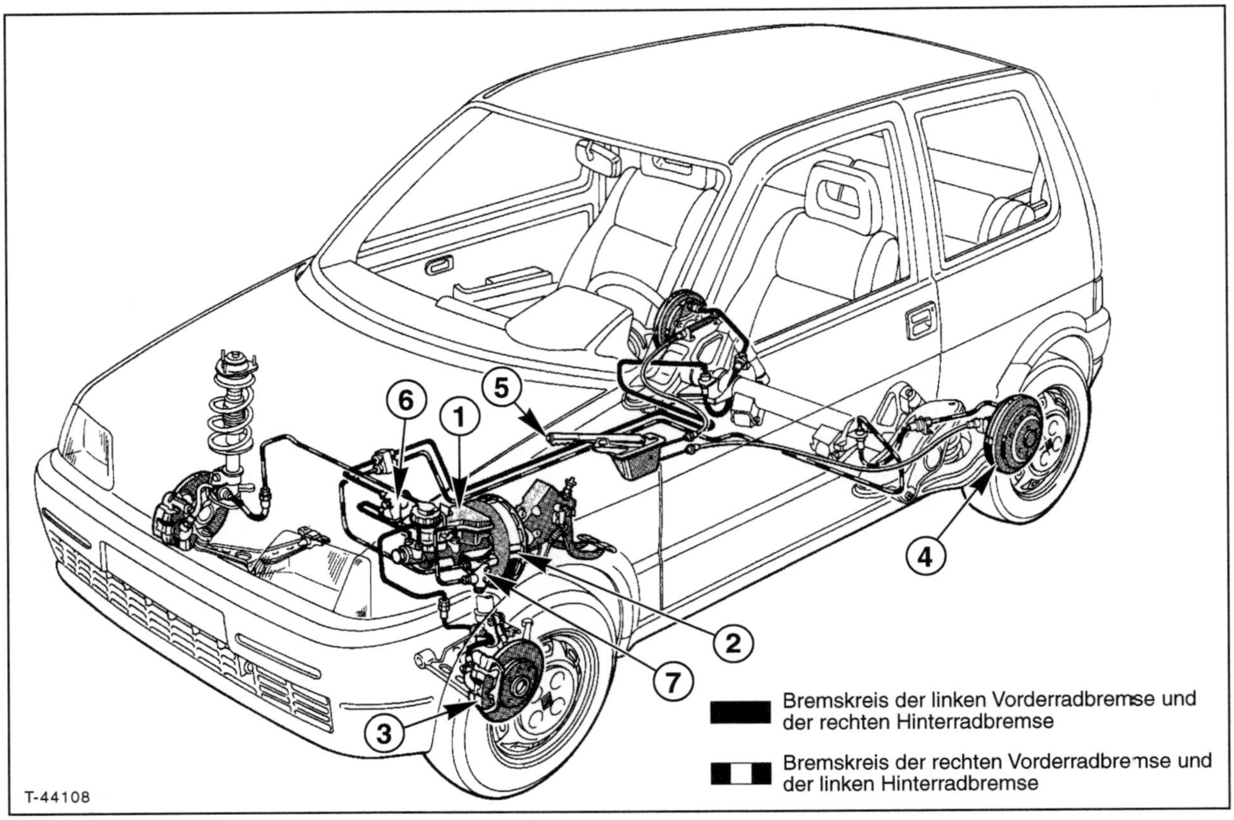

1 – Bremsflüssigkeitsbehälter
2 – Bremskraftverstärker
3 – Bremssattel vorn
4 – Trommelbremse hinten
5 – Handbremshebel
6 – Bremskraftregler, rechtes Hinterrad
7 – Bremskraftregler, linkes Hinterrad

Technische Daten Bremsanlage

Vorderradbremse	**Maße**
Bremsscheibendicke neu	ca. 11 mm
Bremsscheibendicke nach dem Bearbeiten	min. 9,55 mm
Verschleißgrenze	9,2 mm
Bremsbelagdicke vorn - Verschleißgrenze (ohne Rückenplatte)	1,5 mm
Hinterradbremse	
Bremstrommeldurchmesser neu	ca. 185,5 mm
Bremstrommeldurchmesser nach dem Bearbeiten	max. 186,33 mm
Bremstrommeldurchmesser - Verschleißgrenze	186,83 mm
Bremsbelagdicke hinten - Verschleißgrenze (ohne Rückenplatte)	1,5 mm

*) ohne Rückenplatte

Bremsflüssigkeits-Spezifikation: DOT 4 (entspricht US-Norm FMVSS Nr. 116) beziehungsweise Bremsflüssigkeit der FIAT-Spezifikation »TUTELA TOP 4 270° C«.

Bremsbeläge an der Vorderachse aus- und einbauen

Ausbau

> **Sicherheitshinweis**
> Beim Aufbocken des Fahrzeugs besteht Unfallgefahr! Deshalb vorher das Kapitel »Fahrzeug aufbocken« durchlesen.

- Stellung der Vorderräder zur Radnabe mit Farbe kennzeichnen. Dadurch kann das ausgewuchtete Rad wieder in derselben Position montiert werden. Radschrauben bei auf dem Boden stehendem Fahrzeug lösen. Fahrzeug vorn aufbocken und Vorderräder abnehmen.
- Bremssattel von Hand nach außen ziehen und dadurch den Bremskolben etwas zurückdrücken.

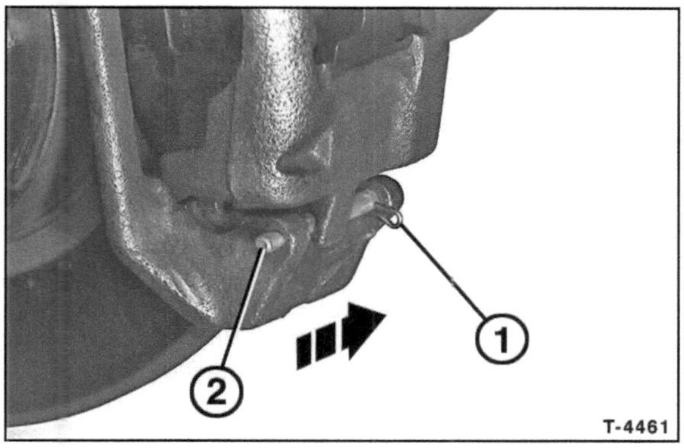

- Sicherungsklammer –1– mit Zange oder kleinem Schraubendreher abziehen.
- Befestigungsbolzen –2– mit Durchschlag lösen und mit Zange herausziehen.

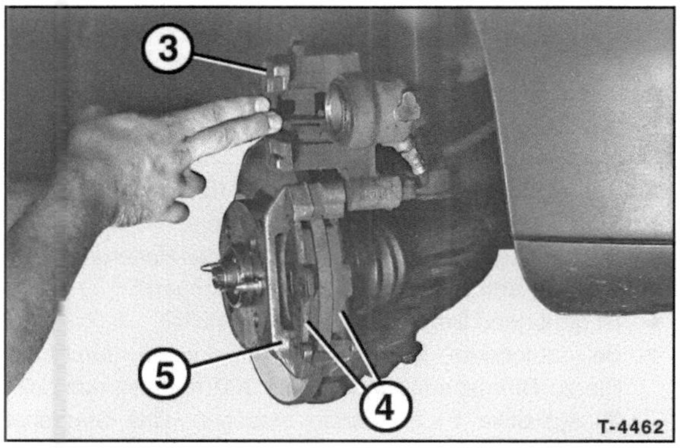

- Bremssattel –3– nach oben schwenken.
- Bremsbeläge –4– vom Bremsträger –5– abnehmen.

Achtung: Sollen die Bremsbeläge wieder verwendet werden, so müssen sie beim Ausbau gekennzeichnet werden. Ein Wechsel der Beläge vom rechten zum linken Rad ist nicht zulässig. Der Wechsel kann zu ungleichmäßiger Bremswirkung führen. Grundsätzlich sollte man nur Original FIAT-Bremsbeläge beziehungsweise von FIAT freigegebene Bremsbeläge verwenden. Grundsätzlich alle Scheibenbremsbeläge vorn gleichzeitig ersetzen, auch wenn nur ein Belag die Verschleißgrenze erreicht hat. Unterschiedlich abgenutzte Bremsbeläge sind kein Grund zur Beanstandung. Bei mehr als 2 mm Differenz zwischen innerem und äußerem Belag sind jedoch die Bremssattel-Führungsbolzen beziehungsweise die Kolben auf Leichtgängigkeit zu prüfen und gegebenenfalls zu ersetzen (Werkstattarbeit).

Einbau

Achtung: Bei ausgebauten Bremsbelägen nicht auf das Bremspedal treten, sonst wird der Kolben aus dem Gehäuse herausgedrückt. Wurde der Kolben versehentlich herausgedrückt, Bremssattel ausbauen und in der Fachwerkstatt zusammensetzen lassen.

- Führungsfläche beziehungsweise Sitz der Beläge im Gehäuseschacht mit geeigneter Weichmetallbürste reinigen und mit Staubsauger absaugen, oder mit einem Lappen und Spiritus auswischen. Keine mineralölhaltigen Lösungsmittel oder scharfkantigen Werkzeuge verwenden.
- Vor Einbau der Beläge die Bremsscheibe durch Abtasten mit den Fingern auf Riefen untersuchen. Bremsscheibendicke messen, siehe Seite 119.

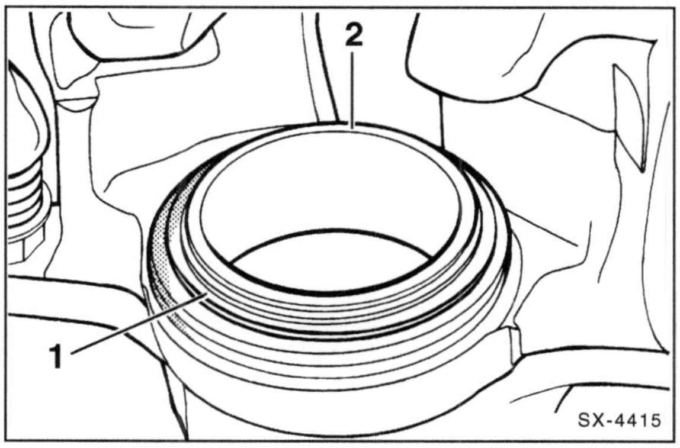

- Staubkappe –1– auf Anrisse prüfen. Eine beschädigte Staubkappe umgehend ersetzen lassen, da eingedrungener Schmutz schnell zu Undichtigkeiten des Bremssattels führt. Der Faustsattel muss hierzu ausgebaut und zerlegt werden (Werkstattarbeit). 2 – Bremssattelzylinder.

- Bremskolben mit Rücksetzvorrichtung, zum Beispiel HAZET 4971-1, zurückdrücken. Es geht auch mit einem Hartholzstab (Hammerstiel), dabei jedoch besonders darauf achten, dass der Kolben nicht verkantet wird und Kolbenfläche sowie Staubkappe nicht beschädigt werden.

Achtung: Beim Zurückdrücken der Kolben wird Bremsflüssigkeit aus den Bremszylindern in den Ausgleichbehälter gedrückt. Flüssigkeit im Behälter beobachten, eventuell Bremsflüssigkeit mit einem Saugheber absaugen.

Sicherheitshinweis
Zum Absaugen eine Entlüfter- oder Plastikflasche verwenden, die nur mit Bremsflüssigkeit in Berührung kommt. Keine Trinkflaschen verwenden! **Bremsflüssigkeit ist giftig und darf auf gar keinen Fall mit dem Mund über einen Schlauch abgesaugt werden. Saugheber verwenden.** Auch nach dem Belagwechsel darf die MAX.-Marke am Bremsflüssigkeitsbehälter nicht überschritten werden, da sich die Flüssigkeit bei Erwärmung ausdehnt. Ausgelaufene Bremsflüssigkeit läuft am Hauptbremszylinder herunter, zerstört den Lack und führt zur Rostbildung.

Achtung: Bei hohem Bremsbelagverschleiß Leichtgängigkeit des Kolbens prüfen. Dazu Holzklotz in den Bremssattel einsetzen und durch Helfer langsam auf das Bremspedal treten lassen. Der Bremskolben muss sich leicht heraus- und hineindrücken lassen. Zur Prüfung muss der andere Bremssattel eingebaut sein. Darauf achten, dass der Bremskolben nicht ganz herausgedrückt wird. Bei schwer gängigem Kolben Bremssattel instandsetzen lassen (Werkstattarbeit).

- Bremsbeläge in den Bremsträger einsetzen.

- Bremssattel nach unten schwenken und andrücken. **Achtung:** Bremssattel nur so weit an Bremsträger andrücken, dass der Befestigungsbolzen eingesetzt werden kann. Wird der Bremssattel über diesen Punkt hinausgedrückt, kann sich die Belaghaltefeder –Pfeil– verformen. Das kann zu Geräuschen beim Bremsen führen.
- Falls die Belaghaltefeder verformt ist, Bremskolben nach oben schwenken, Beläge herausnehmen und Belaghaltefeder ersetzen. Beläge wieder einsetzen und Bremssattel wie beschrieben nach unten schwenken.
- Befestigungsbolzen durchschieben und mit Drahtklammer sichern.
- Vorderräder so ansetzen, dass die beim Ausbau angebrachten Markierungen übereinstimmen. Vorher Zentriersitz der Felge an der Radnabe mit Wälzlagerfett leicht einfetten. Räder anschrauben. Fahrzeug ablassen und Radschrauben über Kreuz mit **90 Nm** festziehen.

Achtung: Bremspedal im Stand mehrmals kräftig niedertreten, bis fester Widerstand spürbar ist. Dadurch legen sich die Bremsbeläge an die Bremsscheibe an und nehmen einen dem Betriebszustand entsprechenden Sitz ein.

- Bremsflüssigkeit im Ausgleichbehälter prüfen, gegebenenfalls bis zur MAX-Marke auffüllen.
- Fahrzeug mehrmals von ca. 80 km/h auf 40 km/h mit geringem Pedaldruck abbremsen.

Achtung: Bis zu einer Fahrstrecke von ca. 200 km sollten keine Vollbremsungen vorgenommen werden.

Achtung, Sicherheitskontrolle durchführen:
- Sind die Bremsschläuche festgezogen?
- Befindet sich der Bremsschlauch in der Halterung?
- Sind die Entlüftungsschrauben angezogen?
- Ist genügend Bremsflüssigkeit eingefüllt?
- Bei laufendem Motor Dichtheitskontrolle durchführen. Hierzu Bremspedal mit 200 bis 300 N (entspricht 20 bis 30 kg) etwa 10 Sekunden betätigen. Das Bremspedal darf nicht nachgeben. Sämtliche Anschlüsse auf Dichtheit kontrollieren.

Hinweis: Bremsbeläge müssen in manchen Kommunen als Sondermüll entsorgt werden. Die örtlichen Behörden geben Auskunft, ob auch eine Entsorgung über den hausmüllähnlichen Gewerbemüll zulässig ist.

Quietschgeräusche der Scheibenbremse beseitigen

- Bremsbeläge ausbauen.
- Beläge und Bremssattel mit einer Weichmetallbürste oder einem Lappen und Spiritus reinigen.
- Prüfen, ob die Belaghaltefeder (–1– in Abbildung T-44109) deformiert ist. Gegebenenfalls ersetzen, siehe Kapitel »Bremsbeläge an der Vorderachse aus- und einbauen«.

Achtung: Bremsstaub nicht einatmen!

- Folgende Stellen mit Anti-Quietsch-Paste »Plastilube« oder Hochtemperaturpaste, zum Beispiel »Liqui Moly LM-508-ASC«, bestreichen:

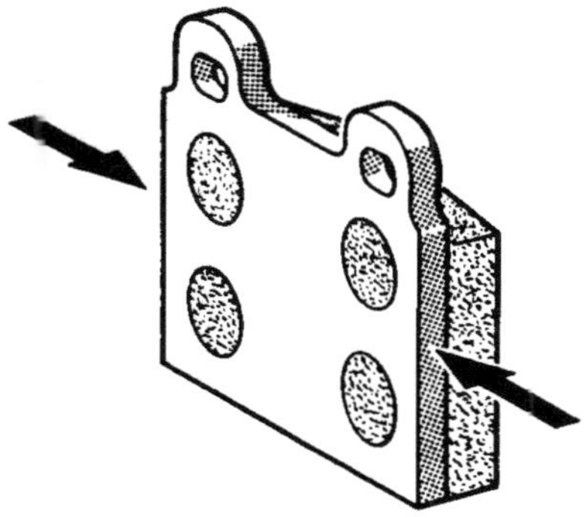

P42-0165-13

- Alle zugänglichen Stellen der Bremsbelag-Rückenplatte.
- Kolbenstirnseite.
- Anlagefläche des Bremsträgers.
- Gleitführungen des Bremssattels.

Achtung: Plastilube oder Hochtemperaturpaste darf **nicht** auf die Reibflächen der Bremsscheibe oder der Bremsbeläge kommen. Eventuell auf die Reibflächen gelangte Reste der Paste mit einem Lappen abwischen, gegebenenfalls mit Spiritus reinigen.

- Bremsbeläge einbauen.

Dicke/Seitenschlag der Bremsscheiben prüfen

Prüfen

Sicherheitshinweis
Beim Aufbocken des Fahrzeugs besteht Unfallgefahr! Deshalb vorher das Kapitel »Fahrzeug aufbocken« durchlesen.

- Stellung der Vorderräder zur Radnabe mit Farbe kennzeichnen. Dadurch kann das ausgewuchtete Rad wieder in derselben Position montiert werden. Radschrauben bei auf dem Boden stehendem Fahrzeug lösen. Fahrzeug vorn aufbocken und Vorderräder abnehmen.

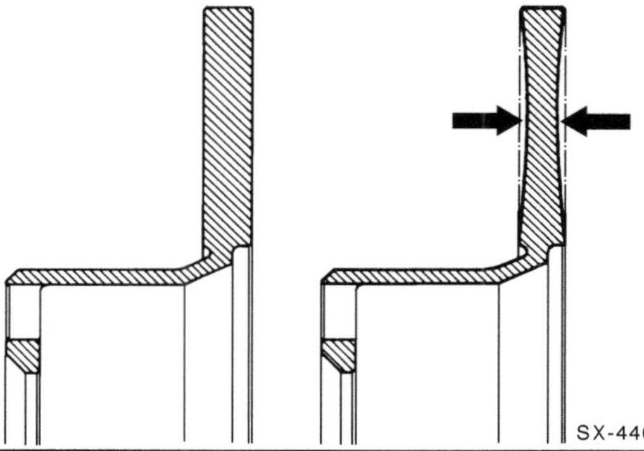

SX-4408

Achtung: Bremsscheibendicke immer an der dünnsten Stelle –Pfeile– messen. Die Werkstätten benutzen einen speziellen Messschieber oder eine Mikrometer-Bügelmessschraube, da sich durch Abnutzung der Bremsscheibe ein Rand bildet. Man kann die Bremsscheibendicke auch mit einer normalen Schieblehre messen, allerdings muss dann auf jeder Seite der Bremsscheibe eine entsprechend starke Unterlage zwischengelegt werden (beispielsweise 2 Münzen). Um das exakte Maß der Bremsscheiben zu ermitteln, muss von dem gemessenen Wert die Dicke der Münzen beziehungsweise der Unterlagen abgezogen werden. **Achtung:** Messung an mehreren Punkten der Bremsscheibe vornehmen.

- Maße für Bremsscheiben, siehe Kapitel »Technische Daten Bremsanlage«.
- Bremsscheiben gegebenenfalls von Werkstatt nacharbeiten lassen. Ist die Verschleißgrenze erreicht, Bremsscheibe erneuern.
- Die Werkstatt kann die Bremsscheibe auf Schlag prüfen. Der Seitenschlag darf maximal 0,15 mm betragen. Gemessen wird 2 mm vom äußeren Rand der Bremsfläche.
- Bei größeren Rissen oder bei Riefen, die tiefer als 0,5 mm sind, Bremsscheibe erneuern.
- Vorderräder so ansetzen, dass die beim Ausbau angebrachten Markierungen übereinstimmen. Räder anschrauben. Fahrzeug ablassen und Radschrauben über Kreuz mit **90 Nm** festziehen.

Bremsscheibe aus- und einbauen

Ausbau

Sicherheitshinweis
Beim Aufbocken des Fahrzeugs besteht Unfallgefahr! Deshalb vorher das Kapitel »Fahrzeug aufbocken« durchlesen.

- Stellung der Räder zur Radnabe mit Farbe kennzeichnen. Dadurch kann das ausgewuchtete Rad wieder in derselben Position montiert werden. Radschrauben bei auf dem Boden stehendem Fahrzeug lösen. Fahrzeug aufbocken und Räder abnehmen.

T-44110

- Bremsträger am Achsschenkel abschrauben –Pfeile–, mit Bremsbelägen abnehmen und komplett mit Drahthaken am Federbein aufhängen. Dabei darf der Bremsschlauch nicht verdreht oder auf Zug beansprucht werden.

T-4468

- Bremsscheibe abschrauben und abnehmen. **Hinweis:** Die Befestigung der Bremsscheibe auf der Radnabe kann von der Darstellung abweichen. Anstatt der dargestellten 2 Bolzen kann auch eine Schraube und ein Bolzen vorhanden sein.

Einbau

Um beidseitig ein gleichmäßiges Bremsen zu gewährleisten, müssen beide Bremsscheiben die gleiche Oberfläche bezüglich Schliffbild und Rautiefe aufweisen. Deshalb **grundsätzlich beide** Bremsscheiben ersetzen, beziehungsweise abdrehen lassen.

- Bremsscheibendicke messen. Gegebenenfalls Bremsscheibe ersetzen.
- Falls vorhanden, Rost am Flansch der Bremsscheibe und der Vorderradnabe mit einer Weichmetallbürste entfernen.
- Neue Bremsscheiben mit Nitro-Verdünnung vom Schutzlack reinigen.
- Bremsscheibe auf Radnabe aufsetzen und mit **12 Nm** anschrauben.
- Bremsträger mit Bremsbelägen ansetzen und am Achsschenkel mit **55 Nm** anschrauben.
- Räder so ansetzen, dass die beim Ausbau angebrachten Markierungen übereinstimmen. Vorher Zentriersitz der Felge an der Radnabe mit Wälzlagerfett leicht einfetten. Räder anschrauben. Fahrzeug ablassen und Radschrauben über Kreuz mit **90 Nm** festziehen.

Achtung: Bremspedal im Stand mehrmals kräftig niedertreten, bis fester Widerstand spürbar ist. Dadurch legen sich die Bremsbeläge an die Bremsscheibe an und nehmen einen dem Betriebszustand entsprechenden Sitz ein.

- Gegebenenfalls Handbremse einstellen.
- Bremsflüssigkeit im Ausgleichbehälter prüfen, gegebenenfalls bis zur MAX-Marke auffüllen.

Achtung, Sicherheitskontrolle durchführen:
- ◆ Sind die Bremsschläuche festgezogen?
- ◆ Befindet sich der Bremsschlauch in der Halterung?
- ◆ Sind die Entlüftungsschrauben angezogen?
- ◆ Ist genügend Bremsflüssigkeit eingefüllt?
- ◆ Bei laufendem Motor Dichtheitskontrolle durchführen. Hierzu Bremspedal mit 200 bis 300 N (entspricht 20 bis 30 kg) etwa 10 Sekunden betätigen. Das Bremspedal darf nicht nachgeben. Sämtliche Anschlüsse auf Dichtheit kontrollieren.

- Anschließend einige Bremsungen auf einer Straße ohne Verkehr durchführen.

Bremstrommel/Bremsbacken an der Hinterachse aus- und einbauen

Ausbau

Achtung: Grundsätzlich alle Bremsbeläge einer Achse erneuern, auch wenn nur ein Belag verölt oder verschlissen ist.

> **Sicherheitshinweis**
> Beim Aufbocken des Fahrzeugs besteht Unfallgefahr! Deshalb vorher das Kapitel »Fahrzeug aufbocken« durchlesen.

- Stellung der Hinterräder zur Radnabe mit Farbe kennzeichnen. Dadurch kann das ausgewuchtete Rad wieder in derselben Position montiert werden. Radschrauben bei auf dem Boden stehendem Fahrzeug lösen. Fahrzeug hinten aufbocken und Hinterräder abnehmen.
- Handbremse lösen.
- Bremstrommel zur Radnabe mit Filzstift oder Kreidestrich markieren. Die Bremstrommel kann dann lagerichtig wieder eingebaut werden.

- Bremstrommel –1– mit 2 Schrauben –2– beziehungsweise mit 1 Schraube und 1 Bolzen abschrauben und abnehmen. Falls die Trommel an der Radnabe festgerostet ist, Bremstrommel durch leichte Schläge mit einem Kunststoff- oder Gummihammer lösen.

- Obere und untere Rückzugfeder aus den Bremsbacken aushängen. Zum Aushängen handelsübliche Bremsfedernzange verwenden, zum Beispiel HAZET-797.

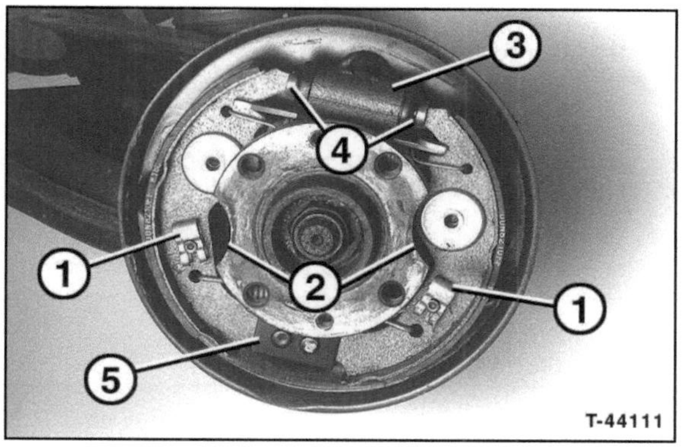

- 2 Haltefedern –1– für Bremsbacken mit Schraubendreher zuerst zusammendrücken, dann nach unten abdrücken.
- Nabe verdrehen, bis die Aussparungen –2– gegenüber den automatischen Nachstellvorrichtungen an den Bremsbacken stehen, siehe Abbildung.
- Beide Bremsbacken vom Radbremszylinder –3– abdrücken und abnehmen, dabei Staubkappen –4– nicht beschädigen. Anschließend Bremsbacken unten vom Stützlager –5– abheben.

Achtung: Beim Abheben der Bremsbacken vom Radbremszylinder darauf achten, dass die Kolben nicht herausgezogen werden. Gegebenenfalls ein Gummiband über beide Kolben ziehen, damit sie im Radbremszylinder verbleiben.

Einbau

Grundsätzlich alle 4 Bremsbacken ersetzen und gleiches Fabrikat verwenden. Bremstrommel und Bremsträger mit Pressluft ausblasen oder mit Spiritus reinigen.

Achtung: Den gesundheitsschädlichen Bremsstaub nicht einatmen. Während die Bremsbacken ausgebaut sind, **nicht auf die Fußbremse treten,** da sonst die Bremskolben aus dem Radbremszylinder rutschen. Falls der Radbremszylinder durch Bremsflüssigkeit feucht ist, Radbremszylinder ersetzen.

- Am Radbremszylinder Staubmanschetten –1/2– abziehen. **Achtung: Dabei darf der Bremskolben nicht herausgezogen werden.** Kontrollieren, ob es hinter der Staubmanschette feucht ist. Gegebenenfalls Radbremszylinder austauschen. Staubmanschette wieder aufsetzen.

- Bremsfläche der Trommel mit dem Finger auf Riefen prüfen. Riefige Bremstrommeln ersetzen, dabei grundsätzlich beide Bremstrommeln ersetzen.
- Geringe Unebenheiten und Rostspuren an der Bremsfläche mit einem feinen Schmirgelleinen (Körnung 120 bis 150) beseitigen.
- Bremsbeläge probehalber in die Bremstrommel halten und sicherstellen, dass beide Teile eine annähernd gleiche Krümmung besitzen. Gegebenenfalls Bremstrommel erneuern.

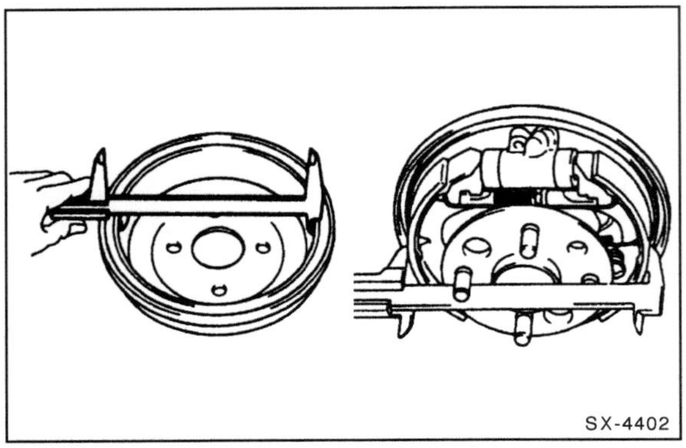
SX-4402

- Innendurchmesser der Bremstrommel messen. Wenn die Verschleißgrenze erreicht ist, Trommel ersetzen. Dabei immer beide Bremstrommeln einer Achse ersetzen. Verschleißgrenze, siehe Tabelle auf Seite 116.

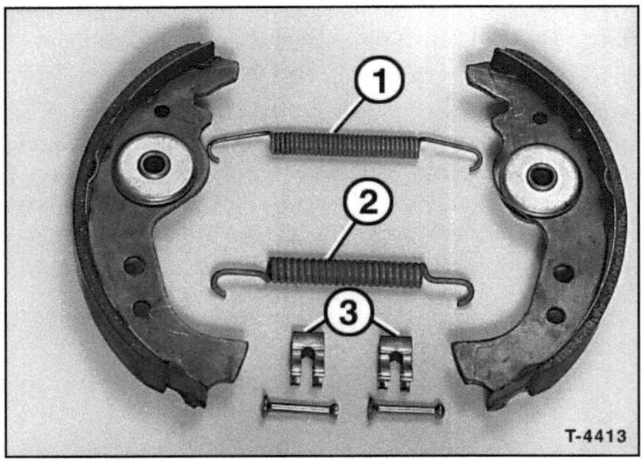

T-4413

Anordnung der Hinterradbremsteile: 1 – obere Rückzugfeder, 2 – untere Rückzugfeder, 3 – Haltefedern für Bremsbacken.

- Handbremsseil ganz zurückstellen, siehe Seite 127.

T-4470

- Die Kontaktflächen zwischen Bremsbacken und Bremsträger reinigen und vor dem Einbau der Bremsbacken dünn mit hitzebeständigem Fett, zum Beispiel Liqui Moly LM-36 oder LM-508-ASC, bestreichen. Vorher diese Stellen gegebenenfalls mit einer Weichmetallbürste reinigen.
- Falls verwendet, Haltevorrichtung (Gummiring) für Radbremszylinderkolben vom Radbremszylinder abnehmen.
- Bremsbacken einsetzen. Auf richtige Lage der Handbrems-Druckstange zwischen den Bremsbacken achten.
- Haltestifte für Bremsbacken von hinten durchschieben, Haltefeder aufschieben. Haltestift gleichzeitig von hinten gegenhalten.
- Obere und untere Rückzugfeder einhängen.
- Bremstrommel entsprechend der beim Ausbau angebrachten Markierung aufsetzen und mit **12 Nm** anschrauben.
- Fußbremse mehrmals betätigen, damit sich die Bremsbacken zentrieren und nachstellen.
- Handbremse einstellen, siehe Seite 127.
- Hinterräder so ansetzen, dass die beim Ausbau angebrachten Markierungen übereinstimmen. Vorher Zentriersitz der Felge an der Radnabe mit Wälzlagerfett leicht einfetten. Räder anschrauben. Fahrzeug ablassen und Radschrauben über Kreuz mit **90 Nm** festziehen.

Achtung, Sicherheitskontrolle durchführen:
- ◆ Sind die Bremsschläuche festgezogen?
- ◆ Befindet sich der Bremsschlauch in der Halterung?
- ◆ Sind die Entlüftungsschrauben angezogen?
- ◆ Ist genügend Bremsflüssigkeit eingefüllt?
- ◆ Bei laufendem Motor Dichtheitskontrolle durchführen. Hierzu Bremspedal mit 200 bis 300 N (entspricht 20 bis 30 kg) etwa 10 Sekunden betätigen. Das Bremspedal darf nicht nachgeben. Sämtliche Anschlüsse auf Dichtheit kontrollieren.

- Anschließend einige Bremsungen auf einer Straße ohne Verkehr durchführen.

Radbremszylinder aus- und einbauen

Ausbau

- Bremstrommel ausbauen, siehe entsprechendes Kapitel.
- Bremsbacken oben so weit auseinander ziehen, dass der Radbremszylinder frei wird und die Nachstellautomatik die Backen in dieser Stellung arretiert.
- Überwurfmutter für Bremsleitung lösen, nicht abschrauben. Vorher Leitungsanschluss reinigen.

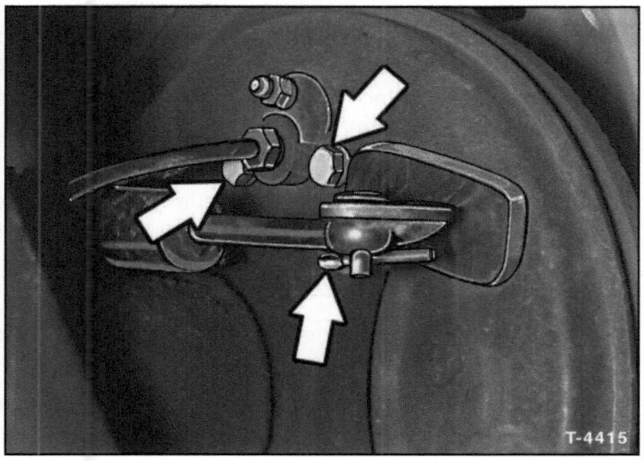

- 2 Befestigungsschrauben für Radbremszylinder hinten am Bremsträger herausdrehen –obere Pfeile–.

Einbau

- Lappen unter Bremsträgerblech legen.
- Mutter für Bremsleitung herausschrauben und sofort am neuen Radbremszylinder handfest anschrauben. Dadurch ist sichergestellt, dass nur wenig Bremsflüssigkeit ausläuft.
- Schrauben für Radbremszylinder einschrauben und mit 10 Nm festziehen.
- Überwurfmutter für Bremsleitung mit 15 Nm, also nicht zu fest, anziehen.
- Bremsbacken zurückstellen und Bremstrommel einbauen.
- Bremsanlage entlüften. Dabei genügt es in der Regel, nur den Radbremszylinder zu entlüften, dessen Leitung geöffnet wurde. Wenn der Bremsdruck nach dem Entlüften schwammig ist, gesamte Bremsanlage entlüften.
- Fußbremse mehrmals kräftig durchtreten. Damit ist die Hinterradbremse eingestellt.

Achtung, Sicherheitskontrolle durchführen:

- ◆ Sind die Bremsleitungen festgezogen?
- ◆ Befindet sich die Bremsleitung in der Halterung?
- ◆ Sind die Entlüftungsschrauben angezogen?
- ◆ Ist genügend Bremsflüssigkeit eingefüllt?
- ◆ Bei laufendem Motor Dichtheitskontrolle durchführen. Hierzu Bremspedal mit 200 bis 300 N (entspricht 20 bis 30 kg) etwa 10 Sekunden betätigen. Das Bremspedal darf nicht nachgeben. Sämtliche Anschlüsse auf Dichtheit kontrollieren.

- Anschließend einige Bremsungen auf einer Straße ohne Verkehr durchführen.

Radbremszylinder instand setzen

Falls der Radbremszylinder nicht erneuert werden soll, kann er auch in eingebautem Zustand zerlegt werden. Dann müssen allerdings vorher die Bremsbacken ausgebaut werden. Der Radbremszylinder ist spätestens immer dann zu ersetzen, wenn Bremsflüssigkeit durch die Manschetten dringt. Beim Bremsbelagwechsel zur Kontrolle immer Staubkappen vom Radbremszylinder abziehen und in den Bremszylinder schauen. Wenn es hinter den Staubkappen feucht ist oder der gesamte Radbremszylinder mit Bremsflüssigkeit überzogen ist, Bremszylinder austauschen. Außerdem ist ein Austausch notwendig, wenn die Kolben im Radbremszylinder nicht mehr leichtgängig hin- und hergleiten, Riefen oder Korrosionsstellen aufweisen. In einem solchen Fall wird das Rad entweder gar nicht oder ständig abgebremst.

Ausbau

- Bremsbacken ausbauen.

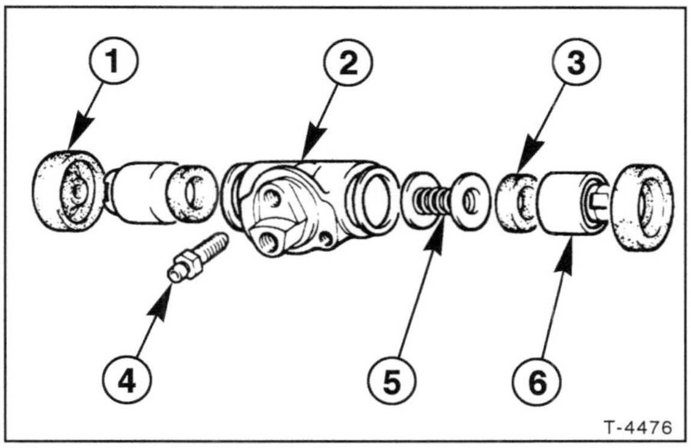

- Mit Schraubendreher Staubkappen –1– abhebeln. Vorsicht, Kappen nicht beschädigen.
- Beide Kolben –6– mit den Manschetten –3– herausziehen. **Achtung:** Dabei kann etwas Bremsflüssigkeit auslaufen, Lappen unterlegen.
- Feder –5– aus Radbremszylinder –2– herausnehmen. Zusätzlich dargestelltes Teil: 4 – Entlüftungsschraube.
- Manschetten von den Kolben abziehen, dabei Kolben nicht beschädigen.
- Radbremszylinder innen mit staubfreiem Lappen auswischen. Es dürfen keine Riefen oder Rostnarben auf der Lauffläche sein, gegebenenfalls Radbremszylinder ersetzen.
- Alle Teile mit Spiritus oder Bremsflüssigkeit reinigen. Hinweise zur Bremsflüssigkeit beachten. **Achtung:** Keine Flüssigkeiten auf Mineralölbasis, wie Benzin oder Kerosin, verwenden, andernfalls können später Bremsdefekte auftreten. Die Fachwerkstatt verwendet die Reinigungsflüssigkeit »FIAT-LDC«. Spezielle Bremsenreiniger sind im Autozubehör-Fachhandel erhältlich.

Einbau

- Entlüfterschraube gangbar machen, eventuell erneuern.
- Vor dem Zusammenbau alle Innenteile in saubere Bremsflüssigkeit tauchen. Grundsätzlich kompletten Reparatursatz verwenden.
- Manschetten so auf die Kolben aufziehen, dass die Dichtlippen gegen die Druckrichtung der Hydraulikflüssigkeit, also nach innen, zeigen.
- Linken Kolben in den Radbremszylinder einsetzen.
- Von rechts Feder einsetzen, Entlüfterschraube öffnen, Kolben einschieben. Nach dem Komplettieren Entlüfterschraube schließen. Vorsicht: nicht überdrehen. Drehmoment maximal 5 Nm.
- Schutzkappen aufsetzen.
- Bremsbacken und Bremstrommel einbauen.
- Bremsanlage entlüften. Dabei genügt es in der Regel, nur denjenigen Bremszylinder zu entlüften, dessen Leitung geöffnet wurde. Wenn der Bremsdruck nach dem Entlüften schwammig ist, gesamte Bremsanlage entlüften.
- Fußbremse mehrmals kräftig durchtreten. Damit ist die Hinterradbremse eingestellt.

Achtung, Sicherheitskontrolle durchführen:

- ◆ Sind die Bremsleitungen festgezogen?
- ◆ Befindet sich die Bremsleitung in der Halterung?
- ◆ Sind die Entlüftungsschrauben angezogen?
- ◆ Ist genügend Bremsflüssigkeit eingefüllt?
- ◆ Bei laufendem Motor Dichtheitskontrolle durchführen. Hierzu Bremspedal mit 200 bis 300 N (entspricht 20 bis 30 kg) etwa 10 Sekunden betätigen. Das Bremspedal darf nicht nachgeben. Sämtliche Anschlüsse auf Dichtheit kontrollieren.

- Anschließend einige Bremsungen auf einer Straße ohne Verkehr durchführen.

Hinweise zum Umgang mit der Bremsflüssigkeit

Beim Umgang mit Bremsflüssigkeit ist zu beachten:

> **Sicherheitshinweis**
> Bremsflüssigkeit ist giftig. Keinesfalls Bremsflüssigkeit mit dem Mund über einen Schlauch absaugen. Bremsflüssigkeit nur in Behälter füllen, bei denen ein versehentlicher Genuss ausgeschlossen ist.

- Bremsflüssigkeit ist ätzend und darf deshalb nicht mit dem Autolack in Berührung kommen, gegebenenfalls sofort abwischen und mit viel Wasser abwaschen.
- Bremsflüssigkeit ist hygroskopisch. Das heißt, sie nimmt aus der Luft Feuchtigkeit auf, wodurch der Siedepunkt der Bremsflüssigkeit und somit die Wärmebelastbarkeit abnimmt. Bremsflüssigkeit deshalb im dicht geschlossenen Originalbehälter an trockenem Ort aufbewahren.
- Bremsflüssigkeit ist entflammbar. Sie muss sicher und bei Raumtemperatur aufbewahrt werden
- **Bremsflüssigkeit, die schon einmal im Bremssystem verwendet wurde, darf nicht wieder verwendet werden. Auch beim Entlüften der Bremsanlage nur neue Bremsflüssigkeit verwenden.**
- Bremsflüssigkeits-Spezifikation: FMVSS 116, **DOT 4. FIAT-Spezifikation »TUTELA TOP 4 270° C«.**
- **Bremsflüssigkeit darf nicht durch Mineralöl oder Kühlmittel/Frostschutzmittel verunreinigt werden.** Schon geringe Spuren Mineralöl machen die Bremsflüssigkeit unbrauchbar beziehungsweise führen zum Ausfall des Bremssystems. Stopfen und Manschetten der Bremsanlage werden beschädigt, wenn sie mit mineralölhaltigen Mitteln zusammenkommen. Zum Reinigen dieser Teile keine ölgetränkten Putzlappen verwenden.
- Um Verunreinigungen der Bremsflüssigkeit zu vermeiden, ist der Ausgleichbehälter für Bremsflüssigkeit im Fahrzeug stets direkt aus dem Original-Vorratsbehälter zu befüllen.
- Beim Hantieren mit Bremsflüssigkeit müssen die Hände sauber und trocken sein.
- Vor dem Öffnen sind die Deckel vom Bremsflüssigkeitsbehälter sowie vom Ausgleichbehälter für Bremsflüssigkeit im Fahrzeug und die Entlüftungsventile von Schmutz zu befreien.
- Bremsflüssigkeit alle 2 Jahre wechseln, möglichst nach der kalten Jahreszeit.

Achtung: Bremsflüssigkeit ist ein Problemstoff und darf auf keinen Fall einfach weggeschüttet oder dem Hausmüll mitgegeben werden. Gemeinde- und Stadtverwaltungen informieren darüber, wo sich die nächste Problemstoff-Sammelstelle befindet beziehungsweise wie die örtlichen Bestimmungen über den Umgang mit Problemstoffen lauten.

Bremsanlage entlüften/ Bremsflüssigkeit wechseln

Nach jeder Reparatur an der Bremse, bei der die Anlage geöffnet wurde, kann Luft in die Druckleitungen eingedrungen sein. Dann ist das Bremssystem zu entlüften. Luft ist auch dann in den Leitungen, wenn sich beim Tritt auf das Bremspedal der Bremsdruck schwammig anfühlt. In diesem Fall muss die Undichtigkeit beseitigt und die Bremsanlage entlüftet werden.

> **Sicherheitshinweis**
> Vorsichtsmaßregeln beim Umgang mit Bremsflüssigkeit beachten, siehe entsprechendes Kapitel.

Die Bremsanlage wird durch Pumpen mit dem Bremspedal entlüftet, dazu ist eine zweite Person notwendig.

Muss die ganze Anlage entlüftet werden, jeden Radbremszylinder einzeln entlüften. Das ist immer dann der Fall, wenn Luft in jeden einzelnen Bremszylinder gedrungen ist. Falls nur ein Bremssattel/-zylinder erneuert beziehungsweise überholt wurde, genügt in der Regel das Entlüften des betreffenden Zylinders. Ebenso kann auch jeder Bremskreis individuell entlüftet werden. Beim Entlüften der gesamten Anlage mit einem vorderen Bremssattel beginnen, dann den diagonal gegenüberliegenden hinteren Bremszylinder entlüften.

- Deckel vom Vorratsbehälter für Bremsflüssigkeit abschrauben und zur Seite legen. Neue Bremsflüssigkeit bis zur MAX.-Markierung auffüllen.

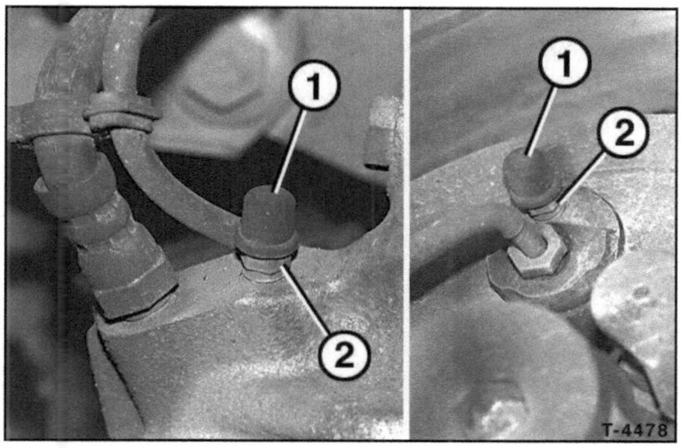

- Staubkappe –1– von der Entlüfterschraube –2– des Bremszylinders abnehmen. Entlüfterschraube reinigen, sauberen Schlauch aufstecken, anderes Schlauchende in eine mit Bremsflüssigkeit halb voll gefüllte Flasche stecken. Bei älteren Fahrzeugen Entlüfterschraube am Gewinde mit Rostlöser einsprühen und vorsichtig gangbar machen.

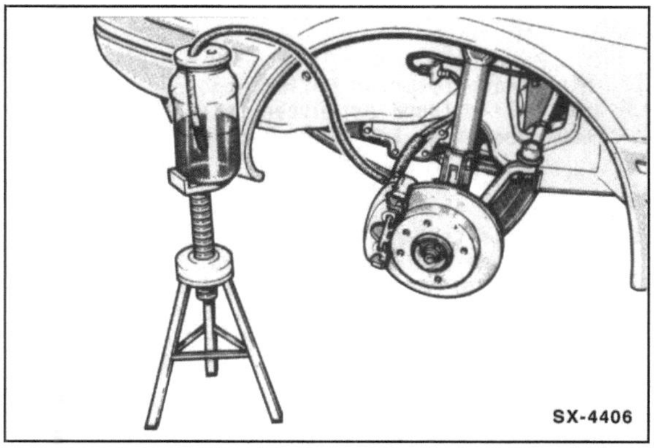

- Die Auffangflasche soll mindestens 30 cm über der Entlüfterschraube stehen beziehungsweise gehalten werden. Dadurch wird verhindert, dass Luft über das Gewinde der Entlüfterschraube in das Bremssystem gelangt.
- Von einer Hilfsperson Bremspedal so oft niedertreten lassen, »pumpen«, bis sich im Bremssystem Druck aufgebaut hat. Zu spüren am wachsenden Widerstand beim Betätigen des Pedals.
- Ist genügend Druck vorhanden, Bremspedal ganz durchtreten, Fuß auf dem Bremspedal halten.
- Entlüfterschraube am Bremssattel/Bremszylinder etwa eine halbe Umdrehung mit Ringschlüssel öffnen. Ausfließende Bremsflüssigkeit in der Flasche sammeln. Darauf achten, dass sich das Schlauchende in der Flasche ständig unterhalb des Flüssigkeitsspiegels befindet.
- Sobald der Flüssigkeitsdruck nachlässt, sofort Entlüfterventil schließen.
- Pumpvorgang wiederholen, bis sich Druck aufgebaut hat. Bremspedal niedertreten, Fuß auf dem Bremspedal lassen, Entlüfterschraube öffnen, bis der Druck nachlässt, Entlüfterschraube schließen.
- Entlüftungsvorgang an einer Radbremse so lange wiederholen, bis sich in der Bremsflüssigkeit, die in die Entlüfterflasche strömt, keine Luftblasen mehr zeigen.
- Anschließend bei durchgetretenem Bremspedal Entlüfterschraube vorsichtig anziehen, max. 5 Nm.
- Schlauch von Entlüfterschraube abziehen, Staubkappe auf Ventil stecken.
- Die anderen Bremsen auf gleiche Weise entlüften.

Achtung: Während des Entlüftens ab und zu den Ausgleichbehälter beobachten. Der Flüssigkeitsspiegel darf nicht zu weit sinken, sonst wird über den Ausgleichbehälter Luft angesaugt. **Immer nur neue Bremsflüssigkeit nachgießen!**

- Gegebenenfalls Bremsflüssigkeit bis zur »MAX.«-Markierung auffüllen. **Achtung:** Der Bremsflüssigkeitsspiegel darf bei aufgeschraubtem Deckel nicht über der »MAX.«-Markierung liegen.
- Deckel für Ausgleichbehälter festschrauben.

Achtung, Sicherheitskontrolle durchführen:

- ◆ Sind die Bremsschläuche festgezogen?
- ◆ Befindet sich der Bremsschlauch in der Halterung?
- ◆ Sind die Entlüftungsschrauben angezogen?
- ◆ Ist genügend Bremsflüssigkeit eingefüllt?
- ◆ Bei laufendem Motor Dichtheitskontrolle durchführen. Hierzu Bremspedal mit 200 bis 300 N (entspricht 20 bis 30 kg) etwa 10 Sekunden betätigen. Das Bremspedal darf nicht nachgeben. Sämtliche Anschlüsse auf Dichtheit kontrollieren.

- Anschließend einige Bremsungen auf einer Straße ohne Verkehr durchführen.

Beim Wechseln der Bremsflüssigkeit ist prinzipiell wie beim Entlüften der Bremsanlage vorzugehen.

Folgende Punkte sind zusätzlich zu beachten:

- ■ An jedem Bremssattel müssen ca. 250 – 300 ml Bremsflüssigkeit durch Pumpen mit dem Bremspedal herausgepumpt werden.
- ■ Dadurch ergibt sich ein Bedarf von ca. 1 – 1,2 Liter neuer Bremsflüssigkeit.
- ■ Flüssigkeitsstand im Bremsflüssigkeits-Ausgleichbehälter ständig im Auge behalten und Bremsflüssigkeit nachfüllen. Sinkt der Bremsflüssigkeitsstand im Ausgleichbehälter einmal zu tief ab und wird dadurch Luft angesaugt, muss der ganze Vorgang wiederholt werden.

Bremsleitung/Bremsschlauch aus- und einbauen

Fahrzeuge ohne ABS

Für das Bremsleitungssystem, das zusammen mit den druckfesten Bremsschläuchen für die Räder die Verbindung vom Hauptbremszylinder zu den vier Radbremsen herstellt, werden Rohre verwendet.

Die Rohrverbindungen zu den Bremszylindern und Verteilerstücken sind als so genannte Kegelkupplungen ausgebildet.

Die Rohrenden sind vorn gestaucht und haben dann eine kegelförmige Anlagefläche für die ebenfalls mit einem kegeligen Grund versehenen Gewindeöffnungen in den Bremszylindern beziehungsweise Verteilerstücken. Bevor die Rohrenden gestaucht werden, wird eine Rohrmutter auf das Rohr gesteckt, die dann später nach dem Einschrauben die kegelige Anlagefläche des Rohres gegen den kegeligen Grund der Gewindeöffnung drückt und damit zuverlässig abdichtet.

Die Bremsschläuche stellen die flexiblen Verbindungen zwischen den starren und beweglichen Fahrzeugteilen her. Die Bremsschläuche dürfen keine Scheuerstellen aufweisen.

Sicherheitshinweis
Das Arbeiten an der Bremsanlage erfordert peinliche Sauberkeit und exakte Arbeitsweise. Falls die nötige Arbeitserfahrung fehlt, sollten die Arbeiten an der Bremse von einer Fachwerkstatt durchgeführt werden. Insbesondere bei Fahrzeugen mit ABS sollen die starren Bremsleitungen in der Fachwerkstatt aus- und eingebaut werden.
Beim Ersetzen von Bremsleitungen dürfen diese nicht aus mehreren kürzeren Stücken zusammengesetzt werden. Nur Originalteile verwenden.

Ausbau

Sicherheitshinweis
Beim Aufbocken des Fahrzeugs besteht Unfallgefahr! Deshalb vorher das Kapitel »Fahrzeug aufbocken« durchlesen.

- Fahrzeug aufbocken.

- Sicherungsklammer –1– mit einer Zange abziehen. Die Abbildung zeigt einen Bremsschlauch zur Hinterachse.
- Bremsleitung an den Überwurfmuttern –3– lösen und abnehmen. Dabei Bremsschlauch –2– mit Maulschlüssel gegenhalten.
- Leitungsanschluss in Richtung Hauptbremszylinder mit geeignetem Stopfen verschließen.

Einbau

- Neue Bremsleitung möglichst an gleicher Stelle verlegen.
- Neuen Bremsschlauch so einbauen, dass er ohne Drall durchhängt und mit 15 Nm am Bremssattel festziehen.
- Beim Anschließen der Bremsleitung die kegelige Anlagefläche mit einigen Tropfen Bremsflüssigkeit benetzen und mit 15 Nm festziehen.

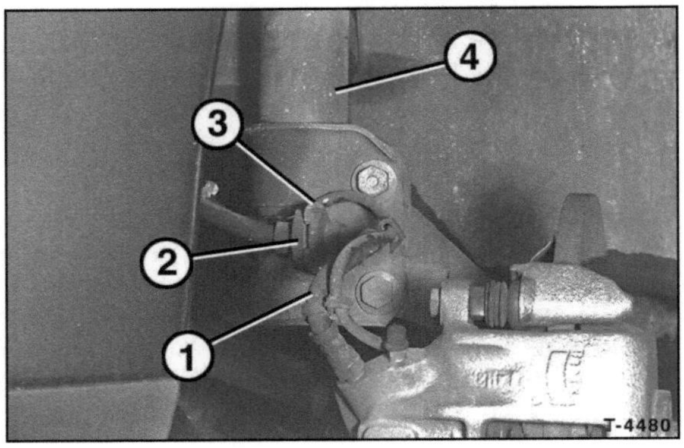

- Vorderen Bremsschlauch –1– mit Gummizwischenstück –2– in den Halter –3– des Federbeins –4– einsetzen.
- Nach dem Einbau bei entlastetem Rad prüfen (Wagen angehoben), ob der Schlauch allen Radbewegungen folgt, ohne irgendwo anzuscheuern.

Achtung: Bremsschläuche nicht mit Öl oder Petroleum in Berührung bringen, nicht lackieren oder mit Unterbodenschutz besprühen.

- Bremsanlage entlüften.
- Fahrzeug ablassen.
- Bei auf dem Boden stehendem Fahrzeug Räder nach links und rechts bis zum Anschlag einschlagen und prüfen, ob der Schlauch allen Radbewegungen folgt, ohne irgendwo anzuscheuern.

Achtung, Sicherheitskontrolle durchführen:
- ◆ Sind die Bremsschläuche festgezogen?
- ◆ Befindet sich der Bremsschlauch in der Halterung?
- ◆ Sind die Entlüftungsschrauben angezogen?
- ◆ Ist genügend Bremsflüssigkeit eingefüllt?
- ◆ Bei laufendem Motor Dichtheitskontrolle durchführen. Hierzu Bremspedal mit 200 bis 300 N (entspricht 20 bis 30 kg) etwa 10 Sekunden betätigen. Das Bremspedal darf nicht nachgeben. Sämtliche Anschlüsse auf Dichtheit kontrollieren.

- Anschließend einige Bremsungen auf einer Straße ohne Verkehr durchführen.

Die Handbremse

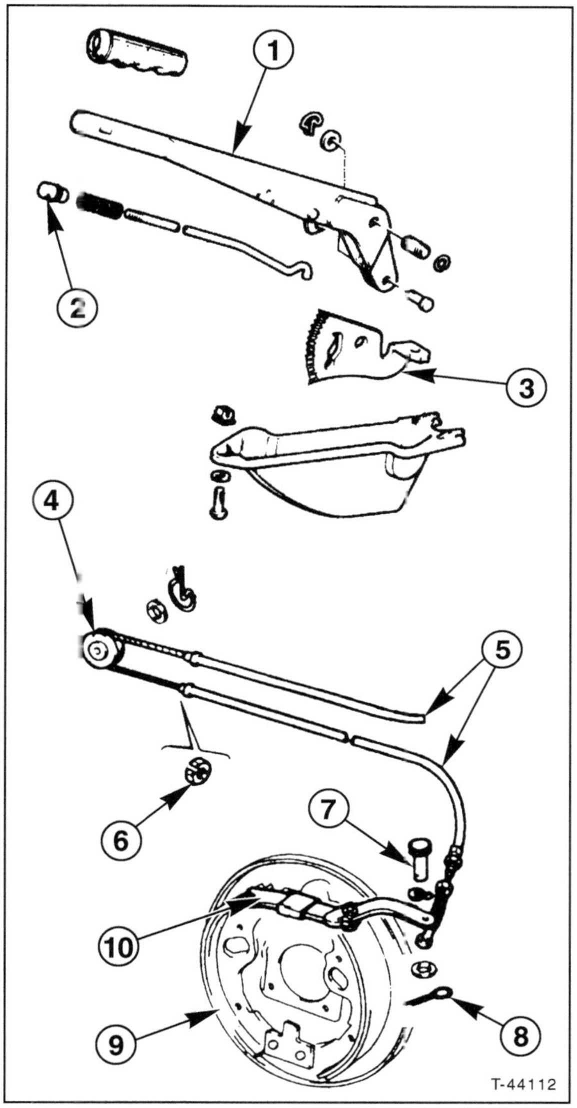

Die Handbremse (Feststellbremse) wirkt über Seilzüge auf die Hinterräder. Am Handbremshebel –1– befindet sich eine Umlenkrolle –4–. Zur Einstellung der Seillänge befindet sich am Bowdenzug-Widerlager eine Einstellschraube –6–. Weiter abgebildete Teile: 2 – Druckknopf zum Lösen der Raste –3–, 5 – Handbremsseile, 7 – Bolzen, 8 – Splint, 9 – Hinterrad-Bremsträger, 10 – Betätigungshebel der Bremsbacken.

Handbremse prüfen/einstellen

Das Spiel der Handbremse muss nur dann eingestellt werden, wenn der Leerweg am Handbremshebel bis zum Blockieren der Hinterräder mehr als 3 Rasten beträgt oder wenn der Handbremshebel beziehungsweise die Bremsseile ausgebaut wurden.

Einstellen

Sicherheitshinweis
Beim Aufbocken des Fahrzeugs besteht Unfallgefahr! Deshalb vorher das Kapitel »Fahrzeug aufbocken« durchlesen.

- Fahrzeug hinten aufbocken.
- Handbremshebel lösen.
- Bremspedal mehrmals betätigen, um eine richtige Selbstnachstellung zu gewährleisten.
- Hinterräder von Hand drehen und sicherstellen, dass sie freigängig drehen.
- **Einstellung prüfen:** Dazu Handbremshebel 3 Rasten ziehen. Hinterräder drehen. Die Räder dürfen sich nicht mehr drehen lassen, gegebenenfalls Handbremse einstellen.
- Falls gelöst, Handbremshebel auf 3. Raste anziehen.

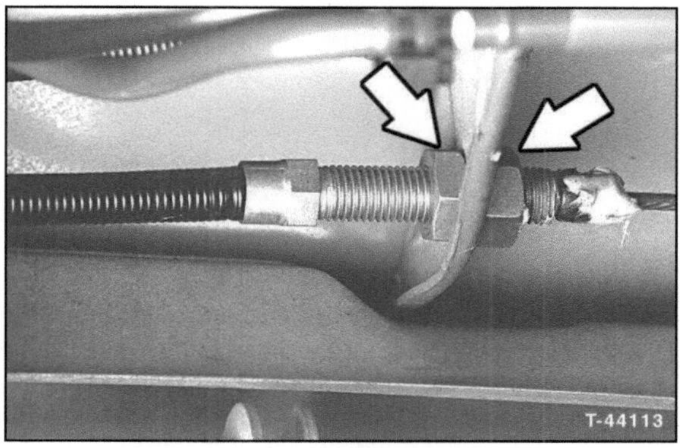

- Mit Maulschlüsseln die Muttern –Pfeile– am Widerlager entkontern und verdrehen, bis der Handbremszug gespannt ist. Das Widerlager sitzt am Unterboden in der Nähe des Handbremshebels.
- Prüfen, ob die Hinterräder blockiert sind.
- Handbremshebel wieder lösen. Die Hinterräder müssen sich jetzt frei drehen können.
- Hebel anziehen und überprüfen, ob er sich bis zur 3. Raste bewegen lässt. Andernfalls Einstellung wiederholen.
- Kontermutter festziehen.
- Fahrzeug ablassen.

Bremslichtschalter ersetzen

Der Bremslichtschalter sitzt im Fußraum am Pedalbock. Wenn das Bremslicht nicht aufleuchtet, zuerst Sicherung überprüfen. Anschließend Glühlampen überprüfen. Wenn die betreffenden Glühlampen nicht defekt sind, Bremslichtschalter überprüfen. Hierzu Kabelstecker am Bremslichtschalter abziehen und miteinander verbinden (Zündung eingeschaltet). Wenn jetzt das Bremslicht aufleuchtet, Bremslichtschalter auswechseln.

Ausbau

- Batterie-Massekabel (–) bei ausgeschalteter Zündung abklemmen. **Achtung:** Falls das eingebaute Radio einen Diebstahlcode besitzt, wird dieser beim Abklemmen der Batterie gelöscht. Radios mit Diebstahlcode sind erkennbar an dem Wort »CODE« oder einem roten Schlüsselzeichen auf der Frontblende. Das Radio kann anschließend nur durch die Eingabe des richtigen Codes oder durch den Radio-Hersteller wieder in Betrieb genommen werden. Vor dem Abklemmen daher unbedingt den Diebstahlcode ermitteln.

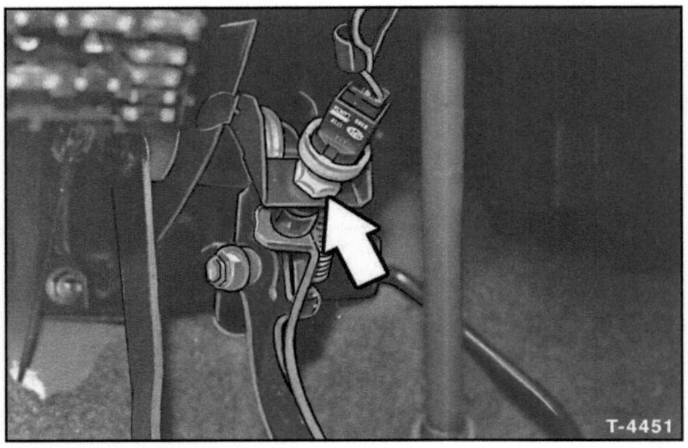

- Stecker vom Bremslichtschalter abziehen.
- Kontermutter –Pfeil– des Bremslichtschalters am Pedalbock lösen und Schalter herausschrauben. **Hinweis:** Bei manchen Fahrzeugen kann der Bremslichtschalter mit einem Bajonettverschluss befestigt sein. Gegebenenfalls Schalter verdrehen und aus der Halterung herausziehen.

Einbau

- Kontermutter am neuen Bremslichtschalter etwa so weit wie beim alten Schalter auf das Gewindestück aufschrauben.
- Bremslichtschalter am Pedalbock einschrauben beziehungsweise einsetzen und durch Verdrehen sichern. Dabei Bremspedal von Hand niederdrücken und halten.
- Kabelstecker anschließen.
- Funktion des neuen Bremslichtschalters kontrollieren: Zündung einschalten. Die Bremslichter müssen schon bei leichter Betätigung des Bremspedales aufleuchten.
- Kontermutter gegen den Pedalbock schrauben, damit wird der Schalter gegen Verdrehen gesichert.
- Batterie-Massekabel (–) anklemmen. Gegebenenfalls Diebstahlcode für das Autoradio eingeben und Zeituhr einstellen.

Bremskraftverstärker prüfen

Der Bremskraftverstärker ist auf Funktion zu überprüfen, wenn zur Erzielung ausreichender Bremswirkung die Pedalkraft außergewöhnlich hoch ist.

- Bremspedal bei stehendem Motor mindestens 5-mal kräftig durchtreten, dann bei belastetem Bremspedal Motor starten. Das Bremspedal muss jetzt unter dem Fuß spürbar nachgeben.
- Andernfalls Unterdruckschlauch am Bremskraftverstärker abschrauben, Motor starten. Durch Finger auflegen am Ende des Unterdruckschlauches prüfen, ob Unterdruck vorhanden ist.
- Ist kein Unterdruck vorhanden: Unterdruckschlauch auf Undichtigkeiten und Beschädigungen prüfen, gegebenenfalls ersetzen. Sämtliche Schellen fest anziehen.
- Ist Unterdruck vorhanden: Unterdruck messen, gegebenenfalls Bremsservo ersetzen (Werkstattarbeit).

Störungsdiagnose Bremse

Störung	Ursache	Abhilfe
Leerweg des Bremspedals zu groß.	Ein Bremskreis ausgefallen.	■ Bremskreise auf Flüssigkeitsverlust prüfen.
	Speziell bei Trommelbremse:	
	Nachstellautomatik der Trommelbremse klemmt.	■ Nachstelleinheit gangbar machen.
Bremspedal lässt sich weit und federnd durchtreten.	Luft im Bremssystem.	■ Bremse entlüften.
	Zu wenig Bremsflüssigkeit im Ausgleichbehälter.	■ Neue Bremsflüssigkeit nachfüllen, Bremse entlüften.
	Dampfblasenbildung. Tritt meist nach starker Beanspruchung auf, z. B. Passabfahrt.	■ Bremsflüssigkeit wechseln. Bremse entlüften.
Bremswirkung lässt nach, und Bremspedal lässt sich durchtreten.	Undichte Leitung.	■ Leitungsanschlüsse nachziehen oder Leitung erneuern.
	Beschädigte Manschette im Haupt- oder Radbremszylinder.	■ Manschette erneuern. Beim Hauptbremszylinder Innenteile ersetzen, ggf. Hauptbremszylinder ersetzen.
	Speziell bei Scheibenbremse:	
	Gummidichtring beschädigt.	■ Bremssattel überholen.
Schlechte Bremswirkung trotz hohen Fußdrucks.	Bremsbeläge verölt.	■ Bremsbeläge erneuern.
	Ungeeigneter oder verhärteter Bremsbelag.	■ Beläge erneuern. Nur Original-Bremsbeläge vom Automobilhersteller verwenden.
	Bremskraftverstärker defekt,	■ Bremskraftverstärker, Unterdruckleitung prüfen.
	Unterdruckleitung porös, defekt.	
	Speziell bei Scheibenbremse:	
	Bremsbeläge abgenutzt.	■ Bremsbeläge erneuern.
Bremse zieht einseitig.	Unvorschriftsmäßiger Reifendruck.	■ Reifendruck prüfen und berichtigen.
	Bereifung ungleichmäßig abgefahren.	■ Abgefahrene Reifen ersetzen.
	Bremsbeläge verölt.	■ Bremsbeläge erneuern.
	Verschiedene Bremsbelagsorten auf einer Achse.	■ Beläge achsweise erneuern. Nur Original-Bremsbeläge vom Automobilhersteller verwenden.
	Schlechtes Tragbild der Bremsbeläge.	■ Bremsbeläge austauschen.
	Speziell bei Scheibenbremse:	
	Verschmutzte Bremssattelschächte.	■ Sitz- und Führungsflächen der Bremsbeläge im Bremssattel reinigen.
	Korrosion in den Bremssattelzylindern.	■ Bremssattel erneuern.
	Bremsbelag ungleichmäßig verschlissen.	■ Bremsbeläge erneuern (beide Räder), Bremssättel auf Leichtgängigkeit prüfen.
	Speziell bei Trommelbremse:	
	Kolben in den Radbremszylindern schwergängig.	■ Radbremszylinder instand setzen.

Störung	Ursache	Abhilfe
Bremse zieht von selbst an.	Ausgleichsbohrung im Hauptbremszylinder verstopft.	■ Hauptbremszylinder reinigen und Innenteile erneuern lassen (Werkstattarbeit).
	Spiel zwischen Betätigungsstange und Hauptbremszylinderkolben zu gering.	■ Spiel prüfen.
Bremsen erhitzen sich während der Fahrt.	Ausgleichsbohrung im Hauptbremszylinder verstopft.	■ Hauptbremszylinder reinigen und Innenteile erneuern lassen (Werkstattarbeit).
	Spiel zwischen Betätigungsstange und Hauptbremszylinder zu gering.	■ Spiel prüfen.
	Bremse schwergängig.	■ Bewegliche Teile der Trommelbremse schmieren. Bremssattel überholen lassen (Werkstattarbeit).
	Speziell bei Trommelbremse:	
	Bremsbacken-Rückzugfedern erlahmt.	■ Rückzugfedern erneuern.
Bremsen rattern.	Ungeeigneter Bremsbelag.	■ Beläge erneuern. Nur Original-Bremsbeläge vom Automobilhersteller verwenden.
	Speziell bei Scheibenbremse:	
	Bremsscheibe stellenweise korrodiert.	■ Scheibe mit Schleifklötzen sorgfältig glätten.
	Bremsscheibe hat Seitenschlag.	■ Scheibe nacharbeiten oder ersetzen.
	Speziell bei Trommelbremse:	
	Bremsbeläge verschlissen.	■ Beläge erneuern. Nur Original-Bremsbeläge vom Automobilhersteller verwenden.
	Bremstrommel unrund.	■ Bremstrommel ersetzen.
Bremsbeläge lösen sich nicht von der Bremsscheibe, Räder lassen sich schwer von Hand drehen.	**Speziell bei Scheibenbremse:** Korrosion in den Bremssattelzylindern.	■ Bremssattel überholen, eventuell austauschen.
Ungleichmäßiger Belag-Verschleiß.	**Speziell bei Scheibenbremse:**	
	Ungeeigneter Bremsbelag.	■ Beläge erneuern, Nur Original-Bremsbeläge vom Automobilhersteller verwenden.
	Bremssattel verschmutzt.	■ Bremssattelschächte reinigen.
	Kolben nicht leichtgängig.	■ Kolben gangbar machen (Werkstattarbeit).
	Bremssystem undicht.	■ Bremssystem auf Dichtigkeit prüfen.
Keilförmiger Bremsbelag-Verschleiß.	**Speziell bei Scheibenbremse:**	
	Bremsscheibe läuft nicht parallel zum Bremssattel.	■ Anlagefläche des Bremssattels prüfen.
	Korrosion in den Bremssätteln.	■ Verschmutzung beseitigen.

Störung	Ursache	Abhilfe
Bremse quietscht.	Oft auf atmosphärische Einflüsse (Luftfeuchtigkeit) zurückzuführen.	■ Keine Abhilfe erforderlich, und zwar dann, wenn Quietschen nach längerem Stillstand des Wagens bei hoher Luftfeuchtigkeit auftrat, aber nach den ersten Bremsungen sich nicht wiederholt.
	Speziell bei Scheibenbremse:	
	Ungeeigneter Bremsbelag.	■ Beläge erneuern. Nur Original-Bremsbeläge vom Automobilhersteller verwenden
	Bremsscheibe läuft nicht parallel zum Bremssattel.	■ Anlagefläche des Bremssattels prüfen.
	Verschmutzte Schächte im Bremssattel.	■ Bremssattelschächte reinigen.
	Speziell bei Trommelbremse:	
	Ungeeigneter Bremsbelag.	■ Beläge erneuern. Nur Original-Bremsbeläge vom Automobilhersteller verwenden.
	Belag liegt nicht satt auf.	■ Beläge erneuern. Nur Original-Bremsbeläge vom Automobilhersteller verwenden.
	Bremse verschmutzt.	■ Radbremsen reinigen.
	Rückzugfedern zu schwach.	■ Rückzugfedern erneuern.
Bremse pulsiert.	**ABS** in Funktion.	■ Normal, keine Abhilfe.
	Speziell bei Scheibenbremse:	
	Seitenschlag oder Dickentoleranz der Bremsscheibe zu groß.	■ Schlag und Toleranz prüfen. Scheibe nacharbeiten oder ersetzen.
	Bremsscheibe läuft nicht parallel zum Bremssattel.	■ Anlagefläche des Bremssattels prüfen.
	Speziell bei Trommelbremse:	
	Anlagefläche der Felge an der Bremstrommel nicht plan, dadurch Verzug der Bremstrommel.	■ Es kann versucht werden, die Felgen untereinander auszutauschen. Gegebenenfalls Felgen ersetzen.

Motor-Mechanik

Aus dem Inhalt:

- Motorausbau
- Zahnriemenausbau
- Zahnriemen spannen
- Zylinderkopfausbau
- Motorlagerung
- Kompression prüfen
- Ventile
- Keilrippenriemen wechseln

Motor aus- und einbauen

Der Motor wird mit angeflanschtem Getriebe nach unten ausgebaut. Es empfiehlt sich deshalb, auch das Kapitel »Getriebe aus- und einbauen« zu lesen. Zum Ausbau werden entweder eine Hebebühne oder eine Grube und ein Kran benötigt.

Abgas- und Ansaugkrümmer mit Einspritzeinheit und Generator bleiben am Motor angebaut. Vor der Montage im Motorraum sind die Kotflügel mit Decken zu schützen.

Je nach Baujahr und Ausstattung können die elektrischen Leitungen beziehungsweise Unterdruck- oder Kühlmittelschläuche unterschiedlich im Motorraum verlegt sein. Da im Einzelnen nicht auf jede Variante eingegangen werden kann, empfiehlt es sich, die jeweilige Leitung mit Tesaband zu kennzeichnen, bevor sie abgezogen wird.

Schläuche sind in der Regel mit Klemmschellen gesichert. In diesem Fall Klemmschellen mit Seitenschneider durchschneiden und beim Einbau durch Schraubschellen ersetzen. Dabei darauf achten, dass Schrauben und Schellen nicht mit umliegenden Bauteilen in Berührung kommen. Vorwiegend Kühlmittelschläuche sind mit Federbandschellen befestigt. Die beiden Enden der Schelle mit Spezialzange, zum Beispiel HAZET 798-5, zusammendrücken und Schelle zurückschieben. Es geht auch mit einer Wasserpumpenzange, aber die Handhabung ist etwas schwieriger.

Ausbau

- Motorhaube ausbauen, siehe Seite 227.
- Batterie-Massekabel (–) bei ausgeschalteter Zündung abklemmen. **Achtung:** Falls das eingebaute Radio einen Diebstahlcode besitzt, wird dieser beim Abklemmen der Batterie gelöscht. Radios mit Diebstahlcode sind erkennbar an dem Wort »CODE« oder einem roten Schlüsselzeichen auf der Frontblende. Das Radio kann anschließend nur durch die Eingabe des richtigen Codes oder durch den Radio-Hersteller wieder in Betrieb genommen werden. Vor dem Abklemmen daher unbedingt den Diebstahlcode ermitteln.

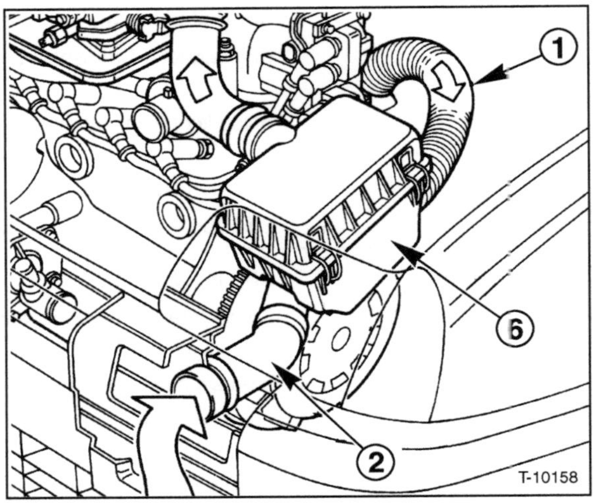

- Warmluftschlauch –1– am Warmluftblech des Abgaskrümmers abziehen.
- Luftfilter –6– abschrauben.
- Luftansaugstutzen –2– am vorderen Abschlussblech herausziehen.

- Kurbelgehäuse-Entlüftungsschläuche –3– am Zylinderkopfdeckel und –4– am Drosselklappenteil abziehen.
- Vorvolumenkammer –5– abschrauben.

- Luftfilter –6– mit sämtlichen angeschlossenen Schläuchen herausnehmen.
- Kühlmittel ablassen und auffangen. Dazu Verschlussdeckel am Ausgleichbehälter abschrauben. Geeignetes Gefäß unter Kühler stellen und unteren Kühlmittelschlauch abziehen.

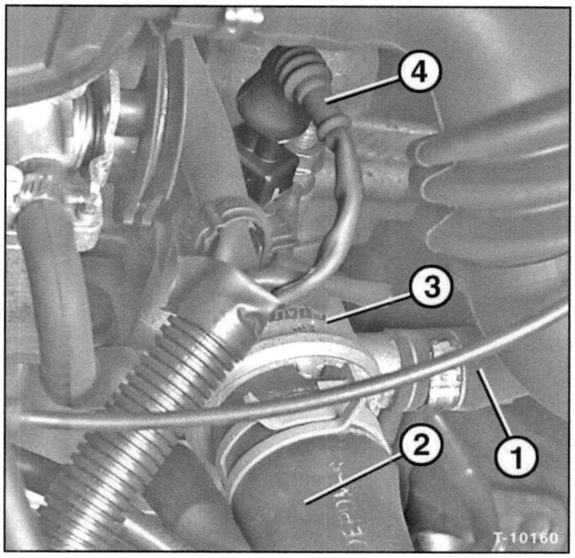

- Heizungsschlauch –1– und Kühlmittelschlauch –2– vom Kühlmittelstutzen –3– abziehen.
- Elektrische Leitung –4– vom Temperaturgeber abziehen.

- Kraftstoffzulaufleitung –5– und Rücklaufleitung –6– mit Tesaband markieren und abziehen. Auslaufenden Kraftstoff mit dickem Lappen auffangen. Kraftstoffleitungen mit einem Stopfen verschließen. Dazu kann beispielsweise eine Schraube mit geeignetem Durchmesser in das jeweilige Schlauchende gesteckt werden. 4 – Temperaturgeber.
- Unterdruckschläuche für Benzindämpfe –7– und Druckfühler –8– nach Markierung am Drosselklappenteil abziehen. Vor dem Abziehen Schläuche und Anschlüsse mit Tesaband markieren, damit beim Zusammenbau keine Verwechslungen auftreten.
- Stecker –9– vom Temperaturgeber am Zylinderkopf abziehen.
- Elektrische Leitungen von Drosselklappen-Potenziometer –10–, Leerlaufsteller –11– und Einspritzventil abziehen.
- Unterdruckschlauch für Bremskraftverstärker abziehen.
- Gaszug am Drosselklappenteil aushängen und zur Seite legen, siehe Seite 187.
- Kabelstecker für Lambdasonde trennen. 0,9-l-Motor: unterhalb des Motor-Steuergerätes, 1,1-l-Motor: unterhalb der Zündspulen.

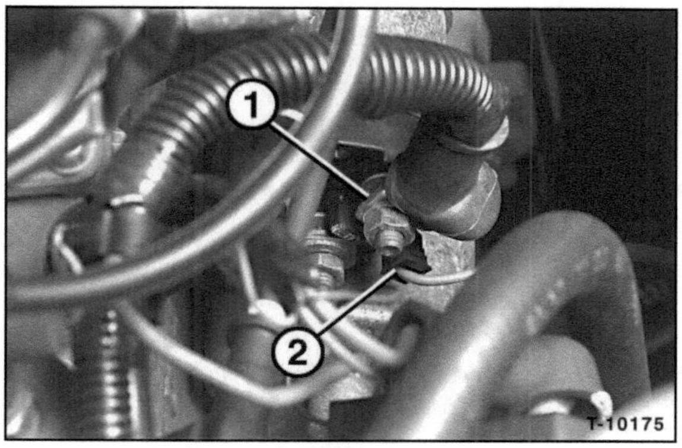

- Elektrische Leitungen Klemme 30 am Anlasser abschrauben –1– und Klemme 50 abziehen –2–.
- Kühlmittelschläuche an der Kühlmittelpumpe abziehen.

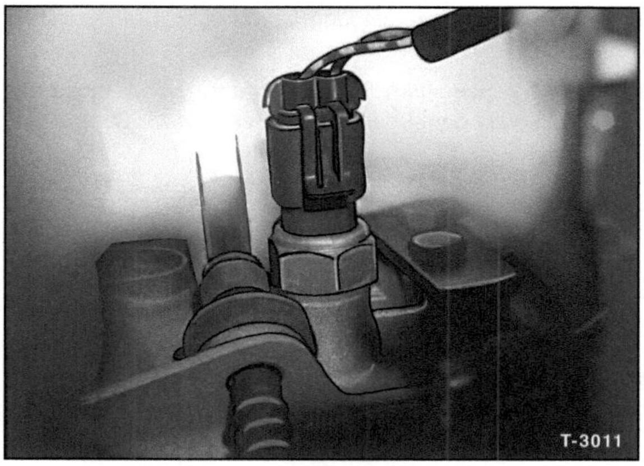

- Kabel für Rückfahrscheinwerfer am Getriebe abziehen.

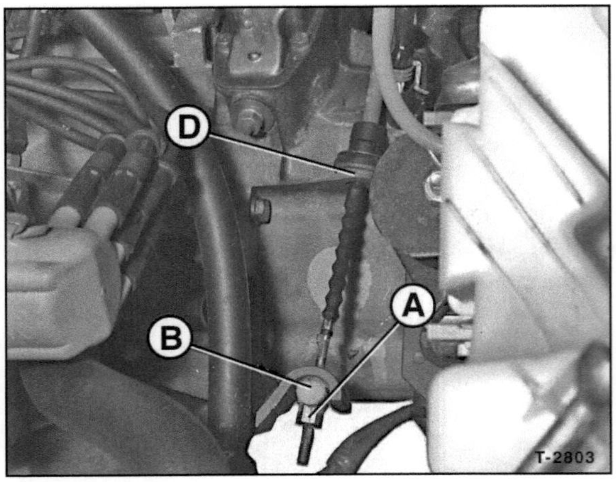

- Kupplungszug –B– am Hebel abschrauben –A– und am Getriebehalter –D– herausziehen.
- 0,9-l-Motor: Tachowelle an der Spritzwand trennen. 1,1-l-Motor: Tachowelle mit Überwurfmutter am Getriebe abschrauben.
- Wähl- und Schaltseilzüge von den Hebeln am Getriebe abdrücken.
- Halteklammern für die Befestigung der Schaltseilzüge abziehen. Seilzüge komplett mit Gangwähl- und -schaltstangen abnehmen und zur Seite legen.
- Massekabel an der rechten Stirnseite des Motorblocks und am Kühlmittelstutzen abschrauben.
- Elektrische Steckverbindung für OT- und Drehzahlfühler trennen.
- Vordere Achsmuttern lösen. **Achtung:** Dabei muss das Fahrzeug auf dem Boden stehen, siehe auch Seite 89.

Sicherheitshinweis
Beim Aufbocken des Fahrzeugs besteht Unfallgefahr! Deshalb vorher das Kapitel »Fahrzeug aufbocken« durchlesen.

- Stellung der Vorderräder zur Radnabe mit Farbe kennzeichnen. Dadurch kann das ausgewuchtete Rad wieder in derselben Position montiert werden. Radschrauben bei auf dem Boden stehendem Fahrzeug lösen. Fahrzeug vorn aufbocken und Vorderräder abnehmen.

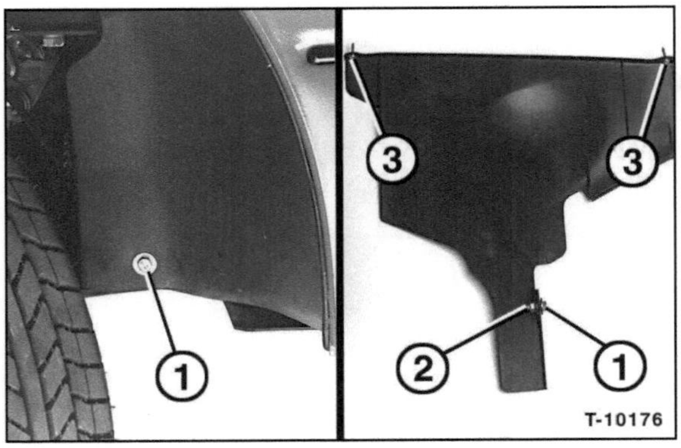

- Untere Keilriemen-Abdeckung abschrauben. Dazu Schraube –1– im Radhaus herausdrehen, dabei Mutter –2– gegenhalten. Anschließend 2 Kreuzschlitzschrauben –3– herausdrehen.
- Aktivkohlebehälter ausbauen, siehe Seite 189.
- Innenkotflügel im vorderen rechten Radkasten abschrauben und herausnehmen.
- Vorderes Abgasrohr ausbauen, siehe Seite 207.
- Achsmuttern abschrauben.
- Achsschenkel vom Stoßdämpfer abschrauben und zur Seite schwenken.
- Gelenkwellen aus den Radnaben ziehen. Dazu Gelenkwellen festhalten, Achsschenkel mit der anderen Hand nach außen drücken. Sitzen die Gelenkwellen fest in ihren Verzahnungen, handelsüblichen Ausdrücker verwenden, siehe Seite 89.

Achtung: Damit die Gelenkwellen nicht aus dem Getriebe fallen und auch nicht zu stark angewinkelt werden, diese mit Draht am Aufbau aufhängen.

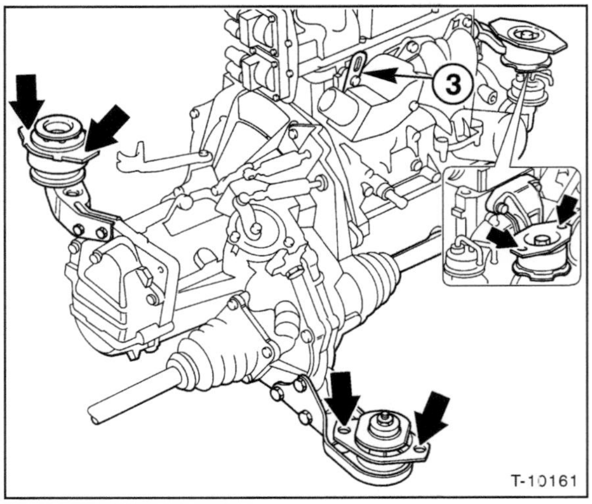

- Motor anseilen. Dazu geeignetes Seil oder eine Kette an die 3 Aufhängeösen des Motors einhängen. 2 Ösen befinden sich rechts und links vorn, eine Öse –3– hinten in der Mitte des Motors. Motor mit Werkstattkran leicht anheben.

- Befestigungsschrauben für die Motor- beziehungsweise Getriebelager abschrauben. Typabhängig können Motor und Getriebe unterschiedlich gelagert sein.
- Falls vorhanden, hintere starre Getriebelagerung abschrauben.
- Prüfen, ob sämtliche Schläuche und Leitungen vom und zum Motor abgebaut sind.
- Motor langsam ablassen und mit einem Rollbrett unter dem Fahrzeug herausfahren.

Achtung: Der Motor muss beim Ablassen sorgfältig geführt werden, um Beschädigungen an Motor und Aufbau zu vermeiden.

Gegebenenfalls Motor vom Getriebe trennen

- Getriebestützbügel zwischen Motor- und Getriebegehäuse abschrauben.
- Kupplungsabdeckblech unten am Getriebeflansch abschrauben.
- Anlasser abschrauben.
- Verbindungsschrauben Motor/Getriebe herausdrehen.
- Getriebe mit Montierhebel vom Motor abdrücken.

Einbau

- Motor-/Getriebelager, Kühlmittel-, Öl- und Kraftstoffschläuche auf Porosität oder Risse prüfen, falls erforderlich erneuern.
- Kupplungsausrücklager auf leichten Lauf und Ausrückhebel auf Leichtgängigkeit prüfen, gegebenenfalls ersetzen, siehe Seite 212.
- Kupplungs-Mitnehmerscheibe auf ausreichende Belagdicke sowie Belagzustand prüfen. Bei fortgeschrittenem Verschleiß beziehungsweise hoher Kilometerleistung, Kupplung komplett austauschen.
- Verzahnung der Kupplungswelle reinigen und mit MoS_2-Schmierfett leicht schmieren.
- Verbindungsschrauben Motor/Getriebe einsetzen und abwechselnd festschrauben. Anzugsmomente: CINQUECENTO = **35 Nm**, SEICENTO = **30 Nm**.
- Anlasser einbauen, siehe Seite 57.
- Kupplungsschutzblech und Getriebestützbügel anschrauben.
- Motor und Getriebe mit Werkstattkran vorsichtig von unten in den Motorraum einführen. Beim Hochheben darauf achten, dass der Motor sorgfältig geführt wird, um Beschädigungen am Aufbau zu vermeiden.

- Motor-/Getriebelager an der Karosserie anschrauben –1–. Anzugsmomente: CINQUECENTO **25 Nm**, SEICENTO **30 Nm**.
- Falls erforderlich, Motorlagerung einrichten. Dazu Schrauben und Muttern der Motorlager lösen. Motor durch Schüttelbewegungen spannungsfrei einrichten. Anschließend Schrauben und Muttern festziehen. Anzugsmoment: M8 = **25 Nm**, M10 = **50 Nm**.
- Seil für Motoraufhängung abnehmen.
- Gelenkwellen einbauen, siehe Seite 89.
- Federbein mit neuen selbstsichernden Muttern am Achsschenkel anschrauben. Anzugsmomente: CINQUECENTO = **110 Nm**, SEICENTO = **90 Nm**. Bremsschlauch in den Halterungen am Federbein verlegen.
- Vorderes Abgasrohr einbauen, siehe Seite 207.
- Innenkotflügel in den vorderen rechten Radkasten einsetzen und anschrauben.
- Keilriemenabdeckung anschrauben.
- Aktivkohlebehälter einbauen, siehe Seite 189.
- Vorderräder so ansetzen, dass die beim Ausbau angebrachten Markierungen übereinstimmen. Vorher Zentriersitz der Felge an der Radnabe mit Wälzlagerfett leicht einfetten. Räder anschrauben. Fahrzeug ablassen und Radschrauben über Kreuz mit **90 Nm** festziehen.
- Elektrische Steckverbindung für OT- und Drehzahlfühler zusammenstecken.
- Massekabel an Motorblock und Kühlmittelstutzen anschrauben.

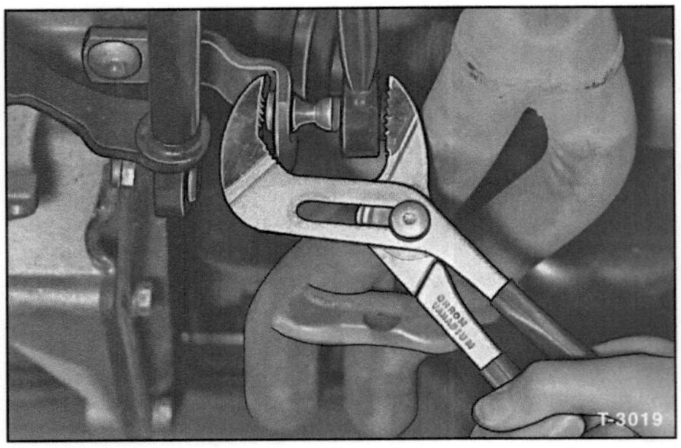

- Schaltzüge am Getriebe einclipsen, Sicherungsklammern am Widerlager aufstecken.
- Tachowelle verbinden beziehungsweise anschrauben.
- Gaszug einhängen, siehe Seite 187.
- Kupplungszug einhängen, einstellen siehe Seite 211.
- Sämtliche elektrischen Leitungen, Kühlmittel- und Kraftstoffschläuche entsprechend den angebrachten Markierungen anschließen. Schläuche mit Schellen sichern. Elektrische Leitungen mit Kabelbindern fixieren.
- Unterdruckschläuche für Bremskraftverstärker, Benzindämpfe und Druckfühler nach Markierung aufstecken.
- Stecker für Lambdasonde zusammenfügen.
- Ölstand in Motor und Getriebe prüfen, gegebenenfalls auffüllen.
- Kühlmittel auf Gefrierschutz prüfen und auffüllen, siehe Seite 19 und 20.
- Luftfilter einbauen, Schläuche aufschieben.
- Batterie-Massekabel (–) anklemmen. Gegebenenfalls Diebstahlcode für das Autoradio eingeben und Zeituhr einstellen.
- Motorhaube einbauen, siehe Seite 227.
- Motor auf Betriebstemperatur bringen, Kühlmittelstand überprüfen und sämtliche Schlauchanschlüsse auf Dichtheit prüfen.
- Spur einstellen lassen, siehe Seite 114.

OHV-Motor

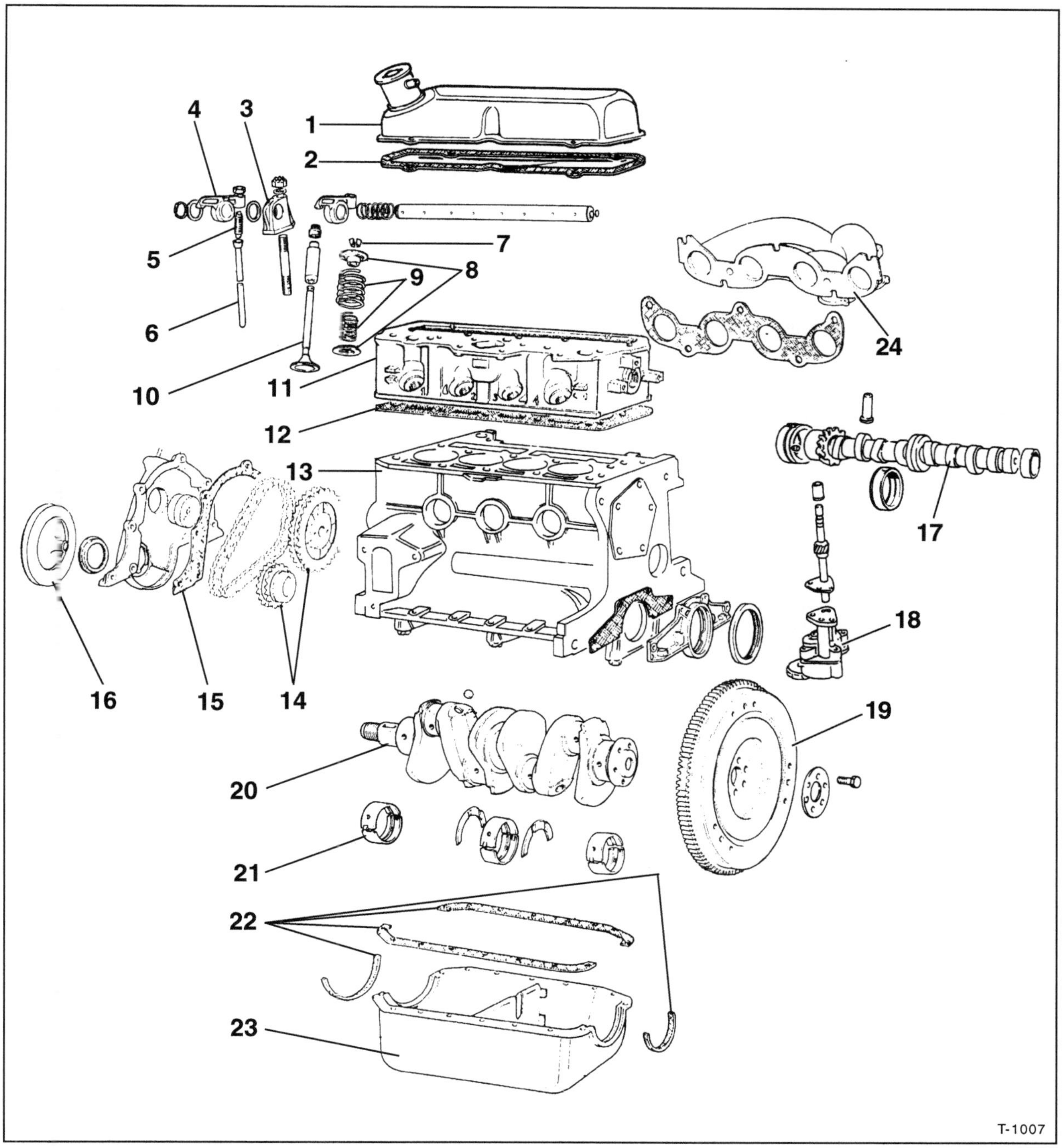

1 – Zylinderkopfdeckel
2 – Dichtung
3 – Kipphebelwellen-Lagerbock
4 – Kipphebel
5 – Ventileinstellschraube
6 – Ventilstößel
7 – Ventilkeile
8 – Ventilteller
9 – Ventilfedern
10 – Ventil
11 – Zylinderkopf
12 – Zylinderkopfdichtung
13 – Motorblock
14 – Steuerräder
15 – Dichtung
16 – Keilriemenscheibe
17 – Nockenwelle
18 – Ölpumpe
19 – Schwungrad
20 – Kurbelwelle
21 – Lagerschalen
22 – Ölwannendichtung (1- oder mehrteilig)
23 – Ölwanne
24 – Abgaskrümmer

Zylinderkopf aus- und einbauen

0,9-l-OHV-Motor

Zylinderkopf nur bei abgekühltem Motor ausbauen. Abgaskrümmer und Anschlussstutzen für Einspritzeinheit bleiben angebaut.

Eine defekte Zylinderkopfdichtung ist an folgenden Merkmalen erkennbar:

- Leistungsverlust.
- Kühlflüssigkeitsverlust. Weiße Abgaswolken bei warmem Motor.
- Ölverlust.
- Kühlflüssigkeit im Motoröl, Ölstand nimmt nicht ab, sondern zu. Graue Farbe des Motoröls, Schaumbläschen am Peilstab, Öl dünnflüssig.
- Motoröl in der Kühlflüssigkeit.
- Kühlflüssigkeit sprudelt stark.
- Keine Kompression auf 2 benachbarten Zylindern.

Achtung: Zylinderkopfdichtung erst unmittelbar vor dem Einbau aus der verschlossenen Nylon-Verpackung nehmen. Die Dichtung darf nicht mit Öl oder Fett in Berührung kommen.

Hinweis: Schläuche sind in der Regel mit Klemmschellen gesichert. In diesem Fall Klemmschellen mit Seitenschneider durchschneiden und beim Einbau durch Schraubschellen ersetzen. Dabei darauf achten, dass Schrauben und Schellen nicht mit umliegenden Bauteilen in Berührung kommen. Vorwiegend Kühlmittelschläuche sind mit Federbandschellen befestigt. Die beiden Enden der Schelle mit Spezialzange, zum Beispiel HAZET 798-5, zusammendrücken und Schelle zurückschieben. Es geht auch mit einer Wasserpumpenzange, aber die Handhabung ist etwas schwieriger.

Ausbau

- Batterie-Massekabel (–) bei ausgeschalteter Zündung abklemmen. **Achtung:** Falls das eingebaute Radio einen Diebstahlcode besitzt, wird dieser beim Abklemmen der Batterie gelöscht. Radios mit Diebstahlcode sind erkennbar an dem Wort »CODE« oder einem roten Schlüsselzeichen auf der Frontblende. Das Radio kann anschließend nur durch die Eingabe des richtigen Codes oder durch den Radio-Hersteller wieder in Betrieb genommen werden. Vor dem Abklemmen daher unbedingt den Diebstahlcode ermitteln.

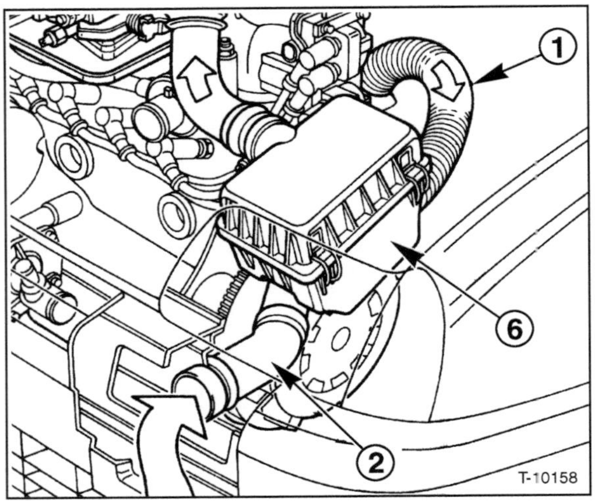

- Warmluftschlauch –1– am Warmluftblech des Abgaskrümmers abziehen.

- Kurbelgehäuse-Entlüftungsschläuche –3– am Zylinderkopfdeckel und –4– am Drosselklappenteil abziehen.
- Vorvolumenkammer –5– abschrauben.
- Luftfilter –6– abclipsen und mit sämtlichen angeschlossenen Schläuchen herausnehmen.
- Kühlmittel ablassen und auffangen. Dazu Verschlussdeckel am Ausgleichbehälter abschrauben. Geeignetes Gefäß unter Kühler stellen und unteren Kühlmittelschlauch abziehen.

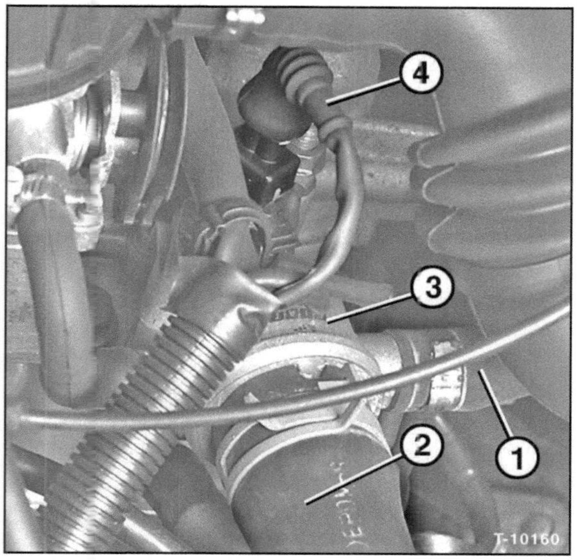

- Heizungsschlauch –1– und Kühlmittelschlauch –2– vom Kühlmittelstutzen –3– abziehen.
- Elektrische Leitung –4– vom Temperaturgeber abziehen.

Sicherheitshinweis
Das Kraftstoffsystem steht unter Druck! Vor dem Lösen von Schlauchverbindungen Tankverschlussdeckel öffnen sowie dicken Putzlappen um die Verbindungsstelle legen und auslaufenden Kraftstoff auffangen.

- Kraftstoffzulaufleitung –5– und Rücklaufleitung –6– mit Tesaband markieren und abziehen. Auslaufenden Kraftstoff mit dickem Lappen auffangen. Kraftstoffleitungen mit einem Stopfen verschließen. Dazu kann beispielsweise eine Schraube mit geeignetem Durchmesser in das jeweilige Schlauchende gesteckt werden. 4 – Temperaturgeber.
- Unterdruckschläuche für Benzindämpfe –7– und Druckfühler –8– nach Markierung am Drosselklappenteil abziehen. Vor dem Abziehen Schläuche und Anschlüsse mit Tesaband markieren, damit keine Verwechslungen auftreten.
- Stecker –9– vom Temperaturgeber am Zylinderkopf abziehen.
- Elektrische Leitungen von Drosselklappen-Potenziometer –10–, Leerlaufsteller –11– und Einspritzventil abziehen.
- Unterdruckschlauch für Bremskraftverstärker abziehen.
- Gaszug am Drosselklappenteil aushängen und zur Seite legen, siehe Seite 187.
- Vorderes Abgasrohr abschrauben.
- Einspritzeinheit abschrauben und abnehmen, siehe Seite 192.
- Alle Zündkerzenstecker abziehen. Gegebenenfalls Zündkabel mit Klebeband markieren, damit sie beim Einbau in der richtigen Reihenfolge aufgesteckt werden können. Beim Abziehen nur am Stecker, nicht am Kabel ziehen.
- Zylinderkopfdeckel abschrauben und mit Zündspulen abnehmen.
- Elektrische Leitung zum Kühlmittel-Temperaturfühler am Zylinderkopf abziehen.

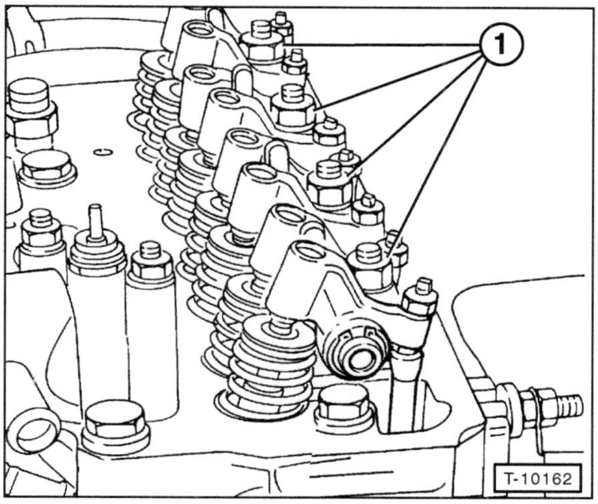

- Kipphebelachse samt Lagerböcken abschrauben –1– und zusammen mit Kipphebeln und Hydrostößeln abnehmen.
- Stößelstangen herausziehen. **Achtung:** Die Stößelstangen müssen beim Einbau wieder an derselben Stelle eingebaut werden. Aus diesem Grund Stößelstangen entweder mit Tesaband kennzeichnen oder so ablegen, dass sie beim Einbau nicht verwechselt werden.

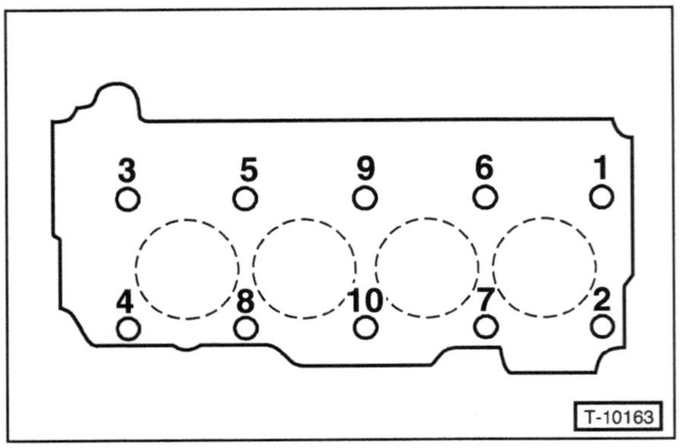

- Alle Zylinderkopfschrauben in der Reihenfolge der Nummerierung, von 1 nach 10, ca. ½ Umdrehung lösen. Anschließend Zylinderkopfschrauben herausdrehen.
- Zylinderkopf abnehmen.

Achtung: Zylinderkopf nach dem Ausbau nicht auf der Dichtfläche absetzen, dabei können Dichtflächen und Ventile beschädigt werden. Deshalb Zylinderkopf auf 2 Holzleisten ablegen.

Einbau

Vor dem Einbau Zylinderkopf und Zylinderblock mit geeignetem Schaber von Dichtungsresten freimachen. **Darauf achten, dass die Oberflächen von Zylinderkopf und Zylinderblock nicht beschädigt werden und dass keine Dichtungsreste in die Bohrungen fallen.**

- Bohrungen mit Lappen verschließen.

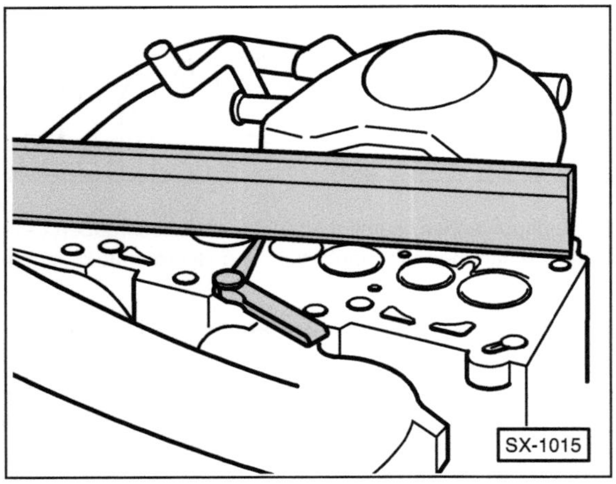

- Zylinderkopf und Motorblock mit Stahllineal in Längs- und Querrichtung auf Planheit prüfen. Die Unebenheiten dürfen 0,1mm nicht überschreiten, gegebenenfalls Dichtflächen nacharbeiten lassen (Werkstattarbeit).
- Zylinderkopf auf Risse prüfen, gegebenenfalls ersetzen. Zylinderlauffläche auf Riefen überprüfen, gegebenenfalls in der Werkstatt honen lassen und Kolben mit Übermaß einbauen lassen.
- Bohrungen der Zylinderkopfschrauben im Motorblock sorgfältig von Öl und anderen Rückständen reinigen. Gegebenenfalls Öl mit einer Spritze absaugen oder einen Lappen um einen Schraubendreher wickeln und Öl damit aufsaugen. Bohrungen möglichst nicht mit Pressluft ausblasen.
- Es empfiehlt sich immer **neue** Zylinderkopfschrauben zu verwenden. Falls das nicht möglich ist, können die Zylinderkopfschrauben bis zu 3-mal wieder verwendet werden.
- Zylinderkopfdichtung grundsätzlich ersetzen. Die neue Zylinderkopfdichtung muss **die gleiche Stärke** haben, wie die bisherige Dichtung.

Achtung: Zylinderkopfdichtung erst unmittelbar vor dem Einbau aus der verschlossenen Nylon-Verpackung nehmen. Die Dichtung darf nicht mit Öl oder Fett in Berührung kommen.

- Neue Dichtung ohne Dichtmittel so auflegen, dass keine Bohrungen verdeckt werden. Die Beschriftung »ALTO« auf der Zylinderkopfdichtung muss nach oben zeigen.
- Zylinderkopf aufsetzen, alle Zylinderkopfschrauben einsetzen und ganz leicht anziehen. Zylinderkopfschrauben müssen sauber sein, vor dem Einsetzen leicht mit Motoröl einölen und mindestens 30 Minuten abtropfen lassen.

Achtung: Das Anziehen der Zylinderkopfschrauben ist mit größter Sorgfalt durchzuführen. Vor dem Anziehen der Schrauben sollte der Drehmomentschlüssel auf seine Genauigkeit überprüft werden. Außerdem ist die Anzugsreihenfolge genau einzuhalten.

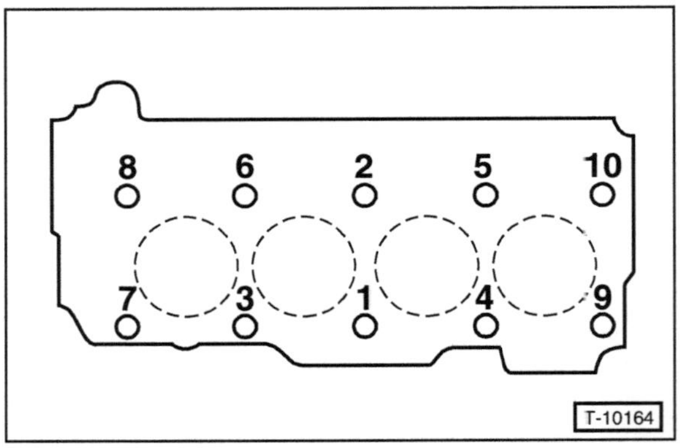

- Zylinderkopfschrauben in der Reihenfolge von 1 – 10 in 4 Stufen anziehen.

CINQUECENTO

1. Stufe: mit Drehmomentschlüssel und **20 Nm** anziehen

2. Stufe: mit Drehmomentschlüssel und **40 Nm** anziehen

SEICENTO

1. Stufe: mit Drehmomentschlüssel und **20 Nm** anziehen

2. Stufe: mit Drehmomentschlüssel und **30 Nm** anziehen

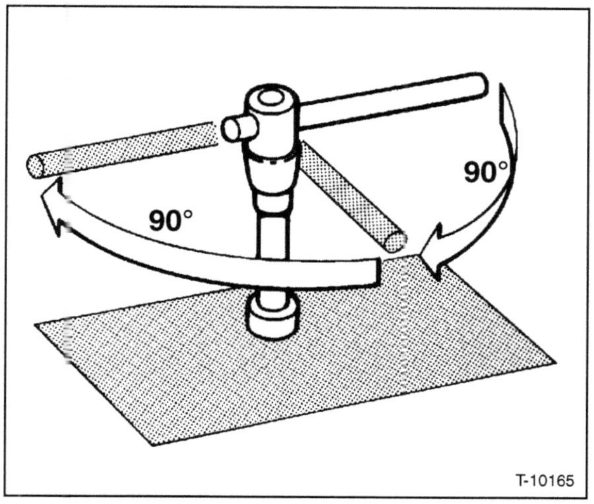

Alle

3. Stufe: mit starrem Schlüsselarm Schrauben um **90°** (1/4 Umdrehung) weiterdrehen

4. Stufe: mit starrem Schlüsselarm Schrauben um **90°** (1/4 Umdrehung) weiterdrehen

Achtung: Ein Nachziehen der Zylinderkopfschrauben nach 1000 - 1500 km ist **nicht** zulässig.

- Stößelstangen nach Markierung an gleicher Stelle wie vor dem Ausbau wieder einsetzen. Die Stößelstangen dürfen keine Verschleißspuren aufweisen, gegebenenfalls ersetzen.
- Kipphebelachse zusammen mit Kipphebeln und Hydrostößeln ansetzen.

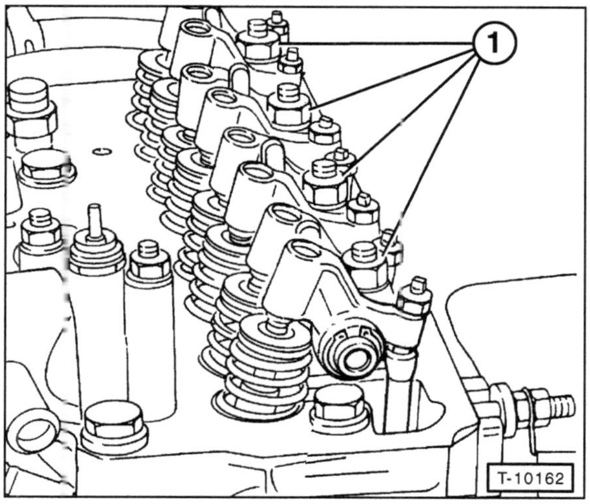

- Kipphebelböcke mit neuen selbstsichernden Muttern –1– und **40 Nm** anschrauben.
- Hydrostößel einstellen, siehe Seite 145.
- Zylinderkopfdeckel mit Zündspulen und **neuer** Dichtung ansetzen, 4 Schrauben ansetzen und nicht zu fest (10 Nm) anschrauben, sonst wird die Dichtung zerquetscht.
- Elektrische Leitung für Kühlmittel-Temperaturfühler am Zylinderkopf aufstecken.
- Alle Zündkerzenstecker anhand der angebrachten Markierungen aufstecken.
- Vorderes Abgasrohr am Abgaskrümmer anschrauben.
- Einspritzeinheit anschrauben, siehe Seite 192.
- Falls ausgebaut, Kühlmittel-Thermostatgehäuse mit neuer Papierdichtung und 10 Nm auf den Zylinderkopf aufschrauben.
- Sämtliche Kühlmittelschläuche aufschieben und mit Schellen sichern.
- Kühlmittel auf Gefrierschutz prüfen und auffüllen, siehe Seite 19 und 20.
- Gaszug einhängen, siehe Seite 187.
- Unterdruckschläuche entsprechend den angebrachten Markierungen aufschieben.
- Leitungen für Kraftstoffzulauf und Kraftstoffrücklauf an der Einspritzeinheit aufschieben und mit Schellen sichern.
- Luftfilterdeckel mit sämtlichen angeschlossenen Schläuchen ansetzen und einclipsen. Schläuche aufschieben, gegebenenfalls mit Schellen sichern. Vorvolumenkammer anschrauben.
- Ölstand im Motor prüfen, gegebenenfalls Öl nachfüllen. Wurde der Zylinderkopf aufgrund einer defekten Zylinderkopfdichtung abgebaut, empfiehlt sich ein vorgezogener Ölwechsel einschließlich eines Ölfilterwechsels, da sich im Motoröl Kühlflüssigkeit befinden kann.
- Batterie-Massekabel (–) anklemmen. Gegebenenfalls Diebstahlcode für das Autoradio eingeben und Zeituhr einstellen.

Ventil aus- und einbauen

0,9-l-OHV-Motor

Ausbau

Achtung: Werden Teile der Ventilsteuerung wieder verwendet, müssen diese an gleicher Stelle wieder eingebaut werden. Damit keine Verwechselungen vorkommen, empfiehlt es sich, ein entsprechendes Ablagebrett anzufertigen.

- Zylinderkopf ausbauen und auf 2 Holzleisten ablegen.

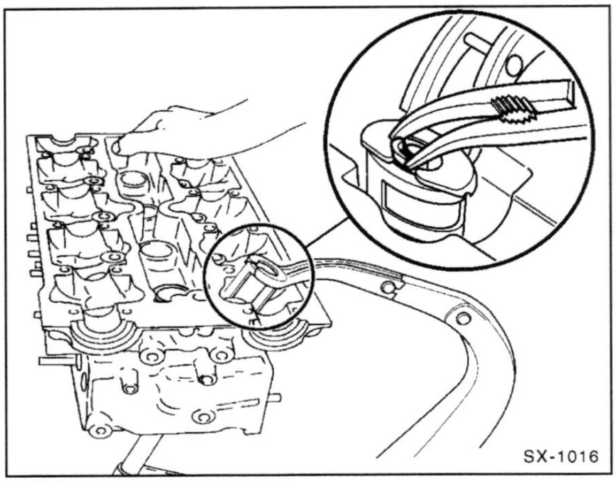

- Ventilfeder mit handelsüblichem Ventilfederspanner spannen und Ventilkegelstücke abnehmen.
- Feder entspannen und Federteller oben, Ventilfeder sowie Federteller unten abnehmen.

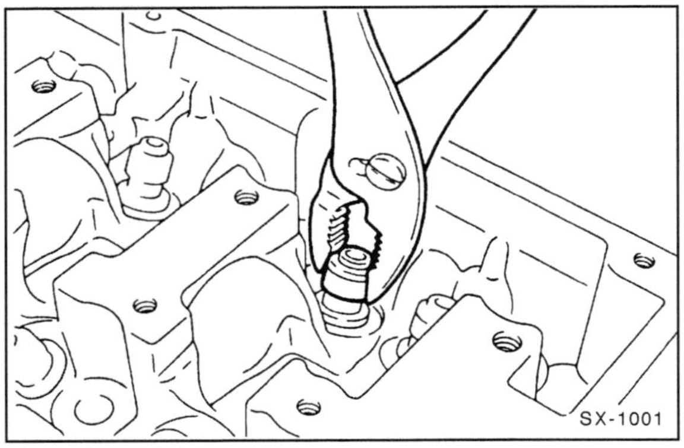

- Ventilschaftabdichtung mit Zange abziehen.
- Ventil zur Brennraumseite aus dem Zylinderkopf herausziehen.
- Nächstes Ventil ausbauen.

Einbau

Vor Einbau der Ventile Ventilführungen prüfen, eventuell Ventilsitze nacharbeiten, siehe Seite 158/159.

Achtung: Wird ein neues Ventil eingebaut, auf jeden Fall vorher Ventilsitz nacharbeiten.

- Ventilschaft an der Anlagefläche der Ventilkegelstücke entgraten.
- Ventilschaft und Ventilführung mit Motoröl leicht einölen und Ventil einsetzen.

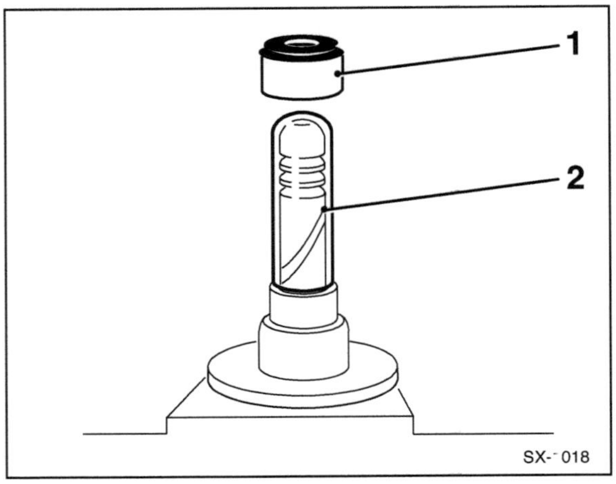

- Ventilschaft-Abdichtung –1– leicht einölen und mit geeignetem Treibdorn bis zum Anschlag auf die Ventilführung aufdrücken. **Achtung:** Um Beschädigungen der Ventilschaft-Abdichtung zu vermeiden, vor dem Einbau Montagehülse –2– über den Ventilschaft schieben. Steht die Montagehülse nicht zur Verfügung, Ventilschaft an den Anlageflächen der Ventilkegelstücke mit glattem Klebeband abkleben. Nach dem Einbau Klebeband entfernen.
- Ventilteller unten, Ventilfeder und Ventilteller oben einsetzen.

Achtung: Die Werkstätten prüfen die Federn vor dem Einbau auf Erlahmung. Bei Motoren mit hoher Laufleistung empfiehlt es sich, die Prüfung ebenfalls durchzuführen. Ventilfeder mit 25 - 28 kg Gewicht belasten und Länge im belasteten Zustand messen. Sie muss mindestens 36,5 mm betragen. Ventilfeder mit 53 - 59 kg belasten, Länge muss mindestens 28,1 mm betragen, gegebenenfalls Ventilfeder ersetzen.

- Ventilfeder mit Spanner zusammendrücken und Ventilkegelstücke einsetzen. Ventilfeder langsam entspannen und dabei auf richtigen Sitz der Kegelstücke achten.
- Anschließend nächstes Ventil einbauen. Dabei Ein- und Auslassventil nicht verwechseln.
- Zylinderkopf einbauen.

Ventilschaftabdichtungen ersetzen

0,9-l-OHV-Motor

Hoher Ölverbrauch kann auf verschlissene Ventilschaftabdichtungen zurückzuführen sein. Die Ventilschaftabdichtungen können auch bei **eingebautem** Zylinderkopf ersetzt werden. Allerdings wird dann Pressluft und ein Druckluftadapter benötigt.

Ausbau

- Batterie-Massekabel (–) bei ausgeschalteter Zündung abklemmen. **Achtung:** Falls das eingebaute Radio einen Diebstahlcode besitzt, wird dieser beim Abklemmen der Batterie gelöscht. Radios mit Diebstahlcode sind erkennbar an dem Wort »CODE« oder einem roten Schlüsselzeichen auf der Frontblende. Das Radio kann anschließend nur durch die Eingabe des richtigen Codes oder durch den Radio-Hersteller wieder in Betrieb genommen werden. Vor dem Abklemmen daher unbedingt den Diebstahlcode ermitteln.
- Zündkerzenstecker abziehen, Zündkerzen herausschrauben.
- Vorvolumenkammer abschrauben.
- Einspritzeinheit am Flansch abschrauben und mit angeschlossenen Leitungen seitlich ablegen.
- Zylinderkopfdeckel abschrauben.
- Kipphebelachse abschrauben, siehe Seite 138.

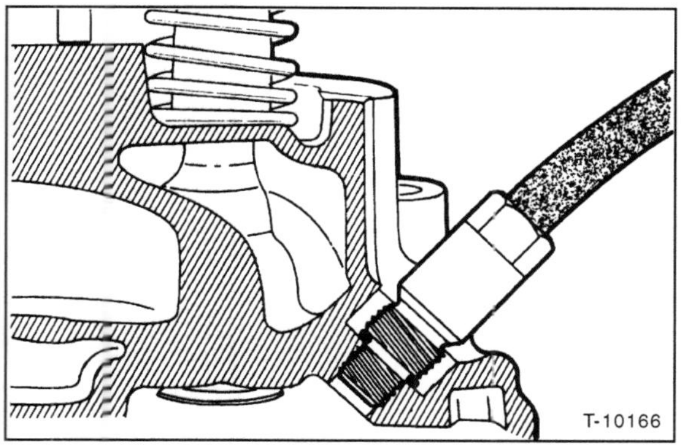

- Handelsüblichen Druckluftadapter, zum Beispiel HAZET 3428, in das Zündkerzengewinde einschrauben.

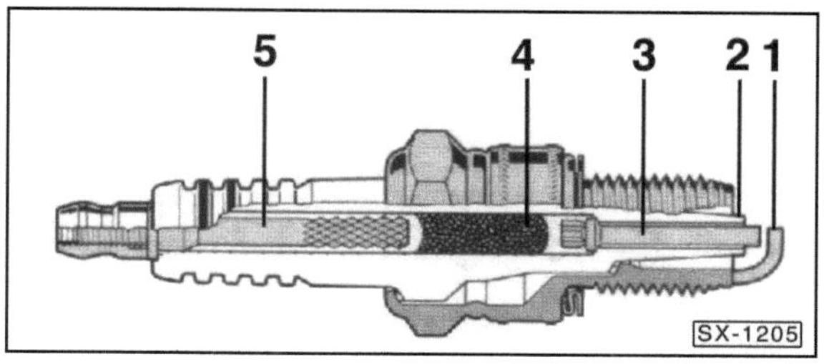

- Falls das Spezialwerkzeug nicht zur Verfügung steht, Druckluft-Adapter aus einer alten Zündkerze anfertigen. Dazu Masseelektrode –1– abkneifen. Keramik-Isolator –2– mit Schraubendreher abbrechen und Mittelelektrode –3– durch Hin- und Herbiegen abbrechen und herausnehmen. Rest der Mittelelektrode zusammen mit Glasschmelze –4– und Anschlussbolzen –5– mit geeignetem Durchschlag (ca. 3 mm) heraustreiben. Dabei Zündkerze in Schraubstock einspannen oder in entsprechendem Schraubendrehereinsatz (Stecknuss) einsetzen.

Achtung: Das Gewinde der Zündkerze darf nicht beschädigt werden, um Folgeschäden an der Gewindebohrung im Zylinderkopf zu vermeiden.

- Vorbereitete Zündkerze in die betreffende Zündkerzenbohrung einschrauben und mit Druckluftschlauch verbinden.
- Betreffenden Zylinder in UT (Unteren Totpunkt) stellen.
- Über Druckluftschlauch ständig mindestens 6 bar Überdruck in den Zylinder blasen.
- Niederdrücker für Ventilfedern an den Stehbolzen für die Kipphebellagerung anschrauben und Ventilfedern herunterdrücken.
- Ventilkegelstücke herausnehmen, Ventilfedern entspannen.

Achtung: Festsitzende Ventilkegelstücke mit **leichten** Hammerschlägen auf den Montagehebel lösen.

- Ventilfederteller und Ventilfedern herausnehmen.

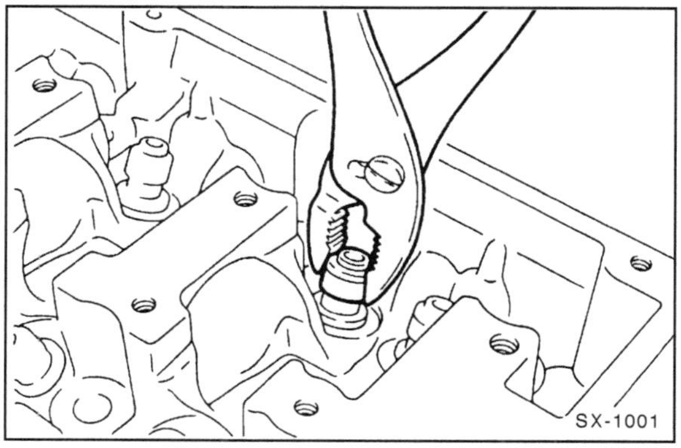

- Ventilschaftabdichtung mit Zange abziehen.

Einbau

- Ventilschaft und Ventilführung mit Motoröl leicht einölen und Ventil einsetzen.

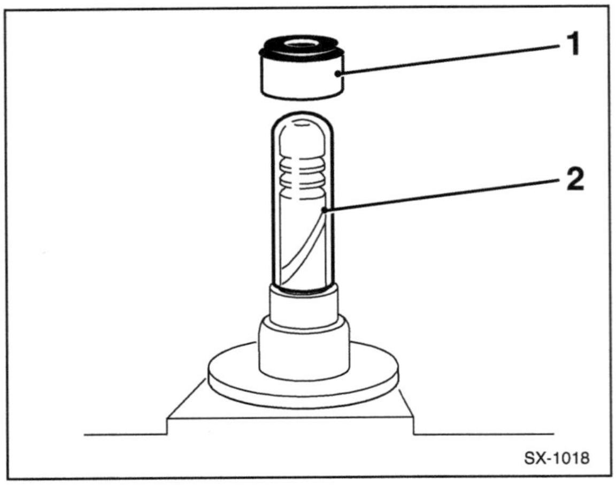

- Ventilschaft-Abdichtung –1– leicht einölen und mit geeignetem Treibdorn bis zum Anschlag auf die Ventilführung aufdrücken.

Achtung: Um Beschädigungen der Ventilschaft-Abdichtung zu vermeiden, vor dem Einbau Montagehülse –2– über den Ventilschaft schieben. Steht die Montagehülse nicht zur Verfügung, Ventilschaft an den Anlageflächen der Ventilkegelstücke mit glattem Klebeband abkleben. Nach dem Einbau Klebeband entfernen.

- Ventilteller unten, Ventilfeder und Ventilteller oben einsetzen.

Achtung: Die Werkstätten prüfen die Federn vor dem Einbau auf Erlahmung. Bei Motoren mit hoher Laufleistung empfiehlt es sich, die Prüfung ebenfalls durchzuführen. Ventilfeder mit 25 - 28 kg Gewicht belasten und Länge im belasteten Zustand messen. Sie muss mindestens 36,5 mm betragen. Ventilfeder mit 53 - 59 kg belasten, Länge muss mindestens 28,1 mm betragen, gegebenenfalls Ventilfeder ersetzen.

- Ventilfeder mit Spanner zusammendrücken und Ventilkegelstücke einsetzen. Ventilfeder langsam entspannen und dabei auf richtigen Sitz der Kegelstücke achten.
- Auf die gleiche Weise sämtliche Ventilschaftabdichtungen erneuern.
- Kipphebelachse zusammen mit Kipphebeln und Hydrostößeln ansetzen.
- Kipphebelböcke mit neuen selbstsichernden Muttern und **40 Nm** anschrauben.
- Hydrostößel einstellen, siehe Seite 145.
- Zylinderkopfdeckel mit Zündspulen und **neuer** Dichtung ansetzen, 4 Schrauben ansetzen und nicht zu fest (10 Nm) anschrauben, sonst wird die Dichtung zerquetscht.
- Einspritzeinheit am Flansch anschrauben.
- Zündkerzen einschrauben, mit **30 Nm** festziehen.
- Zündkerzenstecker aufstecken.
- Ölstand prüfen, gegebenenfalls Öl nachfüllen.
- Batterie-Massekabel (–) anklemmen. Gegebenenfalls Diebstahlcode für das Autoradio eingeben und Zeituhr einstellen.

Steuerkette aus- und einbauen

0,9-l-OHV-Motor

Das Steuergehäuse kann bei eingebautem Motor ausgebaut werden.

Ausbau

- Ölwanne ausbauen, siehe Seite 168.
- Keilriemen für Generator ausbauen, siehe Seite 163.
- Keilriemenscheibe an der Kurbelwelle abschrauben, Sechskantschlüssel SW 36 erforderlich. Keilriemenscheibe abnehmen und Keil aus Kurbelwelle herausnehmen, damit er nicht verloren geht. **Achtung:** Da die Schraube der Riemenscheibe schwer zu lösen ist, beim Lösen 4. Gang einlegen und von Helfer Fußbremse treten lassen, dadurch Motor blockieren.
- OT-Fühler abschrauben.
- Zylinderkopfdeckel abschrauben, siehe Seite 133.
- Dichtungsreste auf den Dichtflächen entfernen.

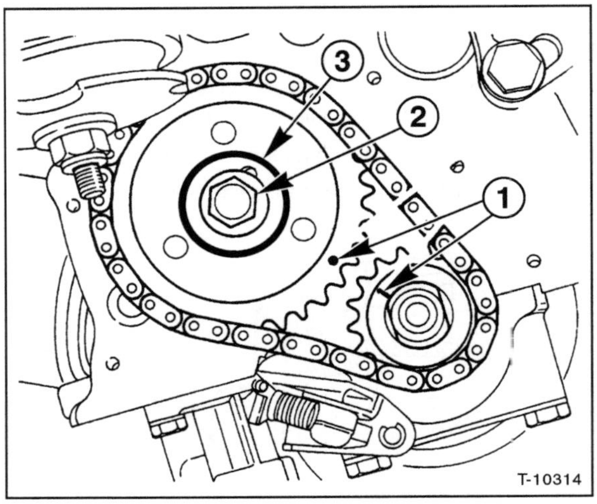

- Motor verdrehen, bis die Markierungen –1– auf dem Nockenwellenrad und auf dem Kurbelwellenrad einander gegenüber stehen. Zum Verdrehen des Motors 4. Gang einlegen und Fahrzeug verschieben, oder bei aufgebocktem Fahrzeug und eingelegtem Gang Vorderrad verdrehen.
- Schraube –2– herausdrehen, Exzenter –3–, falls vorhanden, abnehmen.
- Kettenspanner ausbauen, dazu Sicherungsscheibe am Haltezapfen mit kleinem Schraubendreher aus der Nut heraushebeln.
- Kette samt Nockenwellenrad und Kurbelwellenrad abziehen.

Einbau

- Vor dem Einbau Teile der Ventilsteuerung reinigen und sichtprüfen. Falls der Exzenter für den Kraftstoffpumpenantrieb Verschleißspuren aufweist, Exzenter ersetzen. Wenn der Gleitschuh des Federspanners zu sehr verschlissen ist beziehungsweise die Feder ermüdet oder gebrochen ist, Federspanner komplett ersetzen. **Achtung:** Die Kettenräder dürfen nur zusammen ersetzt werden.
- Steuerräder in die Kette so einlegen, dass die Markierungen nach außen sichtbar sind.
- Steuerräder mit Kette so ansetzen, dass die Markierungen auf den Steuerrädern von Nockenwelle und Kurbelwelle sich genau gegenüberstehen, das heißt, Markierungen und Mittelpunkte der Wellen müssen auf einer Linie stehen.
- Exzenter, wenn vorhanden, in den Mitnehmerstift an der Nockenwelle einsetzen.
- Befestigungsschraube für Steuerrad an der Nockenwelle mit **50 Nm** festziehen.
- Feder des Kettenspanners mit Daumen und Zeigefinger ganz zusammendrücken und Kettenspanner in dieser Stellung auf den Zapfen aufschieben.
- Sicherungsklammer seitlich an der Nut des Zapfens ansetzen und mit Schraubendreher aufdrücken.
- Neue Dichtung zur besseren Haftung mit etwas Fett ankleben.
- Radialdichtring im Steuergehäusedeckel mit etwas Öl benetzen. Traten hier Ölundichtigkeiten auf, Wellendichtring ersetzen.
- Steuergehäusedeckel anschrauben.
- OT-Fühler anschrauben.
- Keil in Kurbelwelle einsetzen. Kurbelwellenriemenscheibe aufstecken und mit **50 Nm** festziehen. **Achtung:** Zum Gegenhalten Gang einlegen und Bremse treten, damit der Motor nicht mitdreht.
- Ölwanne einbauen, siehe Seite 168.
- Keilriemen auflegen und spannen, siehe Seite 163.

Hydrostößel aus- und einbauen/ einstellen

0,9-l-OHV-Motor

Funktion der Hydrostößel

Die Hydrostößel sind in die Kipphebel eingebaut und gleichen automatisch jegliches Ventilspiel aus. Dadurch muss das Ventilspiel im Rahmen der Wartung **nicht** mehr eingestellt werden. Außerdem ergibt sich eine Geräuschminderung im Ventiltrieb.

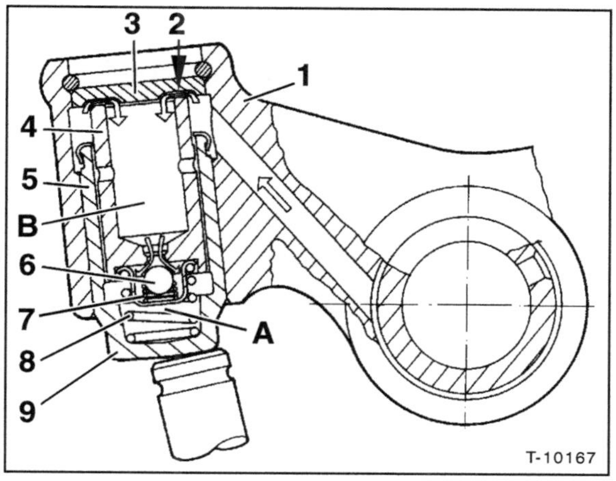

Bei laufendem Motor werden Kipphebel –1– und Hydrostößel –9– entlastet, wenn der Nocken der Nockenwelle nach unten zeigt.

Die Feder –8– drückt dann den Stößelzylinder –5– nach unten, so dass er unten am Ventilschaft anliegt. Dadurch entsteht in der Hochdruckkammer –A– ein leichter Unterdruck, der die Kraft der Ventilfeder –7– überwindet und Ventil –6– öffnet. Motoröl fließt von der Niederdruckkammer –B– über das Ventil in die Hochdruckkammer –A–. Sobald der Hydrostößel durch den Nocken der sich drehenden Nockenwelle über Kipphebel und Stößel wieder belastet wird, schließt sich das Kugelventil –6– und das eingeschlossene Öl wirkt, da es sich nicht verdichten lässt, wie ein fester Körper. Die Länge des Hydrostößels wird also bei jeder Umdrehung der Nockenwelle den entsprechenden Größenänderungen der Bauteile im Ventiltrieb angepasst.

Die Niederdruckkammer –B– im Kolben –4– wird durch die Schlitze –2– in der Fixierscheibe –3– ständig mit Motoröl gefüllt.

Durch kleine Bohrungen im Hydrostößel wird immer etwas Öl aus dem Hydrostößel herausgedrückt. Dadurch kann auch kleineres Ventilspiel ausgeglichen werden.

Achtung: Geräusche im Ventiltrieb beim Anlassen des Motors sind normal. Beim Motorstillstand wird je nach Stellung des Nockens mehr oder weniger Öl aus den einzelnen Ventilstößeln herausgedrückt. Dies führt zu Geräuschen, bis sich die Hydrostößel bei laufendem Motor wieder mit Motoröl gefüllt haben. Unter Umständen kann dieser Vorgang so lange dauern, bis der Motor seine Betriebstemperatur erreicht hat.

Ausbau

- Kipphebelachse mit Kipphebeln ausbauen, siehe Seite 138.

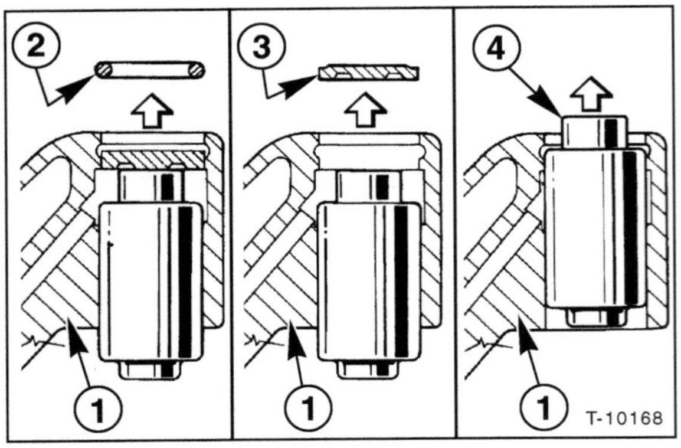

- Sprengring –2– aus dem Kipphebel –1– heraushebeln.
- Fixierscheibe –3– herausnehmen.
- Hydrostößel –4– nach oben herausziehen.

Einbau

Achtung: Als Ersatzteil werden Hydrostößel gefüllt oder ungefüllt geliefert. Gefüllten Stößel nicht auf den Kopf stellen, da sonst das Öl ausfließt.

- Falls erforderlich, obere Kammer –B– des Stößels mit sauberem Motoröl füllen.
- Hydrostößel in den Kipphebel einsetzen. Dabei darauf achten, dass sich der Stößel im Kipphebel leicht verschieben lässt, er muss durch das eigene Gewicht hineinfallen.
- Fixierscheibe einsetzen und mit Sprengring sichern.
- Kipphebelachse mit Kipphebeln einbauen, siehe Seite 138.
- Hydrostößel einstellen.

Einstellen

- Kolben des Zylinders, an dem der Stößel eingestellt werden soll, auf Zünd-OT bringen, siehe Seite 138.
- Kontermutter der Einstellschraube lösen.
- Einstellschraube herausdrehen, bis sich die Stößelstange etwas bewegen lässt. Die Fachwerkstatt verwendet dazu den Schlüssel 1850107000.

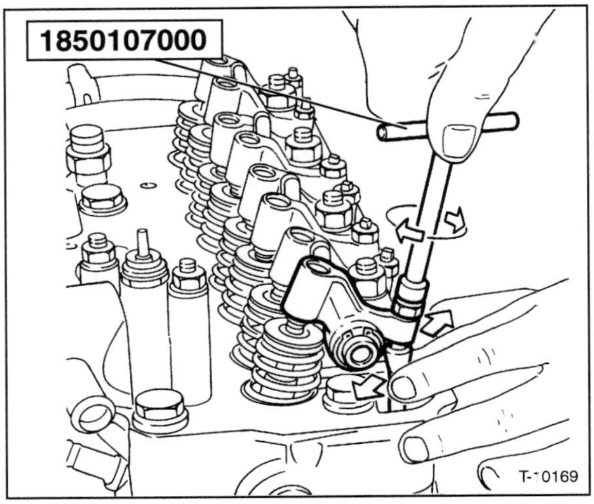

- Einstellschraube hineindrehen, bis sie spielfrei am Ventilschaft anliegt. Gleichzeitig Stößelstange mit den Fingern hin- und herbewegen, um zu prüfen ob kein Spiel mehr vorhanden ist.

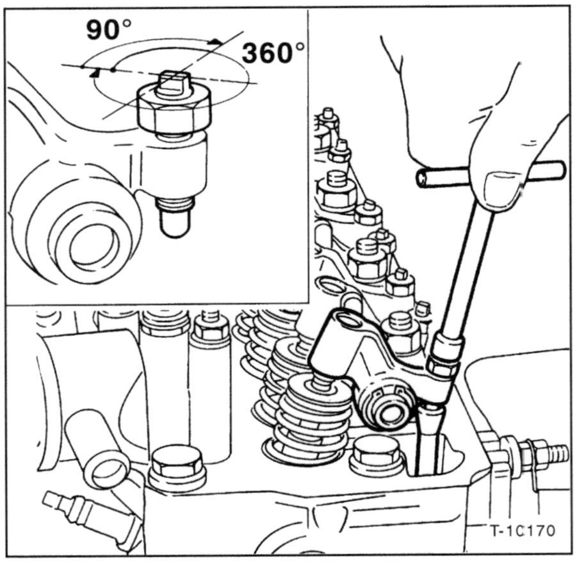

- Einstellschraube vorspannen. Dazu Einstellschraube um 1¼ Umdrehungen (360° + 90°) hineindrehen.
- In dieser Stellung Kontermutter festziehen. Dabei Einstellschraube gegenhalten, damit sie sich nicht mitdreht.
- Auf diese Weise sämtliche Hydrostößel einstellen.

FIRE-Motor

Hier mit MPI-Einspritzanlage (4 Einspritzventile), der CINQUECENTO/SEICENTO besitzt eine Zentraleinspritzung (1 Einspritzventil).

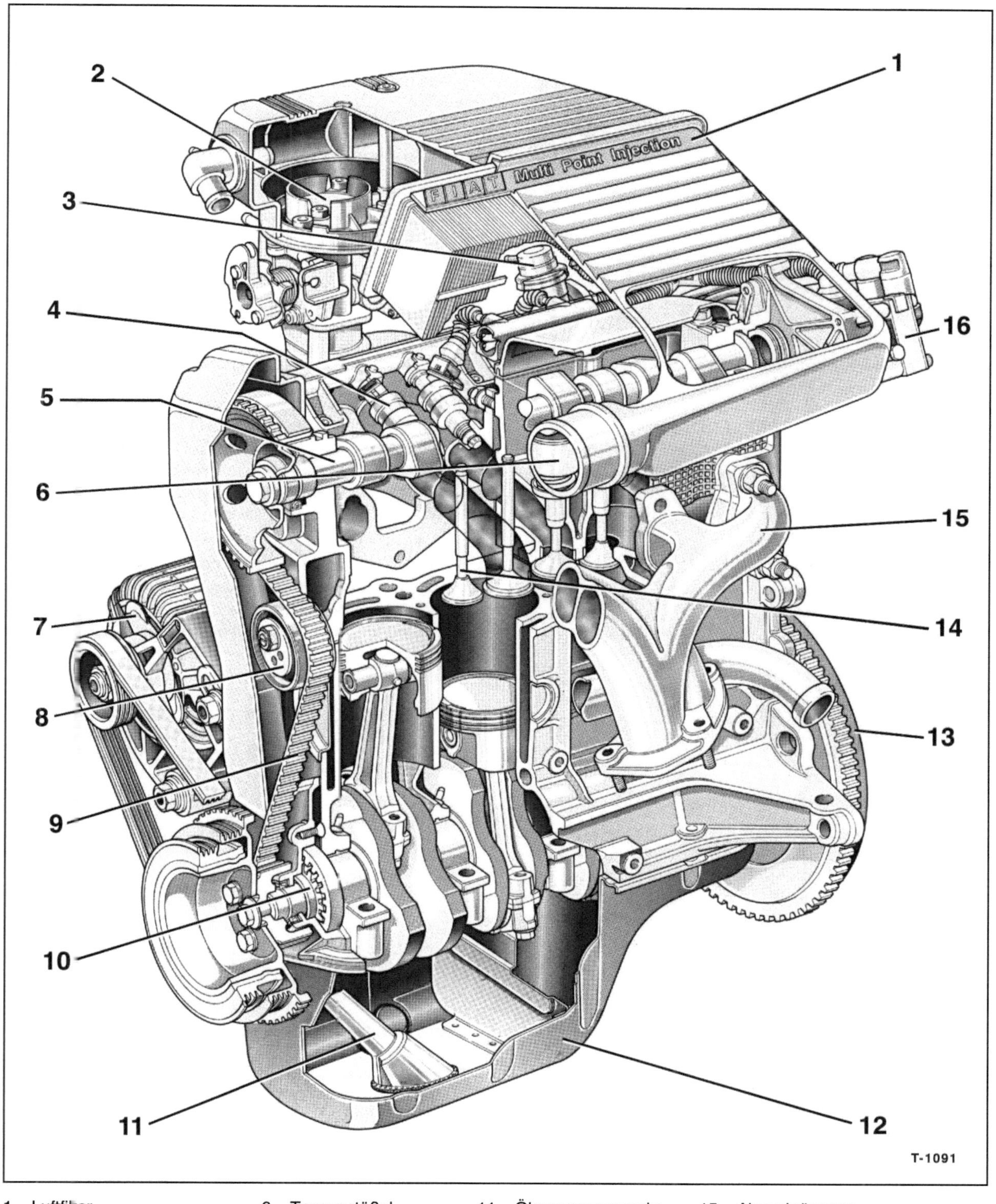

1 – Luftfilter
2 – Drosselklappenteil MPI
3 – Kraftstoffdruckregler MPI
4 – Einspritzventil MPI
5 – Nockenwelle
6 – Tassenstößel
7 – Generator
8 – Zahnriemenspanner
9 – Zahnriemen
10 – Ölpumpe
11 – Ölpumpensaugrohr mit Sieb
12 – Ölwanne
13 – Schwungrad
14 – Ventil
15 – Abgaskrümmer
16 – Zündspulen

Achtung: Die Bauteile –2–, –3– und –4– sind beim CINQUECENTO/SEICENTO nicht vorhanden.

Zahnriemen entspannen/spannen

1,1-l-FIRE-Motor

- Zahnriemenschutz ausbauen. Dazu die oberen sowie 1 untere Schraube –Pfeil– herausdrehen, Abdeckung abnehmen.

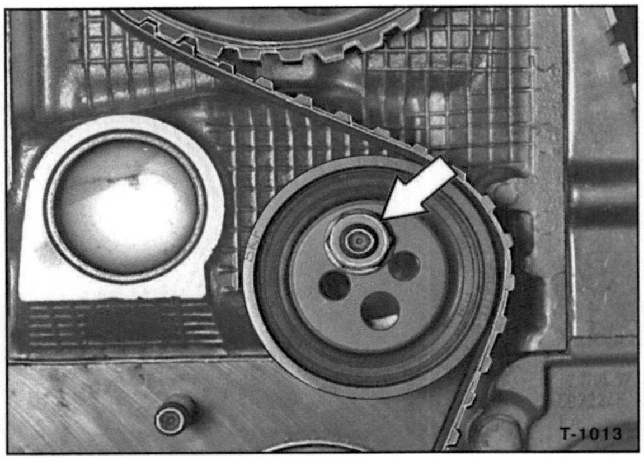

- Zweiloch-Mutterndreher, zum Beispiel HAZET 2587, an der Spannrolle ansetzen.
- Befestigungsmutter –Pfeil– für Spannrolle mit Ringschlüssel lösen. **Achtung:** Soll der Zahnriemen nur nachgespannt werden, darauf achten, dass die Spannrolle nicht zu weit nach rechts gedreht und damit der Zahnriemen so stark entspannt wird, dass der Zahnriemen auf den Zahnriemenrädern versetzt. Sonst muss die Motorsteuerung überprüft werden, siehe Kapitel »Zahnriemen aus- und einbauen«.

Spannen

- Spannrolle nach links drehen und Zahnriemen spannen. **Achtung:** Eine korrekte Spannung und eine sorgfältige Montage haben hohen Einfluss auf die Lebensdauer eines Zahnriemens.

- Die FIAT-Werkstätten verwenden die gezeigten Sonderwerkzeuge Nr. 1860745300 –1– und 1860745100 –2–. Wird dieses Werkzeug verwendet, Gewicht –3– auf Skalenwert 80 mm schieben und Werkzeug in die Spannrolle –4– einsetzen und die Schraube –5– anziehen. Die obere Leiste muss waagerecht stehen.
- 4. Gang einlegen und Fahrzeug verschieben, damit sich der Motor einige Umdrehungen weiterdreht und der Zahnriemen gleichmäßig gespannt wird. **Hinweis:** Falls sich die obere Leiste des Werkzeugs während des Durchdrehens der Kurbelwelle aus der Waagerechten herausbewegt, Schraube –5– lösen, Leiste waagerecht stellen und Vorgang wiederholen.

- Steht das Spannwerkzeug nicht zur Verfügung, kann die Zahnriemenspannung mit den Fingern geprüft und eingestellt werden. Allerdings ist diese Methode ungenauer: Der Zahnriemen muss sich mittig zwischen Nockenwellen- und Kühlmittelpumpenrad mit dem Daumen gerade noch um 0,5 bis 1 cm durchdrücken lassen. Die Spannrolle kann auch mit den Fingern verdreht werden. Nach jeder Veränderung der Spannung Spannrolle festziehen, Motor durch Verschieben des Fahrzeuges im 4. Gang einige Umdrehungen durchdrehen. Prüfung wiederholen.

- Mutter –6– für Spannrolle mit Drehmomentschlüssel auf **30 Nm** festziehen, siehe Abbildung T-10315.
- Zahnriemenschutz einbauen.
- Motor laufen lassen. Ein pfeifender Zahnriemen ist in der Regel zu stark gespannt. Gegebenenfalls Zahnriemenspannung baldmöglichst in der FIAT-Werkstatt kontrollieren und einstellen lassen.

Zahnriemen aus- und einbauen

1,1-l-FIRE-Motor

Der Zahnriemen ist immer zu ersetzen, wenn er im Zuge von Motorreparaturen abgenommen wurde, oder wenn er Beschädigungen beziehungsweise Verschmutzungen aufweist.

Ausbau

- Innenkotflügel vorn rechts ausbauen, siehe Seite 224.
- Keilriemen ausbauen, siehe Seite 163.
- Zahnriemenschutz ausbauen.
- Motor-Kurbelwelle im Uhrzeigersinn drehen, bis sich der Kolben des 1. Zylinders in Zünd-OT-Stellung befindet.

Hinweis: OT steht für Oberer Totpunkt, das heißt der Kolben des 1. Zylinders steht im Zylinder auf seinem höchsten Punkt. Diese Stellung erreicht der Kolben beim Kompressions- und beim Auspufftakt. Die OT-Stellung beim Kompressionstakt nennt man auch Zünd-OT, weil bei normalem Motorlauf kurz vorher die Zündung erfolgt.

- Das Durchdrehen des Motors (Kurbelwelle) kann auf mehrere Arten erfolgen:

  1. Fahrzeug seitlich vorn aufbocken. Fünften Gang einlegen, Handbremse anziehen. Angehobenes Vorderrad durchdrehen. Dadurch dreht sich auch die Motor-Kurbelwelle. Zum Drehen des Rades wird ein Helfer benötigt.

  2. Fahrzeug auf ebene Fläche stellen. Fünften Gang einlegen. Fahrzeug vorschieben oder vorschieben lassen.

  3. Kurbelwelle an der Zentralschraube der Kurbelwellen-Riemenscheibe durchdrehen. Vorher Getriebe in Leerlaufstellung schalten und Handbremse anziehen.

Achtung: Motor nicht an der Befestigungsschraube des Nockenwellenrades durchdrehen. Dadurch wird der Zahnriemen überbeanspruckt.

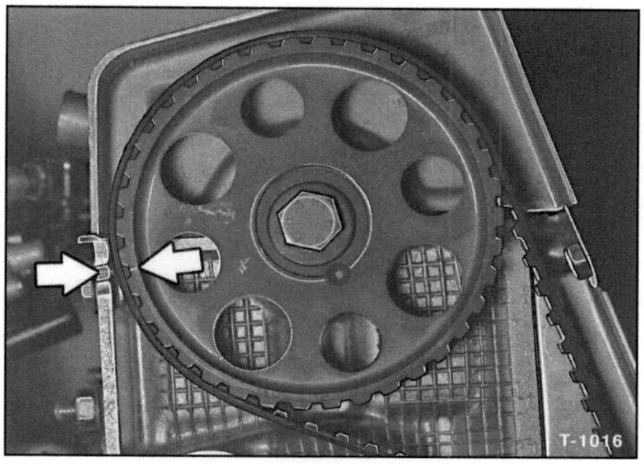

- Motor durchdrehen, bis die Markierung auf dem Nockenwellenrad mit der OT-Markierung an der hinteren Zahnriemen-Abdeckung übereinstimmt. Stellung während des Zahnriemenausbaus nicht verändern.

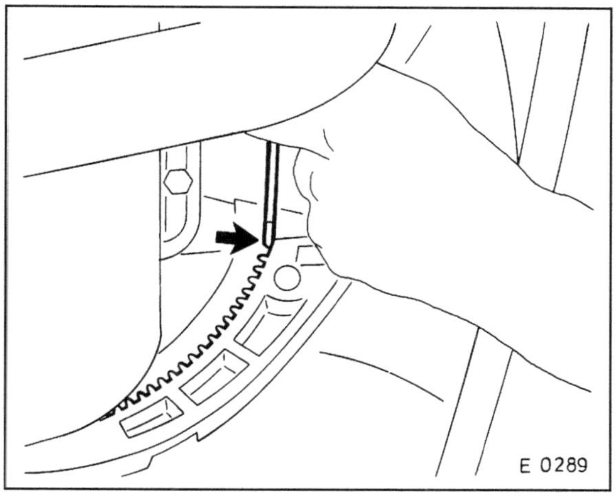

- Abdeckblech für Schwungrad ausbauen und Schwungrad mit geeignetem Werkzeug arretieren, damit die Kurbelwelle beim Abschrauben der Riemenscheibe nicht mitdreht. Eine andere Möglichkeit: 5. Gang einlegen und von Helfer die Fußbremse betätigen lassen. Dadurch wird der Motor blockiert, und die Befestigungsschrauben können gelöst werden.

- An der Kurbelwelle Keilriemenscheibe abschrauben, 3 Schrauben. Darauf achten, dass die OT-Stellung des Motors nicht verändert wird.
- Zahnriemen entspannen und abnehmen.

Einbau

- Prüfen, ob sich die Nockenwelle noch in OT-Stellung für Zylinder 1 befindet. Gegebenenfalls Nockenwelle verdrehen, bis die Markierung auf dem Nockenwellenrad mit der Markierung auf dem Zylinderkopf übereinstimmt, siehe Abbildung T-1016. **Achtung:** Falls die Nockenwelle über einen größeren Winkel verdreht werden muss, darauf achten, dass kein Kolben im Oberen Totpunkt (OT) steht, sonst können Ventile oder Kolben beschädigt werden. Gegebenenfalls Kurbelwelle ca. 90° (¼ Umdrehung) vor oder nach OT stellen. Dabei Riemenscheibe jedoch insgesamt nicht weiter als 90° verdrehen.

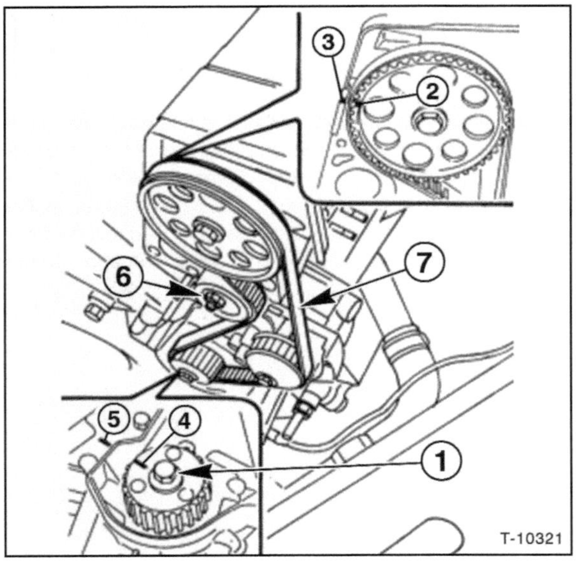

- Prüfen, ob die Markierung am Zahnriemenrad –4– mit der Markierung am Ölpumpengehäuse –5– übereinstimmt. Die Kurbelwelle befindet sich dann in OT-Stellung für Zylinder 1.

  1 – Zentralschraube des Kurbelwellen-Zahnriemenrades
  2 – Kerbe auf dem Nockenwellen-Zahnriemenrad
  3 – OT-Kerbe auf dem Zylinderkopf
  4 – Kerbe auf dem Kurbelwellen-Zahnriemenrad
  5 – OT-Kerbe auf dem Ölpumpengehäuse
  6 – Mutter der Zahnriemenspannrolle
  7 – Zahnriemen

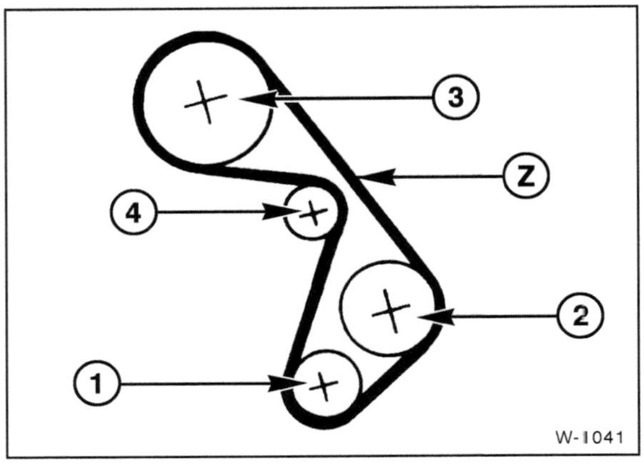

1 – Kurbelwelle, 2 – Kühlmittelpumpe, Z – Zahnriemen, 3 – Nockenwelle, 4 – Spannrolle

- Zahnriemen so auflegen, dass der auf dem Zahnriemen angebrachte Pfeil in die Drehrichtung des Motors zeigt. (Von dieser Seite gesehen, dreht sich der Motor im Uhrzeigersinn.) Dabei am Kurbelwellen-Zahnriemenrad –1– beginnen und Zahnriemen –Z– entsprechend der Nummerierung in der Abbildung von –1– bis –4– auflegen.

Achtung: Beim Auflegen des Zahnriemens darf weder die Nockenwellenstellung noch die Kurbelwellenstellung verändert werden. Sonst können schwer wiegende Schäden am Motor entstehen beziehungsweise der Motor gibt nicht mehr seine volle Leistung ab.

- Zahnriemen spannen, siehe Seite 148.
- **Nachdem der Zahnriemen gespannt wurde, Einstellung von Nockenwelle und Kurbelwelle nochmals kontrollieren.** Das bedeutet: Wenn die Markierung auf dem Nockenwellenrad mit der Bezugsmarke übereinstimmt, muss gleichzeitig die Markierung auf der Riemenscheibe an der Kurbelwelle mit der Markierung am Gehäuse übereinstimmen. Andernfalls ist die Einstellung von Nockenwellenrad und Riemenscheibe bei abgenommenem Zahnriemen zu wiederholen.
- Falls vorhanden, Arretierwerkzeug vom Motor-Schwungrad abnehmen.
- Kurbelwelle zweimal in Motordrehrichtung durchdrehen und Einstellung nochmals überprüfen.
- Zahnriemenschutz einbauen.
- Kurbelwellen-Riemenscheibe ansetzen und die Schrauben mit **25 Nm** festschrauben.
- Keilriemen einbauen und spannen, siehe Seite 163.
- Motor laufen lassen. Ein pfeifender Zahnriemen ist in der Regel zu stark gespannt.
- Innenkotflügel einbauen, siehe Seite 224.

Zylinderkopfdeckel aus- und einbauen

1,1-l-FIRE-Motor

Ausbau

- Luftfilter ausbauen, siehe Seite 188.
- Halter für Zündkabel an der Rückseite vom Zylinderkopfdeckel nach oben herausclipsen.
- Öleinfüllstopfen herausziehen.

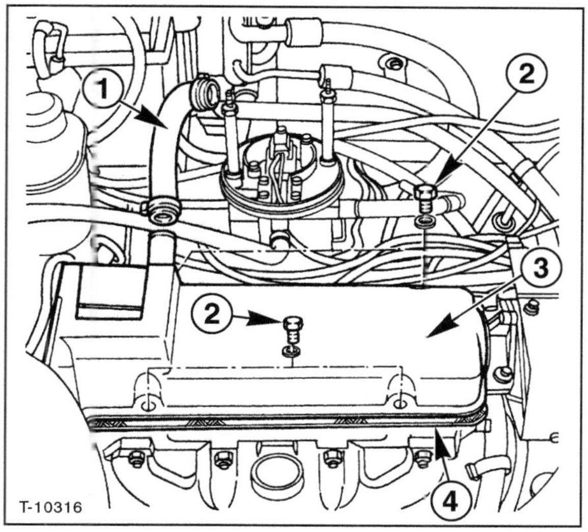

- Schlauch –1– für Kurbelgehäuseentlüftung abziehen.
- 4 Schrauben –2– herausdrehen, Zylinderkopfdeckel –3– abnehmen.
- Dichtung –4– ablösen und erneuern.

Einbau

- Neue Dichtung auflegen.
- Zylinderkopfdeckel auf Zylinderkopf setzen und ganz leicht mit **8 Nm** anschrauben. Dabei Unterlegscheiben für die Schrauben nicht vergessen.
- Öleinfüllstopfen einsetzen.
- Schlauch für Kurbelgehäuseentlüftung am Zylinderkopfdeckel aufschieben und mit Schraubschellen befestigen.
- Halter für Zündkabel hinten am Zylinderkopfdeckel einclipsen.
- Luftfilter einbauen, siehe Seite 188.
- Motor warm fahren und Zylinderkopfdeckeldichtung auf Dichtheit prüfen, gegebenenfalls leicht nachziehen oder Dichtung erneuern.

Zylinderkopf aus- und einbauen

1,1-l-FIRE-Motor

Zylinderkopf nur bei abgekühltem Motor ausbauen. Abgas- und Ansaugkrümmer mit Drosselklappengehäuse bleiben angeschlossen.

Eine defekte Zylinderkopfdichtung ist an folgenden Merkmalen erkennbar:

- Leistungsverlust.
- Kühlflüssigkeitsverlust. Weiße Abgaswolken bei warmem Motor.
- Ölverlust.
- Kühlflüssigkeit im Motoröl, Ölstand nimmt nicht ab, sondern zu. Graue Farbe des Motoröls, Schaumbläschen am Peilstab, Öl dünnflüssig.
- Motoröl in der Kühlflüssigkeit.
- Kühlflüssigkeit sprudelt stark.
- Keine Kompression auf 2 benachbarten Zylindern.

Achtung: Zylinderkopfdichtung erst unmittelbar vor dem Einbau aus der verschlossenen Nylon-Verpackung nehmen. Die Dichtung darf nicht mit Öl oder Fett in Berührung kommen.

Hinweis: Schläuche sind in der Regel mit Klemmschellen gesichert. In diesem Fall Klemmschellen mit Seitenschneider durchschneiden und beim Einbau durch Schraubschellen ersetzen. Dabei darauf achten, dass Schrauben und Schellen nicht mit umliegenden Bauteilen in Berührung kommen. Vorwiegend Kühlmittelschläuche sind mit Federbandschellen befestigt. Die beiden Enden der Schelle mit Spezialzange, zum Beispiel HAZET 798-5, zusammendrücken und Schelle zurückschieben. Es geht auch mit einer Wasserpumpenzange, aber die Handhabung ist etwas schwieriger.

Vor dem Abziehen von elektrischen Leitungen und Unterdruckschläuchen, Anschlüsse mit Tesaband markieren, damit beim Einbau keine Verwechslungen auftreten.

Ausbau

- Batterie-Massekabel (–) bei ausgeschalteter Zündung abklemmen. **Achtung:** Falls das eingebaute Radio einen Diebstahlcode besitzt, wird dieser beim Abklemmen der Batterie gelöscht. Radios mit Diebstahlcode sind erkennbar an dem Wort »CODE« oder einem roten Schlüsselzeichen auf der Frontblende. Das Radio kann anschließend nur durch die Eingabe des richtigen Codes oder durch den Radio-Hersteller wieder in Betrieb genommen werden. Vor dem Abklemmen daher unbedingt den Diebstahlcode ermitteln.
- Innenkotflügel vorn rechts ausbauen, siehe Seite 224.
- Luftfilter ausbauen, siehe Seite 188.
- Muffe für Warmluftschlauch vom Abgaskrümmer abziehen.
- Zylinderkopfdeckel ausbauen, siehe Seite 151.
- Vorderes Abgasrohr vom Krümmer abschrauben, siehe Seite 207.

- Unteren Kühlmittelschlauch am Kühler lösen, Kühlmittel ablassen und auffangen, da es wieder verwendet werden kann, siehe auch Seite 174.
- Kühlmittelschlauch zum Zylinderkopf abziehen.

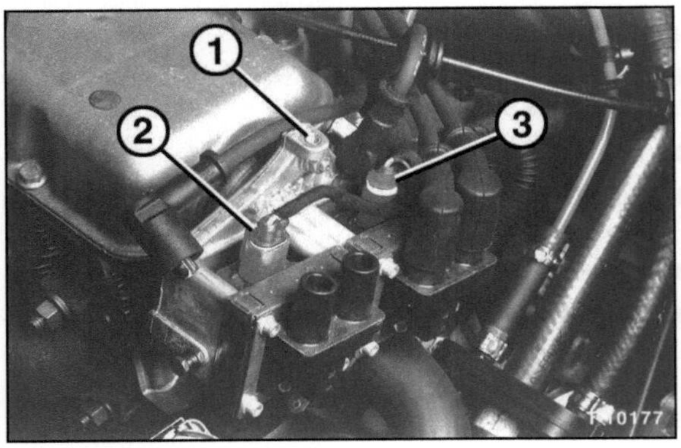

- Abdeckung für Zündspulen am Zylinderkopf abnehmen, dazu oben eine Schraube herausdrehen –1–. Elektrische Kabelstecker –2– und –3– abziehen. In der Abbildung ist die Abdeckung bereits abgenommen.
- Schutzhaube für Zahnriemen ausbauen. Motor auf OT (Oberen Totpunkt) für Zylinder 1 stellen und Zahnriemen oben vom Nockenwellenrad abnehmen, siehe Seite 148.

Achtung: Kurbel- und Nockenwelle nach dem Abnehmen des Zahnriemens nicht mehr verdrehen.

- Unterdruckschläuche für Bremskraftverstärker und Benzindämpfe am Drosselklappenteil abziehen.
- Gaszug aushängen, siehe Seite 187.
- Stecker am Drosselklappenteil der Einspritzanlage abziehen, dabei Sicherungsbügel aushaken.
- Kraftstoffzulaufleitung und Rücklaufleitung mit Tesaband markieren und abziehen. Auslaufenden Kraftstoff mit dickem Lappen auffangen. Kraftstoffleitungen mit einem Stopfen verschließen, beispielsweise Schraube mit geeignetem Durchmesser in das Schlauchende stecken.
- Sämtliche Kabel und Schläuche, die noch zum Zylinderkopf beziehungsweise zum Drosselklappenteil führen, mit Tesaband kennzeichnen und abziehen.

- Zylinderkopfschrauben in umgekehrter Reihenfolge der Nummerierung, also von 10 nach 1, mit Steckschlüssel SW 13 herausdrehen. Dabei alle Schrauben zuerst ¼, dann ½ Umdrehung lösen, dann herausdrehen. **Achtung:** Schrauben nicht sofort ganz herausdrehen, damit der Zylinderkopf nicht verspannt wird. Die mit –Pfeilen– gekennzeichneten Schrauben müssen nicht gelöst werden.
- Zylinderkopf abheben.

Achtung: Zylinderkopf nach dem Ausbau nicht auf der Dichtfläche absetzen, dabei könnten voll geöffnete Ventile beschädigt werden. Deshalb Zylinderkopf auf 2 Holzleisten legen. Zylinderkopfdichtung abnehmen.

Einbau

Vor dem Einbau Zylinderkopf und Zylinderblock mit geeignetem Schaber von Dichtungsresten freimachen. **Darauf achten, dass dabei die Oberflächen nicht beschädigt werden und dass keine Dichtungsreste in die Bohrungen fallen.** Gegebenenfalls Bohrungen mit Lappen verschließen.

- Zylinderkopf und Motorblock mit Stahllineal und Fühlerblattlehre in Längs- und Querrichtung auf Verzug prüfen, gegebenenfalls nacharbeiten (Werkstattarbeit). Die Unebenheiten dürfen 0,1 mm nicht überschreiten.

Achtung: Nach dem Nacharbeiten muss der Zylinderkopf noch eine Mindesthöhe von **126,35 mm** haben.

- Zylinderkopf auf Risse, Zylinderlauffläche auf Riefen überprüfen.
- Bohrungen der Zylinderkopfschrauben sorgfältig von Öl und anderen Rückständen reinigen. **Achtung:** In den Sacklöchern darf sich kein Öl befinden, da sonst die Schrauben nicht den vollen Druck auf den Zylinderkopf ausüben, obwohl sie mit dem richtigen Drehmoment angezogen wurden. Außerdem kann der Motorblock reißen. Zum Reinigen Lappen um Schraubendreher wickeln und damit die Bohrungen reinigen.
- Motorblock- und Zylinderkopfdichtungsflächen mit einem fusselfreien Lappen und Lösungsmittel (zum Beispiel Spiritus) öl- und fettfrei reinigen.
- Zylinderkopfdichtung grundsätzlich ersetzen. Die neue Zylinderkopfdichtung muss **die gleiche Stärke** haben, wie die bisherige Dichtung.

Achtung: Zylinderkopfdichtung erst unmittelbar vor dem Einbau aus der verschlossenen Nylon-Verpackung nehmen. Die Dichtung darf nicht mit Öl oder Fett in Berührung kommen.

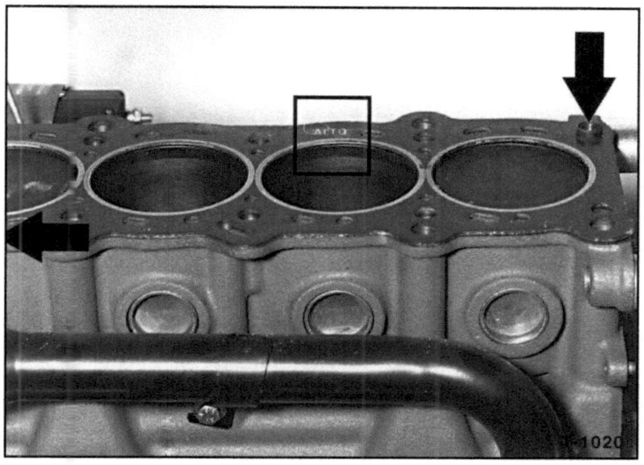

- Neue Dichtung ohne Dichtmittel so auflegen, dass keine Bohrungen verdeckt werden. Die Aufschrift »ALTO« auf der Zylinderkopfdichtung muss nach oben zeigen. Außerdem müssen die beiden Führungsbuchsen –Pfeile– richtig im Motorblock sitzen.
- Vor Aufsetzen des Zylinderkopfes prüfen, ob sich die Nockenwelle in OT-Stellung befindet, siehe Seite 151.
- Zylinderkopf aufsetzen.
- Zylinderkopfschrauben bei Reparaturen immer ersetzen.
- Zylinderkopfschrauben und Unterlegscheiben reinigen und mit Motoröl einölen. Teile nach dem Einölen mindestens 30 Minuten abtropfen lassen.
- Alle Zylinderkopfschrauben einsetzen und handfest anziehen.

Achtung: Das Anziehen der Zylinderkopfschrauben ist mit größter Sorgfalt durchzuführen. Vor dem Anziehen der Schrauben sollte der Drehmomentschlüssel auf seine Genauigkeit überprüft werden. Das Anziehen der Zylinderkopfschrauben wird mit einer Winkelscheibe erleichtert, zum Beispiel HAZET 6690.

Achtung: Die Zylinderkopfschrauben in 4 Stufen jeweils in der Reihenfolge von 1 bis 10 anziehen.

1. Stufe: mit Drehmomentschlüssel und **20 Nm** anziehen

2. Stufe: mit Drehmomentschlüssel und **30 Nm** anziehen

3. Stufe: mit starrem Schlüsselarm Schrauben um **90°** (¼ Umdrehung) weiterdrehen

4. Stufe: mit starrem Schlüsselarm Schrauben um **90°** (¼ Umdrehung) weiterdrehen

Hinweis: Steht keine Winkelscheibe zur Verfügung, Drehwinkel abschätzen. Dazu starren Schlüssel aufsetzen, 90°-Markierung mit Kreide am Zylinderkopf anbringen, Schlüsselarm bis zur Markierung drehen.

Achtung: Ein Nachziehen der Zylinderkopfschrauben nach 1000 - 1500 km ist **nicht** zulässig.

- Zahnriemen auf Nockenwellenzahnrad auflegen und spannen, siehe Seite 149.

Achtung: Die Markierungen am Nockenwellenrad/Zahnriemen-Abdeckung und OT-Markierung im Schwungrad müssen übereinstimmen, sonst können beim Durchdrehen des Motors Kolben und/oder Ventile beschädigt werden. Motor auf OT stellen, siehe auch Seite 149.

- Zahnriemen-Abdeckung einbauen.
- Zylinderkopfdeckel einbauen, siehe Seite 151.
- Vorderes Abgasrohr anschrauben, siehe Seite 207.
- Gaszug anklemmen und einstellen, siehe Seite 187.
- Kühlmittelschläuche aufschieben und mit Schellen sichern.
- Unterdruckschläuche für Bremskraftverstärker, Benzindämpfe und Druckfühler nach Markierung aufstecken.
- Stecker auf die Zündspulen aufstecken. Abdeckung für Zündspulen anschrauben.
- Elektrische Leitungen für Einspritzanlage und Temperaturfühler aufstecken.
- Kraftstoffleitungen aufschieben und mit Schellen sichern.
- Warmluftschlauch am Abgaskrümmer aufschieben.
- Luftfilter einbauen, siehe Seite 188.
- Kühlmittel auffüllen, siehe Seite 174.
- Innenkotflügel einbauen, siehe Seite 224.
- Ölstand im Motor prüfen, gegebenenfalls Öl nachfüllen. Wurde der Zylinderkopf aufgrund einer defekten Zylinderkopfdichtung abgebaut, empfiehlt sich ein vorgezogener Ölwechsel einschließlich eines Ölfilterwechsels, da sich im Motoröl Kühlflüssigkeit befinden kann.
- Batterie-Massekabel (–) anklemmen. Gegebenenfalls Diebstahlcode für das Autoradio eingeben und Zeituhr einstellen.

Nockenwelle/Ventiltrieb

1,1-l-FIRE-Motor

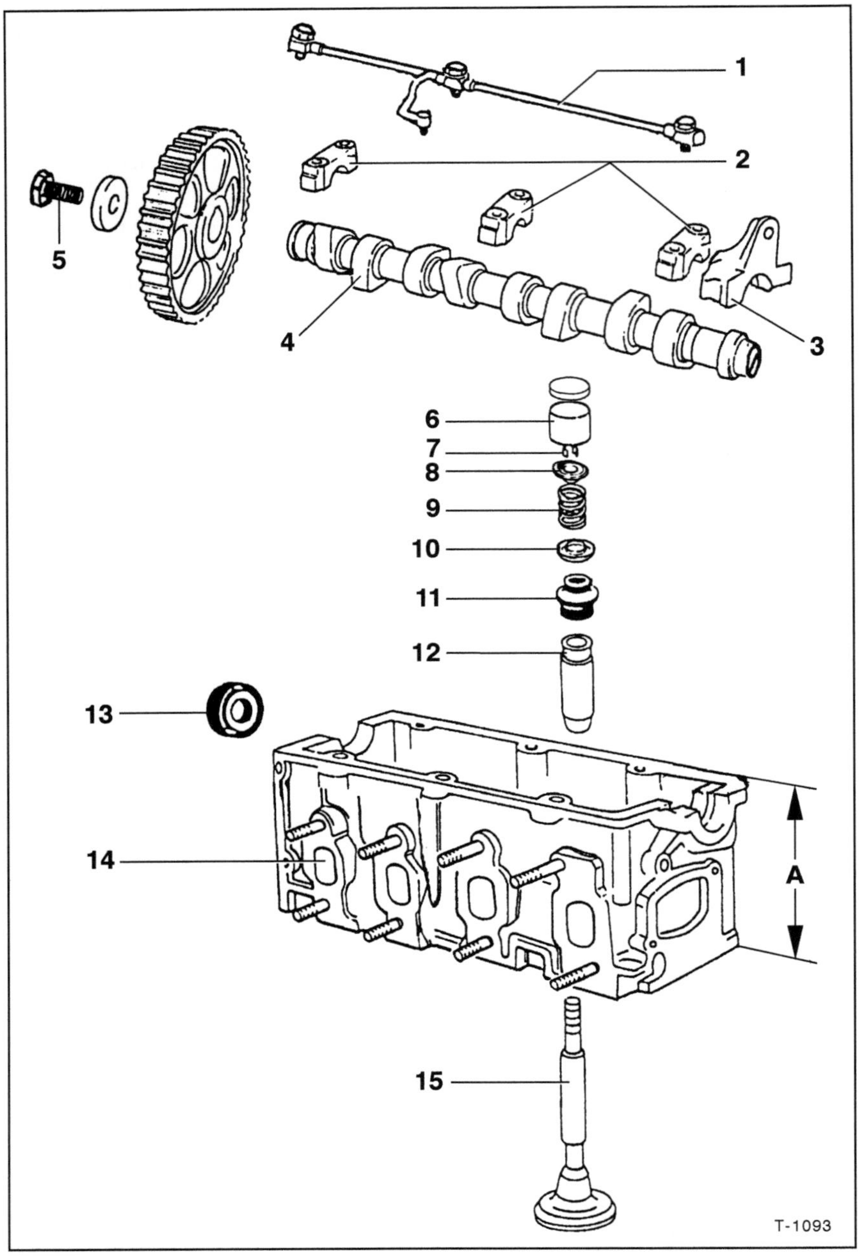

1 – **Ölleitung**

2 – **Lagerdeckel 1 bis 3, 20 Nm**

3 – **Lagerdeckel 4, 10 Nm**

4 – **Nockenwelle**
Radialspiel mit Plastikgage prüfen (Werkstattarbeit). Verschleißgrenze 0,07 mm. Max. Schlag 0,02 mm.

5 – **Befestigungsschraube, 70 Nm**

6 – **Tassenstößel mit Einstellscheibe**

7 – **Ventilkeile**

8 – **Federteller oben**

9 – **Ventilfeder**

10 – **Federteller unten**

11 – **Ventilschaftabdichtung**

12 – **Ventilführung**

13 – **Dichtring**

14 – **Zylinderkopf**

15 – **Ventil**
Wird ein neues oder nachgeschliffenes Ventil eingebaut, ist auch der Ventilsitz im Zylinderkopf nachzuschleifen (Werkstattarbeit).

A – **Zylinderkopfhöhe**
Mindesthöhe nach dem Nacharbeiten: A = 126,35 mm.

Nockenwelle aus- und einbauen

1,1-l-FIRE-Motor

Ausbau

- Innenkotflügel vorn rechts ausbauen, siehe Seite 224.
- Zylinderkopfdeckel ausbauen, siehe Seite 151.
- Zahnriemenschutz ausbauen und Kurbelwelle auf OT Zylinder 1 stellen. Zahnriemen entspannen und nur oben vom Nockenwellenrad abnehmen, siehe Seite 148/149.

Achtung: Motorstellung nicht mehr verändern.

- Nockenwellenrad von vorn mit einem Schraubendreher arretieren. Nockenwellenrad abschrauben und abnehmen, gegebenenfalls mit leichten Schlägen eines Gummihammers abtreiben.

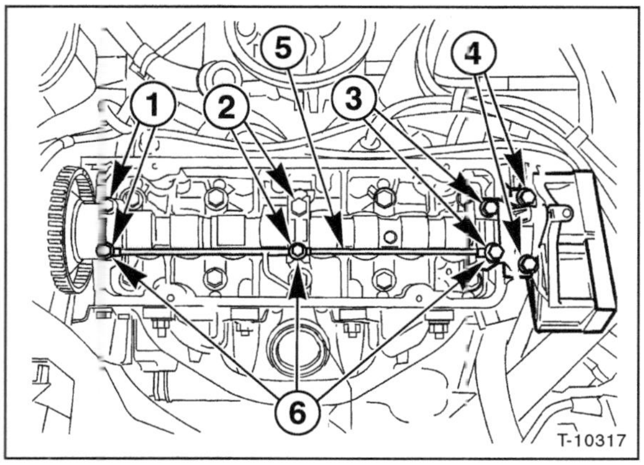

- Einbaulage der Lagerdeckel mit Farbe kennzeichnen. Mittleren Lagerdeckel ausbauen –2–. Dann die äußeren Lagerdeckel –1/3/4– abwechselnd über Kreuz lösen.
- Ölleitung –5– abnehmen, Nockenwelle herausnehmen.

Achtung: Falls die Tassenstößel herausgenommen werden, diese kennzeichnen, damit sie an gleicher Stelle wieder eingesetzt werden können.

Einbau

- Die Oberflächen der Nocken und der Lagerflächen dürfen keine Fressspuren oder Riefen aufweisen, ansonsten Nockenwelle ersetzen.
- Vor dem Einbau kann die Nockenwelle gegebenenfalls von einer Werkstatt auf Schlag geprüft werden. Verschleißgrenze: 0,02 mm. Maximales Radialspiel in den Nockenwellenlagern: 0,07 mm.
- Wird bei Motoren mit höherer Laufleistung oder Geräuschen im Ventiltrieb die bisherige Nockenwelle wieder eingebaut, ist es zweckmäßig, das Axialspiel prüfen zu lassen. Verschleißgrenze: 0,15 mm. Die Messung erfolgt bei ausgebauten Tassenstößeln und montierten Lagerdeckeln 1 und 3.
- Falls die Tassenstößel herausgenommen waren, Tassenstößel an der gleichen Stelle mit Einstellscheibe wieder einsetzen. Tassenstößel leicht einölen und beim Einsetzen nicht verkanten.

Achtung: Die Tassenstößel dürfen nicht vertauscht werden.

- Dichtring an der Zahnriemenseite der Nockenwelle **immer** ersetzen. Vor dem Einbau einölen.
- Nockenwelle einölen und einsetzen. **Achtung:** Dabei müssen die Nocken für Zylinder 1 nach oben zeigen.
- Lagerdeckel entsprechend der vorher angebrachten Markierung einsetzen.
- Ölleitung wie vor dem Ausbau auf die Lagerdeckel 1 bis 3 auflegen –6–. Der Ölzuführungsstutzen an der Ölleitung muss in die Bohrung am Zylinderkopf eingreifen.
- Schrauben 1 und 3 abwechselnd über Kreuz anziehen. **Anzugsmoment:** M6-Schraube: **10 Nm,** M8-Schraube: **20 Nm**.
- Schrauben –2– festziehen. **Anzugsmoment:** M6-Schraube: **10 Nm,** M8-Schraube: **20 Nm**.
- Schrauben –4– mit **10 Nm** festziehen.
- Nockenwellenrad so aufsetzen, dass die OT-Markierung zum Gehäuse zeigt, siehe Abbildung T-1016. Schraube mit **90 Nm** festziehen. Dabei Nockenwellenrad mit Dorn gegenhalten.
- Zahnriemen auf Nockenwellenrad auflegen. Auf richtige Stellung der Kurbelwelle und der Nockenwelle achten, siehe Seite 151.
- Zahnriemen spannen, siehe Seite 148.
- Zahnriemenschutz einbauen.
- Ventilspiel einstellen, siehe Seite 160.
- Zylinderkopfdeckel vorsichtig mit 10 Nm festziehen.
- Luftfilter einbauen, siehe Seite 000.
- Innenkotflügel einbauen, siehe Seite 224.

Ventil aus- und einbauen

1,1-l-FIRE-Motor

Ausbau

- Zylinderkopf ausbauen, siehe Seite 151.

Achtung: Werden Teile der Ventilsteuerung wieder verwendet, müssen diese an gleicher Stelle eingebaut werden. Damit keine Verwechslungen vorkommen, empfiehlt es sich, ein entsprechendes Ablagebrett anzufertigen.

- Nockenwelle ausbauen, siehe Seite 155.
- Tassenstößel markieren und herausnehmen.
- Ventilfedern ausbauen. Hierzu benutzen die Werkstätten ein Spezialwerkzeug (FIAT 1860644000).

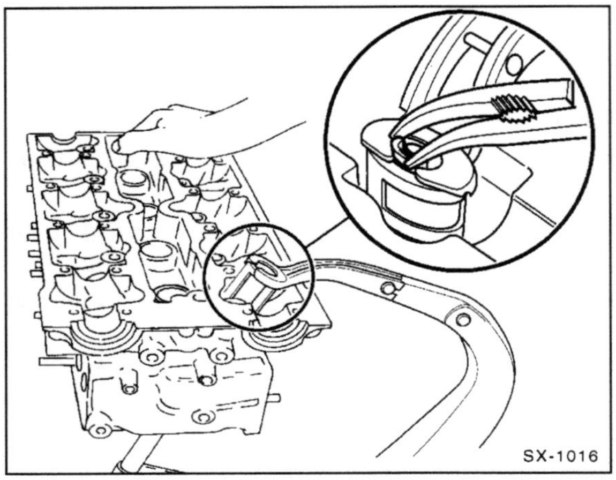

SX-1016

- Man kann die Ventilkegelstücke – und damit die Ventile einschließlich der Ventilfedern – auch mit Hilfe einer handelsüblichen Ventilfederzange ausbauen. Allerdings müssen dann unter Umständen Ansaug- oder Abgaskrümmer abgeschraubt werden. Die Ventilfederteller lassen sich auch mit Hilfe von 2 Schraubendrehern herunterdrücken. **Achtung:** Dabei Ventilschaft nicht beschädigen, da sonst der Ventilschaft nicht mehr richtig abdichtet und der Motor übermäßig viel Öl verbraucht.
- Ventilfedern zusammendrücken und Ventilkegelstücke herausnehmen. Ventilfederteller oben und Ventilfedern abnehmen. Ventil herausziehen.
- Ventilschaftabdichtung herausziehen, siehe Seite 156.

Einbau

Vor Einbau der Ventile Ventilführungen prüfen und eventuell Ventilsitze nacharbeiten beziehungsweise einschleifen, siehe Seite 159.

- Ventilschaft an den Anlageflächen der Ventilkegelstücke entgraten.
- Aus Sicherheitsgründen Ventilschaftabdichtungen **grundsätzlich erneuern.**
- Ventilschaft leicht einölen und Ventil einsetzen.
- Neue Ventilschaftabdichtung aufschieben, siehe Seite 156.

Achtung: Erfolgt die Montage ohne Verwendung des Klebebandes, werden die Ventilschaftabdichtungen beschädigt! Der Motor braucht dann übermäßig viel Öl!

- Unteren Ventilfederteller, dann Feder und Ventilfederteller oben einsetzen, siehe Abbildung auf Seite 156.

Achtung: Die Werkstätten prüfen die Federn vor dem Einbau auf Erlahmung. Bei Motoren mit hoher Laufleistung empfiehlt es sich, die Prüfung ebenfalls durchzuführen oder die Federn zu erneuern. Ventilfeder auf geeigneter Presse mit 16,5 bis 19 kg Gewicht belasten und Länge in belastetem Zustand messen. Sie muss 31,0 mm betragen. Gewicht auf 43,4 bis 47,7 kg steigern und Länge erneut messen. Sollwert: 24,0 mm, gegebenenfalls neue Feder einbauen.

- Ventilfedern mit Ventilfederzange zusammendrücken und Ventilkegelstücke so einsetzen, dass sie in den Nuten des Ventils einrasten. Ventilfederzange entspannen und nächstes Ventil einsetzen, Aus- und Einlassventil nicht verwechseln.
- Alle Tassenstößel sowie Einstellscheiben mit Motoröl einölen und nach der Kennzeichnung in die entsprechende Bohrung einsetzen.
- Nockenwelle einbauen, siehe Seite 155.
- Zylinderkopfdichtung erneuern, Zylinderkopf einbauen, siehe Seite 151.
- Ventilspiel einstellen, siehe Seite 160.

Ventilschaftabdichtungen ersetzen

1,1-l-FIRE-Motor

Hoher Ölverbrauch kann auf verschlissene Ventilschaftabdichtungen zurückzuführen sein. Bei heißem Motor riecht dann das Abgas ölig und ist bläulich gefärbt. Die Ventilschaftabdichtungen sitzen oben zwischen jedem Ventilschaft und der Ventilführung und streifen das Öl vom Ventilschaft ab. Da zum Wechsel der Abdichtungen die Ventilfedern ausgebaut werden müssen, würde das betreffende Ventil bei eingebautem Zylinderkopf in den Brennraum fallen. Ventilschaftabdichtungen können jedoch auch **bei eingebautem Zylinderkopf** ausgebaut werden, allerdings wird dann das Spezialwerkzeug HAZET 3428 sowie Pressluft benötigt.

Ausbau

- Nockenwelle und Tassenstößel ausbauen, siehe Seite 155.
- Sämtliche Zündkerzen herausschrauben.

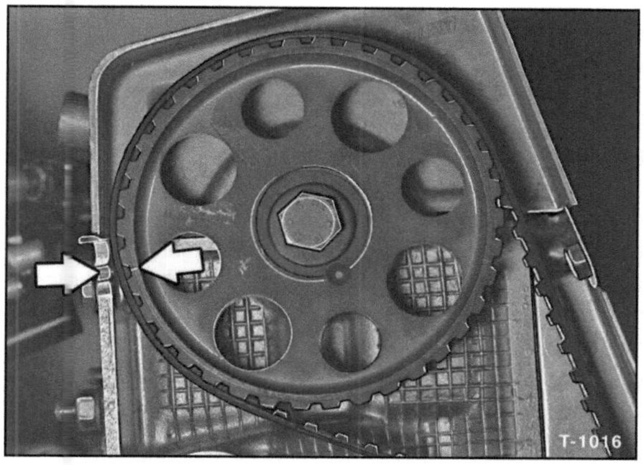

- Kolben des jeweiligen Zylinders in den **Unteren** Totpunkt (UT) stellen. Dazu zuerst Motor verdrehen, bis die Markierung am Nockenwellenrad mit der Markierung am Zylinderkopf übereinstimmt. Zylinder 1 und 4 stehen jetzt im OT. Gleichzeitig stehen die Zylinder 2 und 3 im Unteren Totpunkt (UT). Kurbelwellen-Riemenscheibe von unten mit Kreide markieren, dann Riemenscheibe um ½ Umdrehung (180°) weiterdrehen, bis die Kreidemarkierung nach oben steht. Jetzt stehen die Zylinder 1 und 4 im UT. Motor verdrehen, siehe Seite 151.
- Druckluft-Adapter HAZET 3428 mit Druckschlauch in das Zündkerzengewinde des betreffenden Zylinders einschrauben.

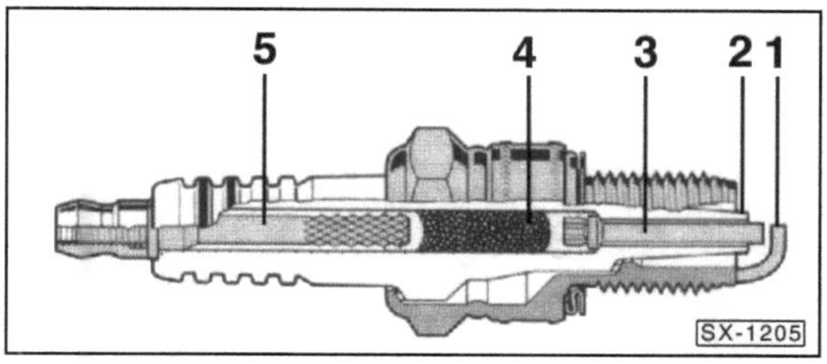

- Falls das Spezialwerkzeug nicht zur Verfügung steht, Druckluft-Adapter aus einer alten Zündkerze anfertigen. Dazu Masseelektrode –1– abkneifen. Keramik-Isolator –2– mit Schraubendreher abbrechen und Mittelelektrode –3– durch Hin- und Herbiegen abbrechen und herausnehmen. Rest der Mittelelektrode zusammen mit Glasschmelze –4– und Anschlussbolzen –5– mit geeignetem Durchschlag (ca. 3 mm) heraustreiben. Dabei Zündkerze in Schraubstock einspannen oder in entsprechenden Schraubendrehereinsatz (Stecknuss) einsetzen. **Achtung:** Das Gewinde der Zündkerze darf nicht beschädigt werden, um Folgeschäden an der Gewindebohrung im Zylinderkopf zu vermeiden.
- Zündkerze in den betreffenden Zylinder einschrauben und mit Druckluftschlauch verbinden.
- Über Druckluftschlauch ständig mindestens 6 bar Überdruck in den Zylinder blasen.

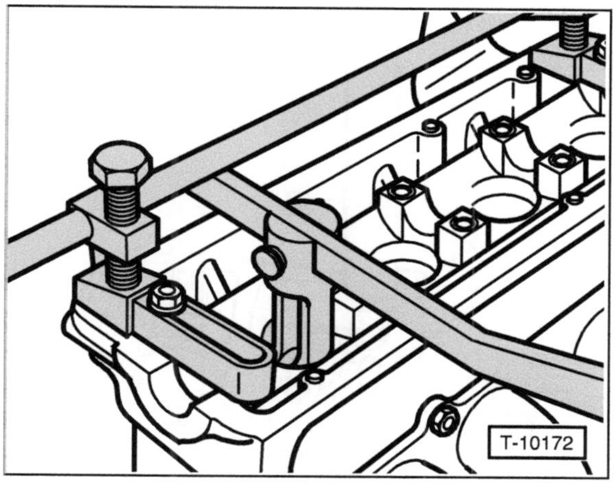

- Handelsüblichen Ventilfederspanner am Lagerbock 1 und 4 anschrauben und Ventilfedern zusammendrücken. Die Ventilfeder kann auch mit 2 Schraubendrehern zusammengedrückt werden.
- Ventilkegelstücke herausnehmen, Ventilfedern entspannen.
- Ventilfederteller und Ventilfedern herausnehmen.

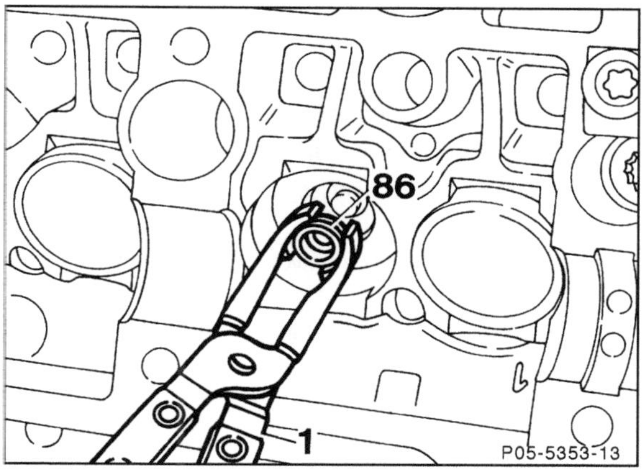

- Ventilschaftabdichtung –86– herausziehen. Zum Ausbau benutzen die Werkstätten eine Spezialzange –1– (HAZET 791-5 oder HAZET 791-8). **Hinweis:** Die Ventilschaftabdichtungen sitzen in der Regel sehr fest.

Einbau

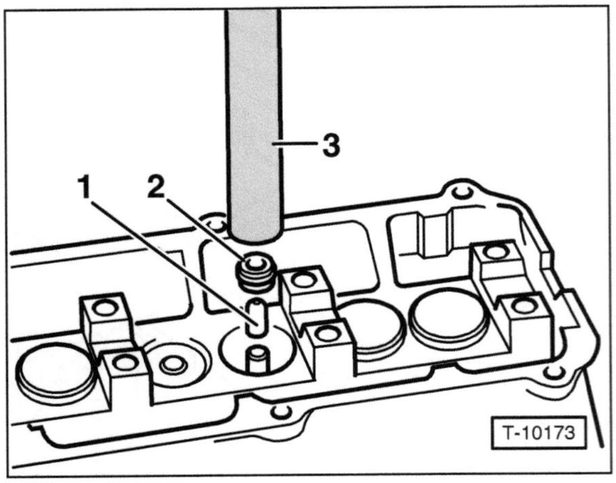

- Ventilschaftabdichtung –2– leicht einölen, in den Aufdrücker FIAT 1860313000 oder HAZET 2577 –3– einsetzen und auf die Ventilführung schieben. Vorher Montagehülse –1– oder dünnes Klebeband oben am Ventilschaftrand anbringen.

Achtung: Erfolgt die Montage ohne Verwendung des Klebebandes, können die Ventilschaftabdichtungen durch die scharfen Kanten beschädigt werden. Der Motor braucht dann übermäßig viel Öl!

- Aufdrücker und Klebeband abnehmen.
- Ventilfedern und Ventilfederteller einsetzen und spannen.
- Ventilkegelstücke am Ventilschaft einsetzen, Ventilfedern entspannen.
- Auf die gleiche Weise sämtliche Ventilschaftabdichtungen erneuern.
- Tassenstößel mit Einstellscheiben und Nockenwelle einbauen, siehe Seite 155.

Ventilführungen prüfen

Alle Motoren

Bei Instandsetzungsarbeiten von Motoren mit undichten Ventilen genügt es nicht, die Ventile zu bearbeiten beziehungsweise zu ersetzen. Es ist außerdem dringend erforderlich, die Ventilführungen auf Verschleiß zu prüfen. Besonders wichtig ist die Prüfung an Motoren mit längerer Laufzeit. Ist der Verschleiß zu groß, sind entweder die Ventilführungen zu erneuern (Werkstattarbeit!), oder der Zylinderkopf ist auszutauschen.

- Rückstände an Ventilführungen mit Reinigungsahle entfernen.
- Neues Ventil einsetzen. Ventilschaftende muss mit Führung abschließen.

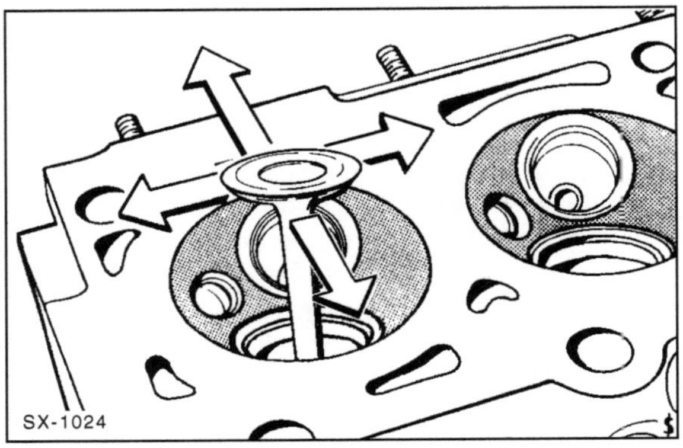

- Kippspiel ermitteln. Dazu Messuhr am Rand des Ventiltellers anlegen und Ventil mit der Hand hin- und herbewegen. Verschleißgrenze für Einlass- und Auslassventilführung: 0,25 mm. Es darf also nur ein kaum spürbares Spiel vorhanden sein.
- Bei zu großem Kippspiel Ventilführungen von Werkstatt erneuern lassen.

Ventilsitz im Zylinderkopf/Ventil nacharbeiten

Alle Motoren

Das Nachschleifen der Ventilsitze im Zylinderkopf muss immer durchgeführt werden, wenn die Ventile oder Ventilführungen nachgeschliffen wurden oder die Ventile ersetzt worden sind. Ventilsitze immer nur so weit nacharbeiten, dass ein einwandfreies Tragbild erreicht wird. Ventilsitzringe können mit den üblichen Werkstattmitteln erneuert werden. Für das Nacharbeiten der Ventilführung werden Reibahlen benötigt, der Ventilsitz wird mit Schleifköpfen bearbeitet. Da der Umgang mit diesen Werkzeugen eine spezielle Erfahrung erfordert, sollte man die Arbeiten von einer Werkstatt durchführen lassen. Die Maße für Ein- und Auslassventile sind gleich groß.

Ventilsitzmaße für alle Motoren

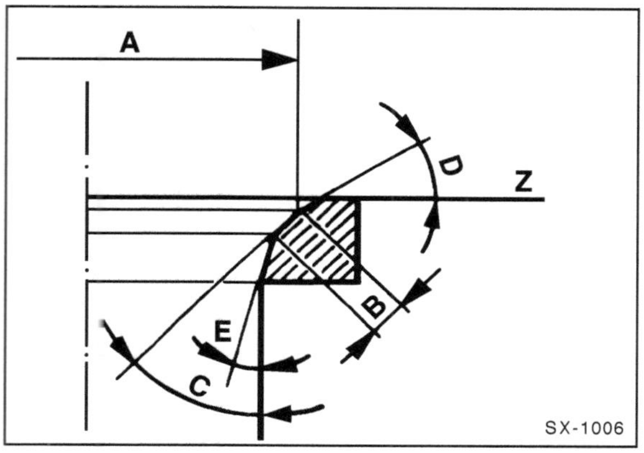

Z = Zylinderkopfunterkante
Maße: A entspricht Ventilaußendurchmesser
B = Ventilsitzbreite, muss genauso breit sein wie der Dichtkegel am Ventil, ca. 2 mm
C = 45° 30'
D = 20°
E = 15°

Ventilmaße

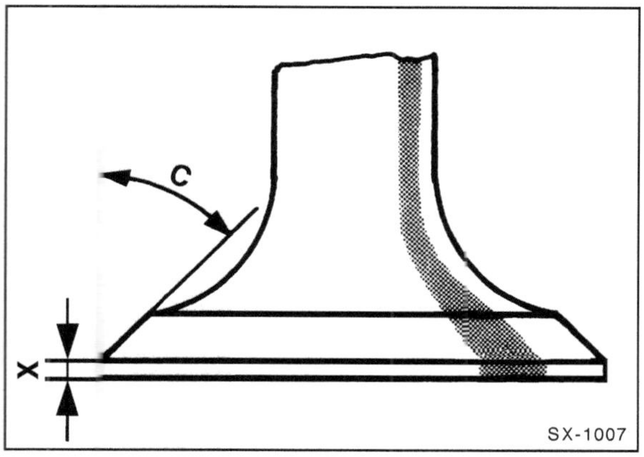

C = 45° 30'
X = mindestens 1 mm, sonst Ventil ersetzen.

Ventilsitz einschleifen

Alle Motoren

Bei einwandfrei bearbeiteten Ventilsitzringen und neuen Ventilen ist das Einschleifen der Ventilsitze im Zylinderkopf nicht unbedingt erforderlich.

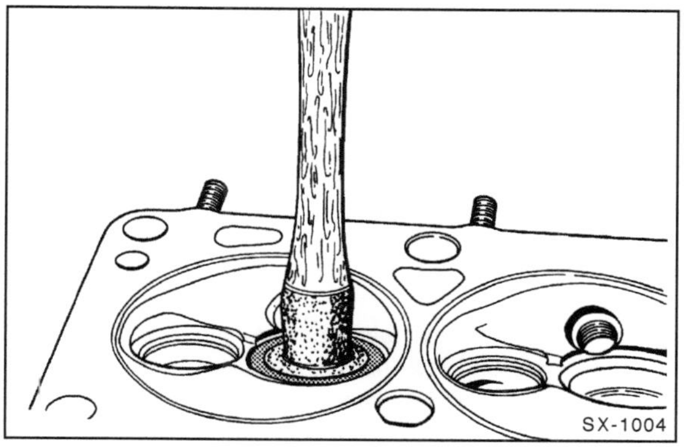

- Die Ventile dürfen nur mit feinkörniger Schleifpaste eingeschliffen werden. Für die notwendigen Drehbewegungen wird ein Gummisauger auf den Ventilteller gesetzt, zum Beispiel von HAZET, Nr. 795. Rillenbildung auf den Sitzflächen beim Einschleifen lässt sich durch häufiges Anheben und gleichmäßiges Weiterdrehen des Ventils während des Schleifvorgangs vermeiden.

Achtung: Die Schleifpaste ist nach dem Einschleifen sorgfältig zu entfernen.

- Geprüft werden kann der Schleifvorgang am Tragbild sowie mit Kraftstoff: Ventil lose einsetzen, Kraftstoff in Brennraum einfüllen, Kraftstoff darf nicht aus der Ventilführung auslaufen. Sonst Schleifvorgang wiederholen.

Kompression prüfen

Die Kompressionsprüfung erlaubt Rückschlüsse über den Zustand des Motors. Und zwar lässt sich bei der Prüfung feststellen, ob die Ventile oder die Kolben (Kolbenringe) in Ordnung beziehungsweise verschlissen sind. Außerdem zeigen die Prüfwerte an, ob der Motor austauschreif ist beziehungsweise komplett überholt werden muss. Für die Prüfung wird ein Kompressionsdruckprüfer benötigt, der für Benzinmotoren recht preiswert in Fachgeschäften angeboten wird.

Der Druckunterschied zwischen den einzelnen Zylindern darf maximal 3,0 bar betragen. Falls ein oder mehrere Zylinder gegenüber den anderen einen Druckunterschied von mehr als 3,0 bar haben, ist dies ein Hinweis auf defekte Ventile, verschlissene Kolbenringe beziehungsweise Zylinderlaufbahnen. Ist die Verschleißgrenze erreicht, muss der Motor überholt beziehungsweise ausgetauscht werden.

Kompressionsdruck bei neuem Motor: 9 – 12 bar.
Verschleißgrenze: ca. 7,0 bar.

- Zur Prüfung der Kompression sollte der Motor betriebswarm sein. Die Motoröltemperatur muss jedoch mindestens +30° C betragen.

- Zündung ausschalten.

Achtung: Stromzufuhr (Sicherung) zur Kraftstoffpumpe unterbrechen, damit die Pumpe nicht anläuft. Lage der Sicherungen, siehe Betriebsanleitung beziehungsweise Seite 46.

- Sämtliche Zündkerzenstecker abziehen. Hierzu gibt es eine spezielle Zange, zum Beispiel HAZET 1849.
- Anschließend Zündkerzen-Nischen im Zylinderkopf mit Pressluft ausblasen, und alle Zündkerzen mit geeignetem Kerzenschlüssel herausschrauben.

Sicherheitshinweis
Beim Durchdrehen des Motors nicht über den Motor beugen. Verletzungsgefahr durch herausgeschleuderte Rußpartikel.

- Motor mit Anlasser ein paarmal durchdrehen, damit Rückstände und Ruß herausgeschleudert werden. **Achtung:** Getriebe in Leerlaufstellung und Handbremse angezogen.
- Kompressionsdruckprüfer entsprechend der Herstelleranleitung in die Zündkerzenöffnung drücken oder einschrauben.
- Von Helfer Gaspedal ganz durchtreten lassen und während der ganzen Prüfung mit dem Fuß festhalten.
- Motor ca. 8 Umdrehungen drehen lassen, bis kein Druckanstieg mehr auf dem Messgerät erfolgt.
- Nacheinander sämtliche Zylinder prüfen und mit Sollwert vergleichen.
- Anschließend Zündkerzen einschrauben und Zündkabel aufstecken, siehe Seite 200.

Ventilspiel prüfen/einstellen

Achtung: Beim **0,9-l-OHV-Motor** braucht das Ventilspiel **nicht** eingestellt werden, da die hydraulischen Ventilstößel jegliches Ventilspiel automatisch ausgleichen.

1,1-l-FIRE-Motor

Um unterschiedliche Wärmeausdehnungen im Ventiltrieb zu kompensieren, muss ein gewisses Ventilspiel vorhanden sein.

Bei zu geringem Spiel verändern sich die Steuerzeiten, die Verdichtung ist schlecht, die Motorleistung nimmt ab, der Motorlauf ist unregelmäßig. In extremen Fällen können sich die Ventile verziehen oder die Ventile beziehungsweise Ventilsitze verbrennen.

Bei zu großem Spiel stellen sich starke mechanische Geräusche ein, die Steuerzeiten verändern sich, der Motor gibt wegen mangelhafter Zylinderfüllung weniger Leistung ab, der Motorlauf ist unregelmäßig.

Das Einstellen der Ventile hat nur dann den gewünschten Erfolg, wenn die Ventile einwandfrei abdichten, diese kein unzulässiges Spiel in den Ventilführungen haben und am Schaftende nicht eingeschlagen sind.

Das Ventilspiel ist im Rahmen der Wartung alle 30.000 km zu überprüfen und gegebenenfalls zu berichtigen.

Das Ventilspiel wird bei kaltem, stehendem Motor geprüft beziehungsweise eingestellt.

SX-1008

Das Ventilspiel wird mittels Einstellscheiben unterschiedlicher Dicke eingestellt. Die Einstellscheiben befinden sich oben in den Tassenstößeln. Zum Einstellen des Ventilspiels stehen als FIAT-Ersatzteil Einstellscheiben von 3,20 mm bis 4,70 mm Dicke zur Verfügung, in Abstufungen von 0,05 mm. Die Stärke der Einstellscheiben ist auf der Unterseite eingeprägt. **Beim Einbau ist unbedingt darauf zu achten, dass diese Kennzeichnung nach unten, das heißt in den Tassenstößel zeigt.**

Bereits gelaufene Einstellscheiben können, wenn keine mechanische Beschädigungen vorliegen, wieder verwendet werden.

Zum Einstellen des Ventilspiels werden benötigt: Ein Niederdrücker für die Tassenstößel und eine Zange zum Auswechseln der Ventileinstellscheiben. Die FIAT-Werkzeuge werden in ähnlicher Ausführung von verschiedenen Firmen angeboten, zum Beispiel von Helmut Niemeyer GmbH (HENI), Walter-Freitag-Straße 9a, 42899 Remscheid.

- Zylinderkopfdeckel ausbauen, siehe Seite 151.
- Zum Einstellen der einzelnen Ventile muss der Motor immer weiter gedreht werden. Das Durchdrehen des Motors (Kurbelwelle) kann auf mehrere Arten erfolgen:

  1. Fahrzeug seitlich vorn aufbocken. Fünften Gang einlegen, Handbremse anziehen. Angehobenes Vorderrad durchdrehen. Dadurch dreht sich auch die Motor-Kurbelwelle. Zum Drehen des Rades wird ein Helfer benötigt.

  2. Fahrzeug auf ebene Fläche stellen. Fünften Gang einlegen. Fahrzeug vorschieben oder vorschieben lassen.

  3. Kurbelwelle an der Zentralschraube der Kurbelwellen-Riemenscheibe durchdrehen. Vorher Getriebe in Leerlaufstellung schalten und Handbremse anziehen.

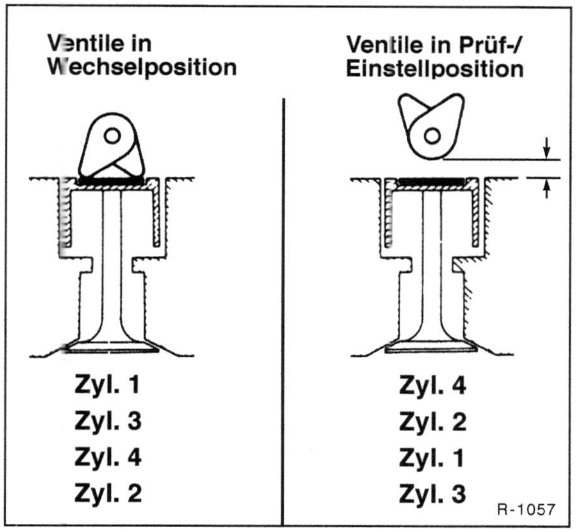

- Zweckmäßigerweise stellt man den Motor zunächst so, dass die Ventile für den 1. Zylinder gleichmäßig nach unten zeigen, siehe linken Teil der Abbildung. Die Ein- und Auslassventile für Zylinder 1 befinden sich dann in Wechselposition. Der 1. Zylinder liegt gegenüber dem Getriebe an der Zahnriemenseite des Motors, in Fahrtrichtung gesehen rechts. Danach dreht man die Kurbelwelle jeweils ½ Umdrehung und prüft das Ventilspiel für die folgenden Zylinder entsprechend der Zündreihenfolge 1 – 3 – 4 – 2.

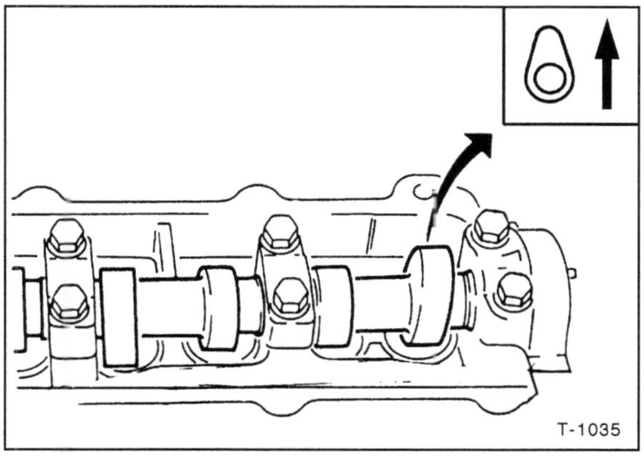

- Eine andere Möglichkeit, die Ventile einzustellen: Nockenwelle durch Verschieben des Fahrzeugs so stellen, dass an einem Ventil der Nocken der Nockenwelle vom Ventil weg zeigt, er zeigt dann nach oben. Der Halbkreis des Nockens liegt also nicht am Tassenstößel an, siehe Zeichnung. In dieser Stellung Spiel prüfen und gegebenenfalls korrigieren.
- Nocken mit Farbstift kennzeichnen.
- Fahrzeug wieder etwas verschieben bis der Nocken eines anderen Ventils nicht am Tassenstößel anliegt. Die Reihenfolge der Ventileinstellung ist egal. Die Kennzeichnung der Nocken erfolgt, damit man weiß, welches Ventilspiel schon kontrolliert wurde.

- Ventilspiel mit Fühlerblattlehre zwischen Nocken und Tassenstößel ermitteln.

Achtung: Die Reihenfolge der Ventile, aus Richtung Zahnriemenseite des Motors gesehen: Auslassventil, Einlassventil 1. Zylinder; Auslassventil, Einlassventil 2. Zylinder; Einlassventil, Auslassventil 3. Zylinder; Einlassventil, Auslassventil 4. Zylinder.

Ventilspiel	Prüfwert	Einstellwert
Einlassventil	0,35 – 0,45 mm	0,40 mm
Auslassventil	0,45 – 0,55 mm	0,50 mm

- Das Ventilspiel ist richtig eingestellt, wenn sich die Fühlerblattlehre stramm durchziehen lässt. Ermitteltes Ventilspiel des jeweiligen Ventils notieren. Falls der Sollwert nicht erreicht wird, Ventilspiel des betreffenden Ventils einstellen.

Einstellen

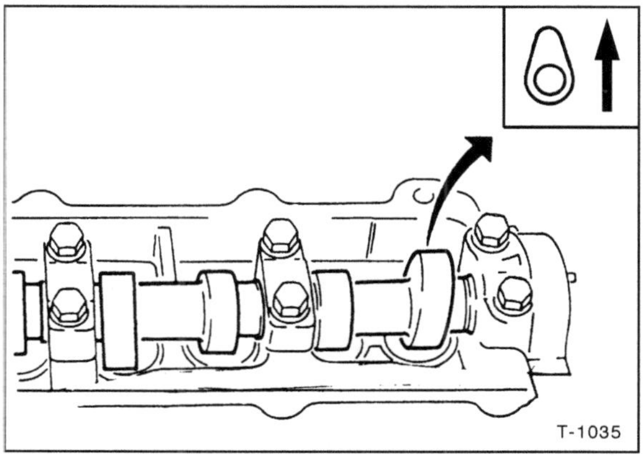

Achtung: Beim Einstellen des Ventilspiels, also beim Wechseln der Ventil-Einstellscheibe, muss der Nocken nach oben zeigen.

- Vor Einsetzen des Niederhalters Tassenstößel so verdrehen, dass die Stößelnut nach vorn zeigt.

- Ventilspiel korrigieren. Hierzu benutzen die FIAT-Werkstätten das Spezialwerkzeug Nr. 1860443000 und 1860747000, das in ähnlicher Ausführung von verschiedenen Werkzeugfirmen angeboten wird. Ohne diese Werkzeuge ist ein Einstellen der Ventile nicht möglich. Mit dem Niederhalter wird der Tassenstößel heruntergedrückt. Das Haltewerkzeug wird zwischen Stößelrand und Nockenwelle geklemmt.
- Dadurch kann die Einstellscheibe mit Hilfe einer Zange (zum Beispiel von HAZET, Nr. 2599), oder einer Reißnadel herausgenommen werden.
- Erforderliche Einstellscheibe einlegen (siehe Rechenbeispiel). Beschriftung muss nach unten zeigen. Scheibe vorher mit Motoröl benetzen.

Hinweis: Mit zunehmender Laufleistung wird durch Setzen und Einschlagen der Ventile das Ventilspiel kleiner, das heißt, die vorhandene Einstellscheibe ist dann zu dick und muss durch eine dünnere ersetzt werden.

Beispiel zur Berechnung der Scheibenstärke:

	Auslass	Einlass
Sollwert (Prüfwert)	0,45 – 0,55 mm	0,35 – 0,45 mm
ermittelter Wert	0,40 mm	0,25 mm
Spiel um	0,10 mm zu klein	0,15 mm zu klein

Liegen die Werte innerhalb der Toleranz, ist ein Auswechseln der Einstellscheiben nicht erforderlich. Wird die Toleranz überschritten, ist beim Einstellen der Einstellwert – zum Beispiel 0,40 mm für das Einlassventil – anzustreben.

Vorhandene Einstellscheibe	3,50 mm	4,25 mm
Erforderliche Einstellscheibe (um Mittelwert zu erreichen)	3,40 mm	4,10 mm

- Ventilspiel nochmals kontrollieren, dann Motor weiterdrehen.
- Auf dieselbe Weise Spiel für sämtliche Ventile prüfen beziehungsweise einstellen.
- Zylinderkopfdeckel einbauen, siehe Seite 151.
- Luftfilter einbauen, siehe Seite 188.

Keilriemen ersetzen/spannen

Die Kurbelwelle treibt über einen Keilriemen den Generator und beim 0,9-l-OHV-Motor zusätzlich die Kühlmittelpumpe an. Falls vorhanden, werden Nebenaggregate wie Klimakompressor mit einem separaten Keilriemen angetrieben. Zum Teil werden breite Keilriemen mit Vielzahnprofil eingebaut, die gegenüber herkömmlichen Keilriemen den Vorteil der besseren Haltbarkeit haben. Hier ist besonders darauf zu achten, dass die Riemen bündig und nicht versetzt auf den Riemenscheiben liegen.

Werden gebrauchte Keilriemen wieder eingebaut, darf die Laufrichtung nicht verändert werden, daher Laufrichtung vor dem Ausbau mit Kreide markieren.

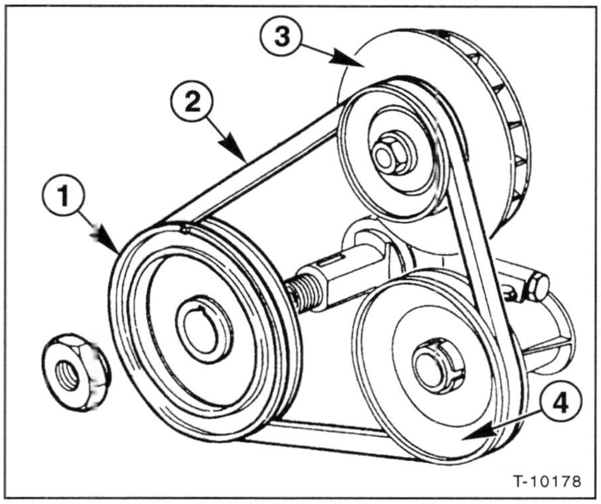

Riemenverlauf 0,9-l-OHV-Motor: 1 – Kurbelwellen-Riemenscheibe, 2 – Keilriemen, 3 – Generator-Riemenscheibe, 4 – Kühlmittelpumpen-Riemenscheibe.

Ausbau

- Fahrzeug aufbocken.

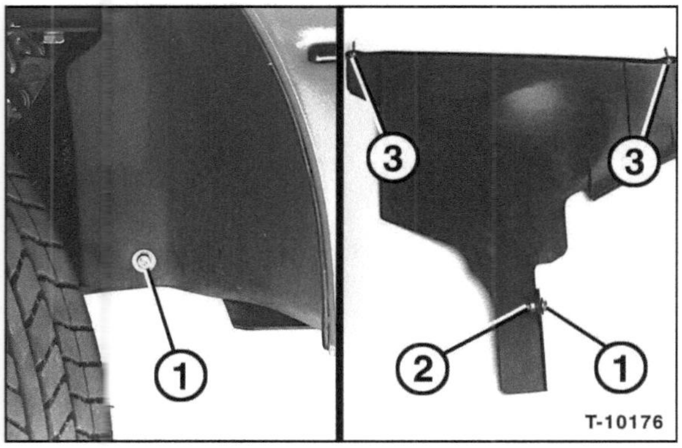

- Untere Keilriemen-Abdeckung abschrauben. Dazu Schraube –1– im Radhaus herausdrehen, dabei Mutter –2– gegenhalten. Anschließend 2 Kreuzschlitzschrauben –3– herausdrehen.
- Rechten Innenkotflügel abschrauben.

- Befestigungsschrauben –Pfeile– für den Generator ca. 1 Umdrehung lösen. **Achtung:** Der Generator muss nun leicht beweglich sein, das heißt, der Keilriemen muss sich entspannen, ohne dass der Generator mit der Hand zur Seite gedrückt wird.
- Drehzahlfühler mit Innensechskantschraube abschrauben und aus dem Halter herausziehen.
- Keilriemen abnehmen.

Einbau

- Keilriemen auflegen. **Achtung:** Werden Keilriemen ersetzt, nur Keilriemen gleicher Größe einbauen.
- Generator mit Montierhebel vom Motor wegdrücken und dadurch Keilriemen spannen. Befestigungsschrauben des Generators in dieser Stellung festziehen.
- Keilriemenspannung mit FIAT-Werkzeug oder von Hand prüfen, siehe unter »Spannung prüfen«. Anschließend alle Halteschrauben festziehen.

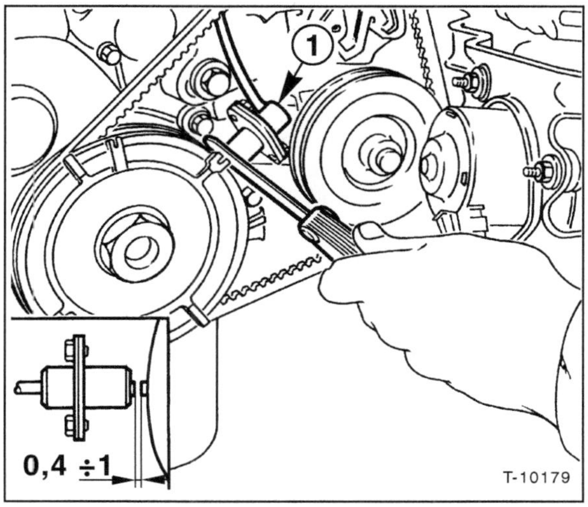

- Drehzahlfühler anschrauben. Dabei darauf achten, dass der Spalt von 0,4 bis 1,0 mm zwischen Drehzahlfühler und Rotor eingehalten wird.
- Rechten Innenkotflügel einsetzen und anschrauben.

- Untere Keilriemen-Abdeckung anschrauben.
- Fahrzeug ablassen.

Keilriemenspannung prüfen

Sicherheitshinweis
Beim Aufbocken des Fahrzeugs besteht Unfallgefahr! Deshalb vorher das Kapitel »Fahrzeug aufbocken« durchlesen.

- Fahrzeug aufbocken.
- Untere Keilriemen-Abdeckung abschrauben.
- Rechten Innenkotflügel abschrauben und herausnehmen.

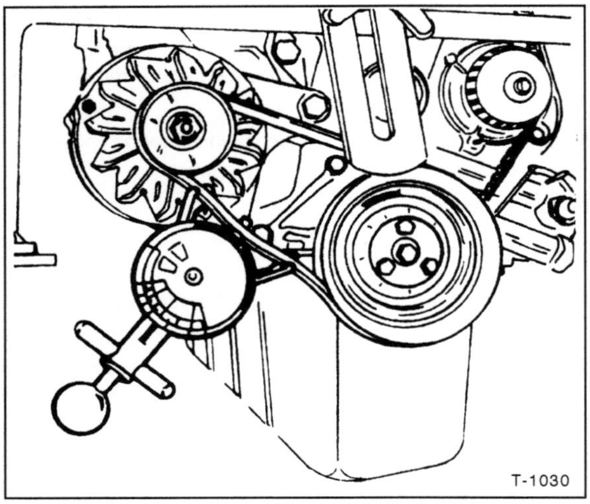

- Keilriemenspannung mit Spezialwerkzeug FIAT 189576 prüfen. Sollwert bei einem neuen Keilriemen: ca. 500 N (Newton); bei bereits gelaufenem Keilriemen: 350 N. Ein Keilriemen gilt als gelaufener Keilriemen, wenn er mindestens 15 Minuten in Betrieb war.
- Wird die Spannung im Rahmen der Wartung geprüft, muss der Keilriemen erst nachgespannt werden, wenn die Spannung weniger als 250 N beträgt.
- Steht das Spezialwerkzeug nicht zur Verfügung, Keilriemen mit dem Daumen zwischen den Riemenscheiben eindrücken. Dabei soll sich ein neuer Riemen etwa 5 mm, ein gelaufener Riemen etwa 10 mm zwischen den Riemenscheiben eindrücken lassen, sonst Spannung korrigieren.
- Rechten Innenkotflügel einsetzen und anschrauben.
- Untere Keilriemenabdeckung montieren.
- Fahrzeug ablassen.

Störungsdiagnose Motor

Wenn der Motor nicht anspringt, Fehler systematisch einkreisen. Damit der Motor überhaupt anspringen kann, müssen beim Benzinmotor immer zwei Grundvoraussetzungen erfüllt sein: Das Kraftstoff-Luftgemisch muss bis in die Zylinder gelangen und der Zündfunke muss an den Zündkerzenelektroden überschlagen. Als erstes ist deshalb immer zu prüfen, ob überhaupt Kraftstoff gefördert wird. Wie man dabei vorgeht, steht in den Kapiteln »Kraftstoffanlage« und »Einspritzanlage« beziehungsweise »Motormanagement«.

Um festzustellen, ob ein Zündfunke vorhanden ist, Zündkerzen herausschrauben, in Zündkerzenstecker stecken und einzeln gegen Masse halten. Dabei Zündkerzenstecker oder Zündkabel **nicht** mit der Hand festhalten, sondern eine gut isolierte Zange nehmen. Von Helfer Motor starten lassen. **Achtung:** Um Schäden am Katalysator zu vermeiden, darf dabei kein Benzin eingespritzt werden. Daher Sicherung für die Kraftstoffpumpe abziehen. Wenn kein Zündfunke überspringt, Fehler entsprechend dem Kapitel »Zündung« aufspüren. **Achtung: Sicherheitshinweise für elektronische Zündanlage beachten.**

Störung: Der Motor springt schlecht oder gar nicht an

Ursache		Abhilfe
Bedienungsfehler beim Starten.	**Benzinmotor:**	■ **Bei kaltem und warmem Motor:** Kupplung ganz durchtreten und Motor starten, ohne das Gaspedal zu betätigen. Anlasser nicht länger als etwa 5 Sekunden betätigen. ■ Springt der Motor auch nach 3 Startversuchen nicht an, ca. 10 Sekunden warten und Motor wie bei »heißem Motor« beschrieben starten. ■ **Bei heißem Motor:** Gaspedal ganz durchtreten und in dieser Stellung halten –nicht pumpen– und Motor starten. Nach dem Anspringen des Motors Gaspedal mit steigender Drehzahl langsam entlasten.
Zündanlage defekt oder verschmutzt.		■ Zündanlage entsprechend Störungsdiagnose überprüfen.
Kraftstoffanlage defekt, verschmutzt.		■ Kraftstoffanlage entsprechend Störungsdiagnose überprüfen.
Anlasser dreht zu langsam.		■ Batterie laden. Anlasser überprüfen.
Ventilspiel falsch. Hydrostößel defekt.		■ Ventilspiel korrigieren (1,1-l-FIRE-Motor). ■ Hydrostößel erneuern (0,9-l-OHV-Motor).
Kompressionsdruck zu niedrig.		■ Ventilspiel einstellen (1,1-l-FIRE-Motor), Motor überholen.
Zylinderkopfdichtung defekt.		■ Dichtung ersetzen.

Motor-Schmierung

Aus dem Inhalt:

- Ölvorschriften
- Ölverbrauch
- Ölkreislauf im Motor
- Öldruckkontrolle
- Ölwannenausbau
- Ölpumpe/Ölfilter

Für die FIAT CINQUECENTO/SEICENTO-Motoren sollen Mehrbereichsöle verwendet werden. Das hat den Vorteil, dass das Motoröl nicht jahreszeitbedingt (Sommer/Winter) gewechselt werden muss. Mehrbereichsöle bauen auf einem dünnflüssigen Einbereichsöl (zum Beispiel 15 W) auf. Durch so genannte »Viskositätsindexverbesserer« wird das Öl im heißen Zustand stabilisiert, so dass für jeden Betriebszustand die richtige Schmierfähigkeit gegeben ist.

Das »W« in der SAE-Bezeichnung weist das Öl als wintertauglich aus.

Bei Leichtlaufölen handelt es sich um Mehrbereichsöle, denen unter anderem Reibwertverminderer zugesetzt wurden, wodurch sich die Reibung innerhalb des Motors vermindert. Für das Leichtlauföl wird als Grundöl ein so genanntes Synthetiköl verwendet. Beim Kauf eines Leichtlauföles sollte man darauf achten, dass es von FIAT freigegeben wurde (steht auf dem Behälter).

Anwendungsbereich/Viskositätsklassen

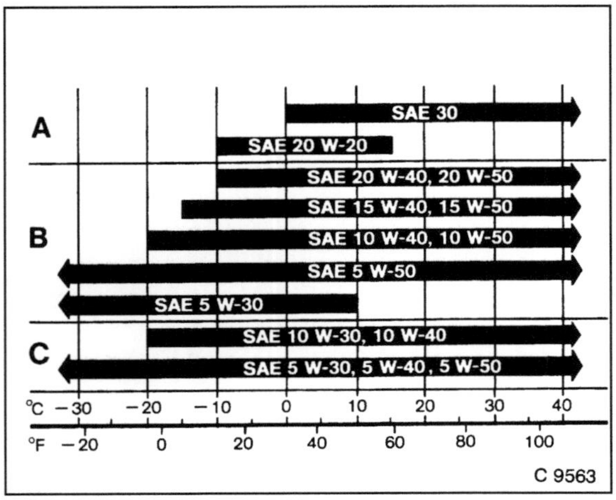

A – Einbereichsöle
B – Mehrbereichsöle
C – Leichtlauföle

Von FIAT empfohlen wird die Verwendung von Öl der Spezifikation SAE 15W-40. Da die Einsatzbereiche benachbarter SAE-Klassen sich überschneiden, können kurzfristige Temperaturschwankungen unberücksichtigt bleiben. Es ist zulässig, Öle verschiedener Viskositätsklassen miteinander zu mischen, wenn einmal Öl nachgefüllt werden muss und die Außentemperaturen nicht mehr der Viskositätsklasse des im Motor befindlichen Öles entsprechen.

Zusatzschmiermittel – gleich welcher Art – sollen weder dem Kraftstoff noch den Schmierölen beigemischt werden.

Spezifikation des Motoröls

Die Qualität eines Motoröls wird durch Normen der Automobil- sowie der Ölhersteller gekennzeichnet.

Die Klassifikation der Motoröle amerikanischer Ölhersteller erfolgt nach dem **API**-System (API: American Petroleum Institut): Die Kennzeichnung erfolgt durch jeweils zwei Buchstaben. Der erste Buchstabe gibt den Anwendungsbereich an: **S** = Service, für **Ottomotoren** geeignet; **C** = Commercial, für **Dieselmotoren** geeignet. Der zweite Buchstabe gibt die Qualität in alphabetischer Reihenfolge an. Von höchster Qualität sind Öle der Spezifikation SH für Ottomotoren und CF für Dieselmotoren.

Die europäische CCMC-Kommission wurde von der **»ACEA«** (Association des Constructeurs Européens de l'Automobile) abgelöst, welche weitere Tests und Qualitätsstufen festlegt. Öle für PKW-Benzinmotoren erhalten je nach Qualität die Klassen ACEA A1-96 bis A3-96; Dieselmotoröle erhalten die Klassen B1-96 bis B3-96. Von höchster Qualität sind Öle **A3** für Ottomotoren und **B3** für Dieselmotoren. **»96«** steht für den Beginn der Gültigkeit der ACEA-Klassifikation im Jahr 1996. Motoröle mit höheren Jahreszahlangaben können ebenfalls verwendet werden.

Achtung: Motorenöle, die vom Hersteller ausdrücklich als Öle für Diesel-Motoren bezeichnet werden, sind für Ottomotoren nicht geeignet. Bei Motorölen für Benzin- **und** Diesel-Motoren sind beide Spezifikationen (Beispiel: ACEA A3-96/B3-96 oder API SH/CD) auf der Öldose angegeben.

Das richtige Motoröl
für den FIAT CINQUECENTO/SEICENTO

FIAT schreibt folgende Öle für den CINQUECENTO und den SEICENTO vor:
Spezifikation SAE 15W-40, muss die Mindestnormen ACEA A3/B3 und API SG erfüllen.

Ölverbrauch

Bei einem Verbrennungsmotor versteht man unter dem Ölverbrauch diejenige Ölmenge, die als Folge des Verbrennungsvorganges verbraucht wird. Auf keinen Fall ist Ölverbrauch mit Ölverlust gleich zu setzen, wie er durch Undichtigkeiten an Ölwanne, Zylinderkopfdeckel usw. auftritt.

Normaler Ölverbrauch entsteht durch Verbrennung jeweils kleiner Mengen im Zylinder; durch Abführen von Verbrennungsrückständen und Abrieb-Partikeln. Zudem verschleißt das Öl durch hohe Temperaturen und hohe Drücke, denen es im Motor fortwährend ausgesetzt ist. Auch äußere Betriebsverhältnisse, wie Fahrweise sowie Fertigungstoleranzen haben einen Einfluss auf den Ölverbrauch. Der Ölverbrauch darf höchstens 0,5 l/1000 km beim OHV-Motor und 0,7 l/1000 km beim FIRE-Motor betragen.

Unbedingt muss Öl nachgefüllt werden, wenn die »Nachfüll«-Markierung erreicht ist. **Achtung:** Nicht Öl über die »Maximal«-Markierung einfüllen. Wurde zu viel Öl eingefüllt, muss das überschüssige Öl abgelassen werden. Sonst kann der Katalysator beschädigt werden, da unverbranntes Öl in die Abgasanlage gelangt.

Der Ölkreislauf

OHV-Motor

Der OHV-Motor besitzt eine Zahnradölpumpe in der Ölwanne, die über eine Schrägverzahnung von der Nockenwelle angetrieben wird.

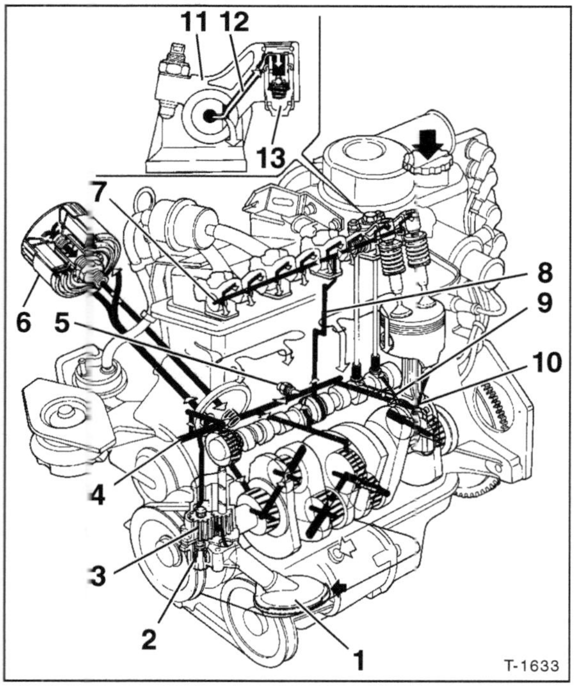

Die Ölpumpe –3– saugt das Motoröl über den Ölsaugkorb –1– aus der Ölwanne an und drückt es in den Hauptstromölfilter –6– An der Druckseite der Ölpumpe befindet sich ein Überdruckventil (Öldruckregelventil) –2–. Bei zu hohem Öldruck öffnet das Ventil, und ein Teil des Öls kann in die Ölwanne zurückfließen.

Durch die Mittelachse der Filterpatrone gelangt das gefilterte Öl in den Hauptölkanal –4–. Bei verstopftem Ölfilter leitet ein Kurzschlussventil das Öl direkt und ungefiltert in den Hauptölkanal.

Vom Hauptölkanal zweigen Kanäle ab zur Schmierung der Kurbelwellenlager. Durch schräge Bohrungen in der Kurbelwelle wird das Öl an die Pleuellager geleitet und von dort gegen Kolbenbolzen und Zylinder gespritzt –10–. Durch die Bohrungen –9– werden die Nockenwellenlager und die Stößelstangen geschmiert.

Gleichzeitig gelangt Motoröl über eine Steigleitung –8– in den Zylinderkopf und versorgt dort über Leitung –7– die Kipphebel –11– und über Kanal –12– die Hydrostößel –13–.

Zur Überwachung des Öldrucks im Hauptölkanal sitzt seitlich im Motorblock der Öldruckschalter –5–.

FIRE-Motor

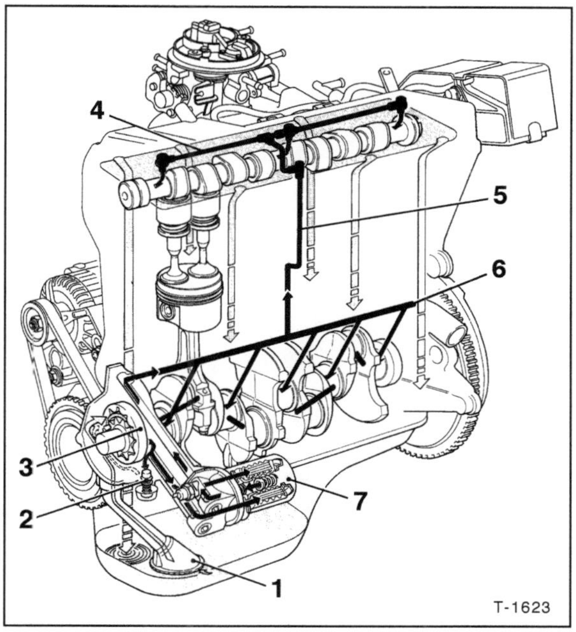

Die Ölpumpe –3– ist beim FIRE-Motor als Zahnrad-Sichelpumpe ausgelegt. Das Zahnrad ist am vorderen Ende der Kurbelwelle angeflanscht und wird daher direkt durch die Kurbelwelle angetrieben.

Bezeichnungen Ölkreislauf:

1 – Ölsaugkorb
2 – Überdruckventil (Öldruckregelventil)
3 – Ölpumpe
4 – Versorgungsleitung im Zylinderkopf
5 – Steigleitung
6 – Hauptölkanal
7 – Hauptstromölfilter

Öldruck überprüfen

- Ölstand kontrollieren, gegebenenfalls berichtigen.
- Fahrzeug etwa ½ Stunde lang warm fahren, die Öltemperatur soll ca. +100° C betragen.
- Batterie-Massekabel (–) bei ausgeschalteter Zündung abklemmen. **Achtung:** Falls das eingebaute Radio einen Diebstahlcode besitzt, wird dieser beim Abklemmen der Batterie gelöscht. Radios mit Diebstahlcode sind erkennbar an dem Wort »CODE« oder einem roten Schlüsselzeichen auf der Frontblende. Das Radio kann anschließend nur durch die Eingabe des richtigen Codes oder durch den Radio-Hersteller wieder in Betrieb genommen werden. Vor dem Abklemmen daher unbedingt den Diebstahlcode ermitteln.
- Gegebenenfalls untere Motorraumabdeckung abschrauben und abnehmen, siehe Kapitel »Ölwanne aus- und einbauen«.

- Kabel vom Öldruckschalter abziehen und Öldruckschalter herausschrauben. Das Bild zeigt den Öldruckschalter vom FIRE-Motor. Er befindet sich am Ölfilterflansch. Beim OHV-Motor sitzt der Öldruckschalter an der Motorblock-Rückseite neben dem Ölfilter.
- Anstelle des Öldruckschalters geeignetes Manometer einschrauben.
- Motor starten und im Leerlauf belassen. **Sollwert:** mindestens 0,7 bar. Anschließend Drehzahl auf 4000/min erhöhen, der Öldruck muss zwischen 3,6 und 4,4 bar liegen.
- Öldruckschalter mit neuem Dichtring einsetzen und mit **32 Nm** festziehen, Kabel anschließen.
- Falls ausgebaut, untere Motorraumabdeckung einbauen, siehe Kapitel »Ölwanne aus- und einbauen«.
- Batterie-Massekabel (–) anklemmen. Gegebenenfalls Diebstahlcode für das Autoradio eingeben und Zeituhr einstellen.
- Falls der Öldruck vom Sollwert abweicht, siehe »Störungsdiagnose Ölkreislauf«.

Ölwanne aus- und einbauen

Ausbau

- Batterie-Massekabel (–) bei ausgeschalteter Zündung abklemmen. **Achtung:** Falls das eingebaute Radio einen Diebstahlcode besitzt, wird dieser beim Abklemmen der Batterie gelöscht. Radios mit Diebstahlcode sind erkennbar an dem Wort »CODE« oder einem roten Schlüsselzeichen auf der Frontblende. Das Radio kann anschließend nur durch die Eingabe des richtigen Codes oder durch den Radio-Hersteller wieder in Betrieb genommen werden. Vor dem Abklemmen daher unbedingt den Diebstahlcode ermitteln.

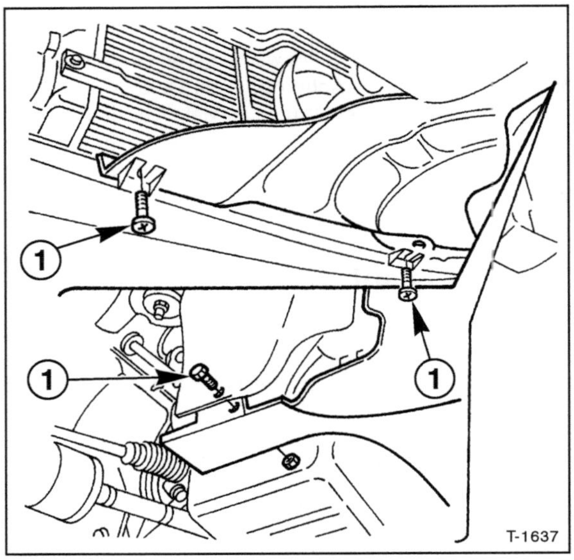

- Schrauben –1– an der unteren Motorraumabdeckung –2– herausdrehen und Motorraumabdeckung abnehmen.
- **FIRE-Motor:** Vorderes Abgasrohr vom Abgaskrümmer abschrauben, siehe Seite 207.

Sicherheitshinweis
Beim Aufbocken des Fahrzeugs besteht Unfallgefahr! Deshalb vorher das Kapitel »Fahrzeug aufbocken« durchlesen.

- Fahrzeug waagerecht aufbocken und Motoröl ablassen, siehe Seite 103.
- **Fahrzeuge mit Klimaanlage:** Keilriemen für Klimakompressor entspannen. Dazu die Klemmschraube am Riemenspanner lösen und den Keilriemenspanner verschieben.
- Untere Keilriemenabdeckung abschrauben, siehe Seite 163.

- Kupplungs-Abdeckblech –1– abschrauben –2–. **Hinweis:** Das Abdeckblech –1– ist mit 4 Schrauben befestigt. In der Abbildung sind nur 2 Schrauben dargestellt.

OHV-Motor

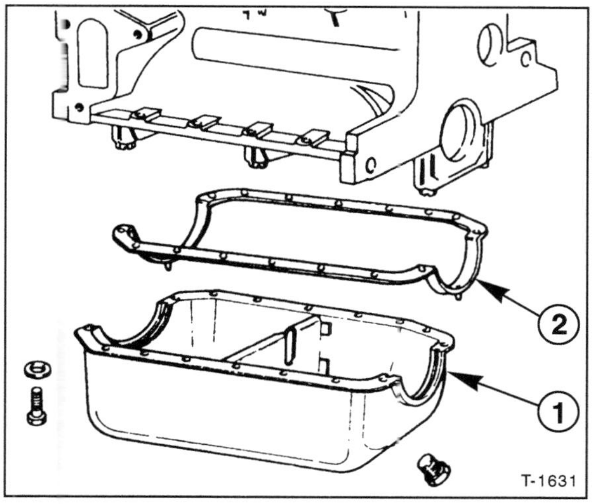

- Ölwanne –1– abschrauben und abnehmen, gegebenenfalls durch leichte Schläge mit einem Gummihammer lösen. Die Dichtung –2– kann auch aus mehreren Teilen bestehen.

FIRE-Motor

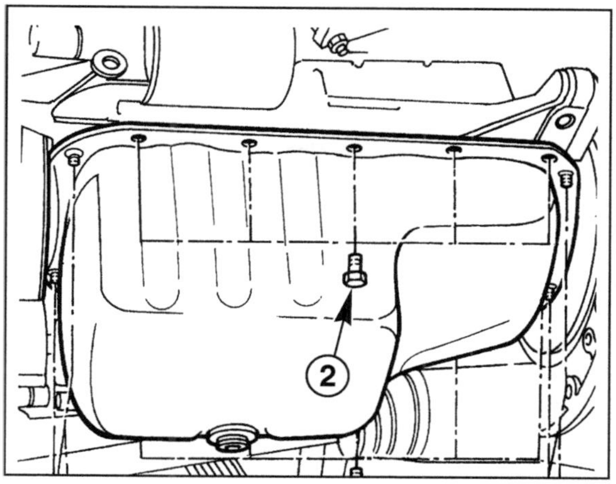

- Muttern –1– und Schrauben –2– gleichmäßig lösen und dann abschrauben.
- Ölwanne durch leicht Schläge mit einem Gummihammer lockern und abnehmen. **Hinweis:** Lässt sich die Ölwanne nicht abnehmen, Dichtungsbereich der Ölwanne mit einem Heißluftfön erwärmen und dann Ölwanne mit einem Schraubendreher vom Zylinderblock vorsichtig abdrücken. Schraubendreher dazu in die Einkerbungen im Zylinderblock einführen.

Einbau

- Dichtflächen von Ölwanne und Motorblock reinigen und trocknen. Eventuell verbogene Dichtfläche an der Ölwanne vorsichtig richten.
- **OHV-Motor:** Ölwannendichtung –2– immer erneuern. Ölwanne ansetzen, dabei darauf achten, dass die Ölpumpe nicht beschädigt wird.

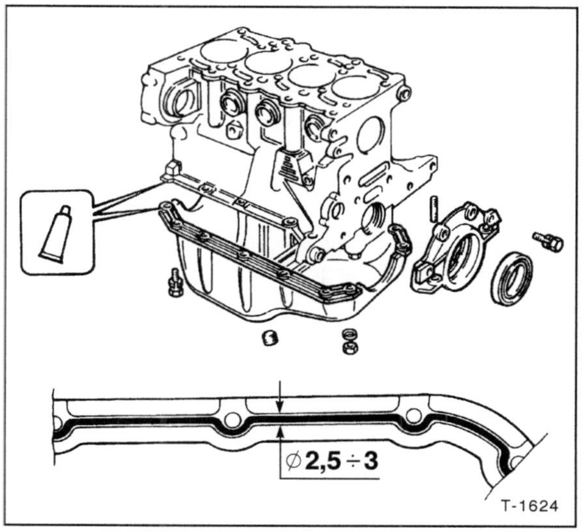

- **FIRE-Motor:** An einem Stück, ohne Unterbrechung, auf den Sitz der Ölwanne einen Strang von DOW CORNING Q3-7057 Silikon-Dichtmasse (FIAT-Nr. 5882442) mit einem Durchmesser von 2,5 bis 3 mm auftragen, siehe Abbildung. Die Schraubenlöcher müssen außerhalb des Dichtmittelstranges liegen. Es kann auch eine andere Universaldichtung, zum Beispiel Curil, genommen werden. **Achtung:** Nach der Montage der Ölwanne erst nach 1 Stunde Motoröl einfüllen.

- Schrauben und Muttern einsetzen und handfest anziehen. Darauf achten, dass die Dichtung nicht verrutscht. Beim FIRE-Motor, Ölwanne nach dem Anlegen möglichst nicht mehr verschieben.
- **OHV-Motor:** Ölwannenschrauben gleichmäßig mit 9 Nm anziehen.
- **FIRE-Motor:** Erst die Muttern und dann die Schrauben der Ölwanne mit 8 Nm anziehen.
- **FIRE-Motor:** Vorderes Abgasrohr einbauen, siehe Seite 207.
- Kupplungs-Abdeckblech anschrauben.
- Keilriemenabdeckung anschrauben.
- Sicherstellen, dass die Ölablassschraube eingeschraubt ist und mit **50 Nm** angezogen ist.
- Motoröl einfüllen, siehe Seite 18.
- Fahrzeug ablassen.
- Batterie-Massekabel (–) anklemmen. Gegebenenfalls Diebstahlcode für das Autoradio eingeben und Zeituhr einstellen.
- Nach Probefahrt Ölwanne auf Dichtigkeit prüfen, eventuell alle Schrauben vorsichtig nachziehen.

Ölpumpe aus- und einbauen/prüfen

OHV-Motor

Die Ölpumpe sitzt beim OHV-Motor an der Steuerkettenseite in der Ölwanne des Motors.

Ausbau

- Ölwanne ausbauen, siehe Seite 168.
- Ölpumpe mit 2 Schrauben abschrauben und mit Ölsaugkorb herausnehmen.

Prüfen

- Zahnräder der Ölpumpe von Hand drehen und dadurch Ölpumpe auf Leichtgängigkeit prüfen.

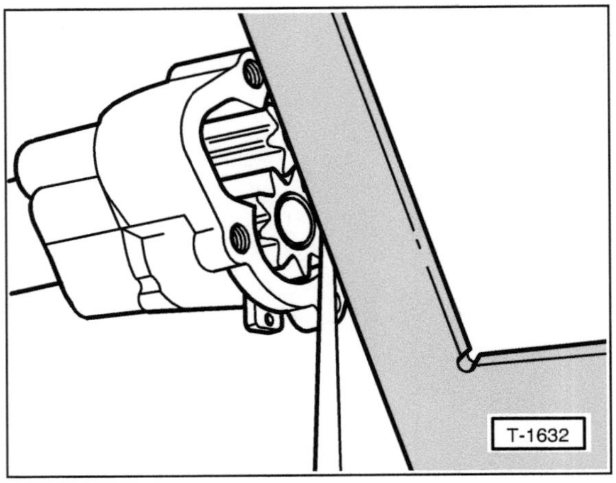

- Der Abstand zwischen Gehäuse und der Stirnfläche der Zahnräder soll zwischen 0,020 und 0,105 mm liegen. Prüfung mit Haarlineal und Fühlerblattlehre, siehe Abbildung.

Einbau

- Ölpumpe mit Ölsaugkorb ansetzen und anschrauben.
- Ölwanne einbauen, siehe Seite 168.

FIRE-Motor

Die Ölpumpe sitzt beim FIRE-Motor im Kurbelwellen-Abschlussdeckel an der Zahnriemenseite des Motors.

Ausbau

- Ölwanne ausbauen, siehe Seite 168.
- Keilriemen ausbauen, siehe Seite 163.
- Zahnriemen und Zahnriemenscheibe ausbauen, siehe Seite 149.

- Ölpumpe abschrauben und abziehen. Dazu 5 Sechskantschrauben –1– herausdrehen. **Hinweis:** Die Pfeile in der Abbildung nicht beachten.

Prüfen

- Zahnräder der Ölpumpe von Hand drehen und dadurch Ölpumpe auf Leichtgängigkeit prüfen.

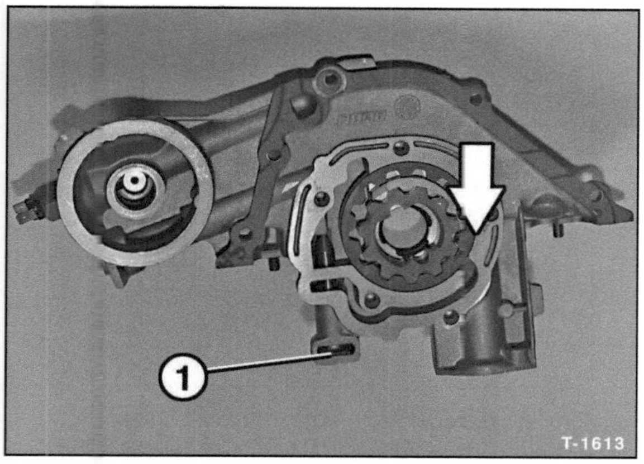

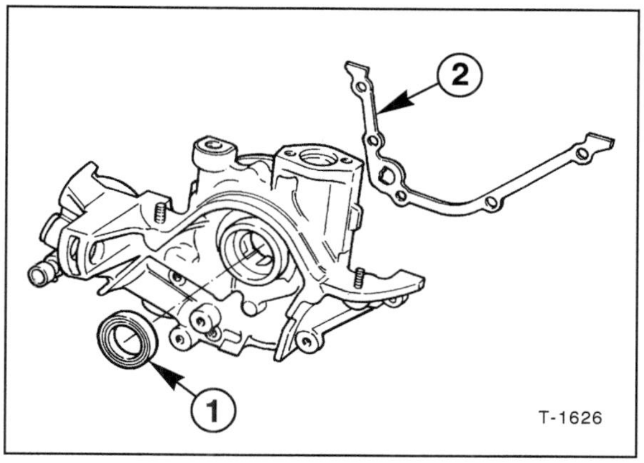

- Druckregelventil ausbauen. Dazu Federhalterung –1– nach vorn herausziehen, alle Teile in Kraftstoff reinigen. Teile wieder einsetzen.
- Ölpumpendeckel abbauen und Pumpenräder mit Fühlerblattlehre vermessen. Das Spiel zwischen Pumpengehäuse und angetriebenem Zahnrad darf 0,08 bis 0,2 mm betragen.

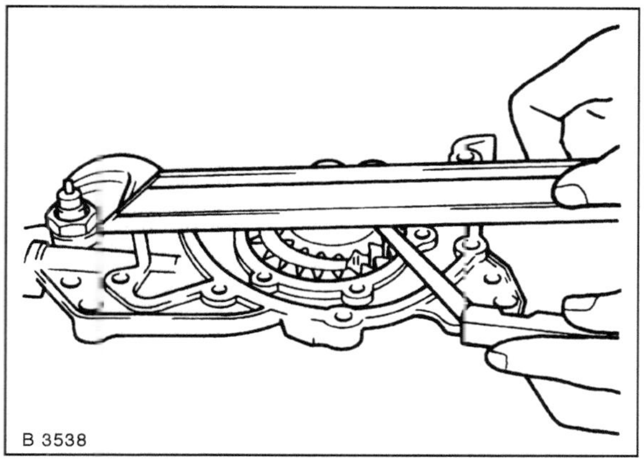

- Der Abstand zwischen Gehäuse und der Stirnfläche der Zahnräder soll zwischen 0,025 und 0,056 mm liegen. Prüfung mit Haarlineal und Fühlerblattlehre, siehe Abbildung.
- Ölpumpendeckel wieder aufschrauben.
- Gegebenenfalls verschlissenen Dichtring –1– heraushebeln und neuen Dichtring mit geeignetem Rohr eintreiben. Das Rohr muss denselben Außendurchmesser wie der Dichtring haben.

Einbau

- Dichtungs-Anlageflächen reinigen.
- Neue Dichtung –2– zur besseren Haftung mit etwas Fett versehen und auf Pumpengehäuse auflegen. Dichtring –1– zwischen den Dichtlippen mit Fett füllen.
- Pumpengehäuse auf die Kurbelwelle aufstecken und mit 15 Nm anschrauben.
- Zahnriemenscheibe aufstecken. Befestigungsschraube mit **70 Nm** festziehen.
- Zahnriemen auflegen und spannen, siehe Seite 149.
- Zahnriemen-Abdeckung montieren.
- Keilriemenscheibe aufstecken, 3 Schrauben mit 15 Nm anziehen.
- Ölwanne einbauen, siehe Seite 168.
- Keilriemen einbauen und spannen, siehe Seite 163.
- Motoröl einfüllen, siehe Seite 18.
- Batterie-Massekabel (–) anklemmen. Gegebenenfalls Diebstahlcode für das Autoradio eingeben und Zeituhr einstellen.
- Probefahrt von mindestens 20 Minuten Dauer durchführen. Anschließend Motor auf Ölundichtigkeiten sichtprüfen, eventuell Schrauben vorsichtig nachziehen.

Störungsdiagnose Ölkreislauf

Störung	Ursache	Abhilfe
Kontrollleuchte leuchtet nicht nach Einschalten der Zündung.	Öldruckschalter defekt.	■ Zündung einschalten, Leitung vom Öldruckschalter abziehen und gegen Masse halten. Wenn die Kontrolllampe leuchtet, Schalter ersetzen.
	Strom zum Schalter unterbrochen, Kontakte korrodiert.	■ Elektrische Leitung und Anschlüsse prüfen.
	Kontrolllampe defekt.	■ Kontrolllampe ersetzen.
Kontrolllicht erlischt nicht nach Anspringen des Motors.	Öl sehr warm.	■ Unbedenklich, wenn Kontrolllicht beim Gas geben verlischt.
Kontrollicht erlischt nicht beim Gasgeben beziehungsweise leuchtet während der Fahrt.	Öldruck zu gering.	■ Ölstand prüfen, ggf. auffüllen; Öldruck nach Vorschrift prüfen.
	Elektrische Leitung zum Öldruckschalter hat Kurzschluss gegenüber Masse.	■ Kabel am Schalter abziehen und isoliert ablegen (nicht gegen Masse legen), Zündung einschalten. Wenn die Kontrolllampe aufleuchtet, Leitung überprüfen.
	Öldruckschalter defekt.	■ Schalter auswechseln.
Zu niedriger Öldruck im gesamten Drehzahlbereich.	Zu wenig Öl im Motor.	■ Motoröl nachfüllen.
	Ansaugsieb in der Saugglocke verschmutzt, Saugrohr gebrochen.	■ Ölwanne ausbauen, Ansaugsieb reinigen, ggf. Saugrohr ersetzen.
	Ölpumpe verschlissen.	■ Ölpumpe ausbauen und prüfen, gegebenenfalls ersetzen.
	Lagerschaden.	■ Motor demontieren.
Zu niedriger Öldruck im unteren Drehzahlbereich.	Öldruckregelventil klemmt in offenem Zustand durch Verschmutzung.	■ Öldruckregelventil ausbauen und prüfen.
Zu hoher Öldruck bei Drehzahlen über 2.000/min.	Öldruckregelventil öffnet nicht wegen Verschmutzung.	■ Öldruckregelventil ausbauen und prüfen.

Motor-Kühlung

Aus dem Inhalt:

- **Kühlmittelkreislauf**
- **Frostschutzmischung**
- **Kühlmittel wechseln**
- **Thermostat prüfen**
- **Kühlmittelpumpe**
- **Kühler**

Der Kühlmittelkreislauf wird thermostatisch geregelt. Solange der Motor kalt ist, zirkuliert das Kühlmittel nur im Zylinderkopf und im Motorblock sowie im Wärmetauscher der Heizung. Mit zunehmender Erwärmung öffnet der Kühlmittelregler den Kühlmittelstrom durch den Kühler. Das Kühlmittel wird von der Kühlmittelpumpe bewegt, die beim OHV-Motor über einen Keilriemen, beim FIRE-Motor über den Zahnriemen angetrieben wird. Die Kühlflüssigkeit durchströmt den Kühler von oben nach unten und wird dabei durch den an den Kühlrippen vorbeistreichenden Fahrtwind gekühlt. Sobald die Kühlmitteltemperatur auf ca. +92° C steigt, schaltet ein Thermoschalter den Elektrolüfter zu. Sinkt die Kühlmitteltemperatur unter +87° C, schaltet der Thermoschalter den Lüfter wieder aus.

Der Ausgleichbehälter dient als Vorratsbehälter für Kühlmittel und fängt das sich bei Erwärmung ausdehnende Kühlmittel auf. Das Kühlsystem steht bei Betriebstemperatur unter Druck. Ein Druckbegrenzungsventil im Deckel des Ausgleichbehälters begrenzt den Druck auf 0,98 bar.

Kühlkreislauf OHV-Motor

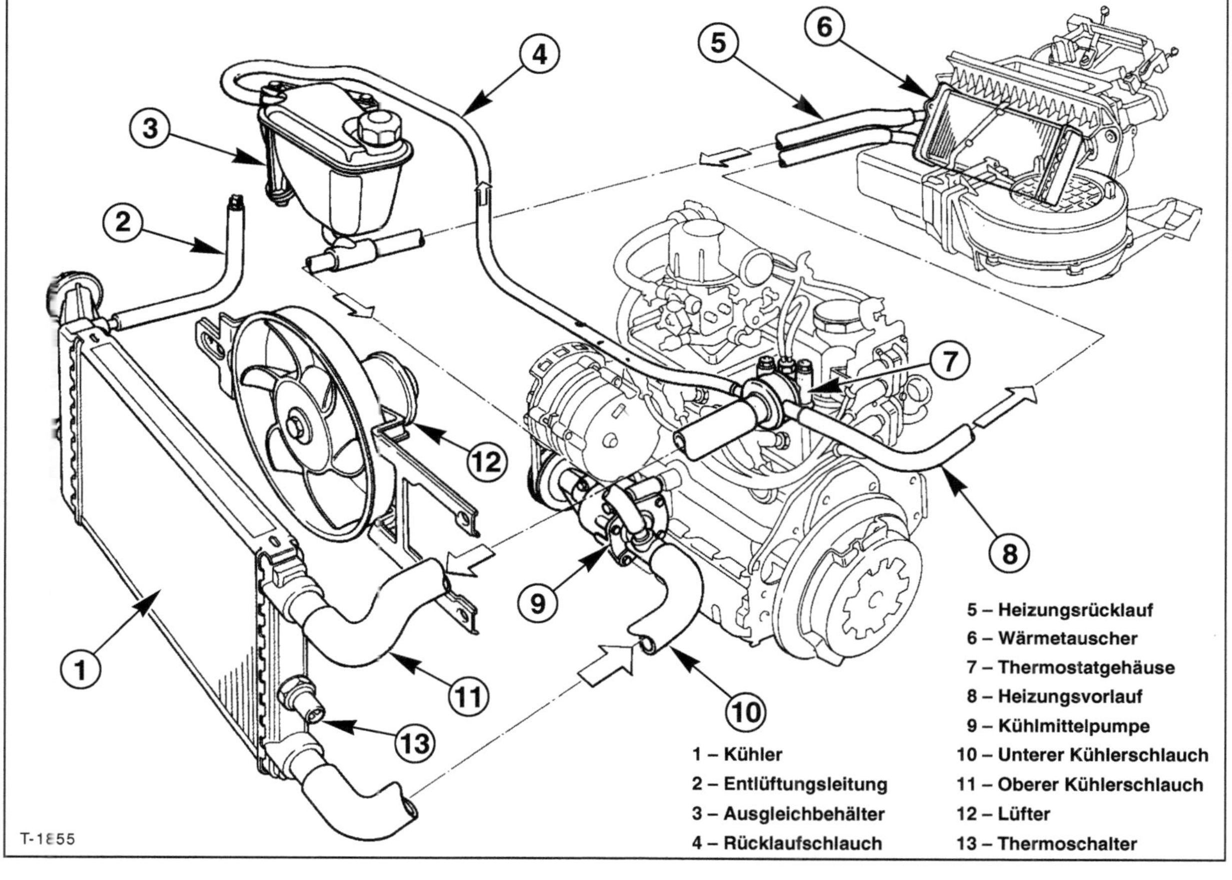

1 – Kühler
2 – Entlüftungsleitung
3 – Ausgleichbehälter
4 – Rücklaufschlauch
5 – Heizungsrücklauf
6 – Wärmetauscher
7 – Thermostatgehäuse
8 – Heizungsvorlauf
9 – Kühlmittelpumpe
10 – Unterer Kühlerschlauch
11 – Oberer Kühlerschlauch
12 – Lüfter
13 – Thermoschalter

Kühlmittel ablassen und auffüllen

Das Kühlmittel kann bei Reparaturen aufgefangen und wieder verwendet werden. Ein Wechsel im Rahmen der jährlichen Wartung ist nicht vorgesehen. Falls bei Reparaturen der Zylinderkopf, die Zylinderkopfdichtung, der Kühler, die Kühlmittelpumpe, der Wärmetauscher oder der Motor ersetzt wurden, muss die Kühlflüssigkeit **auf jeden Fall ersetzt werden.** Das ist erforderlich, weil sich die Korrosionsschutzanteile in der Einlaufphase an den neuen Leichtmetallteilen absetzen und somit eine dauerhafte Korrosionsschutzschicht bilden. Bei gebrauchter Kühlflüssigkeit ist der Korrosionsschutzanteil in der Regel nicht mehr groß genug, um eine ausreichende Schutzschicht an den neuen Teilen zu bilden.

Achtung: Bei Arbeiten am Kühlsystem unbedingt darauf achten, daß **kein Kühlmittel auf den Zahnriemen** gelangt. Der Glykolanteil des Kühlmittels kann das Gewebe des Zahnriemens so schädigen, daß der Riemen nach einiger Betriebszeit reißt, wodurch schwerwiegende Motorschäden auftreten können.

Hinweis: Kühlmittel ist leicht giftig. Gemeinde- und Stadtverwaltungen informieren darüber, wie das alte Kühlmittel entsorgt werden soll.

Ablassen

- Heizungsschalter im Innenraum auf maximale Heizleistung stellen.

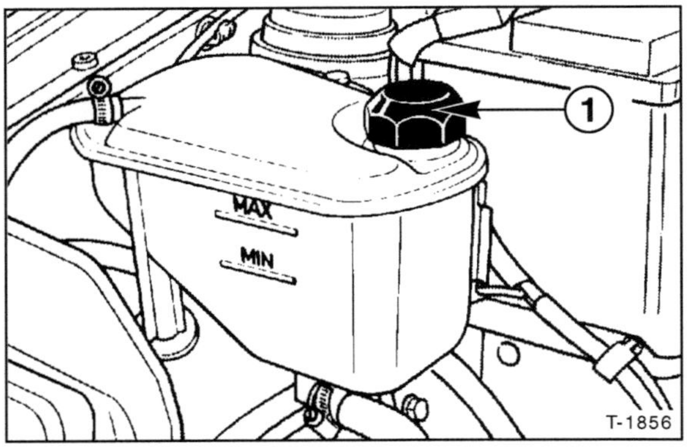

- Verschlussdeckel –1– am Ausgleichbehälter öffnen.

Achtung: Bei heißem Motor vor dem Öffnen des Deckels einen dicken Lappen auflegen, um Verbrühungen durch heiße Kühlflüssigkeit oder Dampf zu vermeiden. Deckel nur bei Kühlmitteltemperaturen unter +90° C abnehmen.

- Sauberes Auffanggefäß unter den Kühler stellen.
- Schelle für unteren Kühlmittelschlauch an Kühler lösen und zurückschieben. Der Schlauch ist in der Regel mit einer Federbandschelle befestigt. Die beiden Enden der Schelle mit Spezialzange, zum Beispiel HAZET 798-5, zusammendrücken und Schelle zurückschieben. Es geht auch mit einer Wasserpumpenzange, aber die Handhabung ist etwas schwieriger. Falls eine Klemmschelle montiert ist, Schelle mit Seitenschneider durchschneiden und beim Einbau durch Schraubschelle ersetzen.
- Kühlmittelschlauch abziehen und Kühlflüssigkeit vollständig ablaufen lassen.

Auffüllen

Achtung: Da Kühler und Wärmetauscher aus Aluminium gefertigt sind, darf nur ein geeignetes Frostschutzmittel verwendet werden, zum Beispiel »PARAFLU11« von FIAT.

Füllmenge 0,9-l-Motor: 4,8 l
1,1-l-Motor: 4,0 l

- Kühlflüssigkeit aus 50% kalkarmem Wasser und 50% Frostschutzmittel »PARAFLU« mischen, siehe Seite 175.
- Unteren Kühlmittelschlauch am Kühler wieder aufschieben und mit Federbandschelle oder Schraubschelle sichern.

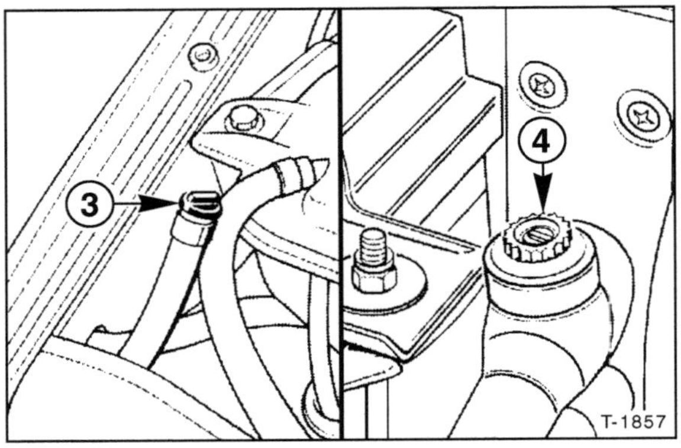

- Entlüftungsstopfen –3– am rechten Kotflügel vorn oder Entlüftungsschraube –4– (nur 1,1-l-FIRE-Motor) im oberen Heizungsschlauch beziehungsweise oben am Kühler herausdrehen.
- Kühlflüssigkeit in den Ausgleichbehälter einfüllen, bis die MIN-Markierung erreicht ist.
- Verschlussdeckel am Ausgleichbehälter aufschrauben. Vorher kontrollieren, ob die Gummidichtung am Deckel intakt ist.
- Entlüftungsschrauben –3– oder –4– festziehen.
- Motor anlassen und im Leerlauf weiter laufen lassen, bis der untere Kühlerschlauch warm wird. Anschließend stoßweise Gas bis über 4.000/min geben, damit die Kühlflüssigkeit bewegt wird.
- Sobald der Kühlerlüfter das erste Mal gelaufen ist, Motor abstellen.
- Motor abkühlen lassen und Kühlmittelstand im Ausgleichbehälter kontrollieren, gegebenenfalls korrigieren. Der Kühlmittelstand soll bei kaltem Motor zwischen der MIN- und der MAX-Markierung liegen.
- Kühlsystem, insbesondere Schlauchanschlüsse sowie Verschlussschrauben und Kühlmittelpumpe, auf Dichtheit prüfen.

Kühler-Frostschutzmittel

Die Kühlanlage muss ganzjährig mit einer Mischung aus sauberem, möglichst destilliertem Wasser und Kühlerfrost- und Korrosions-Schutzmittel befüllt sein. Diese Mischung verhindert Frost- und Korrosionsschäden, Kalkansatz und hebt außerdem die Siedetemperatur des Kühlmittels an. Durch den Verschlussdeckel am Ausgleichbehälter wird bei warmem Motor innerhalb des Kühlkreislaufs ein Überdruck von 0,98 bar aufgebaut, der ebenfalls zur Siedepunkterhöhung der Kühlflüssigkeit beiträgt. Erforderlich ist der höhere Siedepunkt der Kühlflüssigkeit für ein einwandfreies Funktionieren der Motor-Kühlung. Bei zu niedrigem Siedepunkt kann es zu einem Hitzestau kommen, wodurch der Kühlkreislauf behindert und die Kühlung des Motors vermindert wird.

Achtung: Da Kühler und Wärmetauscher aus Aluminium gefertigt sind, darf nur ein dafür geeignetes Frost- und Korrosionsschutzmittel verwendet werden. FIAT schreibt das Kühlkonzentrat »PARAFLU« vor.

Kühlmittel-Mischungsverhältnis: 1 Teil Wasser zu 1 Teil »PARAFLU«. Diese Mischung verhindert ein Einfrieren des Kühlmittels bis zu – 35° C. Kühlmittel-Gesamtfüllmenge, siehe Motortabelle auf Seite 13.

Kühlmittelregler (Thermostat) aus- und einbauen/prüfen

Der Kühlmittelregler öffnet mit zunehmender Erwärmung des Motors den großen Kühlmittelkreislauf. Bleibt der Kühlmittelregler durch einen Defekt geschlossen, wird der Motor zu heiß. Erkennbar ist das am Aufleuchten der Kühlmittel-Kontrolllampe, während gleichzeitig der Kühler kalt bleibt. Ein defekter Thermostat kann aber auch nach dem Abkühlen der Kühlflüssigkeit weiterhin geöffnet bleiben. Dies erkennt man daran, dass der Motor nicht mehr seine Betriebstemperatur erreicht beziehungsweise dass im Winter die Heizleistung nachlässt.

Achtung: Wenn der Motor nach kurzer Fahrstrecke heiß wird, kann das auch daran liegen, dass sich der Kühler aufgrund von Kalkablagerungen zugesetzt hat (Kühler austauschen), oder der Keilriemen zum Antrieb der Kühlmittelpumpe gerissen ist (nur OHV-Motor).

Ausbau

Sicherheitshinweis
Beim Aufbocken des Fahrzeugs besteht Unfallgefahr! Deshalb vorher das Kapitel »Fahrzeug aufbocken« durchlesen.

- Fahrzeug aufbocken.
- Batterie-Massekabel (–) bei ausgeschalteter Zündung abklemmen. **Achtung:** Falls das eingebaute Radio einen Diebstahlcode besitzt, wird dieser beim Abklemmen der Batterie gelöscht. Radios mit Diebstahlcode sind erkennbar an dem Wort »CODE« oder einem roten Schlüsselzeichen auf der Frontblende. Das Radio kann anschließend nur durch die Eingabe des richtigen Codes oder durch den Radio-Hersteller wieder in Betrieb genommen werden. Vor dem Abklemmen daher unbedingt den Diebstahlcode ermitteln.
- Untere Motorraumabdeckung ausbauen, siehe Seite 224.
- Kühlmittel ablassen und auffangen.
- Kühlmittelschläuche am Kühler aufschieben und mit Schellen sichern.
- Motorraumabdeckung einbauen, siehe Seite 224.
- Fahrzeug ablassen.

OHV-Motor

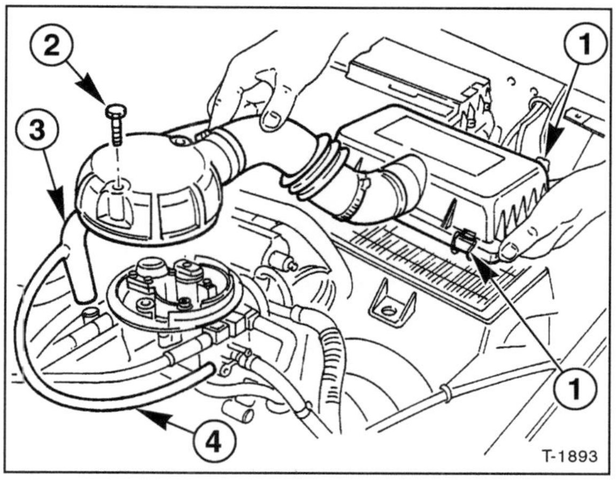

- Federklammern am Luftfilterdeckel öffnen –1–.
- Abdeckung des Drosselklappengehäuses abschrauben –2–.
- Kurbelgehäuseentlüftung vom Ventildeckel abziehen –3– und vom Drosselklappengehäuse abziehen –4–.
- Luftfilterdeckel komplett mit Schläuchen und Abdeckung für Drosselklappengehäuse abnehmen.
- Kühlmittelschlauch am Kühlmittelreglergehäuse abziehen.
- Leitung für Kühlmittelreglersensor abziehen und Masseanschluss abschrauben.
- Kabelhalterung am Kühlmittelreglergehäuse abschrauben.

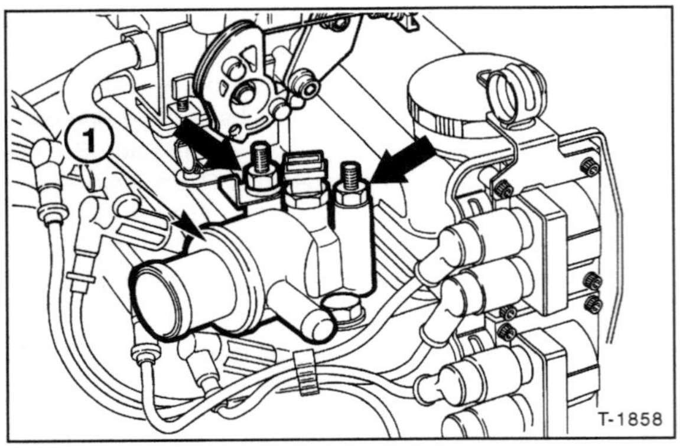

- Kühlmittelreglergehäuse –1– vom Zylinderkopf abschrauben –Pfeile–.
- Kühlmittelregler aus dem Gehäuse nehmen und prüfen, gegebenenfalls auswechseln.

FIRE-Motor

- Haltebügel für Zündspule abschrauben und abnehmen.
- Kühlmittelschlauch am Kühlmittelreglergehäuse abziehen.

- Kühlmittelreglergehäuse unterhalb der Zündspulen abschrauben –Pfeile– und mit der Dichtung abnehmen.
- Kühlmittelregler aus dem Gehäuse nehmen und prüfen, gegebenenfalls auswechseln.

Prüfen

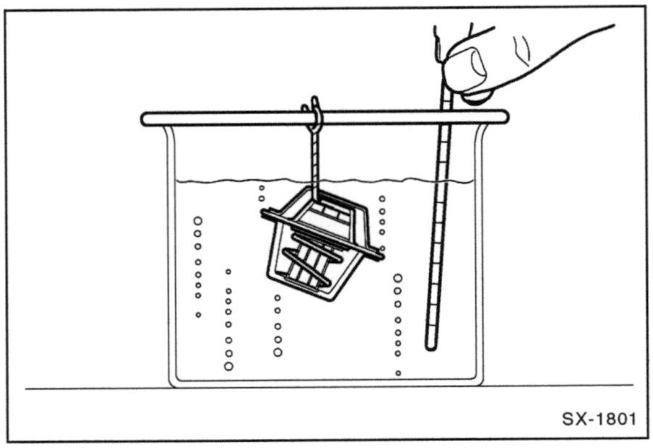

- Kühlmittelregler im Kühlmittelbad langsam erwärmen. Dabei darf der Thermostat nicht die Wände des Behälters berühren. Der Thermostat muss vollständig eingetaucht sein. Temperatur mit einem geeigneten Thermometer kontrollieren.

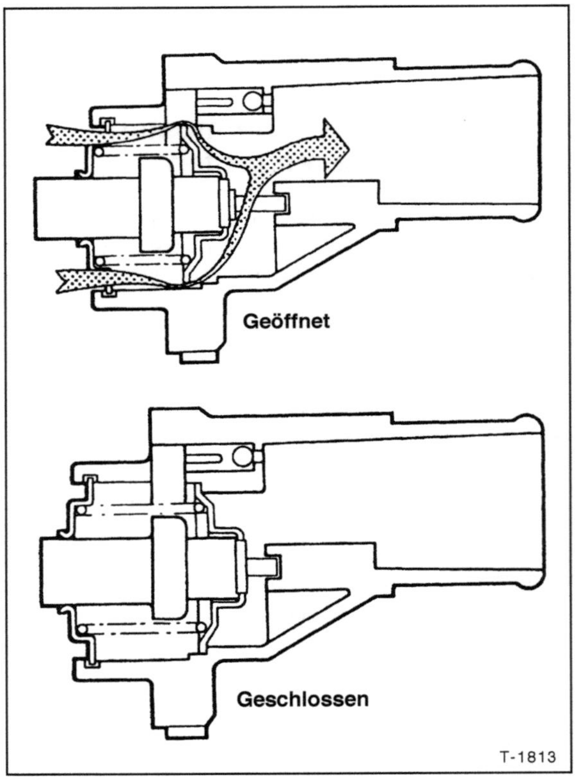

- Bei einer Temperatur von ca. +85° C beginnt der Thermostat mit der Öffnung der Regelklappe. Das Bild zeigt den Kühlmittelregler des FIRE-Motors.
- Die größte Öffnung erreicht der Kühlmittelregler bei ca. +100° C. Der Kühlmittelregler muss jetzt ganz geöffnet sein, die Regelklappe muss nun mindestens 7,5 mm vom Anschlag abgehoben haben.

- Anschließend prüfen, ob sich der Regler beim Abkühlen wieder schließt, andernfalls Regler ersetzen.

Einbau

OHV-Motor

- Kühlmittelregler in das Gehäuse einsetzen. Thermostatgehäuse mit 2 neuen Dichtungen (Zylinderkopf/Gehäuse und Gehäusehälften) ansetzen und 3 Schrauben mit **15 Nm** gefühlvoll festziehen.
- Kabelhalterung am Kühlmittelreglergehäuse anschrauben.
- Masseanschluss am Gehäuse anschrauben und Leitung für Kühlmittelreglersensor aufschieben.
- Kühlmittelschlauch am Kühlmittelreglergehäuse aufschieben und mit Schellen befestigen.
- Luftfilterdeckel komplett mit Schläuchen und Abdeckung für Drosselklappengehäuse aufsetzen. Federklammern am Luftfilterdeckel schließen und Abdeckung für Drosselklappengehäuse anschrauben.
- Schläuche für Kurbelgehäuseentlüftung am Drosselklappengehäuse und am Ventildeckel aufschieben.

FIRE-Motor

- Thermostatgehäuse mit neuer Dichtung am Zylinderkopf ansetzen und mit **ca. 10 Nm** anschrauben.
- Kühlmittelschläuche auf den Stutzen aufschieben und mit Schraubschellen oder Federbandschellen sichern.
- Zündspule anschrauben.

Alle

- Kühlmittel auffüllen, siehe Seite 174.
- Batterie-Massekabel (–) anklemmen. Gegebenenfalls Diebstahlcode für das Autoradio eingeben und Zeituhr einstellen.

Thermoschalter für Kühlerlüfter prüfen

Der Thermoschalter ist zu prüfen, wenn bei heißem Motor der Lüfter nicht einschaltet. **Prüfvoraussetzung:** Kühlmittelregler und Verschlussdeckel für Kühlsystem sind in Ordnung.

Der Thermoschalter für den Elektrolüfter sitzt links am Kühler. Durch den Schalter wird der Lüfter bei einer Kühlmitteltemperatur von 90 – 94° C eingeschaltet und bei 85 – 90° C ausgeschaltet.

Prüfen

- Prüfen, ob der Kühler im Bereich des Thermoschalters überhaupt heiß wird.
- Sicherung für Lüftermotor prüfen, gegebenenfalls ersetzen, siehe Seite 46.
- Zündung einschalten.
- Stecker vom Thermoschalter abziehen, die Klemmen der beiden Leitungen zum Thermoschalter mit kurzer Prüfleitung verbinden.
- Wenn der Elektrolüfter jetzt anläuft, Thermoschalter ersetzen. Anzugsdrehmoment für Thermoschalter: **25 Nm**. Auslaufendes Kühlmittel auffangen. Anschließend Kühlflüssigkeit auffüllen und Kühlsystem entlüften, siehe Seite 174.
- Wenn der Lüfter nicht anläuft, elektrische Leitungen gemäß Stromlaufplan prüfen. Anschlüsse auf guten Kontakt und festen Sitz kontrollieren. Gegebenenfalls Lüftermotor ersetzen.
- Neuen Thermoschalter auf Funktion überprüfen. Motor warm fahren und so lange im Leerlauf laufen lassen, bis der Lüfter für Kühlmittel einschaltet.

Ausgebauten Thermoschalter prüfen

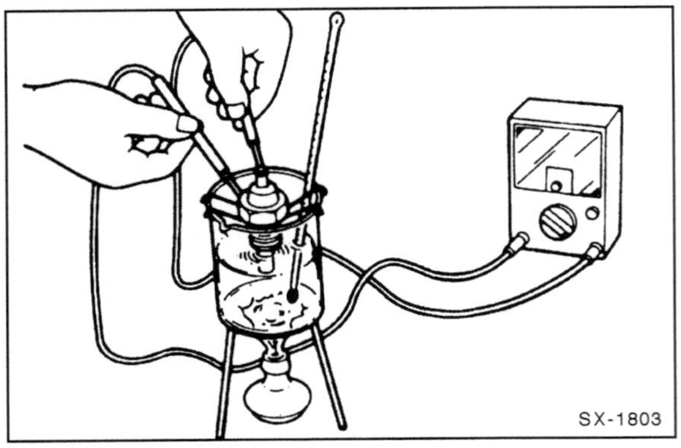

- Thermoschalter in ein Wasserbad hängen. Das Wasserbad langsam erwärmen.
- Mit einem Ohmmeter Stromdurchgang des Thermoschalters prüfen. In ausgeschaltetem Zustand darf kein Durchgang vorhanden sein (Widerstand = ∞ Ω). In eingeschaltetem Zustand ist Durchgang vorhanden (Widerstand = 0 Ω). Der Thermoschalter klickt hörbar, wenn er schaltet.
- Der Thermoschalter muss bei einer Temperatur von 90 – 94° C einschalten.
- Wasserbad abkühlen lassen und kontrollieren, ob der Thermoschalter bei einer Temperatur von 85 – 89° C wieder ausschaltet.
- Erreicht der Thermoschalter die Sollwerte bei den Messungen nicht, so ist er zu ersetzen.

Lüftermotor aus- und einbauen

Ausbau

- Batterie-Massekabel (–) bei ausgeschalteter Zündung abklemmen. **Achtung:** Falls das eingebaute Radio einen Diebstahlcode besitzt, wird dieser beim Abklemmen der Batterie gelöscht. Radios mit Diebstahlcode sind erkennbar an dem Wort »CODE« oder einem roten Schlüsselzeichen auf der Frontblende. Das Radio kann anschließend nur durch die Eingabe des richtigen Codes oder durch den Radio-Hersteller wieder in Betrieb genommen werden. Vor dem Abklemmen daher unbedingt den Diebstahlcode ermitteln.

Sicherheitshinweis
Beim Aufbocken des Fahrzeugs besteht Unfallgefahr! Deshalb vorher das Kapitel »Fahrzeug aufbocken« durchlesen.

- Fahrzeug aufbocken.
- Untere Keilriemenabdeckung abschrauben, siehe Seite 163.
- Stecker am Lüftermotor abziehen.
- Lüfterhalter vom Kühler abschrauben und zusammen mit Lüftermotor herausnehmen.

- Gegebenenfalls Lüfterrad abschrauben.
- Motor mit 3 Schrauben vom Halter abschrauben.

Einbau

- Lüftermotor an Halter anschrauben.
- Gegebenenfalls Lüfterrad anschrauben.
- Motor mit Halter am Kühler festschrauben.
- Lüfterkabel aufstecken.
- Untere Kühlerabdeckung anschrauben.
- Fahrzeug ablassen.
- Batterie-Massekabel (–) anklemmen. Gegebenenfalls Diebstahlcode für das Autoradio eingeben und Zeituhr einstellen.
- Funktion prüfen. Dazu Motor warm laufen lassen, bis der Lüfter einschaltet.

Kühler aus- und einbauen

Nach längerer Laufzeit des Fahrzeuges können sich die dünnen Kanäle im Kühler durch Rückstände im Kühlmittel und Kalkablagerungen zusetzen. Dadurch lässt die Kühlleistung stark nach und der Motor wird zu warm. In diesem Fall kann der Kühler ausgebaut und mit handelsüblichem Kesselsteinlöser nach Gebrauchsanweisung des Herstellers behandelt werden. Meist hilft aber nur ein Austauschen des Kühlers.

Ausbau

- Batterie-Massekabel (–) bei ausgeschalteter Zündung abklemmen. **Achtung:** Falls das eingebaute Radio einen Diebstahlcode besitzt, wird dieser beim Abklemmen der Batterie gelöscht. Radios mit Diebstahlcode sind erkennbar an dem Wort »CODE« oder einem roten Schlüsselzeichen auf der Frontblende. Das Radio kann anschließend nur durch die Eingabe des richtigen Codes oder durch den Radio-Hersteller wieder in Betrieb genommen werden. Vor dem Abklemmen daher unbedingt den Diebstahlcode ermitteln.
- Kühlmittelschläuche am Kühler mit Schlauchklemme oder geeigneter Schraubzwinge abklemmen, damit kein Kühlmittel ausläuft. Es kann auch das Kühlmittel abgelassen werden, siehe Seite 174.

- Oberen und unteren Kühlmittelschlauch am Kühler abziehen, vorher Schellen öffnen und ganz zurückschieben. Klemmschellen mit Seitenschneider durchschneiden und beim Einbau durch Schraubschellen ersetzen.
- Schlauch zum Ausgleichbehälter vom Kühler abziehen.
- Kabel vom Thermoschalter am Kühler abziehen. Kabel für Kühlerlüfter am Stecker trennen.

Sicherheitshinweis
Beim Aufbocken des Fahrzeugs besteht Unfallgefahr! Deshalb vorher das Kapitel »Fahrzeug aufbocken« durchlesen.

- Fahrzeug aufbocken.
- Untere Keilriemenabdeckung abschrauben, siehe Seite 163.
- Stecker am Lüftermotor abziehen.

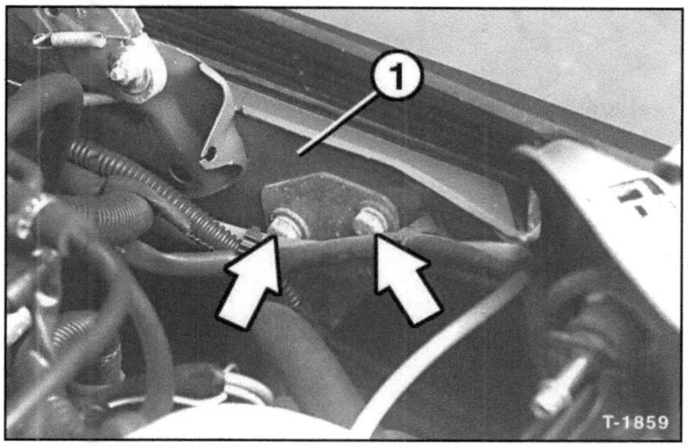

- Kühler am vorderen Querträger –1– abschrauben –Pfeile–.
- Kühler nach links, in Fahrtrichtung gesehen, aus der rechten Halterung herausziehen und nach unten herausnehmen.

Achtung: Die Kühlerlamellen sind mitunter recht scharfkantig, es empfiehlt sich deshalb, zum Herausheben des Kühlers Arbeitshandschuhe zu verwenden.

Einbau

- Sämtliche Kühlmittelschläuche auf Einschnitte, Risse und sonstige Beschädigungen überprüfen und, falls erforderlich, auswechseln. Gummilager der Kühlerhalterung auf einwandfreien Zustand prüfen.
- Kühler rechts in die Halterung einsetzen und links mit 2 Schrauben anschrauben.
- Oberen und unteren Kühlmittelschlauch aufschieben und mit Schraubschellen beziehungsweise Federbandschellen sichern.
- Kühlmittelschlauch zum Ausgleichbehälter aufschieben und mit Schelle sichern.
- Falls verwendet, Schlauchklemmen lösen.
- Anschlusskabel an Thermoschalter und Lüfter aufstecken.
- Untere Keilriemenabdeckung anschrauben.
- Kühlmittel auffüllen.
- Batterie-Massekabel (–) anklemmen. Gegebenenfalls Diebstahlcode für das Autoradio eingeben und Zeituhr einstellen.
- Motor warm laufen lassen und Schlauchanschlüsse auf Dichtheit prüfen.
- Kühlmittelstand nochmals kontrollieren.

Kühlsystem prüfen

Undichtigkeiten im Kühlsystem und die Funktion des Überdruckventils im Verschlussdeckel des Kühlers können mit einem speziellen Druckprüfer überprüft werden, der im Fachhandel erhältlich ist.

- Motor auf Betriebstemperatur bringen, Kühler muss warm sein. Motor abstellen.
- Heizung auf volle Heizleistung stellen.
- Verschlussdeckel am Ausgleichbehälter abschrauben. **Achtung:** Lappen um den Deckel legen, damit kein Kühlmittel austritt. Die Kühlmitteltemperatur sollte unter +90° C liegen.

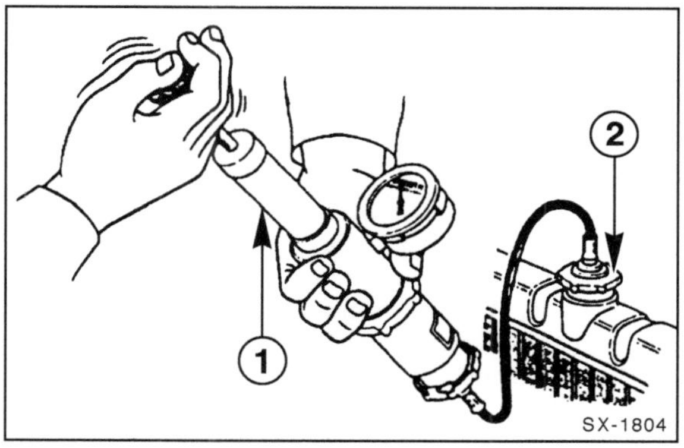

- Prüfgerät auf Einfüllstutzen des Ausgleichbehälters aufsetzen –2–. Mit der Handpumpe –1– des Gerätes einen Überdruck von ca. 1,0 bar erzeugen. Fällt der Druck innerhalb von 10 Sekunden ab, undichte Stelle suchen und beseitigen. Die undichte Stelle lässt sich an ausfließendem Kühlmittel erkennen.
- Wenn der Druck ohne Austritt von Kühlmittel abfällt, kann auf inneren Kühlmittelverlust im Motor, zum Beispiel durch eine defekte Zylinderkopfdichtung oder einen Gehäuseriss, geschlossen werden.

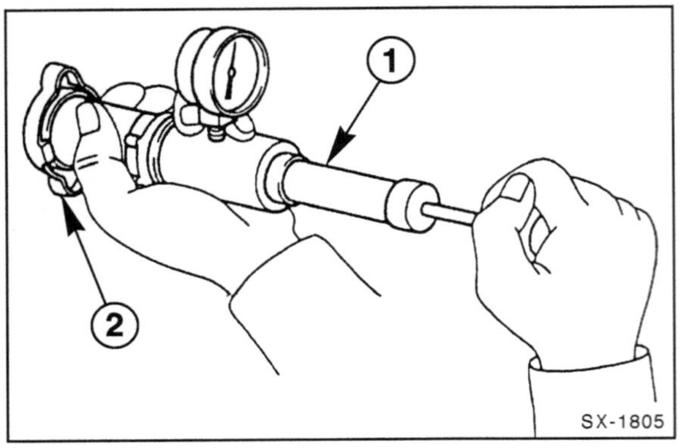

- Zum Überprüfen des Ausgleichventils, Druckprüfer mit Adapter auf den Kühler-Verschlussdeckel –2– setzen. Mit Handpumpe –1– Überdruck erzeugen und feststellen, bei welchem Druck das Ventil öffnet. **Sollwert:** 0,98 bar.
- Druckprüfer abbauen und Verschlussdeckel aufschrauben. Ist die Gummidichtung beschädigt, diese ersetzen.

Kühlmittelpumpe aus- und einbauen

OHV-Motor

Die Kühlmittelpumpe sitzt vorn am Motorblock. Sie wird vom Keilriemen angetrieben, der auch den Generator antreibt.

Ausbau

- Batterie-Massekabel (–) bei ausgeschalteter Zündung abklemmen. **Achtung:** Falls das eingebaute Radio einen Diebstahlcode besitzt, wird dieser beim Abklemmen der Batterie gelöscht. Radios mit Diebstahlcode sind erkennbar an dem Wort »CODE« oder einem roten Schlüsselzeichen auf der Frontblende. Das Radio kann anschließend nur durch die Eingabe des richtigen Codes oder durch den Radio-Hersteller wieder in Betrieb genommen werden. Vor dem Abklemmen daher unbedingt den Diebstahlcode ermitteln.
- Keilriemen ausbauen, siehe Seite 163.
- Falls erforderlich, Generator-Spannlasche an der Kühlmittelpumpe abschrauben.
- Kühlmittel ablassen.

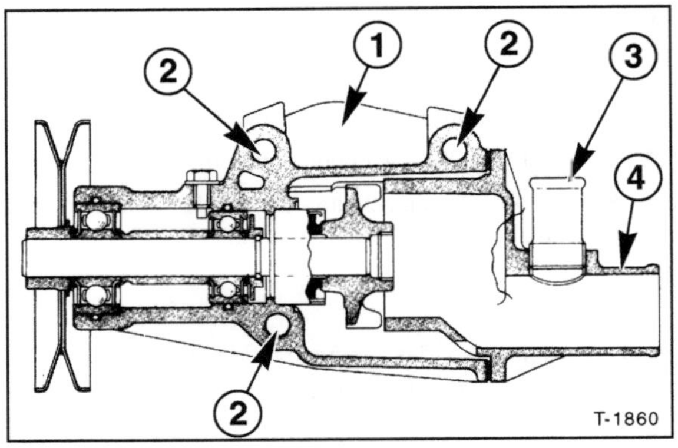

- Kühlmittelschläuche von den Anschlussstutzen –3– und –4– abziehen.
- 3 Befestigungsschrauben –2– für Kühlmittelpumpe am Motorblock abschrauben, Kühlmittelpumpe –1– mit Dichtung abnehmen.
- Dichtungsreste mit handelsüblichem Schaber vorsichtig entfernen.

Zerlegen

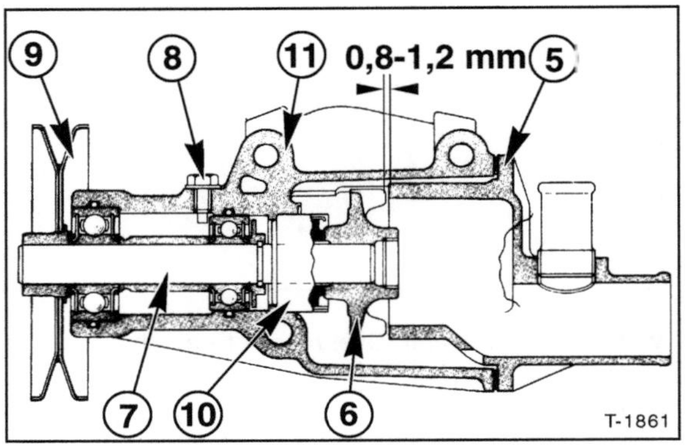

- Gegebenenfalls Kühlmittelpumpe zerlegen. **Achtung:** Dazu ist eine geeignete Presse und ein Abzieher erforderlich.
- Pumpendeckel –5– vom Gehäuse –11– abschrauben.
- Pumpenrad –6– von der Welle –7– abziehen. Die FIAT-Werkstätten haben dazu den Abzieher A.40026.
- Sicherheitsschraube –8– herausdrehen.
- Pumpenwelle samt Lagern und Riemenscheibe –9– aus dem Pumpengehäuse –11– ausdrücken.
- Riemenscheibe von der Pumpenwelle abdrücken.
- Falls defekt, Öldichtung –10– ausbauen. Dazu Öldichtung mit einem Messingdorn austreiben.
- Defekte Teile ersetzen. Beim Zusammenbauen beachten, dass das Pumpenrad einen Abstand von 0,8 bis 1,2 mm vom Pumpendeckel haben sollte. Die Pumpe muss sich von Hand leicht durchdrehen lassen.

Einbau

- Sämtliche Dichtungen ersetzen, alle Schrauben mit 20 Nm festziehen.
- Kühlmittelschläuche aufschieben und mit Schellen sichern.
- Falls abgebaut, Generator-Spannlasche an der Kühlmittelpumpe anschrauben.
- Keilriemen einbauen, siehe Seite 163.
- Kühlmittel auffüllen.
- Batterie-Massekabel (–) anklemmen. Gegebenenfalls Diebstahlcode für das Autoradio eingeben und Zeituhr einstellen.
- Nach Probefahrt Dichtigkeit der Kühlanlage prüfen.

FIRE-Motor

Die Kühlmittelpumpe beim FIRE-Motor kann nicht instand gesetzt werden. Bei einem Defekt ist die gesamte Pumpe auszutauschen. Bei einem Defekt der Wellendichtung läuft vor allem bei laufendem Motor Kühlflüssigkeit am Motorblock herunter.

Ausbau

- Batterie-Massekabel (–) bei ausgeschalteter Zündung abklemmen. **Achtung:** Falls das eingebaute Radio einen Diebstahlcode besitzt, wird dieser beim Abklemmen der Batterie gelöscht. Radios mit Diebstahlcode sind erkennbar an dem Wort »CODE« oder einem roten Schlüsselzeichen auf der Frontblende. Das Radio kann anschließend nur durch die Eingabe des richtigen Codes oder durch den Radio-Hersteller wieder in Betrieb genommen werden. Vor dem Abklemmen daher unbedingt den Diebstahlcode ermitteln.
- Kühlmittel ablassen.
- Zahnriemen ausbauen, siehe Seite 148.

T-1815

- Kühlmittelpumpe abschrauben –Pfeile–. Pumpe aus dem Motorblock herausnehmen.

Einbau

- Dichtflächen an Motorblock und Kühlmittelpumpe zuerst mit einer scharfen Klinge (Schaber) reinigen, dann mit trockenem Lappen abwischen, damit Dichtungsreste und andere Rückstände entfernt werden.

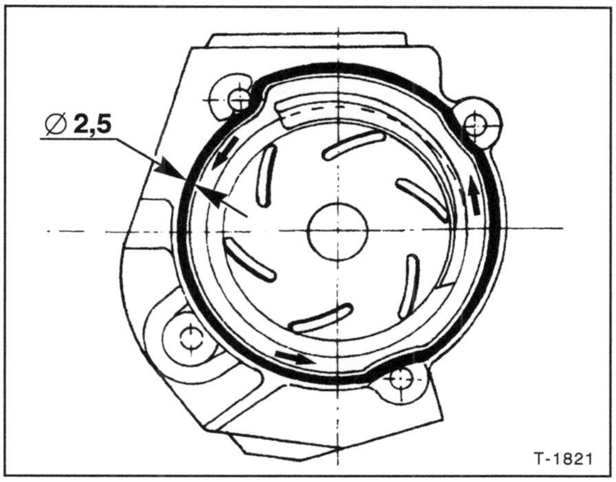

T-1821

- In einem Stück, ohne Unterbrechung, auf dem Pumpengehäuse einen Strang von DOW CORNING Q 3-7057 Silikon-Dichtmasse (FIAT-Nr. 5882442) mit einem Durchmesser von ungefähr 2,5 mm auftragen. Darauf achten, dass die beiden Enden des Strangs gut miteinander verbunden sind.
- Neue Pumpe vorsichtig einsetzen, die Pumpe darf im Motorblock nicht verdreht werden. Schrauben nicht zu fest anziehen, Drehmoment **10 Nm**.
- Zahnriemen einbauen und spannen, siehe Seite 149.
- Mindestens 1 Stunde warten, bis das Dichtmittel ausgehärtet ist. Erst dann Kühlmittel auffüllen.
- Batterie-Massekabel (–) anklemmen. Gegebenenfalls Diebstahlcode für das Autoradio eingeben und Zeituhr einstellen.
- Motor warm fahren. Danach Fahrzeug auf trockener Fläche abstellen und Kühlanlage auf Dichtheit prüfen.

Störungsdiagnose Motor-Kühlung

Störung: Die Kühlmitteltemperatur ist zu hoch, die Anzeige steht im roten Bereich.

Ursache	Abhilfe
Zu wenig Kühlflüssigkeit im Kreislauf.	■ Ausgleichbehälter muss bis zur Markierung voll sein. Gegebenenfalls Kühlmittel nachfüllen. Kühlsystem auf Dichtheit prüfen.
Kühlmittelregler (Thermostat) öffnet nicht, Kühlflüssigkeit zirkuliert nur im kleinen Kreislauf.	■ Prüfen, ob der obere Kühlmittelschlauch warm wird. Wenn nicht, Regler ausbauen und prüfen, ggf. Regler ersetzen.
Kühlerlamellen verschmutzt.	■ Kühler von der Motorseite her mit Pressluft durchblasen.
Kühler innen durch Kalkablagerungen oder Rost zugesetzt, unterer Kühlerschlauch wird nicht warm.	■ Kühler erneuern.
Elektrolüfter läuft nicht.	■ Stecker an Thermoschalter und Lüftermotor auf festen Sitz und guten Kontakt prüfen. ■ Thermoschalter prüfen. Unterwegs: Thermoschalter überbrücken. Der Lüfter läuft dann immer mit, solange die Zündung eingeschaltet ist. In der Regel ist die Zusatzkühlung durch den Lüfter nur im Stadt- und Kurzstreckenverkehr erforderlich. ■ Prüfen, ob Spannung am Stecker für Lüftermotor anliegt (Zündung eingeschaltet, Stecker für Thermoschalter überbrückt). Wenn ja, Lüftermotor ersetzen.
Kühler-Verschlussdeckel defekt.	■ Druckprüfung durchführen.
Kühlmitteltemperaturanzeige defekt.	■ Anzeigegerät/Geber überprüfen.
Kühlmittelpumpe defekt.	■ Kühlmittelpumpe ausbauen und überprüfen.
Keilriemenspannung zu gering oder Keilriemen gerissen (nur 0,9-l-OHV-Motor).	■ Keilriemenspannung prüfen, ggf. Keilriemen ersetzen.

Kraftstoffanlage

Aus dem Inhalt:

Zur Kraftstoffanlage zählen der Kraftstoffbehälter, die Kraftstoffpumpe, die Kraftstoffleitungen und die Einspritzanlage mit Kraftstoff- und Luftfilter. Die Kraftstoff-Einspritzanlage wird im Kapitel »Motormanagement« behandelt.

Der Kraftstoffbehälter ist unter der Rücksitzbank vor der Hinterachse angeordnet. Der jeweilige Kraftstoffvorrat wird dem Fahrer über ein Anzeige-Instrument im Schalttafeleinsatz angezeigt. Durch ein geschlossenes Belüftungssystem wird der Tank belüftet. Die schädlichen Benzindämpfe der Tankbelüftung werden in einem Aktivkohlespeicher aufgefangen und dem Motor kontrolliert zur Verbrennung zugeführt.

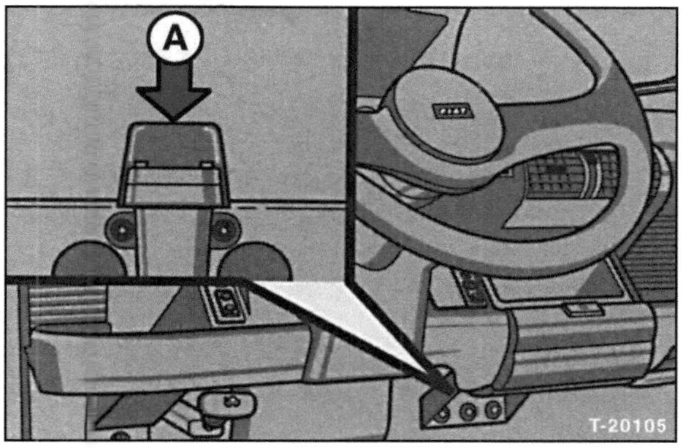

Bei neueren Fahrzeugen vom Typ CINQUECENTO und bei allen SEICENTO ist ein Sicherheitsschalter vorhanden, der bei einem Unfall mit einer Aufprallgeschwindigkeit ab etwa 25 km/h die Kraftstoffpumpe abschaltet. Dadurch wird die Kraftstoffzufuhr unterbrochen. Der Schalter befindet sich in der Mitte unter dem Armaturenbrett. Der Schalter kann wieder eingeschaltet werden, indem die mit einer Gummischutzkappe versehene Taste –A– gedrückt wird

Sicherheitshinweis
Riecht es nach einem Zusammenstoß nach ausgelaufenem Kraftstoff, ist vor Deaktivierung des Schalters zur Vermeidung von Bränden zunächst die Leckstelle zu beseitigen.

Sauberkeits- und Sicheheitsregeln bei Arbeiten an der Kraftstoffversorgung

Bei Arbeiten an der Kraftstoffversorgung sind die folgenden Regeln zur Sicherheit und Sauberkeit sorgfältig zu beachten:

Sicherheitshinweise

- **Kein offenes Feuer, nicht rauchen, keine glühenden oder sehr heißen Teile in die Nähe des Arbeitsplatzes bringen. Unfallgefahr! Feuerlöscher bereitstellen.**
- **Unbedingt für gute Belüftung des Arbeitsplatzes sorgen. Kraftstoffdämpfe sind giftig.**
- Das Kraftstoffsystem steht unter Druck. Beim Öffnen der Anlage kann Kraftstoff herausspritzen. Kraftstoffdruck durch Öffnen des Tankverschlusses abbauen. Austretenden Kraftstoff mit einem Lappen auffangen. **Schutzbrille tragen.**

- Verbindungsstellen der Kraftstoffleitungen und deren Umgebung vor dem Lösen gründlich reinigen.
- Ausgebaute Teile auf einer sauberen Unterlage ablegen und abdecken. Folien oder Papier verwenden. Keine fasernden Lappen benutzen!
- Geöffnete Bauteile sorgfältig abdecken beziehungsweise verschließen, wenn die Reparatur nicht umgehend ausgeführt wird.
- Ersatzteile erst unmittelbar vor dem Einbau aus der Verpackung nehmen. Nur saubere Teile einbauen.
- Bei geöffneter Kraftstoff-Anlage möglichst nicht mit Druckluft arbeiten. Das Fahrzeug möglichst nicht bewegen.
- Keine silikonhaltigen Dichtmittel verwenden. Vom Motor angesaugte Spuren von Silikonbestandteilen werden im Motor nicht verbrannt und schädigen die Lambdasonde.

Kraftstoff sparen beim Fahren

Wesentlichen Einfluss auf den Kraftstoffverbrauch hat die Fahrweise des Fahrzeuglenkers. Hier einige Tipps für den intelligenten Umgang mit dem Gaspedal.

- Nach dem Motorstart gleich losfahren, auch bei Frost.
- Motor abschalten bei voraussichtlichen Stopps über 40 Sekunden Dauer.
- Im höchstmöglichen Gang fahren.
- Möglichst gleichmäßige Geschwindigkeiten über längere Strecken fahren, hohe Geschwindigkeiten meiden. Vorausschauend fahren. Nicht unnötig bremsen.
- Keine unnötige Zuladung mitführen, Aufbauten am Fahrzeug, beispielsweise Dachgepäckträger, möglichst abbauen.
- Immer mit richtigem, nie mit zu niedrigem Reifendruck fahren.

Die Kraftstoffversorgung

Die Abbildung zeigt die Kraftstoffversorgung des 0,9-l-OHV-Motors

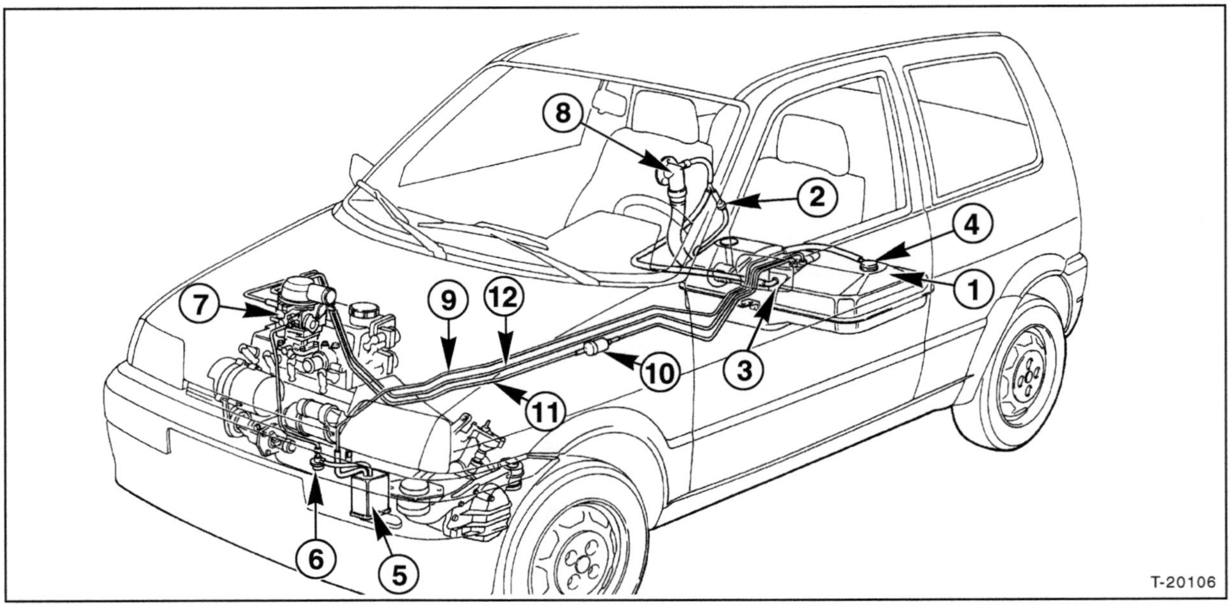

1 – Kraftstofftank
2 – Sicherheits-Be- und -Entlüftungsventil
3 – Kraftstoffpumpe
4 – Mehrfunktionsventil
5 – Aktivkohlebehälter
6 – Magnetventil
Regelt die vom Aktivkohlebehälter zum Saugrohr strömenden Benzindämpfe.
7 – Einspritzeinheit
8 – Kraftstoffeinfüllstutzen
9 – Leitung für Kraftstoffdämpfe vom Tank zum Aktivkohlebehälter
10 – Kraftstofffilter
11 – Kraftstoffzulaufleitung
12 – Rücklaufleitung

Tankgeber/Kraftstoffpumpe aus- und einbauen

Der Tankgeber ist zusammen mit der Kraftstoffpumpe von oben in den Kraftstoffbehälter eingebaut. Mit sinkendem Kraftstoffspiegel sinkt der Schwimmer des Tankgebers ab. Durch einen Schleifkontakt am Schwimmer erhöht sich dabei der elektrische Widerstand des Gebers. Dadurch sinkt die Spannung am Anzeigeinstrument, und der Zeiger der Kraftstoffanzeige geht in Richtung »leer« zurück.

Die Kraftstoffpumpe wird vom Motor-Steuergerät wie folgt gesteuert:

- Bei laufendem Motor ist die Kraftstoffpumpe eingeschaltet.
- Bei Unterschreiten einer bestimmten Motordrehzahl unterhalb der Leerlaufdrehzahl wird die Pumpe abgeschaltet (Motor abgewürgt, Zündung ist eingeschaltet).
- Wird die Zündung eingeschaltet, ohne dass der Motor gestartet wird, läuft die Pumpe nur etwa 5 Sekunden an.

Hinweis: Die Fördermenge der Kraftstoffpumpe soll bei einer Spannung von 12 Volt etwa 100 Liter pro Stunde betragen, zur Prüfung Fachwerkstatt aufsuchen.

Achtung: Unbedingt auf gute Belüftung des Arbeitsplatzes achten. Kraftstoffdämpfe sind giftig, kein offenes Feuer, Brandgefahr! Feuerlöscher bereitstellen.

Ausbau

Alle Modelle

- **Batterie-Massekabel (–) bei ausgeschalteter Zündung abklemmen. Achtung:** Falls das eingebaute Radio einen Diebstahlcode besitzt, wird dieser beim Abklemmen der Batterie gelöscht. Radios mit Diebstahlcode sind erkennbar an dem Wort »CODE« oder einem roten Schlüsselzeichen auf der Frontblende. Das Radio kann anschließend nur durch die Eingabe des richtigen Codes oder durch den Radio-Hersteller wieder in Betrieb genommen werden. Vor dem Abklemmen daher unbedingt den Diebstahlcode ermitteln.
- Rücksitzbank vor klappen.

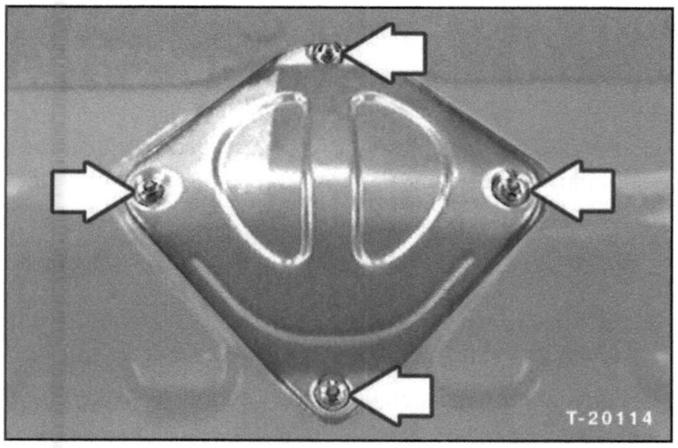

- Abdeckung in der Mitte des Bodenblechs mit 4 Muttern abschrauben –Pfeile–.

CINQUECENTO

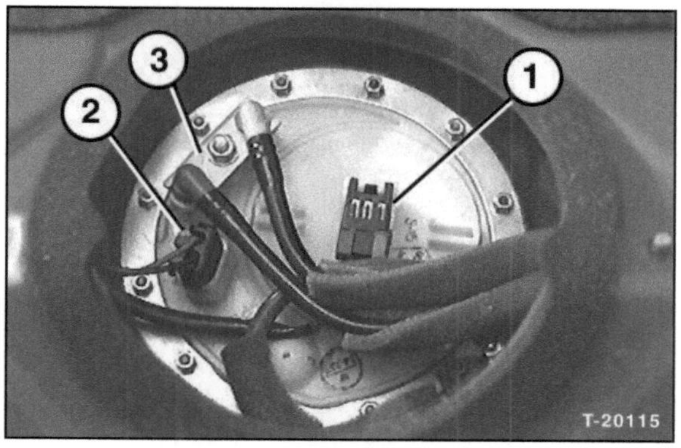

- Stecker für Tankgeber –1– und Kraftstoffpumpe –2– abziehen.
- Platte –3– zur Befestigung der Kraftstoffschläuche abschrauben. Roter Anschluss = Kraftstoffrücklaufleitung, weißer Anschluss = Kraftstoffzulaufleitung.

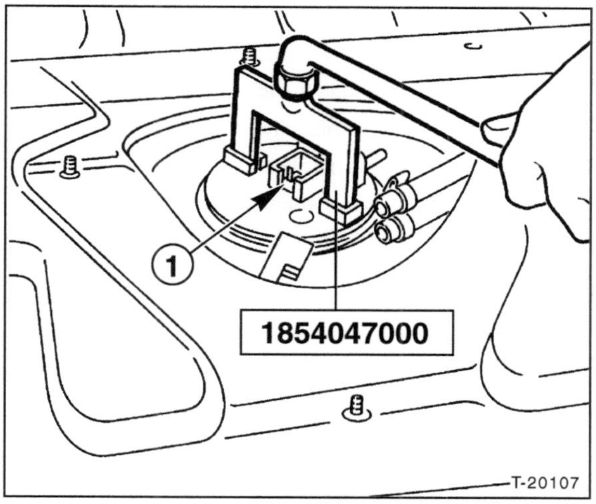

- Tankgeber mit FIAT-Spezialwerkzeug 1854047000 entgegen dem Uhrzeigersinn drehen. Falls das Werkzeug nicht zur Verfügung steht, Tankgeber mit einem Stab aus Hartholz und leichten Hammerschlägen lösen. 1 – Steckeranschluss für Kraftstoffpumpe und Tankgeber.
- Tankgeber hochziehen und herausnehmen. Dabei Lappen unterlegen und eventuell austretenden Kraftstoff auffangen.

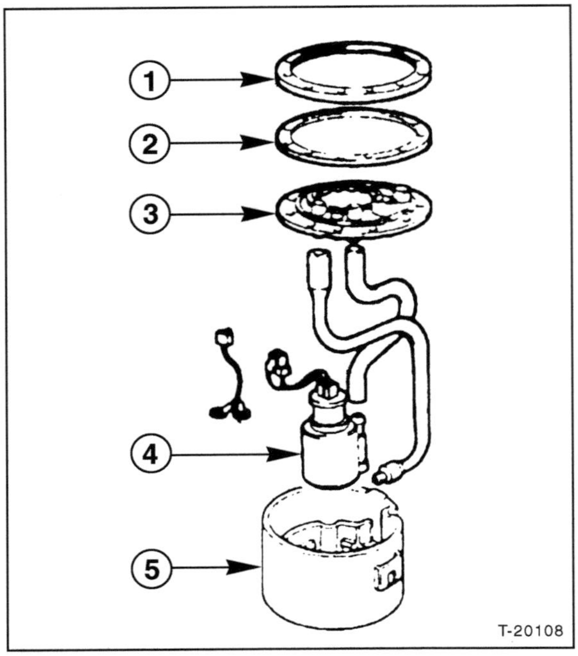

- Sämtliche Muttern für Haltering –1– abschrauben.
- Haltering mit Dichtung –2– abnehmen.
- Stützplatte –3– für Kraftstoffpumpe abnehmen.
- Kraftstoffpumpe –4– mit Sieb-Vorfilter –5– herausziehen.
- Dichtungen auf Beschädigungen und Porosität prüfen, gegebenenfalls erneuern.

SEICENTO

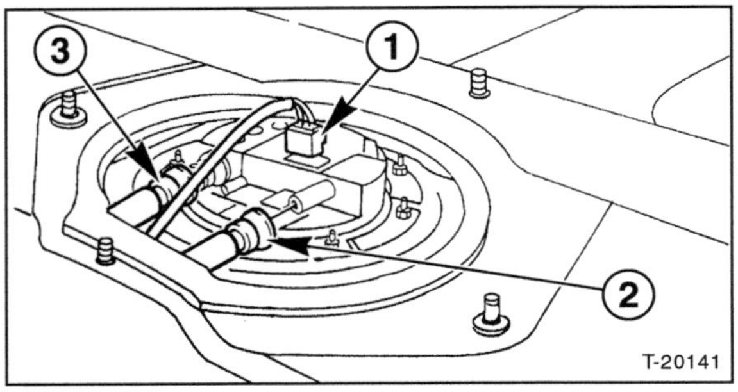

- Stecker –1– für elektrische Kraftstoffpumpe und für Tankgeber abziehen.
- Kraftstoffleitungen abziehen. 2 – Kraftstoffzulauf, 3 – Kraftstoffrücklauf. Gegebenenfalls Kraftstoffleitungen mit Klebeband markieren, damit sie beim Einbau nicht verwechselt werden.

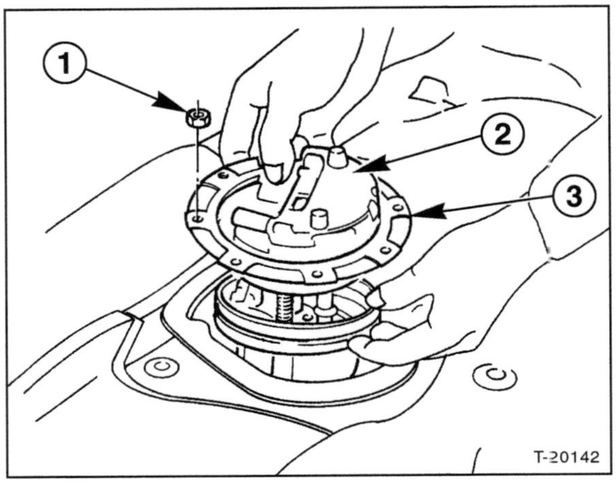

- Muttern –1– für Kraftstoffpumpe –2– abschrauben.
- Nutring –3– abnehmen Dazu gegebenenfalls mit einem Schraubendreher den Nutring am Rand abhebeln.

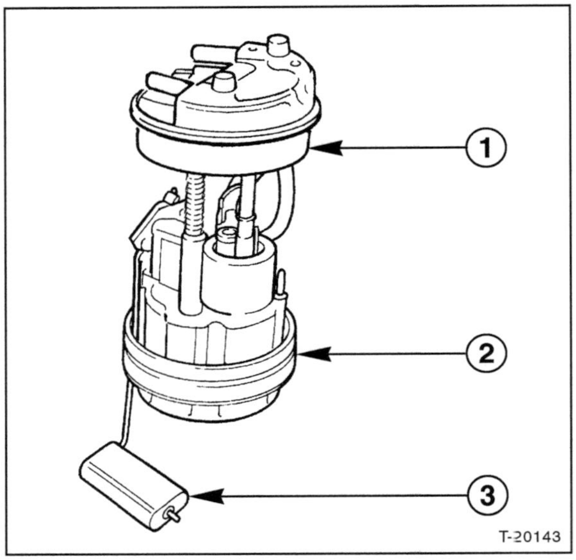

- Kraftstoffpumpe –1– samt Dichtung –2– und Schwimmer –3– für Tankgeber herausnehmen.

Einbau

- Dichtfläche am Vorratsbehälter und an der Stützplatte reinigen. **Achtung:** Es dürfen keine Verunreinigungen in den Tank fallen.

CINQUECENTO

- Kraftstoffpumpe einsetzen, Stützplatte auflegen und Haltering anschrauben.
- Tankgeber einsetzen und anschrauben.
- Kraftstoffvorlauf- und -rücklaufschläuche aufstecken, Anschlüsse nicht vertauschen. Halteplatte anschrauben.

SEICENTO

- Kraftstoffpumpe samt Dichtung und Schwimmer einsetzen.
- Nutring anbringen und anschrauben.
- Kraftstoffschläuche auf die Anschlussstutzen aufschieben und Stecker für Kraftstoffpumpe und Tankgeber aufstecken.

Alle Modelle

- Schutzdeckel in Bodenblech einsetzen und mit den 4 Muttern anschrauben.
- Rücksitzbank zurückklappen.
- Batterie-Massekabel (–) anklemmen. Gegebenenfalls Diebstahlcode für das Autoradio eingeben und Zeituhr einstellen.
- Motor und Kraftstoffanzeige an der Armaturentafel auf Funktion prüfen.

Kraftstoffversorgung prüfen

Zur Prüfung wird eine zusätzliche Kraftstoffleitung und ein geeignetes Manometer mit Absperrventil benötigt, um den Kraftstoffdruck zu prüfen.

- Kraftstoff-Zulaufleitung an der Einspritzeinheit abziehen und am Prüf-Manometer anschließen. Zweiten Anschluss des Manometers mit dem Kraftstoffzulaufstutzen der Einspritzeinheit verbinden.
- Motor starten und Kraftstoffdruck prüfen. Sollwert, 1,1 ± 0,2 bar.

Kraftstoffdruck unter 0,9 bar:

- Kraftstoff-Rücklaufleitung durch Zusammendrücken abklemmen.
- Wenn der Druck sofort über 0,9 bar steigt, ist der Druckregler defekt.
- Steigt der Druck nicht sofort oder nicht bis über 0,9 bar an, können der Kraftstofffilter oder die Saugleitung zwischen Tank und Filter verstopft sein. Falls das Ersetzen der beiden Teile den Fehler nicht behebt, dann ist die Kraftstoffpumpe defekt.

Kraftstoffdruck über 1,2 bar:

- Motor abstellen, Rücklaufleitung abziehen. Stattdessen Hilfsleitung am Rücklaufstutzen anschließen und in ein Auffanggefäß führen.
- Motor starten.
- Liegt der Druck jetzt unter 1,2 bar, dann ist die Rücklaufleitung verstopft. Rücklaufleitung ersetzen.
- Ist der Druck weiterhin zu hoch, dann ist der Druckregler defekt. Regler ersetzen.

Einspritzventil auf Dichtheit prüfen:

- Manometer-Absperrventil schließen, Rücklaufleitung mit Zange abklemmen, Motor abstellen.
- Wenn der Kraftstoffdruck jetzt abfällt, ist der Einspritzventilsitz undicht.

Rückschlagventil prüfen

- Rücklaufleitung mit Zange abklemmen, Motor abstellen. Manometer-Absperrventil bleibt geöffnet.
- Wenn der Druck jetzt abfällt, ist das Rückschlagventil in der Kraftstoffpumpe defekt. In diesem Fall Kraftstoffpumpe ersetzen.

Maximaldruck der Kraftstoffpumpe prüfen

- Manometer-Absperrventil schließen und den Maximaldruck ablesen.
- Wenn der Druck unter 1,9 bar liegt, ist die Kraftstoffpumpe defekt.

- Motor abstellen.
- Manometer abbauen.
- Kraftstoffschlauch auf den Zulaufstutzen der Einspritzeinheit aufschieben und mit Schraubschelle sichern.

Gaszug an der Einspritzeinheit aus- und einbauen/einstellen

Achtung: Der Gaszug ist sehr knickempfindlich und daher beim Einbau besonders sorgfältig zu behandeln. Ein einziger leichter Knick kann zum späteren Bruch im Fahrbetrieb führen. Züge, die geknickt wurden, dürfen deswegen **nicht** eingebaut werden.

Ausbau

- **OHV-Motor:** Vorvolumenkammer –1– abschrauben und zur Seite legen.
- **FIRE-Motor:** Luftfilter ausbauen, siehe Seite 188.

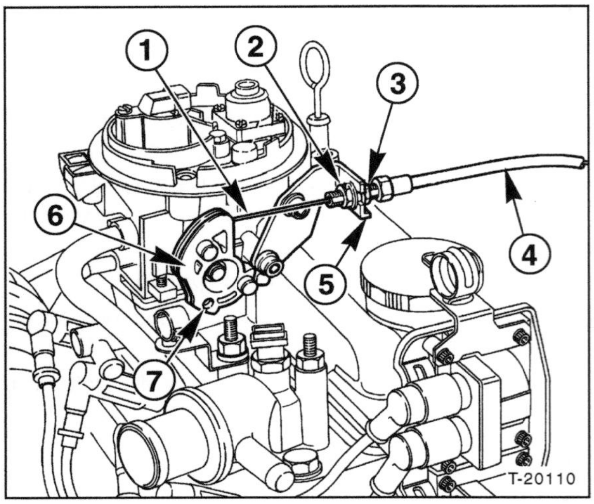

- Beide Muttern –2/3– der Einstellstange am Seilzugmantel –4– lockern.
- Seilzug am Widerlager –5– seitlich herausziehen.
- Gaszug –1– durch den Schlitz –7– am Segment –6– des Drosselklappenhebels aushängen.

Einbau

- Gaszug im Segment des Drosselklappenhebels einhängen und am Widerlager eindrücken.

Einstellen

- Seilzugmantel vom Widerlager wegziehen, bis der Seilzug spannungsfrei am Segment –6– anliegt ohne den Drosselklappenhebel zu betätigen. Mutter –2– bis zur Anlage am Widerlager aufschrauben.
- Kontermuttern –3– anziehen, dabei Mutter –2– gegenhalten.
- Gaspedal von Helfer ganz durchtreten lassen und sicherstellen, dass sich die Drosselklappe ganz öffnet. Der Drosselklappenhebel darf sich von Hand nicht weiter in Richtung Vollgasstellung bewegen lassen.
- Gaspedal loslassen und mit den Fingern prüfen, ob der Seilzug spannungsfrei ist. Gegebenenfalls Einstellung wiederholen.
- **OHV-Motor:** Vorvolumenkammer anschrauben.
- **FIRE-Motor:** Luftfilter einbauen, siehe Seite 188.

Luftfilter aus- und einbauen

Motor möglichst nicht ohne Luftfilter laufen lassen, da bereits geringe Verschmutzungen zu Störungen führen können.

0,9-l-OHV-Motor

Ausbau

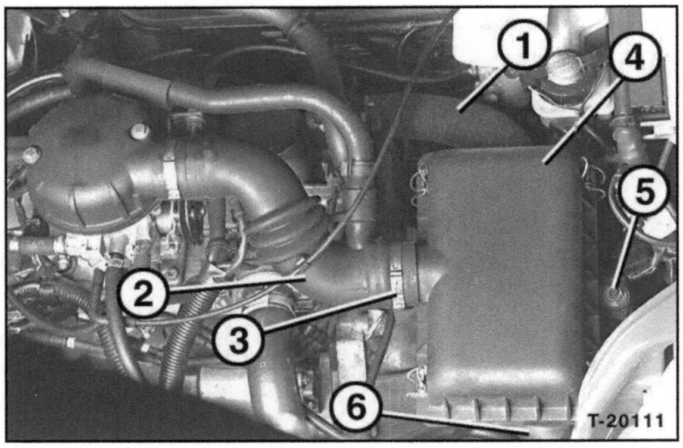

- Warmluftschlauch –1– am Luftfilter abziehen.
- Luftschlauch –2– am Luftfilter abziehen, dazu Schelle –3– öffnen.
- Luftfilter –4– abschrauben –5–.
- Luftansaugstutzen –6– am vorderen Abschlussblech herausziehen.
- Luftfilter herausnehmen.

Einbau

- Luftfilter einsetzen.
- Luftansaugstutzen am vorderen Abschlussblech einstecken.
- Luftfilter anschrauben.
- Warmluftschlauch am Luftfilter aufschieben.

1,1-l-FIRE-Motor

Ausbau

- Luftschlauch –1– am Luftfilter –2– abziehen.

- Kurbelgehäuse-Entlüftungsschlauch –3– am Luftfilter abziehen. Ist eine Klemmschelle eingebaut, diese mit Seitenschneider durchkneifen und beim Einbau durch eine Schraubschelle ersetzen.
- Abdeckkappen –4– mit kleinem Schraubendreher abhebeln, darunter liegende Muttern abschrauben und mit Unterlegscheiben abnehmen.

T-2067

- Schnappverschluss vorn am Luftfilter nach oben ziehen.
- Luftfilter hochziehen und an der Unterseite 2 Unterdruckschläuche abziehen. Vorher Einbaulage der Anschlüsse mit Tesaband markieren.

Einbau

- Gummidichtung zwischen Einspritzeinheit und Luftfilter überprüfen, bei Rissen und Verhärtungen ersetzen.
- Unterdruckschläuche entsprechend der angebrachten Markierungen aufstecken.
- Luftfilter aufsetzen und mit Muttern und Unterlegscheiben anschrauben. Abdeckkappen aufdrücken.
- Schnappverschluss einrasten.
- Luftschlauch aufschieben.
- Kurbelgehäuse-Entlüftungsschlauch aufschieben und mit Schraubschelle sichern.

Aktivkohlebehälter aus- und einbauen

Ausbau

- Beide Schläuche mit Tesaband markieren und vom Aktivkohlebehälter abziehen. Falls Klemmschellen eingebaut sind, diese mit Seitenschneider durchkneifen und beim Einbau durch eine Schraubschelle ersetzen.
- Fahrzeug aufbocken.

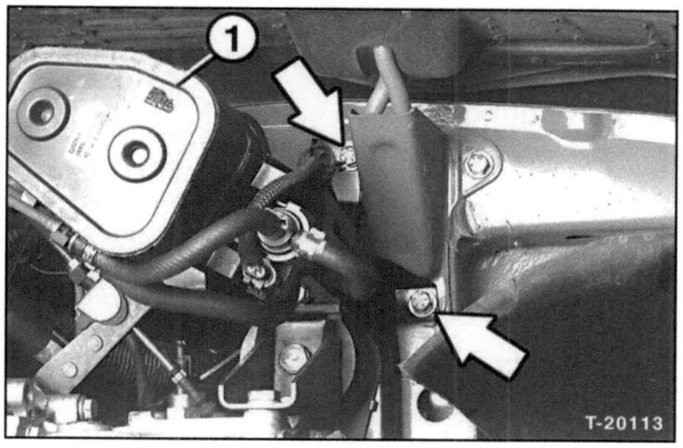

T-20113

- Behälter –1– mit Halter abschrauben.

Einbau

- Aktivkohlebehälter anschrauben.
- Fahrzeug ablassen.
- Schläuche aufschieben und mit Schraubschellen sichern.

Technische Daten Kraftstoffanlage

Füllmenge Kraftstoffvorratsbehälter	35 l
Kraftstoff-Systemdruck	1,0 bar
Kraftstoff-Prüfdruck	1,1 ± 0, 2 bar
Mindestdruck der Kraftstoffpumpe	1,9 bar
Überdruckventil in Kraftstoffpumpe öffnet bei	2,6 bar
Förderleistung bei Systemdruck	80 l/Std
Max. Förderleistung der Kraftstoffpumpe	110 l/Std

Motormanagement

Aus dem Inhalt:

- Systemübersicht
- Benzineinspritzung
- Zündung

In dem Kapitel »Motormanagement« sind die Kapitel »Benzin-Einspritzanlage« und »Zündanlage« zusammengefasst.

Benzin-Einspritzanlage und Zündanlage

Die Benzinmotoren sind mit einer elektronischen Einspritzanlage ausgerüstet, bei der die Steuerung von Zündung und Einspritzung durch ein gemeinsames Steuergerät erfolgt (Motormanagement).

Alle Teile der Einspritz- und Zündanlage sind langzeitstabil und wartungsarm, Reparaturen sind daher äußerst selten. Wesentliche Einstell- und Reparaturarbeiten lassen sich nur mit teueren Prüfgeräten und entsprechenden Fachkenntnissen durchführen, so dass diese Arbeiten nur noch von entsprechend ausgerüsteten Fachwerkstätten ausgeführt werden können.

Entsprechend dem Wartungsplan müssen an allen Einspritzanlagen regelmäßig der Kraftstofffilter und der Luftfiltereinsatz gewechselt werden.

Eigendiagnose der Zünd- und Einspritzanlage

Das Einstellen der Leerlaufdrehzahl und des CO-Werts ist nicht nötig, da die Sollwerte vom Steuergerät eingeregelt werden. Das System überwacht sich selbst und speichert auftretende Fehler in einem Fehlerspeicher ab. Erkennbar ist das für den Fahrer durch Aufleuchten der Störungsleuchte in der Armaturentafel. Trat ein Fehler nur kurzzeitig auf, zum Beispiel bei einem Wackelkontakt, erlischt die Kontrollleuchte wieder, der Fehler bleibt jedoch gespeichert. Die FIAT-Werkstatt kann die Fehler durch ein Auslesegerät abrufen und gezielt beheben.

Funktionsweise der Zentraleinspritzung

Die Zentraleinspritzung ist eine elektronische Benzineinspritzung, die den Kraftstoff intermittierend, also stoßweise in das Ansaugrohr einspritzt. Dabei hat die Zentraleinspritzung, im Gegensatz zu den anderen Einspritzsystemen, nur **ein** zentrales Einspritzventil für alle Zylinder. Die Verteilung des Kraftstoffs auf die einzelnen Zylinder erfolgt durch das Sammelsaugrohr, wie bei einem herkömmlichen Vergasermotor.

Die Luftmenge wird vom Motor über den Luftfilter angesaugt und gelangt in die Einspritzeinheit. Im Gehäuse der Einspritzeinheit befindet sich die vom Gaszug betätigte Drosselklappe. Die Winkelstellung der Drosselklappe wird über ein Potenziometer erfasst und dient dem Steuergerät zusammen mit der momentanen Motordrehzahl, Ansauglufttemperatur und Saugrohr-Unterdruck als Maß für die angesaugte Luftmenge.

Das Steuergerät regelt entsprechend der gemessenen Luftmenge und der jeweiligen Motordrehzahl, die durch die Zündanlage übermittelt wird, die Einspritzzeit und dadurch die Einspritzmenge. Bei längerer Öffnung des Einspritzventils wird mehr Kraftstoff eingespritzt. Zusätzliche Fühler und Geber sorgen in jeder Fahrsituation für die richtig bemessene Kraftstoffmenge.

- Der Leerlaufsteller ist ein Schrittmotor, der am Drosselklappengehäuse (Unterteil der Einspritzeinheit) angeflanscht ist. Aufgrund von Impulsen des Motor-Steuergerätes verändert der Motor den Öffnungsquerschnitt des Leerlaufkanals im Drosselklappengehäuse und regelt so die Leerlaufdrehzahl auf den Sollwert.
- Der Temperaturfühler am Kühlmittelstutzen (0,9-l-OHV-Motor) oder am Saugrohr (1,1-l-FIRE-Motor) misst die Motortemperatur.
- Der Ansaugluft-Temperaturfühler im Oberteil der Einspritzeinheit misst die Temperatur der angesaugten Luft.
- Der Fühler für Saugrohrdruck sitzt an einem Halter neben dem Motorsteuergerät und über eine Unterdruckleitung mit dem Saugrohr verbunden.
- Die Lambdasonde (Sauerstoffsensor) im vorderen Abgasrohr misst den Sauerstoffgehalt im Abgasstrom und schickt entsprechende Spannungssignale an das Steuergerät. Daraufhin verändert das Steuergerät das angesaugte Kraftstoff-Luftverhältnis, so dass die Abgasschadstoffe immer auf dem geringsten Wert gehalten werden.
- Der Aktivkohlebehälter ist am vorderen Querträger angeschraubt. Kraftstoffdämpfe, die durch die Tankentlüftung entweichen, werden zum Aktivkohlebehälter geleitet und dort gespeichert. Bei laufendem Motor werden die Kraftstoffdämpfe abgesaugt und dem Motor zur Verbrennung zugeführt. Die Menge der zusätzlichen Kraftstoffdämpfe wird vom Motorsteuergerät durch ein Magnetventil geregelt. Die Kraftstoffdämpfe werden also durch den Aktivkohlefilter wirtschaftlich genutzt und gelangen nicht ins Freie.

Benzin-Einspritzanlage

Sicherheits- und Sauberkeitsregeln zur Einspritzanlage

- Motor nicht ohne fest angeschlossene Batterie starten.
- Starthilfe nur mit 12-Volt-Batterie und Starthilfekabel geben, **keinen** Schnelllader verwenden.
- **Nie** bei laufendem Motor die Batterie vom Bordnetz trennen.
- Beim Schnellladen Batterie vom Bordnetz trennen.
- Bevor eine Prüfung der Einspritzanlage erfolgt, muss gewährleistet sein, dass die Zündung in Ordnung ist, das heißt Zündung und Zündkerzen müssen den Vorschriften entsprechen.
- Bei Temperaturen über +80° C (Trockenofen), Steuergerät ausbauen.
- Anschlussstecker für das Steuergerät nur bei ausgeschalteter Zündung abziehen oder aufstecken.
- Mehrfachstecker des Steuergerätes für die Einspritzanlage nicht bei eingeschalteter Zündung abziehen oder aufstecken.
- Bei einer Kompressionsdruckprüfung Stromversorgung der Kraftstoffpumpe unterbrechen, dazu Kraftstoffpumpen-Relais abziehen.

Achtung: Bei Arbeiten an der Einspritzanlage sind die Sauberkeitsregeln für die Kraftstoffanlage ebenso zu beachten wie die Sicherheitshinweise zur Zündanlage, siehe Seite 197.

Schemazeichnung der Zentraleinspritz-/Zündanlage WEBER-MARELLI

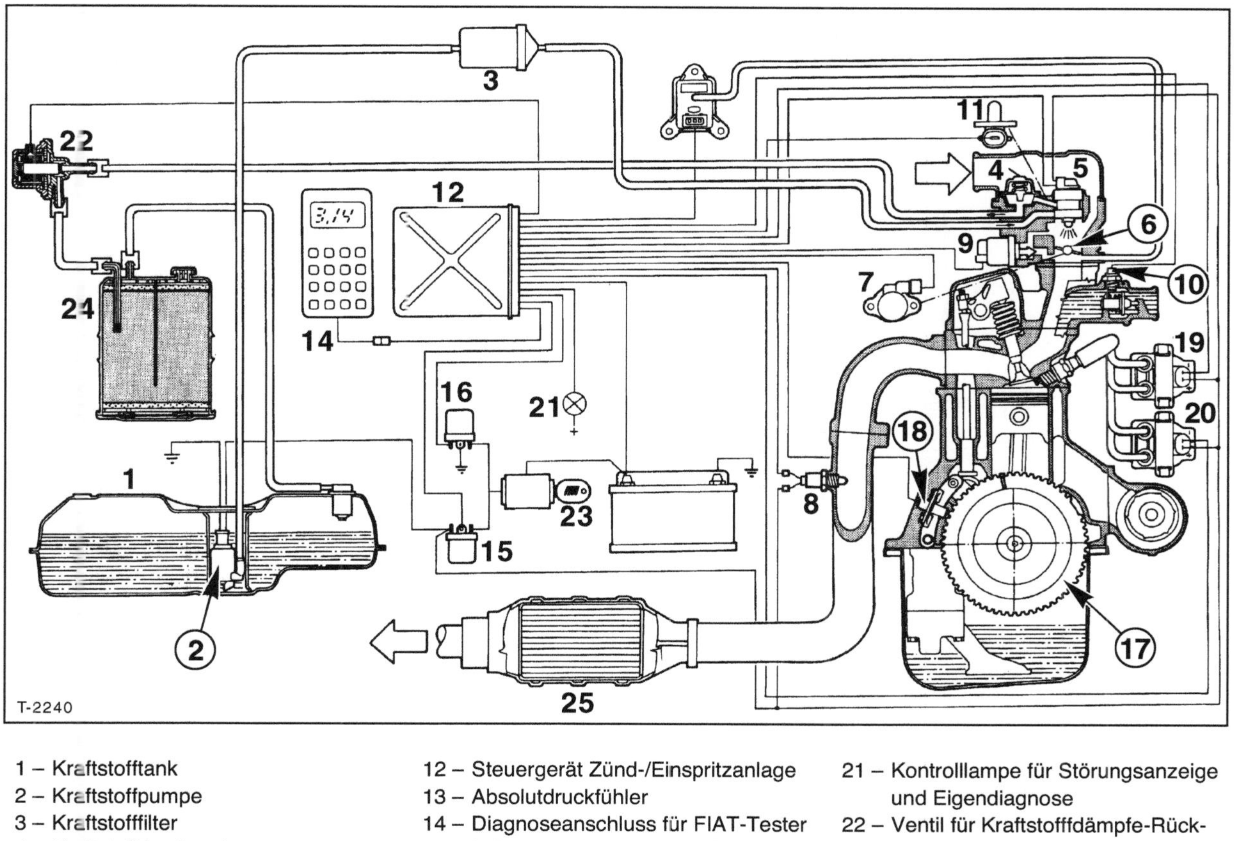

1 – Kraftstofftank
2 – Kraftstoffpumpe
3 – Kraftstofffilter
4 – Kraftstoffdruckregler
5 – Einspritzventil
6 – Drosselklappe
7 – Drosselklappen-Potenziometer
8 – Lambdasonde
9 – Leerlaufsteller (Schrittmotor)
10 – Kühlmittel-Temperaturfühler
11 – Ansaugluft-Temperaturfühler
12 – Steuergerät Zünd-/Einspritzanlage
13 – Absolutdruckfühler
14 – Diagnoseanschluss für FIAT-Tester
15 – Leistungsrelais für Zünd-/Einspritzsystem
16 – Relais für Steuergerät Zünd-/Einspritzsystem
17 – Impulsgeberscheibe an der Kurbelwelle
18 – Drehzahl- und OT-Fühler
19 – Zündspule für Zylinder 2 und 3
20 – Zündspule für Zylinder 1 und 4
21 – Kontrolllampe für Störungsanzeige und Eigendiagnose
22 – Ventil für Kraftstofffdämpfe-Rückhaltesystem
23 – Zünd-/Anlassschalter
24 – Aktivkohlefilter
25 – Katalysator

Achtung: Bei Austausch des Einspritzventils oder des Druckreglers muss das komplette Oberteil der Einspritzeinheit ersetzt werden.

Einspritzeinheit aus- und einbauen

Ausbau

- Batterie-Massekabel (–) bei ausgeschalteter Zündung abklemmen. **Achtung:** Falls das eingebaute Radio einen Diebstahlcode besitzt, wird dieser beim Abklemmen der Batterie gelöscht. Radios mit Diebstahlcode sind erkennbar an dem Wort »CODE« oder einem roten Schlüsselzeichen auf der Frontblende. Das Radio kann anschließend nur durch die Eingabe des richtigen Codes oder durch den Radio-Hersteller wieder in Betrieb genommen werden. Vor dem Abklemmen daher unbedingt den Diebstahlcode ermitteln.
- **OHV-Motor:** Luftfilterdeckel komplett mit Schläuchen und Abdeckung für Drosselklappengehäuse ausbauen, siehe Kapitel »Kühlmittelregler (Thermostat) aus- und einbauen/prüfen«.
- **FIRE-Motor:** Luftfilter ausbauen, siehe Seite 188.

Achtung: Damit beim Ausbau kein Kühlmittel ausläuft, Kühlmittel vorher zum Teil ablassen und auffangen, siehe Seite 174.

- Kühlmittelschläuche an der Einspritzeinheit mit Tesaband markieren abziehen, vorher Schlauchschellen lösen. Falls Klemmschellen eingebaut sind, diese durchschneiden und beim Einbau durch Schraubschellen ersetzen.

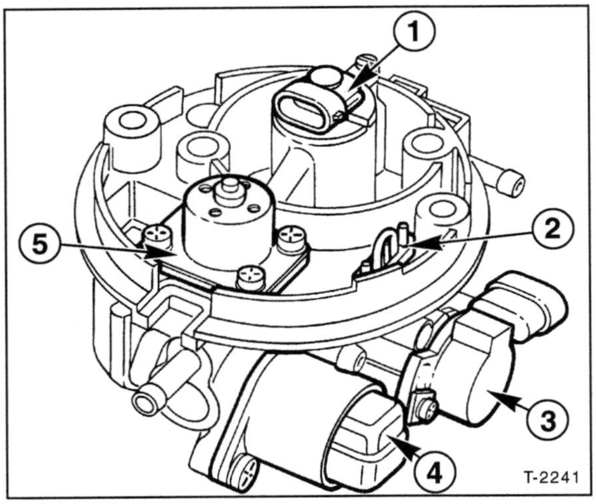

- Elektrische Leitungen von Einspritzventil –1–, Ansaugluft-Temperaturfühler –2–, Drosselklappen-Potenziometer –3– und Leerlaufsteller –4– abziehen. 5 – Kraftstoff-Druckregler.
- Kraftstoffzulaufleitung und Rücklaufleitung –6– mit Tesaband markieren und abziehen. Auslaufenden Kraftstoff mit dickem Lappen auffangen. Kraftstoffleitungen mit einem Stopfen verschließen. Dazu kann beispielsweise eine saubere Schraube mit geeignetem Durchmesser in das jeweilige Schlauchende gesteckt werden.
- Gaszug am Drosselklappenteil aushängen und zur Seite legen, siehe Seite 187.
- Unterdruckschläuche für Bremskraftverstärker, Druckfühler und Magnetventil (Kraftstoff-Rückhaltesystem) abziehen.

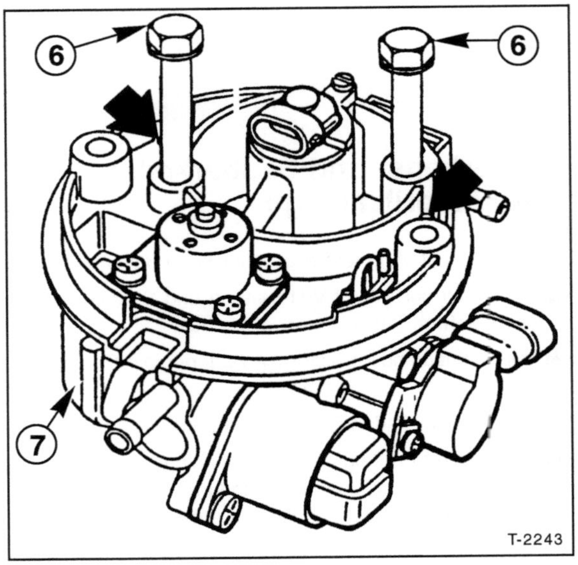

- Schrauben –6– herausdrehen und Einspritzeinheit –7– abheben.

Achtung: Bei Arbeiten an der Einspritzeinheit beachten: Reinigung nur mit Pinsel und Pressluft vornehmen, nie in Reinigungsflüssigkeit eintauchen. Drosselklappe und Drosselklappenachse nicht ausbauen. Die Drosselklappen-Anschlagschraube darf nicht verstellt werden. Muss das Einspritzventil oder müssen Komponenten des Druckreglers erneuert werden, ist der Deckel der Einspritzeinheit ebenfalls zu erneuern.

Einbau

- Einspritzeinheit mit neuer Dichtung ansetzen und mit ca. **7 Nm** festschrauben.
- Elektrische Leitungen, Unterdruck-, Kraftstoff- und Kühlmittelschläuche entsprechend der angebrachten Markierungen aufschieben und mit Schraubschellen sichern, siehe unter »Ausbau«.
- Gaszug einhängen und einstellen, siehe Seite 187.
- **FIRE-Motor:** Luftfilter einbauen, siehe Seite 188.
- **OHV-Motor:** Luftfilterdeckel komplett mit Schläuchen und Abdeckung für Drosselklappengehäuse einbauen, siehe Kapitel »Kühlmittelregler (Thermostat) aus- und einbauen/prüfen«.
- Kühlflüssigkeit auffüllen und Kühlsystem entlüften, siehe Seite 174.
- Batterie-Massekabel (–) anklemmen. Gegebenenfalls Diebstahlcode für das Autoradio eingeben und Zeituhr einstellen.
- Diebstahlcode für Radio eingeben.
- Probefahrt durchführen und Temperaturfühler-Anschluss auf Dichtigkeit überprüfen, gegebenenfalls etwas nachziehen.

Temperaturfühler prüfen/ aus- und einbauen

Die Temperaturfühler messen die Temperaturen des Motors und der Ansaugluft und geben sie an das Steuergerät weiter. Die Fühler beinhalten ein NTC-Element (NTC = Negativer Temperatur-Coeffizient), das seinen Widerstand bei steigender Temperatur verringert. Ein Ausfall eines Temperaturfühlers führt bei niedrigen Außentemperaturen und kaltem Motor zu Startschwierigkeiten und unruhigem Motorlauf.

Temperaturfühler prüfen

- **OHV-Motor:** Luftfilterdeckel komplett mit Schläuchen und Abdeckung für Drosselklappengehäuse ausbauen, siehe Kapitel »Kühlmittelregler (Thermostat) aus- und einbauen/prüfen«.
- **FIRE-Motor:** Luftfilter ausbauen, siehe Seite 188.
- Stecker am Fühler abziehen. Einbauort, siehe unter »Ausbau«.
- Ohmmeter an die Kontakte des Fühlers anschließen.
- Widerstand messen und mit Sollwert vergleichen. Entsprechend der Temperatur sind Zwischenwerte möglich.
- Falls der Widerstand nicht dem Sollwert entspricht, Fühler ausbauen.

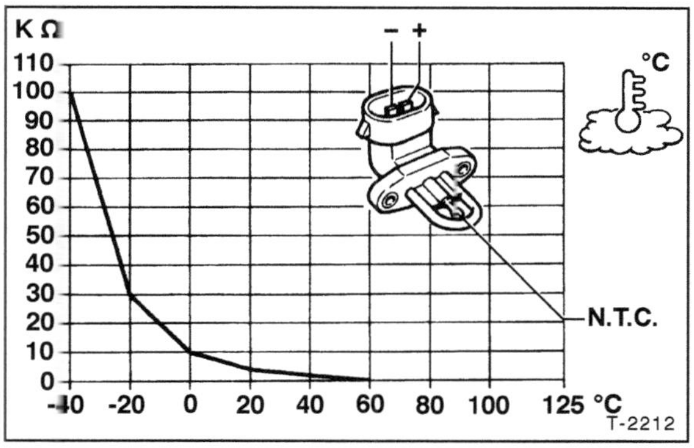

- Temperaturfühler mit Kältespray abkühlen und anschließend mit Fön erwärmen. Dabei jeweils Widerstand zwischen den Kontaktzungen messen. Verändert sich der Widerstand nicht oder im falschen Bereich, Temperaturfühler ersetzen. Das angegebene Diagramm gilt sowohl für den Kühlmittel- wie auch für den Ansaugluft-Temperaturgeber. In der Abbildung zu sehen ist der Ansaugluft-Temperaturgeber.
- Ist der Temperaturfühler in Ordnung, Voltmeter zwischen die Kontakte des Steckers anschließen.
- Zündung einschalten. Sollwert: 5 ± 0,1 Volt. Liegt keine Spannung an, Leitungen gemäß Stromlaufplan auf Durchgang prüfen.
- Wenn Leitungen und Temperaturfühler in Ordnung sind, liegt ein Defekt im Steuergerät vor.

Ausbau Kühlmittel-Temperaturfühler

Achtung: Damit beim Ausbau des Fühlers kein Kühlmittel ausläuft, Kühlmittel vorher zum Teil ablassen und auffangen, siehe Seite 174.

OHV-Motor

- Luftfilterdeckel komplett mit Schläuchen und Abdeckung für Drosselklappengehäuse ausbauen, siehe Kapitel »Kühlmittelregler (Thermostat) aus- und einbauen/prüfen«.

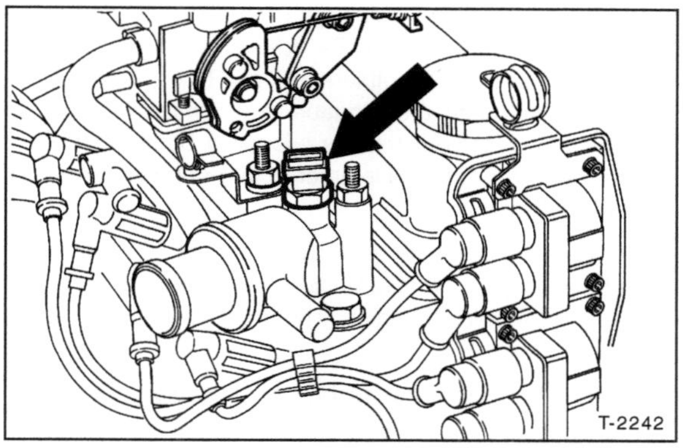

FIRE-Motor

- Luftfilter ausbauen, siehe Seite 188.

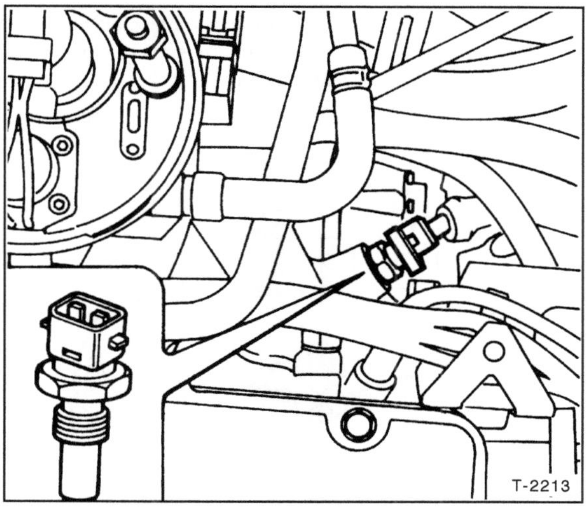

- Stecker am Temperaturfühler abziehen.
- Temperaturfühler aus dem Kühlmittelstutzen (0,9-l-OHV-Motor) oder Saugrohr (1,1-l-FIRE-Motor) herausschrauben.

Einbau

- Temperaturfühler einschrauben und anziehen. **Achtung:** Der Fühler darf nicht zu fest angezogen werden. Schlüssel gerade ansetzen, damit der Sechskant nicht beschädigt wird.
- Stecker aufschieben.

- Kühlmittel auffüllen und Kühlsystem entlüften, siehe Seite 174.
- Probefahrt durchführen und Temperaturfühler-Anschluss auf Dichtigkeit überprüfen, gegebenenfalls etwas nachziehen.

Ausbau Ansaugluft-Temperaturfühler

- Batterie-Massekabel (–) bei ausgeschalteter Zündung abklemmen. **Achtung:** Falls das eingebaute Radio einen Diebstahlcode besitzt, wird dieser beim Abklemmen der Batterie gelöscht. Radios mit Diebstahlcode sind erkennbar an dem Wort »CODE« oder einem roten Schlüsselzeichen auf der Frontblende. Das Radio kann anschließend nur durch die Eingabe des richtigen Codes oder durch den Radio-Hersteller wieder in Betrieb genommen werden. Vor dem Abklemmen daher unbedingt den Diebstahlcode ermitteln.
- **OHV-Motor:** Luftfilterdeckel komplett mit Schläuchen und Abdeckung für Drosselklappengehäuse ausbauen, siehe Kapitel »Kühlmittelregler (Thermostat) aus- und einbauen/prüfen«.
- **FIRE-Motor:** Luftfilter ausbauen, siehe Seite 188.
- Elektrische Leitungen von Einspritzventil und Ansaugluft-Temperaturfühler abziehen.
- Kraftstoffzulaufleitung und Rücklaufleitung mit Tesaband markieren und abziehen. Auslaufenden Kraftstoff mit dickem Lappen auffangen. Kraftstoffleitungen mit einem Stopfen verschließen. Dazu kann beispielsweise eine Schraube mit geeignetem Durchmesser in das jeweilige Schlauchende gesteckt werden.
- Schrauben für Einspritzeinheit lösen, nicht abschrauben.

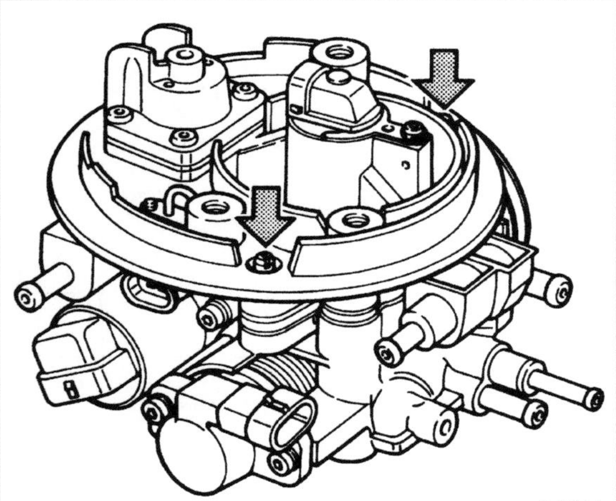

T-2214

- Kunststoff-Einraststifte –Pfeile– im Oberteil der Einspritzeinheit lösen und Oberteil abheben.
- Befestigungsschrauben für Einspritzeinheit herausnehmen und Oberteil abnehmen.

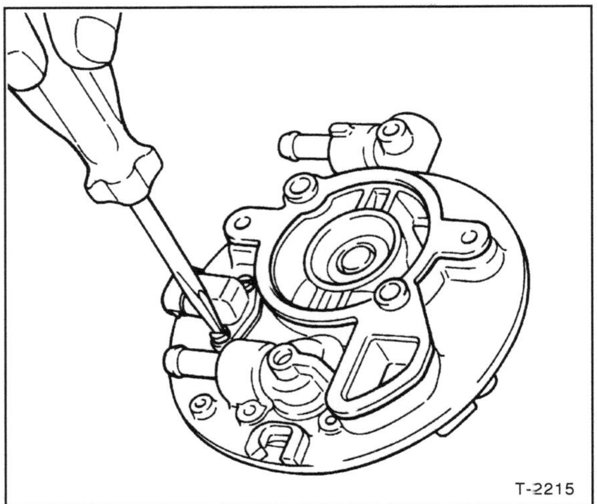

T-2215

- Ansaugluft-Temperaturfühler von der Rückseite des Oberteils mit 2 Schrauben abschrauben. Fühler mit Dichtung abnehmen. Beschädigte Dichtung ersetzen.

Einbau

- Temperaturfühler mit Dichtung vorsichtig einsetzen und anschrauben. Darauf achten, dass die Sonde des Fühlers nicht beschädigt wird.
- Oberteil der Einspritzeinheit mit neuer Dichtung auf das Gehäuse aufsetzen. Befestigungsschrauben einschrauben, nicht festziehen. Dadurch wird das Oberteil fixiert.
- Oberteil andrücken, bis die Kunststoffstifte einrasten.
- Einspritzeinheit mit ca. 7 Nm festschrauben.
- Batterie-Massekabel (–) anklemmen. Gegebenenfalls Diebstahlcode für das Autoradio eingeben und Zeituhr einstellen.

Luftansaugsystem auf Undichtigkeit (Falschluft) prüfen

Benötigte Hilfsmittel: Handelsübliches Motorlecksuchspray.

Durch den Unterdruck im Ansaugsystem wird das Lecksuchspray mit der Falschluft angesaugt. Das Lecksuchspray setzt die Zündwilligkeit des Gemisches herab. Dies führt zu einem Abfallen der Motordrehzahl und zu einer Veränderung des Lambdasondenwertes.

Achtung: Die auf der Dose aufgeführten Sicherheitsvorschriften müssen unbedingt eingehalten werden.

- Motor starten und im Leerlauf drehen lassen.
- Teile des Ansaugsystems systematisch mit Motorlecksuchspray besprühen.

- Fällt die Motordrehzahl kurzzeitig ab und verändert sich der Anzeigewert der Lambda-Regelung: Besprühte Stelle des Ansaugsystems auf Undichtigkeit prüfen und die Undichtigkeit beseitigen.

Hinweis: Falls das Motorlecksuchspray nicht zur Verfügung steht, kann das Ansaugsystem auch mit etwas Benzin geprüft werden. **Achtung: Benzindämpfe sind giftig, nicht einatmen!**

- Motor im Leerlauf drehen lassen und Dichtstellen sowie Anschlüsse im Ansaugtrakt mit Benzin bestreichen. Wenn sich die Drehzahl kurzfristig erhöht, undichte Stelle beseitigen.

Ansaugluftvorwärmung prüfen

Die Ansaugluftvorwärmung wird temperaturabhängig über eine Luftklappe im Luftfiltergehäuse (0,9-l-OHV-Motor) oder im Luftansaugstutzen (1,1-l-FIRE-Motor) geregelt. Bei defekter Ansaugluftvorwärmung können folgende Beanstandungen auftreten:

- Schlechter Leerlauf in der Warmlaufphase.
- Übergangsstörungen.
- Schlechte Leistung, Höchstgeschwindigkeit wird nicht erreicht.
- Hoher Kraftstoffverbrauch.

0,9-l-OHV-Motor

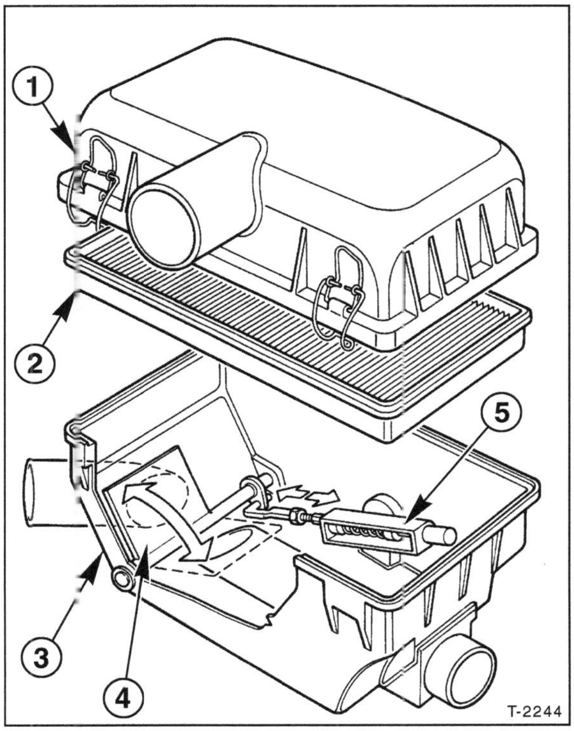

- Luftfilterdeckel –1– abclipsen und zur Seite legen.
- Luftfilter –2– herausnehmen.
- Thermoelement –5– auf über 28° ± 1° C erwärmen (gegebenenfalls Heißluftfön).
- Die Klappe –4– muss den Warmluftkanal verschließen, wie in der Abbildung dargestellt.
- Thermoelement –5– auf unter 23° ± 1° C abkühlen (gegebenenfalls Kältespray).
- Die Klappe –4– muss den Kaltluftkanal verschließen, gestrichelte Darstellung in der Abbildung.
- Gegebenenfalls Thermoelement einstellen oder auswechseln.
- Luftfilter in Gehäuse –3– einsetzen.
- Deckel aufsetzen und anclipsen.

1,1-l-FIRE-Motor

- Luftfilter abschrauben und hochziehen.
- Unterdruckschläuche von der Membrandose zum Temperaturregler und vom Temperaturregler zur Einspritzeinheit auf festen Sitz prüfen.
- Schläuche durch Verbiegen auf Beschädigung und Porosität untersuchen, gegebenenfalls auswechseln.
- Vorwärmstutzen mit Unterdruckdose ausbauen. Dazu Verbindungsschlauch zum Luftfilter abziehen, Warmluftschlauch abziehen.
- Stutzen abschrauben und aus dem unteren Luftschlauch herausziehen.
- Unterdruckschlauch vom Stutzen abziehen.

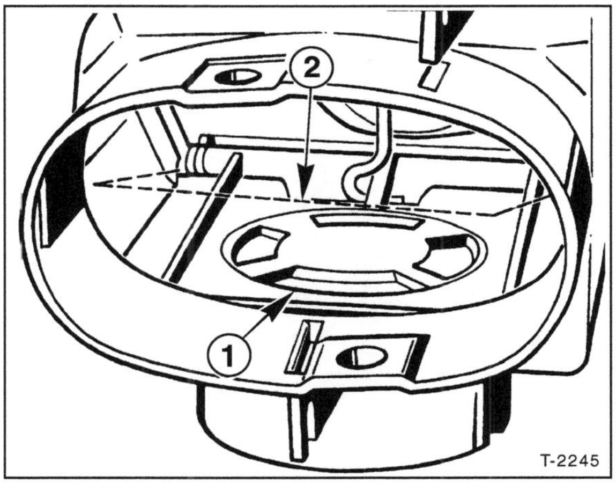

- Stellung und Leichtgängigkeit der Regelklappe im Ansaugstutzen prüfen.
- Die Luftklappe muss sich in Position –1– befinden.

- Unterdruckanschluss am Stutzen mit Unterdruck beaufschlagen und prüfen, ob die Klappe aufgezogen wird –2–. Um den Unterdruck zu erzeugen, Vakuumpumpe verwenden. Gegebenenfalls Hilfsschlauch auf den Unterdruckanschluss aufschieben und durch Saugen am Hilfsschlauch prüfen, ob sich die Regelklappe bewegt.
- Unterdruckschlauch am Stutzen aufschieben.
- Kalten Motor starten und im Leerlauf laufen lassen. Die Regelklappe muss aufgezogen werden.
- Andernfalls mit dem Finger prüfen, ob an der Unterdruckleitung Unterdruck anliegt. Der Finger wird etwas angesaugt.
- Gegebenenfalls Thermoelement im Luftfiltergehäuse ersetzen.

Drucksensor für Ansaugluft aus- und einbauen

Ausbau

- Batterie-Massekabel (–) bei ausgeschalteter Zündung abklemmen. **Achtung:** Falls das eingebaute Radio einen Diebstahlcode besitzt, wird dieser beim Abklemmen der Batterie gelöscht. Radios mit Diebstahlcode sind erkennbar an dem Wort »CODE« oder einem roten Schlüsselzeichen auf der Frontblende. Das Radio kann anschließend nur durch die Eingabe des richtigen Codes oder durch den Radio-Hersteller wieder in Betrieb genommen werden. Vor dem Abklemmen daher unbedingt den Diebstahlcode ermitteln.

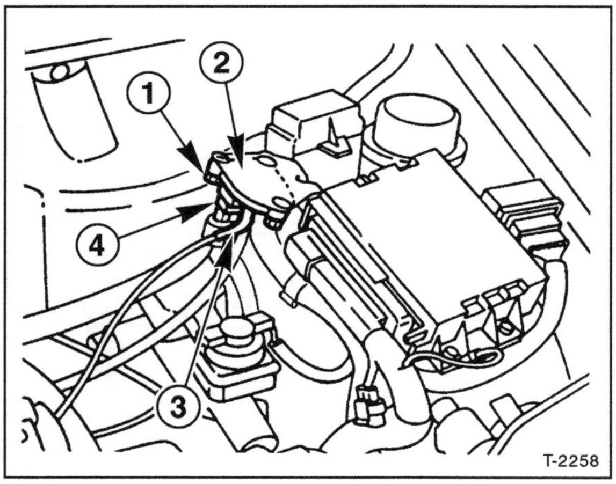

- Befestigungsmuttern –1– für Drucksensor –2– abschrauben.
- Schlauch –3– vom Drucksensor abziehen.
- Stecker –4– vom Drucksensor abziehen und Drucksensor herausnehmen.

Einbau

- Stecker am Drucksensor aufschieben.
- Schlauch auf Beschädigungen prüfen, gegebenenfalls ersetzen. Schlauch am Drucksensor aufschieben. Sicherstellen, dass der Schlauch an beiden Enden sicher auf den Schlauchstutzen sitzt.
- Drucksensor mit den Muttern anschrauben.
- Batterie-Massekabel (–) anklemmen. Vorhandene Zeituhr einstellen und gegebenenfalls Radiocode eingeben.

Technische Daten Einspritzanlage

Bezeichnung Einspritzgehäuse	30 MM 4
Versorgungsspannung für Drosselklappen-Potentiometer	5 Volt
Regelbereich des Leerlaufstellers	8 mm
Kraftstoff-Systemdruck	1,0 bar
Leerlaufdrehzahl bei betriebswarmem Motor	800 - 900/min
CO-Gehalt	0,5 Vol.%

Störungsdiagnose Benzin-Einspritzanlage

Bevor anhand der Störungsdiagnose der Fehler aufgespürt wird, müssen folgende Prüfvoraussetzungen erfüllt sein: Bedienungsfehler beim Starten ausschließen. Sowohl für den kalten wie warmen Motor gilt: Gaspedal während des Startvorganges nicht betätigen, Kupplungspedal treten.

Außerdem die folgenden Punkte sicherstellen:

Kraftstoff im Tank, Motor mechanisch in Ordnung, Batterie geladen, Anlasser dreht mit ausreichender Drehzahl, Zündanlage ist in Ordnung, keine Undichtigkeiten an der Kraftstoffanlage, Verschmutzungen im Kraftstoffsystem ausgeschlossen, Kurbelgehäuse-Entlüftung in Ordnung, elektrische Masseverbindung (Motor-Getriebe-Aufbau) vorhanden. Fehlerspeicher abfragen (Werkstattarbeit). **Achtung: Die Kraftstoffanlage steht unter Druck.** Wenn Kraftstoffleitungen gelöst werden, vorher Druck abbauen. Dazu Tankdeckel kurzzeitig öffnen. Beim Abziehen der Leitungen dicken Lappen darüber legen, um eventuelle Kraftstoffspritzer aufzufangen. Kraftstoffleitungen vorher mit Kaltreiniger säubern.

Störung	**Ursache**	**Abhilfe**
1. Motor springt nicht an.	1. Steuergerät erhält keine Spannung, Sicherung defekt.	■ Spannungsversorgung prüfen.
	2. Sicherung für Kraftstoffpumpe defekt.	■ Sicherung ersetzen.
	3. Elektro-Kraftstoffpumpe läuft beim Betätigen des Anlassers nicht an (keine Laufgeräusche hörbar).	■ Prüfen, ob Spannung an der Pumpe anliegt. Elektrische Kontakte auf gute Leitfähigkeit überprüfen.
	4. Leistungsrelais für Zünd-/Einspritzanlage defekt.	■ Relais überprüfen.
	5. Kraftstoffdruck falsch.	■ Kraftstoffdruck prüfen.
	6. Kraftstofffilter verstopft.	■ Kraftstoffdruck vor und nach dem Filter prüfen.
	7. Rückschlagventil der Kraftstoffpumpe defekt.	■ Rückschlagventil prüfen.
	8. Luftansaugsystem undicht, Motor zieht Falschluft.	■ Ansaugsystem auf Undichtigkeit (Falschluft) prüfen.
	9. Luftfilter verstopft.	■ Luftfilter ersetzen.
	10. Druckregler defekt.	■ Kraftstoffdruck prüfen.
	11. Einspritzventil defekt, verklebt.	■ Einspritzventil prüfen.
	12. Drosselklappen-Potenziometer defekt.	■ Drosselklappen-Potenziometer prüfen.
2. Der kalte Motor springt schlecht an, läuft unrund.	1. Kühlmittel-/Ansaugluft-Temperaturfühler defekt.	■ Temperaturfühler prüfen.
	2. wie unter 1.5 und 1.6, 1.8 und 1.9.	■ wie unter 1.5 und 1.6, 1.8 und 1.9.
3. Der heiße Motor springt nicht oder schlecht an.	1. Kraftstoffsystem undicht.	■ Sichtprüfung an allen Verbindungsstellen im Bereich des Motors und der elektrischen Kraftstoffpumpe. Alle Anschlüsse nachziehen.
	2. Druck im Kraftstoffsystem zu hoch.	■ Kraftstoffdruck prüfen lassen, gegebenenfalls Druckregler ersetzen.
	3. Rücklaufleitung zwischen Einspritzeinheit Tank verstopft oder geknickt.	■ Leitung reinigen oder ersetzen.
	4. Aktivkohle-System defekt.	■ Aktivkohle-Anlage überprüfen.
	5. wie unter 1.7 , 1.8, 2.1.	■ wie unter 1.7 , 1.8, 2.1.

Störung	Ursache	Abhilfe
4. Leerlauf- und Übergangsstörungen, schlechte Gasannahme.	1. Lambda-Regelung defekt.	■ Lambda-Regelung prüfen.
	2. Lambdasondenheizung defekt.	■ Lambdasondenheizung prüfen.
	3. Einspritzventil undicht.	■ Einspritzventil prüfen.
	4. Leerlaufsteller defekt.	■ Leerlaufsteller prüfen.
	5. Abgasanlage zwischen Zylinderkopf und Katalysator undicht.	■ Abgasanlage auf Dichtheit prüfen.
	6. Störung in der Zündanlage.	■ Zündsystem prüfen.
	7. wie unter 1.8, 2.1, 3.4.	■ wie unter 1.8, 2.1, 3.4.
5. Motoraussetzer im Fahrbetrieb.	1. Elektrische Verbindungen zur Kraftstoffpumpe zeitweise unterbrochen.	■ Steckverbindungen und Anschlüsse von elektrischen Leitungen an der Kraftstoffpumpe und dem Leistungsrelais der Zünd-/Einspritzanlage auf feste und widerstandslose Verbindung prüfen. Sicherung und Kontaktstellen am Kraftstoffpumpen-Relais prüfen. Kontakte reinigen bzw. erneuern. Stromaufnahme der Kraftstoffpumpe prüfen.
	2. Kraftstoff-Fördermenge zu gering.	■ Kraftstoffpumpen-Fördermenge prüfen.
	3. Kraftstofffilter verstopft.	■ Kraftstofffilter erneuern.
	4. Kraftstoffpumpe defekt.	■ Kraftstoffpumpe prüfen.
	5. Steuergerät erhält teilweise keine Spannung.	■ Spannungsversorgung prüfen.
	6. wie unter 1.6, 1.8 – 1.11, 2.1.	■ wie unter 1.6, 1.8 – 1.11, 2.1.
	7. Störung in der Zündanlage.	■ Zündsystem prüfen.
6. Der Motor läuft nach.	1. Einspritzventil undicht.	■ Einspritzventil prüfen.
	2. Zündzeitpunkt falsch.	■ Zündzeitpunkt-Einstellung prüfen.
	3. wie unter 3.2.	■ wie unter 3.2.

Zündanlage

Die Zündanlage erzeugt den Zündfunken, der das angesaugte Kraftstoffluftgemisch in Brand setzt. Um einen kräftigen Zündfunken erzeugen zu können, wird in den Zündspulen die Batteriespannung von 12 Volt auf über 30.000 Volt umgeformt.

Die Benzinmotoren der Modelle FIAT CINQUECENTO und SEICENTO sind mit einer kennfeldgesteuerten Zündanlage ausgestattet, deren Regelung im Steuergerät der Einspritzanlage integriert ist.

Die Zündanlage ist als Direktzündung ausgeführt, das heißt, sie besitzt keinen Zündverteiler mehr. Stattdessen erfolgt die Verteilung der Zündspannung auf die einzelnen Zylinder durch bewegungslos arbeitende, elektronisch gesteuerte Bauteile. Erzeugt wird die Zündspannung durch 2 Zündspulen, die am Zylinderkopf befestigt sind. Synchronisiert wird die Zündanlage durch Signale, die ein Impulsgeber an das Steuergerät abgibt. Der Impulsgeber sitzt seitlich am Motorblock und erfasst die Motordrehzahl mit Hilfe einer in der Kurbelwellen-Riemenscheibe integrierten Zahnscheibe.

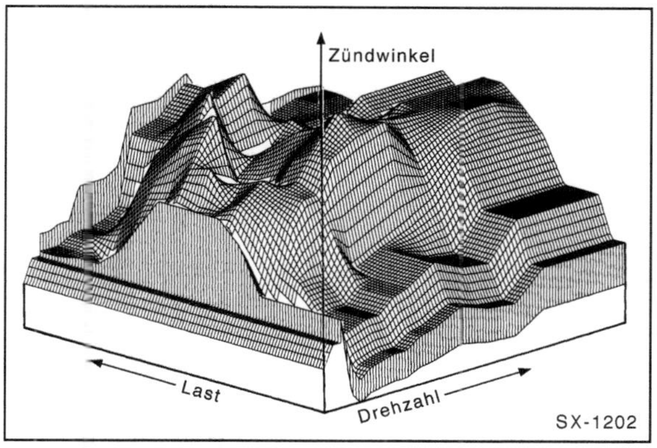

Zur Ermittlung des richtigen Zündzeitpunktes stützt sich das Steuergerät auf ein elektronisch gespeichertes Zündkennfeld. Dadurch lässt sich die Zündanlage leicht an unterschiedliche Betriebsbedingungen anpassen.

Alle Bestandteile der Zündanlage sind aufeinander abgestimmt und gewährleisten, dass sich der Zündzeitpunkt praktisch nicht mehr verstellt. Auftretende Fehler werden vom Steuergerät erkannt und gespeichert. Bei Ausfall eines Fühlers ersetzt das Steuergerät die fehlerhaften Fühlerwerte durch einen Speicherwert, um die Motorfunktion weiter aufrecht zu erhalten. Eine Störung wird durch Aufleuchten der Kontrolllampe im Schalttafeleinsatz dem Fahrer angezeigt. Die FIAT-Werkstatt kann den Fehler mit einem Spezialgerät abrufen und gezielt beheben.

Bei Arbeiten an der elektronischen Zündanlage sind verschiedene Punkte zu beachten, um Verletzungen von Personen oder die Zerstörung der Zündanlage zu vermeiden.

Sicherheitsmaßnahmen zur elektronischen Zündanlage

Bei elektronischen Zündanlagen beträgt die Zündspannung bis zu 30 kV (Kilovolt). Unter ungünstigen Umständen, zum Beispiel bei Feuchtigkeit im Motorraum, können Spannungsspitzen die Isolation durchschlagen. Werden dann Teile der Zündanlage berührt, kann dies zu Elektroschocks führen.

Um Verletzungen von Personen und/oder die Zerstörung der elektronischen Zündanlage zu vermeiden, ist bei Arbeiten an Fahrzeugen mit elektronischer Zündanlage folgendes zu beachten:

- Zündkabel nicht bei laufendem Motor beziehungsweise bei Anlassdrehzahl mit der Hand berühren beziehungsweise abziehen.
- Leitungen der Zündanlage nur bei ausgeschalteter Zündung abklemmen.
- Das An- und Abklemmen von Messgeräteleitungen (Drehzahlmesser/Zündungstester) nur bei ausgeschalteter Zündung vornehmen.
- An Klemme 1 (–) der Zündspulen dürfen kein Entstörkondensator und keine Prüflampe angeschlossen werden.
- Die Starthilfe mit einem Schnelllader ist nicht zulässig.
- Bei Erhitzung auf mehr als +80° C (zum Beispiel Lackieren, Dampfstrahlen) darf der Motor nicht unmittelbar nach der Aufheizphase gestartet werden.
- Bei Elektro- und Punktschweißen Batterie vom Bordnetz abklemmen.
- Motorwäsche nur bei ausgeschalteter Zündung durchführen.
- Personen mit einem Herzschrittmacher sollen keine Arbeiten an der elektronischen Zündanlage durchführen.

Zündkabel prüfen

- Zündung ausschalten.
- **FIRE-Motor:** Luftfilter ausbauen, siehe Seite 188.
- Zündkabel einzeln prüfen, damit sie nicht vertauscht eingebaut werden. 1. Zündkabel von Zündkerzen und Zündspulen abziehen. Eine spezielle Zange, zum Beispiel HAZET 1849, erleichtert das Abziehen der Zündkerzenstecker. Nur an den Steckern und **nicht** am Kabel ziehen.

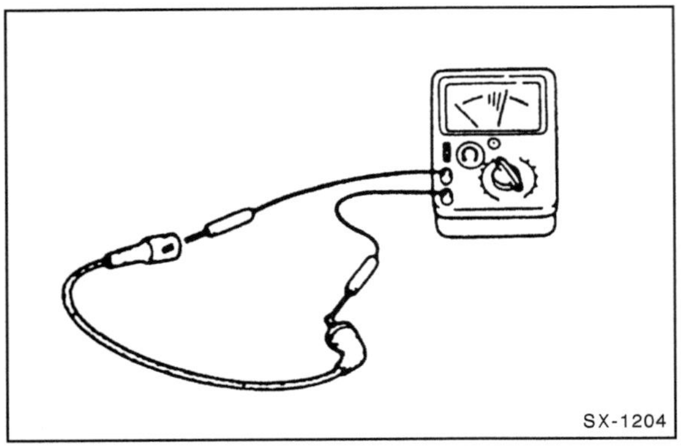

- Mit Ohmmeter Widerstand der Zündleitung prüfen. Der **Sollwert** liegt in Abhängigkeit von der Kabellänge bei 3 – 20 kΩ.
- Bei zu hohem Widerstand, Kabelanschlüsse reinigen und Prüfung wiederholen, gegebenenfalls Kabel erneuern.
- Isolation der Zündleitungen prüfen, dazu Kabel im Bereich der Zündkerzenstecker in engem Radius biegen und auf Risse kontrollieren, gegebenenfalls Zündkabel ersetzen.
- Zündkabel verlegen und auf Zündkerze und Zündspule aufstecken.
- Alle 4 Zündkabel in gleicher Weise prüfen.
- **FIRE-Motor:** Luftfilter einbauen, siehe Seite 188.

Zündspulen prüfen

Die beiden Zündspulen sind am Zylinderkopf beziehungsweise Zylinderkopfdeckel befestigt. Sie können mit einem Ohmmeter geprüft werden.

- **Achtung:** Zündung ausschalten.
- Falls vorhanden, Zündspulen-Abdeckung abschrauben und abnehmen.
- Sämtliche Anschlusskabel von den Zündspulen abziehen. Damit keine Verwechslungen beim Einbau vorkommen, Stecker und Anschlüsse kennzeichnen, zum Beispiel mit Klebeband.

Hinweis: Die im Fahrzeug eingebauten Zündspulen können in Einbaulage und Aussehen von den Darstellungen abweichen.

FIRE-Motor

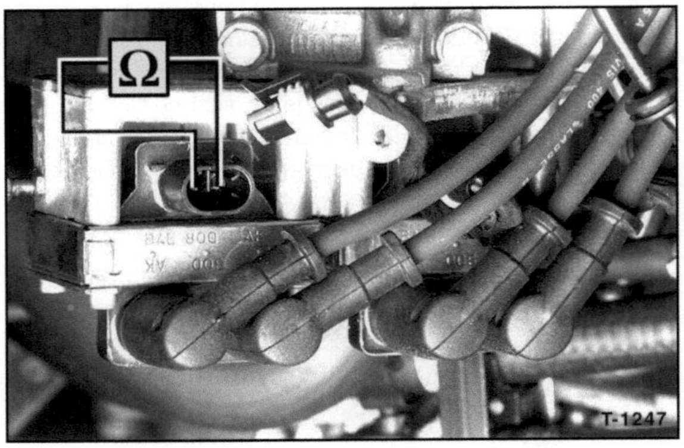

- Primärwiderstand prüfen. Dazu Prüfspitzen des Ohmmeters zwischen Pluskontakt (gekennzeichnet mit +) und Minuskontakt (gekennzeichnet mit –) anschließen. **Sollwert:** 0,495 Ω bis 0,605 Ω. Die angegebenen Widerstandswerte gelten bei +20° C.

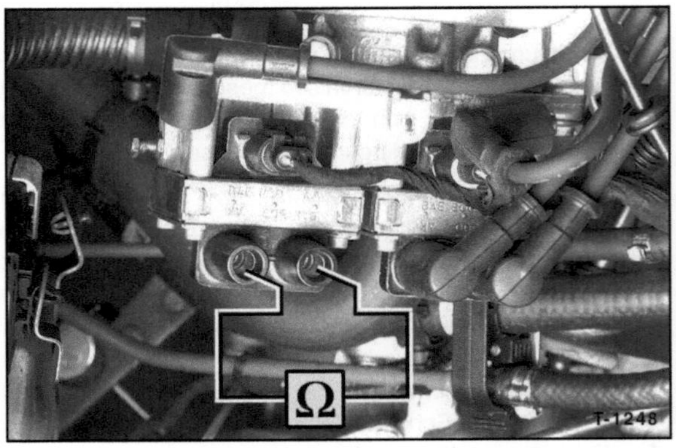

- Sekundärwiderstand prüfen. Dazu Prüfspitzen des Ohmmeters zwischen die beiden Hochspannungsausgänge anschließen. **Sollwert:** 6,66 Ω bis 8,14 kΩ.

OT- und Drehzahlgeber aus- und einbauen/prüfen

Prüfen

- Zündung ausschalten.

Sicherheitshinweis
Beim Aufbocken des Fahrzeugs besteht Unfallgefahr! Deshalb vorher das Kapitel »Fahrzeug aufbocken« durchlesen.

- Fahrzeug aufbocken.
- Untere Keilriemenabdeckung abschrauben, siehe Seite 133.
- Steckverbindung für Zuleitung des Gebers trennen und Ohmmeter zwischen die beiden Kontakte des Gebers anschließen. **Sollwert**: **650 – 720 Ω**. Die angegebenen Widerstandswerte gelten bei +20° C.

Ausbau

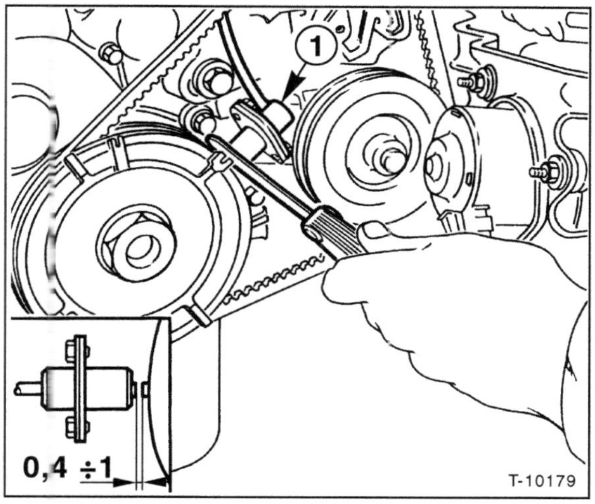

T-10179

- Drehzahlfühler –1– abschrauben.

Einbau

- Drehzahlfühler einsetzen, anschrauben und anschließen.
- Mit Fühlerblattlehre prüfen, ob zwischen Impulszähnen und Fühlerkern der richtige Abstand besteht. **OHV-Motor:** 0,4 mm bis 1,0 mm, **FIRE-Motor:** 0,5 – 1,5 mm. Der Abstand muss bei allen Zähnen gleich groß sein.
- Untere Keilriemenabdeckung anschrauben.
- Fahrzeug ablassen.

Zündzeitpunkt prüfen

0,9-l-OHV-Motor

Der Zündzeitpunkt kann nur geprüft, nicht eingestellt werden. Bei Störungen ist die Fachwerkstatt aufzusuchen.

Prüfen

- Motor warm fahren, Kühlmitteltemperatur ca. +90° C. Motor abstellen.
- Rechten Innenkotflügel abschrauben und herausnehmen, siehe Seite 224.

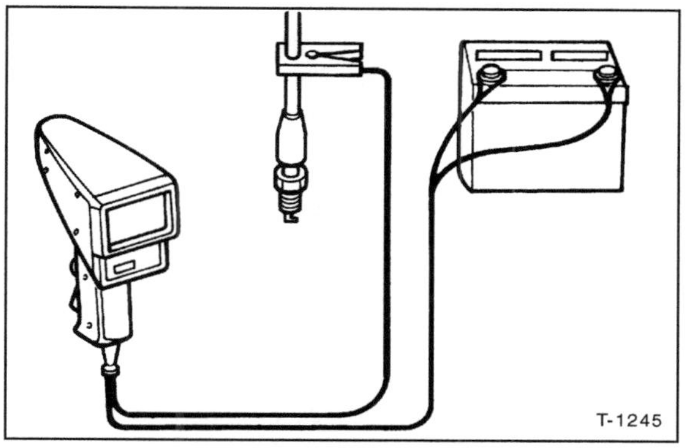
T-1245

- Zündblitzlampe nach Herstelleranweisung anschließen. Induktivklemme –1– über das Zündkabel –2– für Zylinder 1 klemmen. Zylinder 1 befindet sich an der Keilriemenseite des Motors.
- Schalthebel in Leerlaufstellung bringen, Handbremse anziehen.
- Motor starten und im Leerlauf drehen lassen.

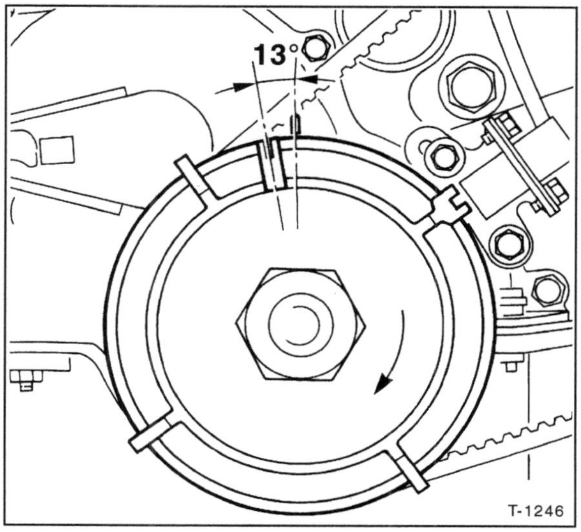

T-1246

- Durch den rechten Radkasten Kurbelwellen-Riemenscheibe anblitzen.

- Bei Leerlaufdrehzahl muss die OT-Markierung auf der Riemenscheibe 13° ± 1°30' vor der Bezugsmarke am Motorblock scheinbar stillstehen.
- Die Werkstatt kann die korrekte Unterdruckverstellung des Zündzeitpunktes bei verschiedenen Motordrehzahlen prüfen. Diese Prüfung ist jedoch nur bei Störungen in der Zündanlage nötig.
- Rechten Innenkotflügel einsetzen und anschrauben, siehe Seite 224.

Zündkerzentechnik

Die Zündkerze besteht aus der Mittel-Elektrode, dem Isolator mit Gehäuse und der Masse-Elektrode. Die Mittel-Elektrode ist gasdicht im Isolator befestigt, der Isolator ist fest mit dem Gehäuse verbunden. Zwischen Mittel- und Masse-Elektrode springt der Zündfunke über, der das Kraftstoffluftgemisch entzünden soll. Von der Zündkerze hängen Startbereitschaft, Leerlaufverhalten, Beschleunigung und Höchstgeschwindigkeit ab. Man sollte deshalb nicht ohne Grund von dem vom Werk vorgeschriebenen Zündkerzentyp abweichen, der unter anderem von der Wärmewert-Kennzahl bestimmt wird.

Die Wärmewert-Kennzahl gibt den Grad der Wärmebelastbarkeit einer Zündkerze an. Je niedriger die Wärmewert-Kennzahl einer Kerze ist, desto höher ist die Wärmebelastbarkeit. Die Kerze kann also die Wärme besser ableiten, wodurch schädliche Glühzündungen (Motorklopfen) verhindert werden. Eine Kerze mit hoher Wärmebelastbarkeit hat allerdings den Nachteil, dass ihre Selbstreinigungstemperatur ebenfalls höher liegt. Sie neigt daher schneller zum Verrußen, insbesondere dann, wenn der Motor häufig seine Betriebstemperatur während der Fahrt nicht erreicht (Stadtverkehr, Kurzstreckenverkehr im Winter). In der Regel werden »kalte« Zündkerzen (Wärmewert-Kennzahl ab 06) bei »heißen« Motoren eingesetzt, also bei Triebwerken denen hohe Motorleistung abgefordert wird.

Durch den Kupferkern (Cu) in der Mittelelektrode und noch mehr durch die Silber-Mittelelektrode wird die Wärmeleitfähigkeit und damit die Wärmebelastbarkeit erhöht.

Die Wärmewert-Kennzahl ist im Zündkerzencode enthalten. Der Code schlüsselt sich wie folgt auf:

Beispiel: **Bosch-Zündkerze**

F R 7 D C 2

① ② ③ ④ ⑤ ⑥

① W = Gewinde M 14 x 1,25 mit Flachdichtsitz, SW 21; F = Gewinde M 14 x 1,25 mit Flachdichtsitz, SW 16; H = Gewinde M 14 x 1,25 mit Kegeldichtsitz, SW 16; SW = Schlüsselweite.

② R = Mit Widerstand, zur Entstörung. Die Funktion der Zündanlage wird dadurch nicht beeinflusst.

③ Wärmewert-Kennzahl. Die Wärmewertskala wird von 06 (»kalt«) bis 13 (»warm«) angegeben. Dabei entspricht die Kennzahl 8 dem alten Wärmewert 175 (frühere Bezeichnung), 7 – 200, 6 – 225 usw.

④ B = Gewindelänge 12,7 mm, vorgezogene Funkenlage; C = Gewindelänge 19 mm, normale Funkenlage; D = Gewindelänge 19 mm, vorgezogene Funkenlage; L = Gewindelänge 19 mm, extrem vorgezogene Funkenlage. Die Angabe der Gewindelängen beziehen sich jeweils auf Zündkerzen mit Flachdichtsitz. Zusatz »T« (z. B. »DT«) = 3 Masse-Elektroden.

⑤ = Elektrodenwerkstoff der Mittelelektrode: Ohne Angabe = Cr-Ni-Legierung, C = Ni-Cu-Verbund-Mittelelektrode, S = Silber-Mittelelektrode, P = Platin-Mittelelektrode.

⑥ 2 = Elektroden in Zweistoffausführung.

Beispiel: **BERU-Zündkerze**

14 F R 7 D U

① ② ③ ④ ⑤ ⑥

① Gewindedurchmesser in mm, hier: M 14 x 1,25.

② F = Flachdichtsitz, K = Kegeldichtsitz.

③ R = Entstörwiderstand 5 kΩ / 10 kΩ.

④ Wärmewert-Kennzahl. Aufschlüsselung wie »Bosch«.

⑤ Gewindelänge. Aufschlüsselung wie »Bosch«.

⑥ Elektrodenwerkstoff der Mittelelektrode: U = »ultra« (Ni-Cu-Verbund-Mittelelektrode), S = Silber-Mittelelektrode, P = Platin-Mittelelektrode, O = Verstärkte Mittelelektrode; R = mit Abbrandwiderstand.

Zündkerzenwerte CINQUECENTO/SEICENTO

Motor	OHV: 29 kW/ 40 PS	FIRE: 40 kW/ 55 PS
BOSCH	WR 7 DC2	FR 7 DC2
BERU	14 R-7 DU	14 FR-7 DU
CHAMPION	RN 9 YCC	RC 9YCC
NGK	BPR6ES	BCPR6ES

Der Elektrodenabstand der Zündkerzen beträgt 0,9 mm.

Achtung: Die technische Entwicklung geht ständig weiter. Es kann daher sein, dass inzwischen für einzelne Motoren andere Zündkerzenwerte gelten. Daher empfiehlt es sich, vor einem Neukauf zu prüfen, welche Kerzen eingebaut sind. Im Zweifelsfall aktuelle Zündkerzenwerte bei der Fachwerkstatt erfragen.

Zündkerzen aus- und einbauen

Achtung: Zündkerzen nur bei kaltem oder handwarmem Motor wechseln. Wenn die Kerzen bei heißem Motor herausgedreht werden, kann das Kerzengewinde des Leichtmetall-Zylinderkopfes ausreißen.

Ausbau

- **FIRE-Motor:** Luftfilter ausbauen, siehe Seite 188.

- Zum leichteren Einbau die Zündkabel entsprechend der Zylinderreihenfolge von 1 bis 4 mit Tesaband kennzeichnen. Teilweise ist auf den Zündkabeln bereits die Zahl des zugehörigen Zylinders aufgedruckt.
- Zündkerzen-Nischen, wenn möglich, mit Pressluft ausblasen, damit bei ausgebauten Kerzen kein Schmutz in den Brennraum fällt.
- Zündkerzenstecker abziehen. Dabei nur an den Steckern, nicht an den Kabeln ziehen. Zur Erleichterung gibt es eine spezielle Zange zum Abziehen der Zündkerzenstecker, zum Beispiel HAZET 1849 beziehungsweise 1849-1.
- Zündkerzen mit geeignetem Kerzenschlüssel herausdrehen. Dabei darauf achten, dass der Kerzenschlüssel nicht verkantet wird, was zum Bruch des Keramikisolators führen kann. Steckschlüsseleinsatz für Zündkerzen mit ½"-Antrieb zum Beispiel HAZET 900KF für SW 20,8 mm.

Einbau

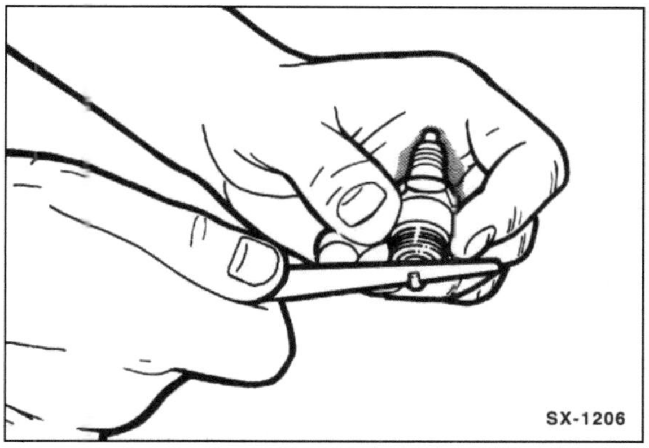

- Elektrodenabstand mit Fühlerblattlehre prüfen. **Sollwert:** 0,9 mm. Bei neuen Zündkerzen ist der Elektrodenabstand in der Regel richtig eingestellt.
- Zum Einstellen des Kontaktabstandes Masse-Elektrode nachbiegen. Dafür gibt es ein spezielles Werkzeug, zum Beispiel HAZET 2147MS. Man kann auch vorsichtig seitlich gegen die Masse-Elektrode klopfen. Beim Aufbiegen kleinen Schraubendreher am Gewinderand der Zündkerze abstützen, keinesfalls jedoch an der Mittel-Elektrode, da diese sonst beschädigt wird.
- Zündkerzen von Hand bis zur Anlage am Zylinderkopf einschrauben.
- Zündkerzen mit Zündkerzenschlüssel und **30 Nm** festziehen. **Achtung:** Dabei Zündkerzenschlüssel nicht verkanten, damit der Keramikisolator nicht beschädigt wird.
- Zündkerzenstecker entsprechend der angebrachten Markierungen aufstecken. Durch Hin- und Herbewegen festen Sitz der Zündkerzenstecker und Zündkabel prüfen.
- Luftfilter einbauen, siehe Seite 188.

Zündkerzen prüfen

- Zündkerzen ausbauen.
- »Zündkerzengesicht« prüfen. Mit einiger Erfahrung lassen sich daraus Rückschlüsse auf den Betriebszustand des Motors ziehen. Es gelten folgende Regeln:

Elektroden und Isolierkörper

- Mittelgrau = richtiges Arbeiten der Zündkerze.
- Schwarz = Gemisch zu fett.
- Verölt = Aussetzen der betreffenden Zündkerze oder schlecht abdichtende Kolbenringe.

- Isolatoren der Zündkerzen auf Kriechströme untersuchen. Kriechströme zeigen sich als dünne, unregelmäßige Spuren auf der Oberfläche. In diesem Fall betreffende Kerze austauschen.
- Sollen die Zündkerzen im Rahmen einer Reparatur nur gereinigt werden, diese mit einer Messingbürste oder einem Sandstrahlgerät reinigen.
- Zündkerzen einbauen.

Funktion prüfen

Achtung: Sicherheitshinweise zur Zündanlage beachten, siehe Seite 197.

- Zündspule und Zündkabel prüfen.

Achtung: Sicherung für Kraftstoffpumpe abziehen, damit während der Prüfung kein Kraftstoff eingespritzt werden kann. Sonst kann der Katalysator beschädigt werden.

- Zündkerzen einzeln ausbauen, in Zündkerzenstecker stecken und **mit gut isolierter Zange** gegen Masse halten.
- Anlasser betätigen lassen und sichtprüfen, ob Zündfunken überspringen.
- Auf diese Weise sämtliche Zündkerzen prüfen.

Störungsdiagnose Zündung

Störung	Ursache	Abhilfe
Motor springt nicht an, obwohl Anlasser mit ausreichender Geschwindigkeit dreht.	Luftspalt zwischen OT-/Drehzahlgeber und Impulsstiften zu groß.	■ Luftspalt einstellen.
	Leitung für OT-/Drehzahlgeber ist kurzgeschlossen, unterbrochen oder hat Masseschluss.	■ Geber austauschen und /oder Verbindungskabel zum Steuergerät überprüfen, ggf. ersetzen.
	Kontaktlamellen des Mehrfachsteckers vom Steuergerät korrodiert oder gespreizt.	■ Kontakt herstellen, ggf. Stecker erneuern.
	Zündkabel unterbrochen.	■ Zündkabel prüfen, ggf. ersetzen.
	Zünd-/Anlassschalter defekt.	■ Zünd-/Anlassschalter erneuern.
	Elektronisches Steuergerät defekt.	■ Steuergerät ersetzen.
Motor läuft unregelmäßig.	Zündkabel/Zündkerze defekt.	■ Zündkabel/Zündkerzen prüfen. **Achtung:** Zündkerzen nicht durch Abziehen der Stecker bei laufendem Motor prüfen, sonst kann der Katalysator beschädigt werden.
Motor läuft unregelmäßig, geringe Leistung, hoher Verbrauch.	OT-/Drehzahlgeber falsch positioniert.	■ OT-/Drehzahlgeber einstellen, Winkel einstellen (Werkstattarbeit).
	Unterdruckschlauch zwischen Ansaugrohr und Druckfühler nicht angeschlossen, verstopft oder undicht.	■ Unterdruckschlauch prüfen, ggf. ersetzen.
	Druckfühler defekt (Der Druckfühler befindet sich neben dem Motor-Steuergerät).	■ Druckfühler ersetzen, elektrische Leitungen gemäß Schaltplan überprüfen.

Abgasanlage

Aus dem Inhalt:

- **Katalysator**
- **Abgasanlage demontieren**
- **Abgasanlage prüfen**
- **Abgasanlagen-Übersicht**
- **Abgasanlage ausrichten**
- **Hauptschalldämpfer**

Die Abgasanlage besteht aus dem vorderen Abgasrohr, dem Katalysator sowie dem hinteren Teil mit Mittelschalldämpfer (nur FIRE-Motor) und Hauptschalldämpfer. Die Lambdasonde für die Regelung der Abgaszusammensetzung ist im vorderen Abgasrohr eingeschraubt.

Das vordere Abgasrohr ist mit dem Abgaskrümmer verschraubt. Bei einer Reparatur lassen sich die Teile einzeln auswechseln. Selbstsichernde Muttern sowie alle Dichtungen sind nach dem Ausbau grundsätzlich zu ersetzen. Gummihalterungen und Gummipuffer sind auf Porosität und Beschädigung zu prüfen, gegebenenfalls müssen sie ausgewechselt werden. Beim Einbau einer neuen Abgasanlage empfiehlt es sich, alle Befestigungsteile ebenfalls zu erneuern.

Abgasanlage 0,9-l-OHV-Motor, 29 kW (40 PS)

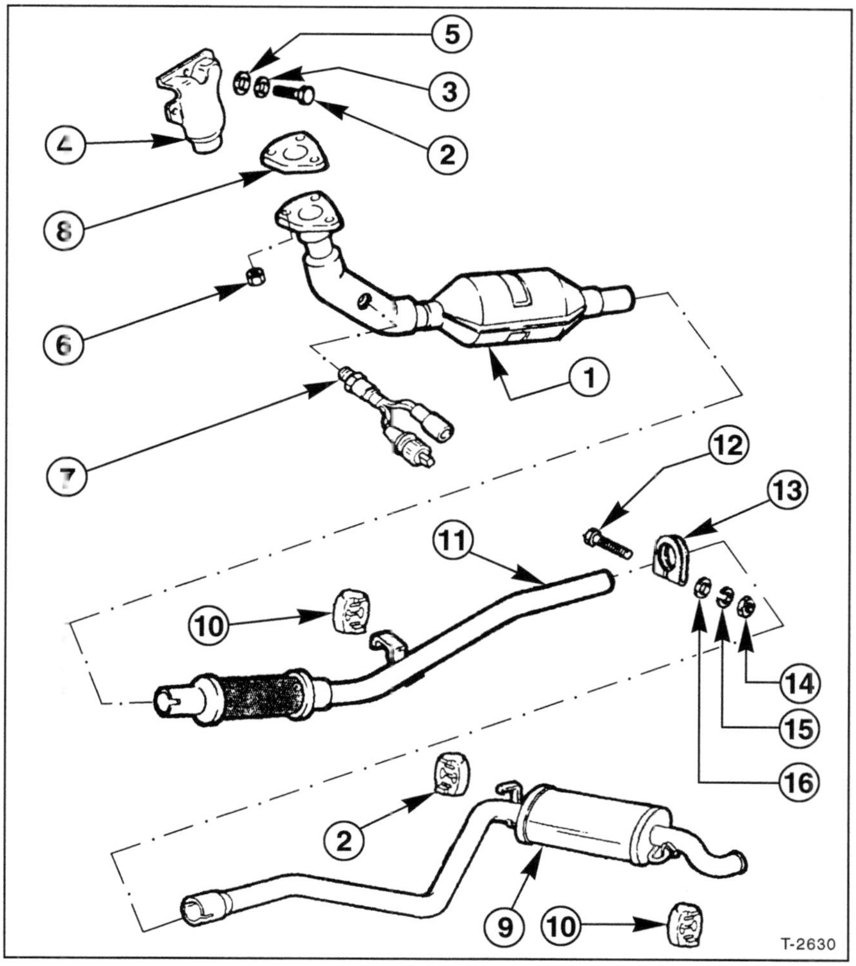

1 – Vorderes Abgasrohr mit Katalysator
2 – Schraube
3 – Sicherungsring
4 – Warmluftblech
5 – Scheibe
6 – Mutter, 20 Nm
7 – Lambdasonde
8 – Dichtung
9 – Hauptschalldämpfer
10 – Gummihalterung
11 – Mittleres Abgasrohr
12 – Schraube
13 – Klemmschelle
14 – Mutter, 25 Nm
15 – Federscheibe
16 – Scheibe

Abgasanlage 1,1-l-FIRE-Motor, 40 kW (55 PS)

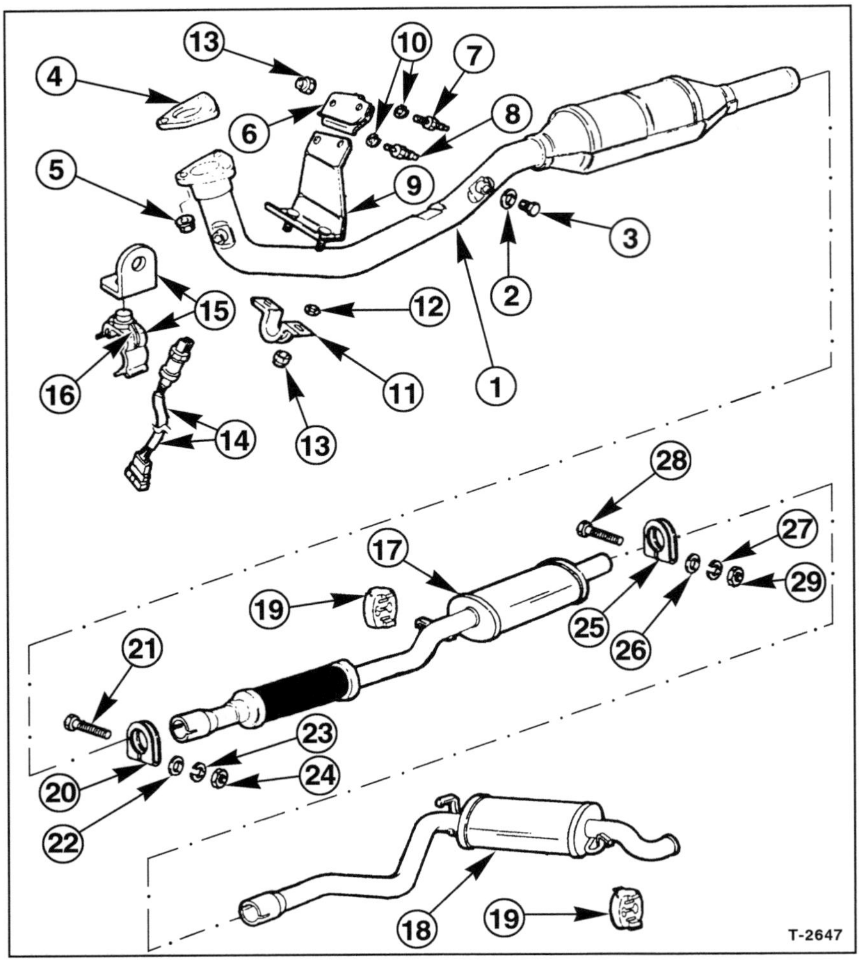

1 – Vorderes Abgasrohr mit Katalysator
2 – Verschlussschraube
3 – Scheibe
4 – Dichtung
5 – Mutter
6 – Halter
7 – Schraube
8 – Schraube
9 – Halter
10 – Sicherungsring
11 – Schelle
12 – Sicherungsring
13 – Mutter
14 – Lambdasonde
15 – Winkelstück
16 – Klemmstück
17 – Mittelschalldämpfer
18 – Hauptschalldämpfer
19 – Gummihalterung
20 – Klemmschelle
21 – Schraube
22 – Scheibe
23 – Sicherungsring
24 – Mutter, 25 Nm
25 – Klemmschelle
26 – Scheibe
27 – Sicherungsring
28 – Schraube
29 – Mutter, 25 Nm

Funktion des Katalysators

Alle Motoren des CINQUECENTO und SEICENTO sind mit einem Katalysator zur Abgasreinigung ausgestattet.

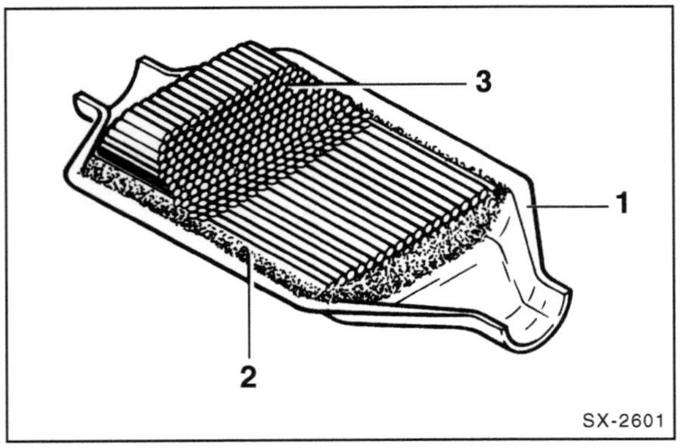

Der Katalysator –1– besteht aus einem Keramik-Wabenkörper –3–, der mit einer Trägerschicht überzogen ist. Auf der Trägerschicht befinden sich Edelmetallsalze, die den Umwandlungsprozess bewirken. Im Gehäuse wird der Katalysator durch eine Isolations-Stützmatte –2– fixiert, die außerdem Wärmeausdehnungen ausgleicht.

In Verbindung mit der elektronischen Einspritzanlage und der Lambdasonde wird die Kraftstoffmenge für die Verbrennung exakt dosiert, damit der Katalysator die Schadstoffe reduzieren kann. Die Lambdasonde sitzt im Abgasrohr vor dem Katalysator und wird hier vom Abgasstrom umspült. Bei der Lambdasonde handelt es sich um einen elektrischen Messfühler, der den Restgehalt an Sauerstoff im Abgas durch elektrische Spannungsschwankungen anzeigt und Rückschlüsse auf die Zusammensetzung des Luft-Benzin-Gemisches ermöglicht. In Bruchteilen von Sekunden kann die Lambdasonde entsprechende Signale an die Steuereinheit der Einspritzanlage weitergeben und dadurch das Kraftstoff-Luftverhältnis ständig verändern. Das ist einerseits erforderlich, da sich ja die Betriebsverhältnisse (Leerlauf, Vollgas) ständig ändern, zum anderen aber auch, weil nur dann eine optimale Nachverbrennung im Katalysator erfolgt, wenn noch genügend Benzin-Anteile im Motor-Abgas vorhanden sind.

Damit es also bei einer Temperatur von +300° bis +800° C im Katalysator überhaupt zu einer Nachverbrennung kommen kann, muss das Kraftstoff-Luftgemisch mehr Kraftstoffanteile aufweisen, als für die reine Verbrennung erforderlich wären.

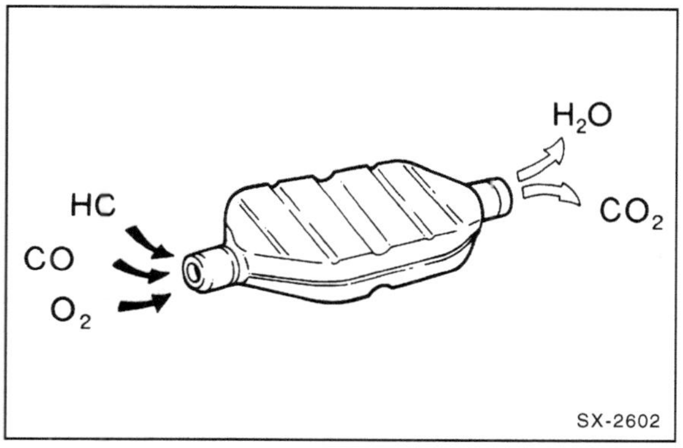

Bei dem verwendeten Katalysator handelt es sich um einen so genannten 3-Wege-Katalysator. Das bedeutet, dass bei diesem Katalysator aufgrund der Lambda-Regelung die Oxidation von Kohlenmonoxid (CO) und Kohlenwasserstoffen (HC) sowie die Reduktion der Stickoxide (NO_X) gleichzeitig durchgeführt werden.

Katalysatorschäden vermeiden

Um Beschädigungen an der Lambdasonde und am Katalysator zu vermeiden, sind nachstehende Hinweise unbedingt zu beachten:

- Grundsätzlich nur bleifreies Benzin tanken.
- Das Anlassen des Motors durch Anschieben oder Anschleppen ist nicht erlaubt. Starthilfekabel verwenden. Unverbrannter Kraftstoff könnte bei einer Zündung zur Überhitzung des Katalysators und zu seiner Zerstörung führen.
- Bei Startschwierigkeiten nicht unnötig lange den Anlasser betätigen. Während des Anlassens wird permanent Kraftstoff eingespritzt. Fehlerursache ermitteln und beseitigen.
- Kraftstofftank nie ganz leer fahren.
- Treten Zündaussetzer auf, hohe Motor-Drehzahlen vermeiden und Fehler umgehend beheben.
- Nur die vorgeschriebenen Zündkerzen verwenden.
- Keine Funkenprüfung mit abgezogenem Zündkerzenstecker durchführen.
- Es darf kein Zylindervergleich (Balancetest) durch Zündabschaltung eines Zylinders durchgeführt werden. Bei Zündabschaltung der einzelnen Zylinder – auch über Motortester – gelangt unverbrannter Kraftstoff in den Katalysator.
- Fahrzeug nicht über trockenem Laub oder Gras abstellen. Die Abgasanlage wird im Bereich des Katalysators sehr heiß und strahlt die Wärme auch nach Abstellen des Motors noch ab.
- Keinen Unterbodenschutz auf die Abgasanlage bringen.
- Die Hitzeschilder der Abgasanlage dürfen nicht verändert werden.
- Beim Ein- oder Nachfüllen von Motoröl besonders darauf achten, dass auf keinen Fall die Maximum-Markierung am Ölmessstab überschritten wird. Das überschüssige Öl gelangt sonst aufgrund unvollständiger Verbrennung in den Katalysator und kann das Edelmetall beschädigen oder den Katalysator vollständig zerstören.

Abgasanlage/Katalysator aus- und einbauen

Alle Teile der Abgasanlage lassen sich auch einzeln auswechseln. **Achtung:** Beim Einbau von Teilen der Abgasanlage darauf achten, dass die Teile fest zusammengefügt werden. Sonst kann es bei der Abgasuntersuchung (AU) zu Fehlmessungen kommen.

Ausbau

Sicherheitshinweis
Beim Aufbocken des Fahrzeugs besteht Unfallgefahr! Deshalb vorher das Kapitel »Fahrzeug aufbocken« durchlesen.

- Fahrzeug aufbocken.
- Sämtliche Schrauben und Muttern der Abgasanlage mit Rost lösendem Mittel einsprühen. Rostlöser einige Zeit einwirken lassen.

- Lambdasonde –1– ausbauen. Dazu Mehrfachstecker trennen, Lambdasonde am vorderen Abgasrohr abschrauben und abnehmen. **Achtung:** Lambdasonde nicht an der Spitze berühren oder beschmutzen.
- Vorderes Abgasrohr –2– mit 3 Muttern vom Krümmer abschrauben. Einbaulage der Unterlagen beachten.

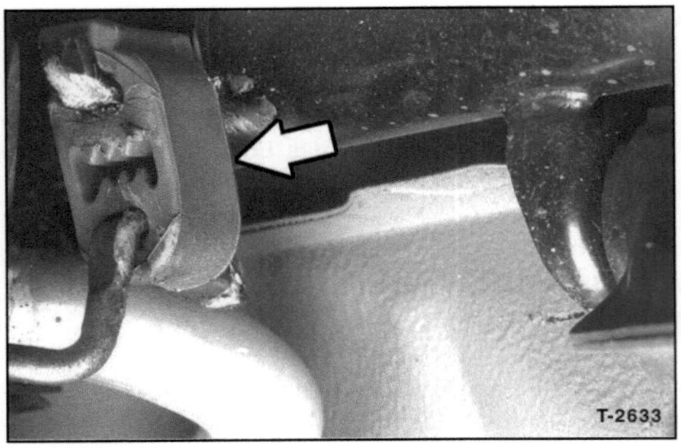

- Gummihalterungen auf Risse prüfen. Hierzu Abgasanlage leicht herunterdrücken, Stegschlaufen mit Taschenlampe anstrahlen, überprüfen und gegebenenfalls erneuern.

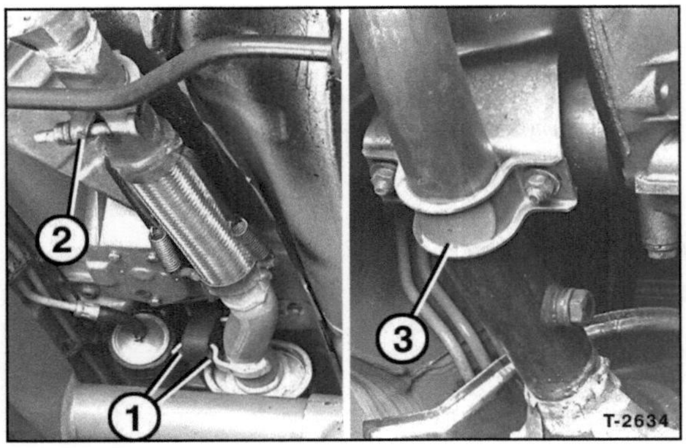

- Abgasrohre an sämtlichen Gummihalterungen –1– aushängen und abnehmen. Soll nur das vordere Abgasrohr ausgebaut werden, Schelle(n) –2– und –3– abschrauben und mittleres beziehungsweise hinteres Abgasrohr abziehen, siehe folgendes Kapitel.
- Gegebenenfalls Katalysator vom hinteren Abgasrohr trennen, siehe folgendes Kapitel.

Einbau

- Vor dem Einbau Krümmer und vorderen Abgasrohrflansch sowie Verbindungsflansch mit Stahlbürste reinigen. Grundsätzlich **neue** Dichtungen, Schrauben und Muttern verwenden. Die Gewinde mit Hochtemperaturpaste (zum Beispiel Liqui Moly LM-508-ASC oder Kupferpaste) bestreichen, damit sie sich später leichter lösen lassen.

Achtung: Es darf keine Hochtemperaturpaste in die Abgasanlage vor dem Katalysator gelangen. Auch darf kein flüssiges Dichtmittel verwendet werden, da sonst der Katalysator im späteren Betrieb verunreinigt werden kann.

- Vorderes Abgasrohr mit **neuer** Dichtung ansetzen und lose am Krümmer anschrauben.
- Abgasanlage in die Gummihalterungen einhängen, Teile gegeneinander verschieben und dadurch dem Unterboden anpassen. Darauf achten, dass die Gummihalterungen gleichmäßig belastet und nicht verformt werden. **Achtung:** Der Abstand der Abgasanlage muss zu allen Fahrzeugteilen mindestens 25 mm betragen.
- Vorderes Abgasrohr an Krümmer- und Katalysatorflansch mit **25 Nm** anschrauben.
- Klemmschraube(n) für Schelle(n) des hinteren Abgasrohrs mit **25 Nm** anschrauben.
- Gewinde der Lambdasonde mit Hochtemperaturpaste, zum Beispiel BOSCH-Lambdasondenfett oder ANTI-SEIZE von FIAT, einstreichen und mit **55 Nm** anschrauben.

Achtung: Wird die Sonde ohne das Hochtemperatur-Spezialfett eingeschraubt, frisst sich das Gewinde mit der Zeit fest. Die Lambdasonde kann dann später nicht mehr herausgeschraubt werden. Das Fett darf **nicht** auf den Sensor der Lambdasonde gelangen.

- Elektrische Leitung verlegen und Stecker verbinden.
- Fahrzeug ablassen.
- Motor starten und Abgasanlage auf Dichtigkeit prüfen. Dazu mit Lappen Endrohr verschließen. Wenn der Motor daraufhin ausgeht, ist die Anlage dicht.

Hauptschalldämpfer auswechseln

- Halteschelle –1– abschrauben und hinteres Abgasrohr –2– aus der Gummihalterung –3– aushängen.
- Hinteres Abgasrohr an der Verbindungsstelle mit einem Schweißgerät, falls vorhanden, erwärmen. Dabei Tank abschirmen, zum Beispiel mit einem Stück Aluminiumblech. Hauptschalldämpfer mit drehenden Bewegungen abziehen.
- Steht kein Schweißgerät zur Verfügung, Abgasrohr mit einer Eisensäge oder Trennschleifer durchtrennen. Das auf dem Zwischenrohr verbleibende Stück der Länge nach aufsägen und mit einem Meißel abschlagen.
- Neuen Hauptschalldämpfer einsetzen und in die Gummihalterung einhängen. Teile gegeneinander verschieben und dadurch dem Unterboden anpassen. Darauf achten, dass die Gummihalterungen gleichmäßig belastet und nicht verformt werden. **Achtung:** Der Abstand der Abgasanlage muss zu allen Fahrzeugteilen mindestens 25 mm betragen.
- Klemmschraube für Schelle des hinteren Abgasrohrs mit **25 Nm** anschrauben.

Kupplung

Aus dem Inhalt:

- **Kupplungsbetätigung**
- **Kupplungsdemontage**
- **Kupplungs-Seilzug ersetzen**

Die Kupplung besteht aus der Kupplungsdruckplatte, der Kupplungsmitnehmerscheibe und dem Ausrücklager.

Die Kupplungsdruckplatte ist mit dem Schwungrad verschraubt, das wiederum an der Kurbelwelle des Motors angeflanscht ist. Zwischen der Kupplungsdruckplatte und dem Schwungrad befindet sich die Kupplungsmitnehmerscheibe (Kupplungsscheibe), die von der Kupplungsdruckplatte gegen das Schwungrad gepresst wird. Die Mitnehmerscheibe wird von der verzahnten Getriebeantriebswelle zentriert.

Beim Niedertreten des Kupplungspedals (auskuppeln) wird über das Kupplungsseil und einen Ausrückhebel das Ausrücklager gegen die Feder der Kupplungsdruckplatte gedrückt. Dadurch entspannt sich die Kupplungsdruckplatte, und die Mitnehmerscheibe wird nicht mehr gegen die Schwungscheibe gepresst. Der Kraftschluss zwischen Motor und Getriebe ist also aufgehoben.

Wird das Kupplungspedal zurückgenommen (einkuppeln), presst die Druckplatte die Mitnehmerscheibe gegen das Schwungrad. Der Kraftschluss ist wieder hergestellt, da die angepresste Mitnehmerscheibe über die Verzahnung fest mit der Getriebewelle verbunden ist.

Bei jedem Ein- und Auskuppeln wird durch den leichten Schleifvorgang etwas Reibbelag von der Mitnehmerscheibe abgeschliffen. Die Mitnehmerscheibe ist also ein Verschleißteil, doch hat sie eine mittlere Lebensdauer von über 100.000 Kilometer. Der Verschleiß hängt im Wesentlichen von der Belastung (zum Beispiel Anhängerbetrieb) und der Fahrweise ab. Die Kupplung ist wartungsfrei, nur die Einstellung des Kupplungspedals muss im Rahmen der Wartung überprüft werden. Mit fortschreitender Abnutzung der Kupplungsbeläge wandert das Kupplungspedal nach oben, in Richtung Fahrer.

In der Version »Citymatic« ist der SEICENTO mit einer automatischen Kupplung ausgestattet. Die automatische Kupplung beinhaltet ein elektronisches Steuergerät, mehrere Sensoren, einen Elektromotor und die Kupplungshydraulik. Über die Sensoren, unter anderem am Schalthebel und am Gaspedal, efährt das Steuergerät, dass der Gang gewechselt wird. Daraufhin wird die Kupplung hydraulisch über den Elektromotor betätigt. Die Gänge werden wie bei Fahrzeugen mit herkömmlicher Kupplung von Hand geschaltet, lediglich das Kupplungspedal fehlt. Die elektronische Steuerung verhindert Fehlbedienungen. Reparaturen an der automatischen Kupplung sollen der Fachwerkstatt vorbehalten bleiben.

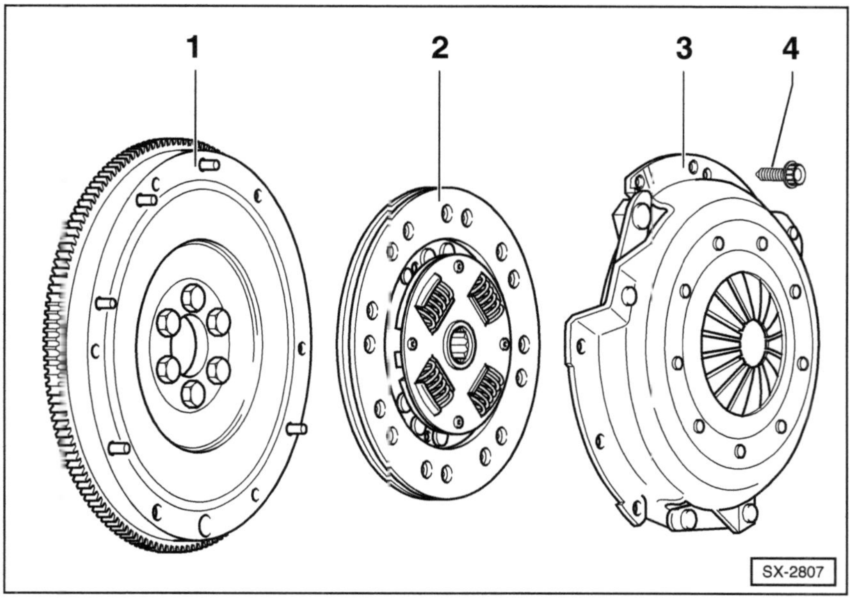

1 – Schwungrad
Anlagefläche für Kupplungsbelag muss frei von Rillen, Öl und Fett sein. Auf festen Sitz der Zentrierstifte achten.

2 – Kupplungsscheibe
Einbaulage beachten, Federkäfig zeigt zur Druckplatte. Kerbverzahnung hauchdünn mit MoS_2-Fett einstreichen.

3 – Druckplatte

4 – Schraube, 10 Nm
Stufenweise über Kreuz lösen beziehungsweise anziehen.

Kupplung aus- und einbauen/prüfen

Ausbau

- Getriebe ausbauen, siehe Seite 214.

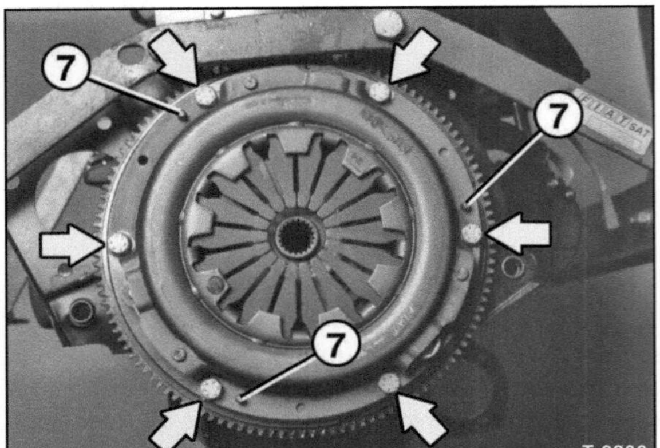

T-2806

- Befestigungsschrauben –Pfeile– der Kupplungsdruckplatte nacheinander jeweils um 1 bis 1½ Umdrehungen lösen, bis die Druckplatte entspannt ist. Damit das Schwungrad beim Lösen der Schrauben nicht mitdreht, Schwungrad mit Schraubendreher und Dorn arretieren.

Achtung: Wenn die Schrauben sofort ganz gelöst werden, können die Membranfeder sowie die Passstifte –7– zwischen Druckplatte und Schwungrad beschädigt werden.

- Anschließend Schrauben ganz herausdrehen.
- Druckplatte und Kupplungsscheibe herausnehmen. **Achtung:** Druckplatte und Kupplungsscheibe beim Herausnehmen nicht fallen lassen, sonst können nach dem Einbau Rupf- und Trennschwierigkeiten auftreten.
- Schwungrad mit benzingetränktem Lappen auswischen.

Prüfen

- Kupplungsdruckplatte auf Brandrisse und Riefen prüfen, gegebenenfalls ersetzen.

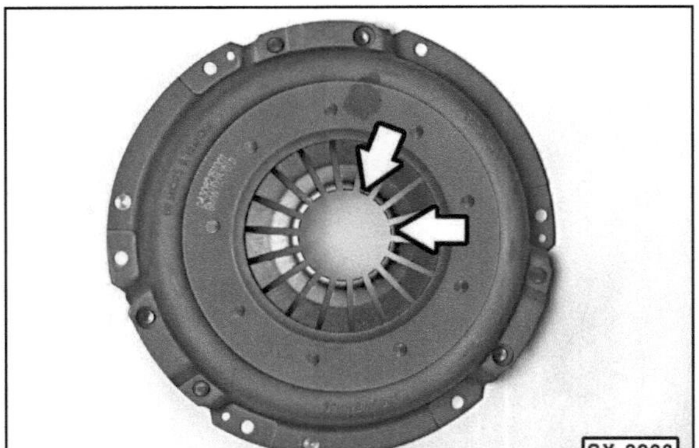

SX-2803

- Membranfeder auf Brüche untersuchen –Pfeile–.
- Federverbindungen zwischen Druckplatte und Deckel auf Risse, Nietbefestigungen auf festen Sitz prüfen. Kupplungen mit beschädigten oder losen Nieten ersetzen.

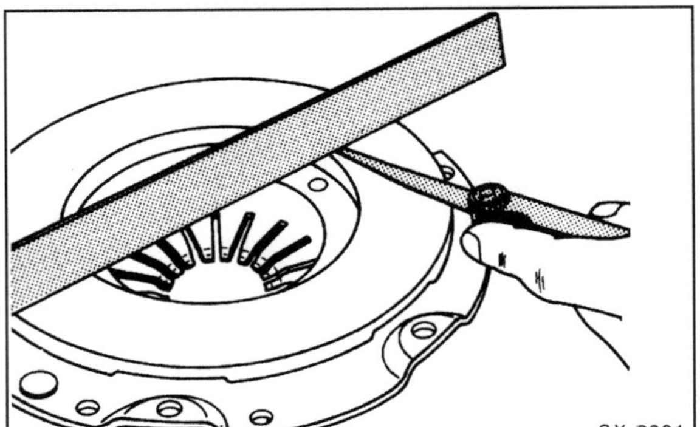

SX-2801

- Auflagefläche der Druckplatte auf Risse, Brandstellen und Verschleiß prüfen. Druckplatten, die bis zu 0,3 mm nach innen durchgebogen sind, dürfen noch eingebaut werden. Die Prüfung erfolgt mit Lineal und Fühlerblattlehre.
- Schwungrad auf Brandrisse und Riefen prüfen.
- Kupplungsdruckplatte und Schwungrad mit sehr feinem Schmirgelleinen abziehen.
- Verölte, verfettete oder mechanisch beschädigte Kupplungsscheiben austauschen.

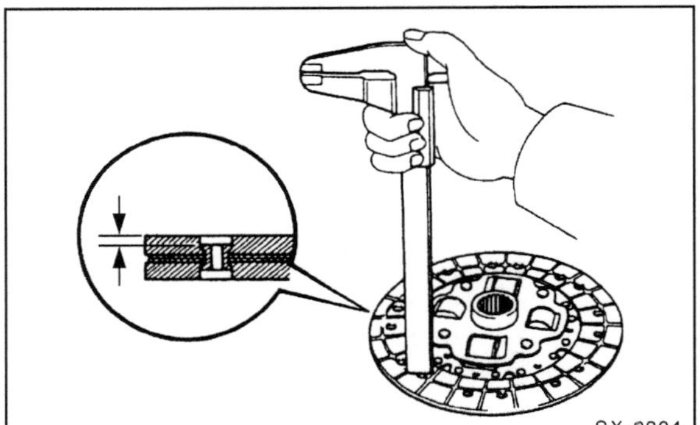

SX-2804

- Belagstärke der Kupplungsscheibe mit Schieblehre messen. Das Maß bis zu den Nietköpfen muss mindestens 0,3 mm betragen, sonst muss die Kupplungsscheibe ausgewechselt werden. Ebenso bei Belagrissen.
- In der Werkstatt kann die Kupplungsscheibe auf Schlag geprüft werden. Der Seitenschlag darf bei der Kupplungsscheibe maximal 0,25 mm betragen. **Achtung:** Diese Prüfung ist nur notwendig, wenn die alte Kupplungsscheibe wieder eingebaut werden soll und die Kupplung vorher nicht richtig ausgekuppelt hat.
- Ausrücklager im Getriebegehäuse prüfen. Das Lager darf keine sichtbaren Druckstellen aufweisen. Lager von Hand drehen. Das Lager darf nicht haken. Entwickelte das Lager beim Auskuppeln Geräusche, ist das Lager ebenfalls zu ersetzen, siehe Seite 212.

Einbau

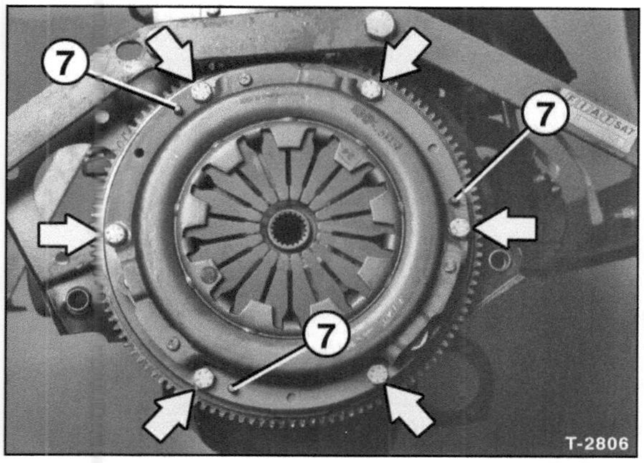

- Zentrierstifte –7– am Schwungrad auf festen Sitz prüfen.

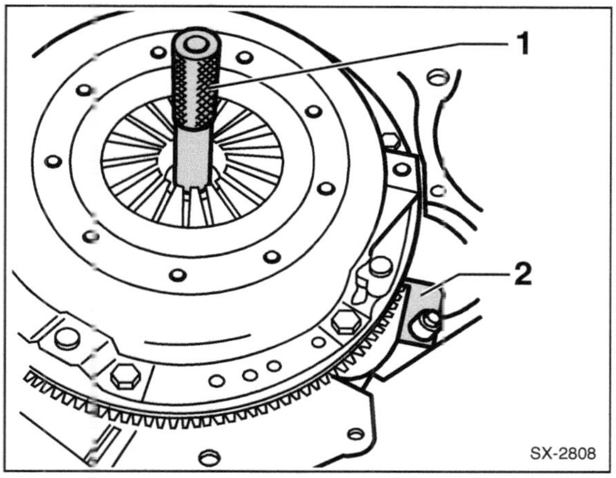

- Kupplungsscheibe und Kupplungsdruckplatte in die entsprechenden Passstifte am Schwungrad einsetzen. Die Kupplungsscheibe muss mit einem passenden Dorn –1–, zum Beispiel FIAT-1870085000 bzw. HAZET-2174, oder mit einer alten Getriebe-Antriebswelle zentriert werden.
- Befestigungsschrauben für Kupplungsdruckplatte nacheinander mit 1 bis 1½ Umdrehungen anziehen, bis die Druckplatte festgezogen ist. Anschließend Zentrierdorn entfernen. **Achtung:** Darauf achten, dass die Druckplatte beim Anziehen der Schrauben gleichmäßig und gratfrei in das Schwungrad eingezogen wird. Anzugsdrehmoment für die Schrauben (M 6-Gewinde): **10 Nm**.
- Falls vorhanden, Arretierwerkzeug –2– am Schwungrad entfernen.
- Keilnuten der Getriebeantriebswelle mit Molykote Longtherm 2 leicht einfetten.
- Getriebe einbauen, siehe Seite 214.

Kupplungsseilzug ersetzen

Ausbau

- Mit Lineal am Ausrückhebel Länge des überstehenden Gewindes bis zur Kontermutter messen. Dadurch kann das neue Kupplungsseil auf die gemessene Länge voreingestellt werden.

- Kontermutter –1– und Mutter –2– abschrauben, Seil am Ausrückhebel und Widerlager am Getriebe aushängen.

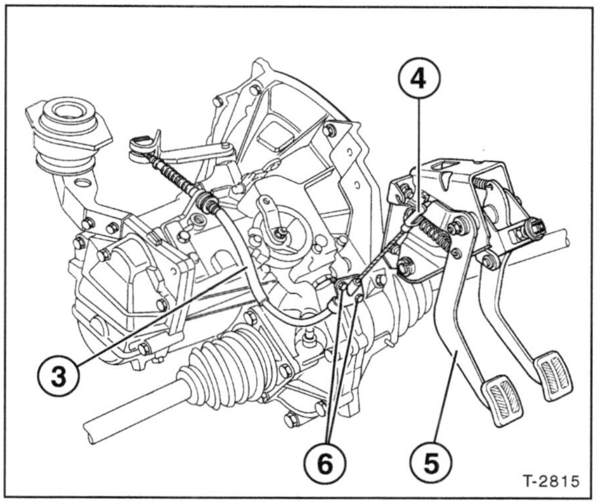

- Seilzugöse im Fahrzeuginnenraum aus dem Kupplungspedal –5– aushängen, dazu Sicherung –4– am Pedal abhebeln.
- Seilzughülle –3– mit 2 Schrauben –6– an der Stirnwand abschrauben.

Einbau

- Seil am Ausrückhebel einhängen.
- Gummipuffer in die Seilführung am Getriebe drücken.
- Seil durch die Stirnwand führen und in das Kupplungspedal einhängen. Sicherung aufschieben.
- Seilzughülle an der Stirnwand anschrauben. Gummidichtung zwischen Halterung und Stirnwand nicht vergessen.
- Einstellmutter am Ausrückhebel auf den vorher gemessenen Wert aufschrauben.
- Kupplung einstellen.

Kupplung einstellen

An der Kupplung des FIAT CINQUECENTO und SEICENTO ist kein spürbares Kupplungsspiel vorhanden. Mit fortschreitender Abnutzung der Kupplungsbeläge wandert das Kupplungspedal nach oben, in Richtung Fahrer.

Einstellen

- Kupplungspedal einige Male durchtreten, damit der Seilzug die richtige Stellung einnimmt.

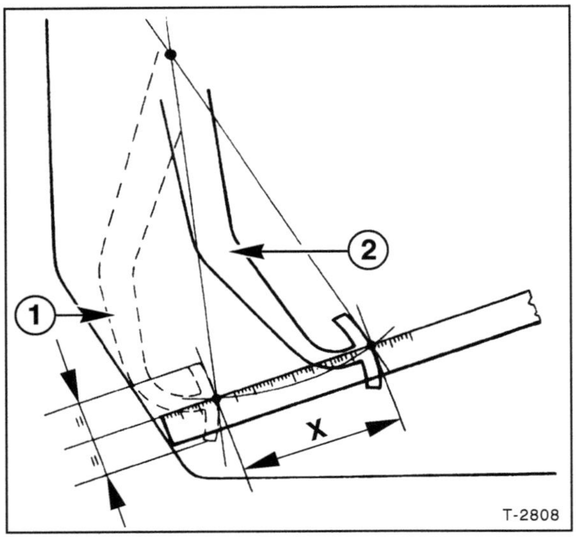

- Kupplungspedalweg messen. Dazu einen Maßstab ansetzen und den Abstand zwischen betätigtem –1– und losgelassenem –2– Pedal messen.
  Sollwert –X–: CINQUECENTO = 127 ± 5 mm.
  SEICENTO 0,9-l-Motor = 110 ± 5 mm
  SEICENTO 1,1-l-Motor = 120 ± 5 mm

Achtung: Es darf kein zusätzlicher Bodenteppich unter dem Pedal liegen, sonst ist der Pedalweg zu klein.

- Zum Einstellen Kontermutter –1– am Gewindestück vom Kupplungsseilzug lösen. Einstellmutter –2– am Kupplungszug im Motorraum verdrehen, bis der Sollwert erreicht wird.
- Nach der Einstellung die Einstellschraube mit Kontermutter kontern.

Ausrücklager aus- und einbauen

Hörbare Laufgeräusche bei niedergetretenem Kupplungspedal deuten auf ein defektes Ausrücklager hin.

Ausbau

- Getriebe ausbauen, siehe Seite 214.

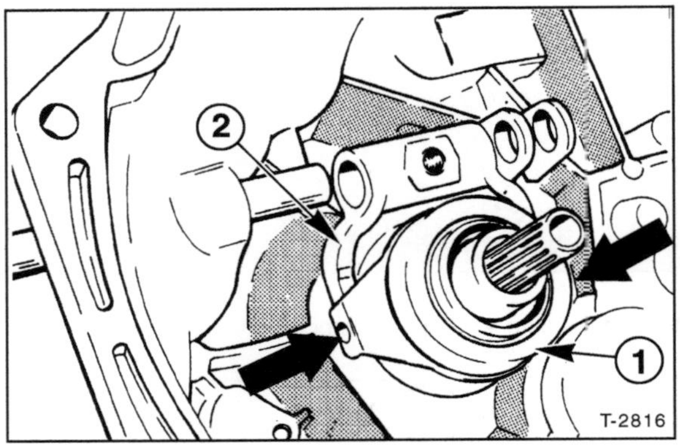

- Ausrücklager –1– aus der Ausrückgabel –2– aushängen und von der Getriebe-Antriebswelle abziehen.

Prüfen

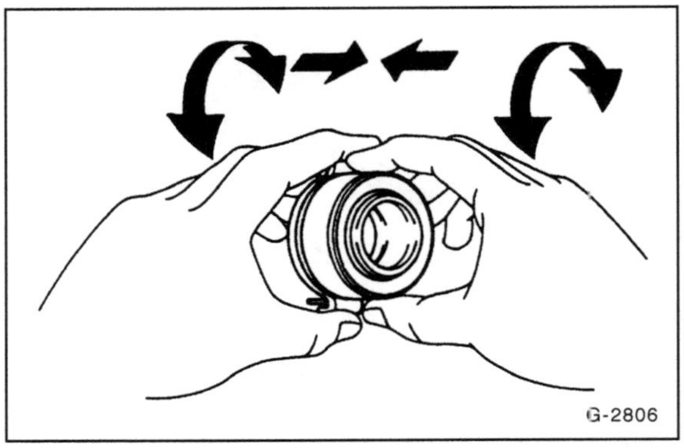

- Ausrücklager zusammendrücken und gleichzeitig drehen. Läuft das Lager rau, neues Lager einbauen.
- Getriebe-Öldichtring hinter dem Ausrücklager auf Dichtheit prüfen, gegebenenfalls von Fachwerkstatt erneuern lassen.

Einbau

- Sämtliche Lager- und Berührungsflächen mit MoS_2-Fett bestreichen.
- Ausrücklager einsetzen und in Lagergabel einhängen.
- Getriebe einbauen, siehe Seite 214.

Störungsdiagnose Kupplung

Störung	Ursache	Abhilfe
Kupplung rupft.	Motor- oder Getriebelager defekt.	■ Prüfen, gegebenenfalls auswechseln.
	Getriebe liegt in der Aufhängung nicht fest.	■ Befestigungsschrauben nachziehen.
	Kupplungsseil falsch verlegt.	■ Seilführung kontrollieren, gegebenenfalls in Ordnung bringen.
	Druckplatte trägt ungleichmäßig.	■ Druckplatte auswechseln.
	Kupplungsscheibe kein Originalteil.	■ Original-Kupplungsscheibe einbauen.
	Kupplungsscheibe verschlissen oder verölt.	■ Kupplungsscheibe prüfen.
	Ausrücker drückt einseitig.	■ Ausrückgabel- und -lager überprüfen.
Kupplung rutscht.	Pedalspiel falsch.	■ Kupplung einstellen.
	Kupplungsscheibe verschlissen.	■ Dicke der Kupplungsscheibe prüfen, gegebenenfalls auswechseln.
	Spannung der Membranfeder zu gering.	■ Druckplatte auswechseln.
	Belag verhärtet oder verölt.	■ Kupplungsscheibe austauschen.
	Kupplung wurde überhitzt.	■ Originalteil einbauen.
Gänge lassen sich schwer oder gar nicht einlegen (Kupplung trennt nicht richtig).	Pedalspiel falsch.	■ Kupplung einstellen.
	Kupplungsscheibe klemmt auf der Antriebswelle, Kerbverzahnung trocken oder verklebt.	■ Kerbverzahnung reinigen, entgraten, ggf. Rost entfernen und mit MoS_2-Fett schmieren.
	Belag durch Abrieb verklebt.	■ Kupplungsscheibe austauschen.
	Kupplungsscheibe hat Seitenschlag.	■ Kupplungsscheibe prüfen lassen.
	Druckplatte defekt.	■ Druckplatte auswechseln.
Schwer gängiges Pedal	Pedalachse/Seilzug schwer gängig.	■ Teile schmieren oder ersetzen.
Ungewöhnliche Geräusche beim Aus- oder Einkuppeln.	Ausrücklager verschlissen.	■ Ausrücklager auswechseln.
	Lose Teile im Kupplungsgehäuse.	■ Kupplung instand setzen.
Auf- und abschwellendes Geräusch bei Zug- oder Schubzustand, oder wenn Fahrzeug im ausgekuppeltem Zustand rollt.	Torsionsdämpfer der Kupplungsscheibe schwergängig.	■ Kupplungsscheibe erneuern.
	Nietverbindungen der Kupplung locker.	■ Kupplung ersetzen.
	Unwucht der Kupplung zu groß.	■ Kupplung und Kupplungsscheibe ersetzen.

Getriebe/Schaltung

Aus dem Inhalt:

■ **Getriebeausbau**

■ **Schaltung**

Das Getriebe kann ohne Ausbau des Motors nach unten ausgebaut werden. Ein Ausbau ist dann erforderlich, wenn die Kupplung ausgewechselt werden soll oder wenn das Getriebe erneuert beziehungsweise überholt werden muss. Da es jedoch in keinem Fall anzuraten ist, Reparaturen am Getriebe mit Heimwerkermitteln in Angriff zu nehmen, beschreibe ich lediglich den Ausbau des Aggregates. Zum Ausbau muss das Fahrzeug ausreichend hoch aufgebockt werden. Außerdem ist zum Aufhängen des Antriebsaggregates ein geeigneter Kran erforderlich.

Schaltgetriebe aus- und einbauen

Ausbau

- Batterie-Massekabel (–) bei ausgeschalteter Zündung abklemmen. **Achtung:** Falls das eingebaute Radio einen Diebstahlcode besitzt, wird dieser beim Abklemmen der Batterie gelöscht. Radios mit Diebstahlcode sind erkennbar an dem Wort »CODE« oder einem roten Schlüsselzeichen auf der Frontblende. Das Radio kann anschließend nur durch die Eingabe des richtigen Codes oder durch den Radio-Hersteller wieder in Betrieb genommen werden. Vor dem Abklemmen daher unbedingt den Diebstahlcode ermitteln.
- Luftfilter mit angeschlossenen Schläuchen ausbauen, siehe Seite 188.
- Radnabenmuttern für beide Vorderräder lösen. **Achtung:** Hohes Drehmoment, das Fahrzeug muss dabei auf den Rädern stehen, siehe auch Kapitel »Gelenkwelle aus- und einbauen« auf Seite 89.

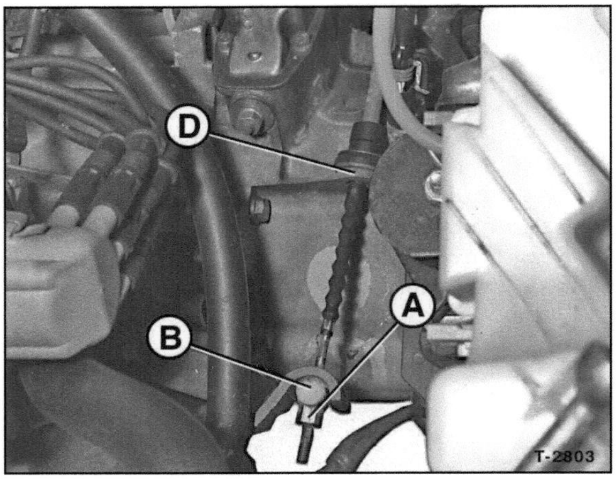

- Kupplungszug am Hebel abschrauben –A–, Nippel –B– abnehmen und Zug am Gegenhalter –D– herausziehen.
- **OHV-Motor:** Tachowelle an der Spritzwand trennen.

- Massekabel –1– und Kabel der Rückwärtsgangsperre –2– abschrauben.
- Gangeinrückseilzug –3– vom Kugelkopf des Getriebehebels –4– abdrücken.
- Kabelstecker vom Schalter für Rückfahrscheinwerfer –5– an Getriebevorderseite abziehen.

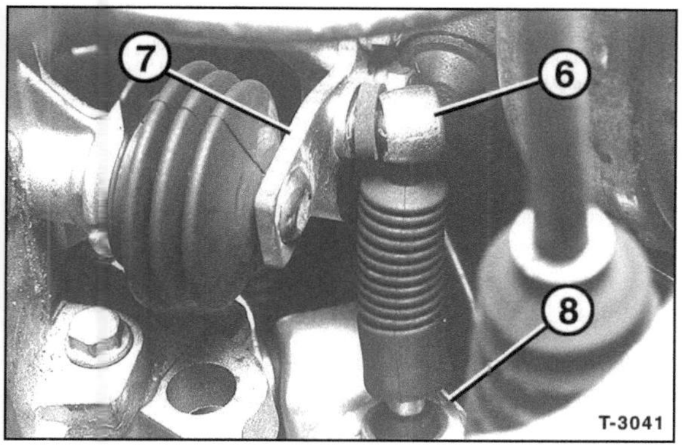

- Gangschaltseilzug –6– vom Kugelkopf des Getriebehebels –7– abdrücken.
- Halteklammern –8– für die Befestigung der Schaltseilzüge abziehen. Seilzüge zur Seite legen.

Sicherheitshinweis
Beim Aufbocken des Fahrzeugs besteht Unfallgefahr! Deshalb vorher das Kapitel »Fahrzeug aufbocken« durchlesen.

- Stellung der Vorderräder zur Radnabe mit Farbe kennzeichnen. Dadurch kann das ausgewuchtete Rad wieder in derselben Position montiert werden. Radschrauben bei auf dem Boden stehendem Fahrzeug lösen. Fahrzeug vorn aufbocken und Vorderräder abnehmen.

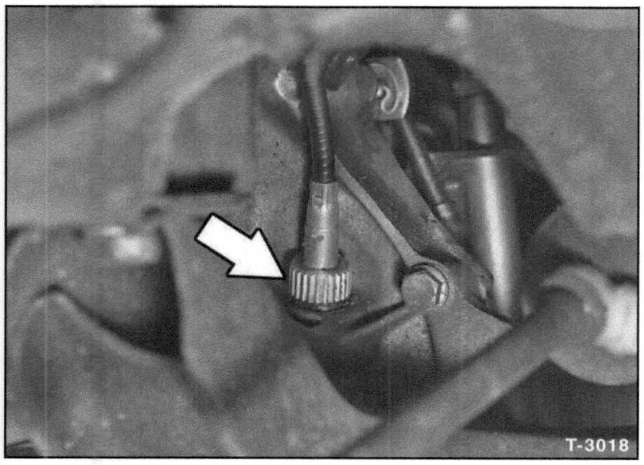

- **FIRE-Motor:** Tachowelle am Getriebe abschrauben.
- Anlasser ausbauen, siehe Seite 57.
- Vorderes Abgasrohr ausbauen, siehe Seite 207.

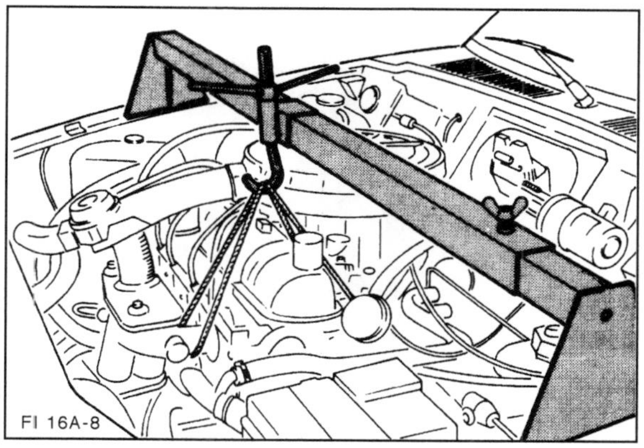

- Motor anseilen. Dazu Aufhängevorrichtung, zum Beispiel FIAT 1870595000, oder Kran verwenden und Seil oder Kette in die Aufhängeöse des Motors oberhalb des Getriebeflansches einhängen. Steht die Aufhängevorrichtung nicht zur Verfügung, geeignete Stange auf Böcken lagern und Motor mit Seil vorspannen, das heißt etwas anheben.

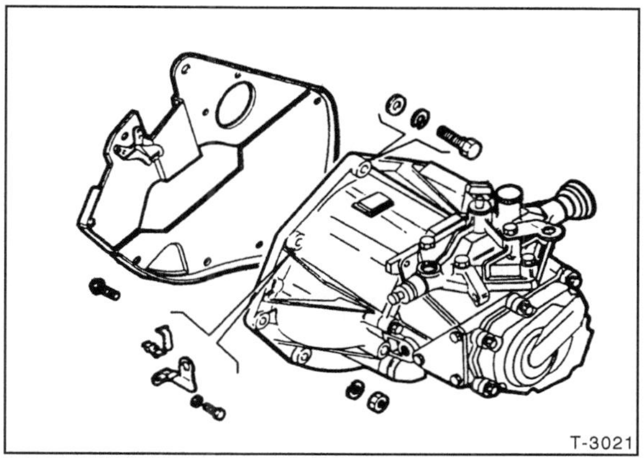

- 2 obere Verbindungsschrauben Motor/Getriebe ausbauen. Ausgebaute Schrauben so ablegen, dass sie an gleicher Stelle wieder eingebaut werden. Die Abbildung zeigt das Getriebe des FIRE-Motors.
- Kupplungsabdeckblech unten am Getriebeflansch abschrauben.
- Spurstangenköpfe abdrücken, siehe Seite 111.

- Federbeine von den Achsschenkeln –1– abschrauben –Pfeile– und Achsschenkel nach außen von den Gelenkwellen abziehen. Falls erforderlich, vorher Bremsschläuche aus den Halterungen ziehen.
- Innenkotflügel abschrauben und herausnehmen, siehe Seite 224.
- Vorderes, hinteres und gegebenenfalls seitliche Getriebelagerungen vom Unterboden abschrauben.
- Motor-/Getriebeeinheit etwas ablassen.
- Getriebe mit Hydraulik-Wagenheber und Getriebeaufnahme FIAT 18706 unterstützen und leicht ablassen. Steht die Getriebeaufnahme nicht zur Verfügung, zwischen Getriebe und Wagenheber Holz zwischenlegen.
- Restliche Verbindungsschrauben Motor/Getriebe herausdrehen.
- Getriebe leicht anheben und mit Montierhebel vom Motor abdrücken. Getriebe vorsichtig ablassen und mit Helfer herausheben.

Einbau

- Vor dem Einbau Kupplung prüfen, siehe Seite 210.
- Kupplungsausrücklager auf leichten Lauf prüfen. Sind vor dem Ausbau Laufgeräusche des Ausrücklagers beim Auskuppeln aufgetreten, Lager auswechseln, siehe Seite 212.
- Kerbverzahnung der Antriebswelle reinigen und leicht mit Moly-Gleitpaste oder Moly-Spray schmieren.
- Prüfen, ob die Passhülsen zur Zentrierung von Motor/Getriebe im Motorblock vorhanden sind, gegebenenfalls einsetzen.
- Getriebe anheben und waagerecht in die Kupplung einfahren. Falls beim Einsetzen die Getriebe-Antriebswelle nicht in die Kupplungsscheibe einrastet, bei eingelegtem Gang Antriebswelle seitlich am Flansch für die Gelenkwelle mit der Hand entsprechend verdrehen. **Achtung:** Das Getriebe muss ganz am Motor anliegen. Auf keinen Fall darf das Getriebe mit den Verbindungsschrauben an den Motor herangezogen werden.
- Verbindungsschrauben Motor/Getriebe einsetzen und abwechselnd mit dem richtigen Anzugsdrehmoment festziehen. **Achtung:** Das Anzugsdrehmoment der Schrauben richtet sich nach dem Gewindeaußendurchmesser.

  Drehmoment für Schrauben M12 (∅ 12 mm): **80 Nm**;
  für Schrauben M10: **35 Nm**;
  für Schrauben M8: **25 Nm**;
  für Schrauben M6: **10 Nm**.
- Getriebelager anschrauben, gegebenenfalls spannungsfrei einrichten, siehe Seite 132.
  Anzugsmomente, Schrauben und Muttern (SEICENTO):
  Elastisches Lager hinten, M8 = **25 Nm**
  Elastisches Lager seitlich, M8 = **30 Nm**
  Starres Lager hinten, M12 = **90 Nm**
- Motor-Haltevorrichtung entfernen.
- Innenkotflügel einsetzen und anschrauben, siehe Seite 224.
- Gelenkwellen in die Achsschenkel einziehen, Federbeine anschrauben, Bremsschläuche in die Halterungen einsetzen.
- Spurstangenköpfe aufdrücken, siehe Seite 111.
- Kupplungsabdeckblech anschrauben. Anzugsmomente: CINQUECENTO = **10 Nm**, SEICENTO = **5 Nm**.
- Anlasser einbauen, siehe Seite 57.
- **FIRE-Motor:** Tachowelle am Getriebe anschrauben.
- Vorderes Abgasrohr einbauen, siehe Seite 207.
- Vorderräder so ansetzen, dass die beim Ausbau angebrachten Markierungen übereinstimmen. Vorher Zentriersitz der Felge an der Radnabe mit Wälzlagerfett leicht einfetten. Räder anschrauben. Fahrzeug ablassen und Radschrauben über Kreuz mit **90 Nm** festziehen.
- Radnabenmuttern festziehen. **Achtung:** Hohes Drehmoment, das Fahrzeug muss dabei auf den Rädern stehen, siehe Seite auch Kapitel »Gelenkwelle aus- und einbauen« auf Seite 89.

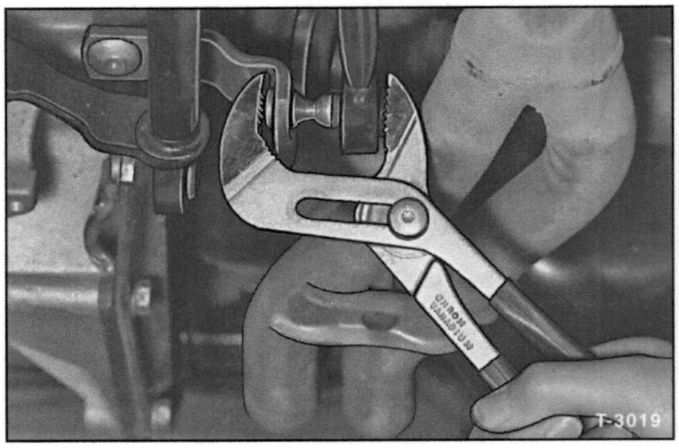

- Schaltzüge am Getriebe einclipsen, Sicherungsklammern am Widerlager aufstecken.
- Kabelstecker für Rückfahrscheinwerfer an Getriebevorderseite aufstecken.
- Massekabel und Kabel der Rückwärtsgangsperre am Getriebe anschrauben.
- Wo vorhanden, Tachowelle einsetzen und Überwurfmutter am Getriebe anschrauben, beziehungsweise Kabel für elektronischen Tacho zusammenstecken.

- Kupplungszug einhängen, einstellen siehe Seite 211.
- Luftfilter einbauen, siehe Seite 188.
- Batterie-Massekabel (–) bei ausgeschalteter Zündung anklemmen. Zeituhr einstellen und Diebstahlcode für Radio eingeben.
- Ölstand in Motor und Getriebe prüfen, gegebenenfalls auffüllen, siehe Kapitel »Wartung«.

Die Schaltung

Beim Einlegen eines Ganges wird zwischen der Querbewegung (Wählbewegung) in der Leerlaufposition und der eigentlichen Schaltbewegung unterschieden. Beide Bewegungen werden über Seilzüge auf das Getriebe übertragen.

Eine Sperre verhindert das versehentliche Einlegen des Rückwärtsgangs. Um die Rückwärtsgangsperre zu überwinden, muss der Schalthebel nach unten gedrückt werden. Diese Bewegung wird über einen weiteren Kabelzug auf das Getriebe übertragen und löst dort die Sperre.

Ein Einstellen der Schaltung ist nicht möglich. Bei merklichem Spiel entsprechende Neuteile einbauen.

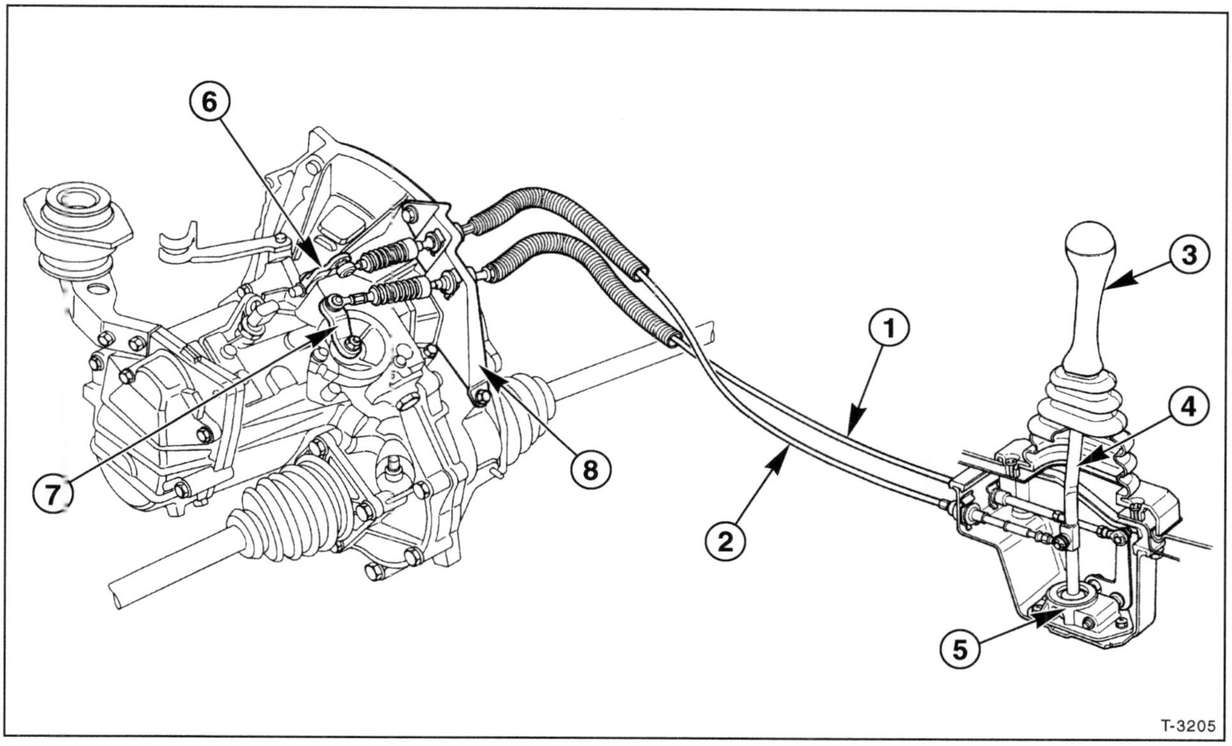

1 – Gangschaltzug
2 – Gangeinrückzug
3 – Schaltgriff
4 – Schalthebel
5 – Lager
6 – Getriebeeinrückhebel
7 – Getriebeschalthebel
8 – Widerlager

Innenausstattung

Aus dem Inhalt:

- Konsolen demontieren
- Innenspiegel ersetzen
- Ablagefächer ausbauen
- Sitze ausbauen
- Lenksäulenverkleidung
- Dachhimmel

Innenspiegel aus- und einbauen

CINQUECENTO

Ausbau

- Leuchtenglas an der Innenleuchte von Hand abziehen.
- 2 Kreuzschlitzschrauben im Leuchtensockel herausdrehen.
- Leuchte herausziehen, 2 Kabel an der Rückseite abziehen und isoliert ablegen, sonst Kurzschlussgefahr!

Einbau

- Rückspiegel mit Leuchte ansetzen, Kabel aufstecken.
- 2 Kreuzschlitzschrauben reindrehen, Leuchtenglas aufsetzen.

SEICENTO

- Innenleuchte ausbauen, siehe Seite 64.

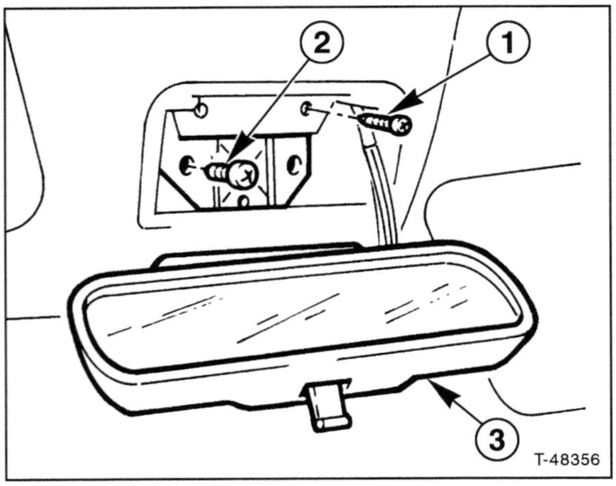

- 2 Schrauben –1– herausdrehen.
- 2 Schrauben –2– herausdrehen.
- Innenspiegel –3– abnehmen.

Einbau

- Innenspiegel einsetzen und mit den Schrauben –2– anschrauben.
- Schrauben –1– hinein schrauben.
- Innenleuchte einbauen, siehe Seite 64.

Vordersitz aus- und einbauen

Ausbau

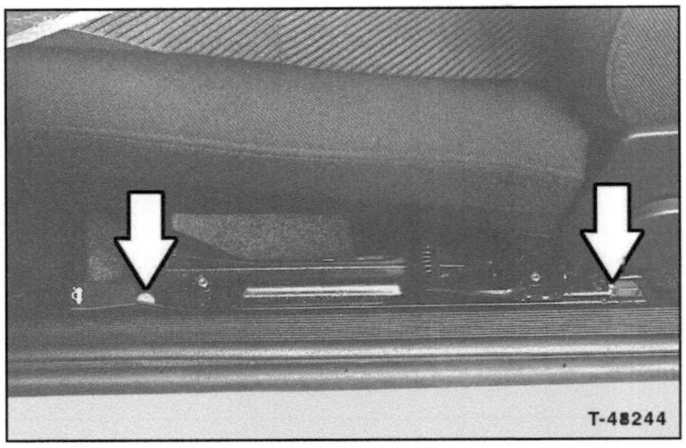

- Schrauben an linker und rechter Sitzschiene abschrauben, Sitz abnehmen.

Einbau

- Sitz einsetzen und mit 4 Schrauben anschrauben.

Kopfstütze aus- und einbauen

SEICENTO

Vordersitz

Ausbau

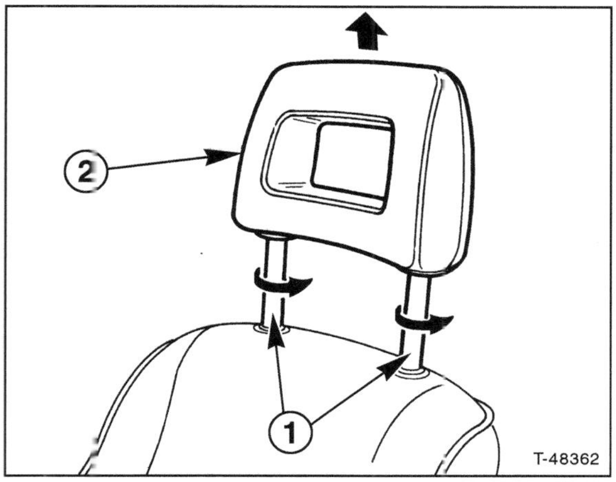

- Stangen –1– der Kopfstütze in Pfeilrichtung um 90° drehen. **Hinweis:** Falls die Stangen nicht von Hand verdreht werden können, eine geeignete Zange verwenden und einen Lappen zwischenlegen.
- Kopfstütze nach oben aus dem Sitz herausziehen.

Einbau

- Kopfstütze mit den Stangen in den Sitz einführen und Stangen entgegen der Pfeilrichtung um 90° verdrehen. Dadurch wird die Kopfstütze im Sitz verankert.

Rücksitz

Ausbau

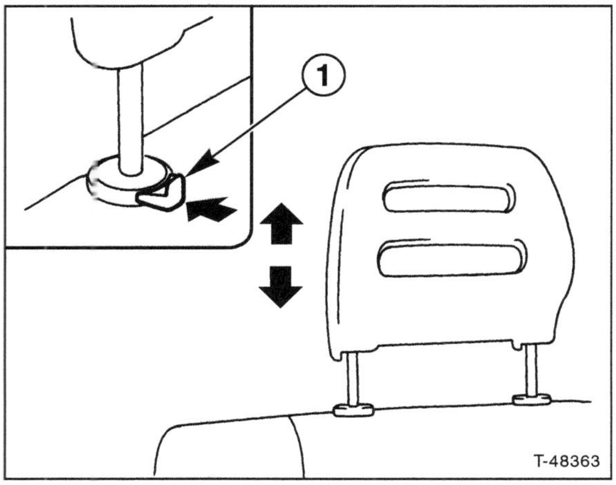

- Entriegelungslaschen –1– an den Kopfstützenaufnahmen gleichzeitig eindrücken und Kopfstütze nach oben herausziehen.

Einbau

- Kopfstütze mit den Stangen in die Aufnahmen einführen und einrasten.

Rücksitz aus- und einbauen

Ausbau

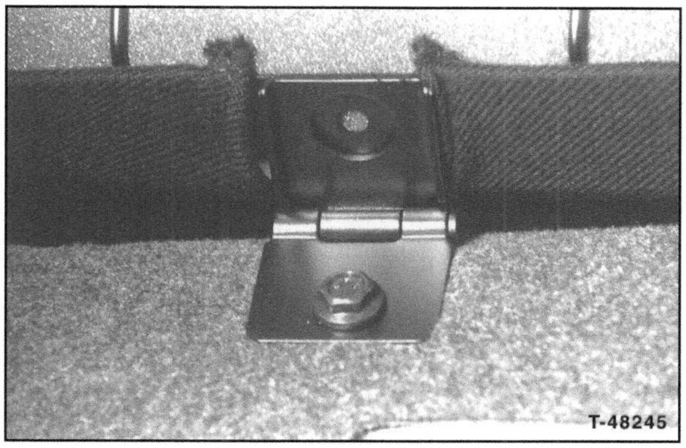

- Sitzbank nach vorn klappen und an den Scharnieren abschrauben, dann abnehmen.

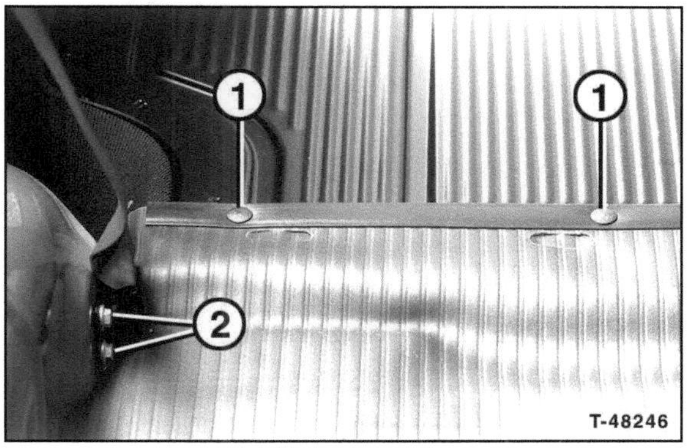

- Kofferraumverkleidung an Rücksitzlehne abbauen, dazu Clips –1– mit Schraubendreher oder ähnlichem Werkzeug aushebeln.
- Scharniere für Rücksitzlehne abschrauben –2–.

Einbau

- Lehne und Sitzbank an den Scharnieren ansetzen und anschrauben. Verkleidung für Kofferraum anclipsen.

Mittelkonsole aus- und einbauen

SEICENTO

Ausbau

- Batterie-Massekabel (–) bei ausgeschalteter Zündung abklemmen. **Achtung:** Falls das eingebaute Radio einen Diebstahlcode besitzt, wird dieser beim Abklemmen der Batterie gelöscht. Radios mit Diebstahlcode sind erkennbar an dem Wort »CODE« oder einem roten Schlüsselzeichen auf der Frontblende. Das Radio kann anschließend nur durch die Eingabe des richtigen Codes oder durch den Radio-Hersteller wieder in Betrieb genommen werden. Vor dem Abklemmen daher unbedingt den Diebstahlcode ermitteln.
- Aschenbecher aus der Mittelkonsole herausziehen.

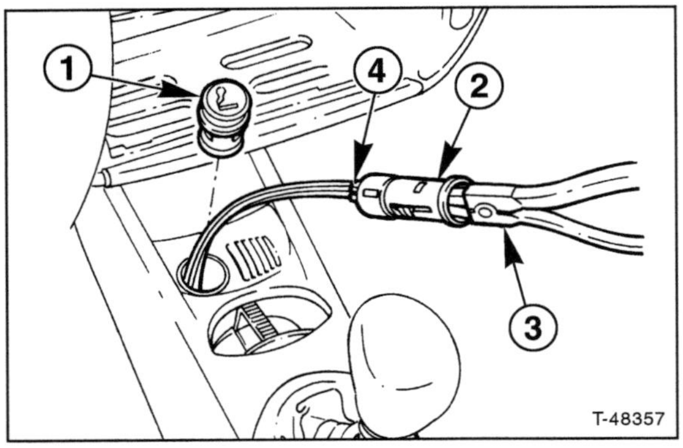

- Zigarettenanzünder –1– herausnehmen.
- Fassung für Zigarettenanzünder –2– mit einer Spitzzange –3– greifen und herausziehen.
- Steckverbinder –4– von der Fassung abziehen.

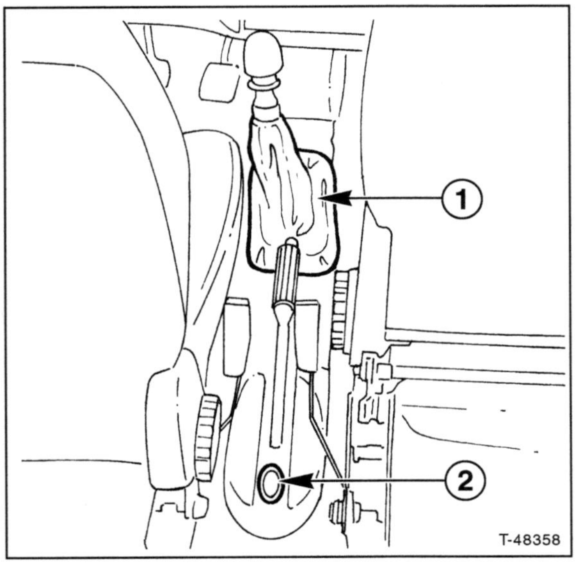

- Faltenbalg –1– für Gangschalthebel aus der Mittelkonsole herauslösen und abziehen.
- Abdeckung –2– aus der Mittelkonsole heraushebeln, zum Beispiel mit dem Kunststoffkeil HAZET 1965-20.

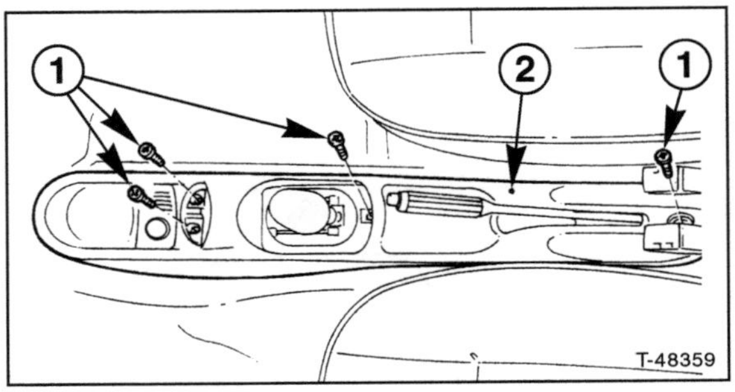

- Schrauben –1– herausdrehen und Mittelkonsole –2– herausnehmen.

Einbau

- Mittelkonsole einsetzen und mit 4 Schrauben anschrauben. Beim Einsetzen der Mittelkonsole das Anschlusskabel für den Zigarettenanzünder durch die Einbauöffnung führen.
- Schraubenabdeckung anbringen.
- Faltenbalg am Gangschalthebel anbringen.
- Anschlusskabel an der Fassung für Zigarettenanzünder aufschieben. Fassung für Zigarettenanzünder in die Einbauöffnung hineindrücken.
- Aschenbecher einsetzen.
- Batterie-Massekabel (–) anklemmen. Gegebenenfalls Diebstahlcode für das Autoradio eingeben und Zeituhr einstellen.

Lenksäulenverkleidung aus- und einbauen

SEICENTO

Ausbau

- Batterie-Massekabel (–) bei ausgeschalteter Zündung abklemmen. **Achtung:** Falls das eingebaute Radio einen Diebstahlcode besitzt, wird dieser beim Abklemmen der Batterie gelöscht. Radios mit Diebstahlcode sind erkennbar an dem Wort »CODE« oder einem roten Schlüsselzeichen auf der Frontblende. Das Radio kann anschließend nur durch die Eingabe des richtigen Codes oder durch den Radio-Hersteller wieder in Betrieb genommen werden. Vor dem Abklemmen daher unbedingt den Diebstahlcode ermitteln.

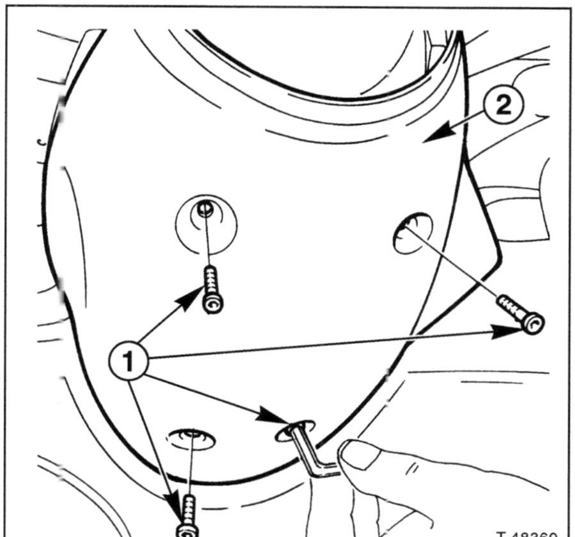

T-48360

- 4 Schrauben –1– am Unterteil der Lenksäulenverkleidung herausdrehen.
- Unterteil der Lenksäulenverkleidung –2– abnehmen.

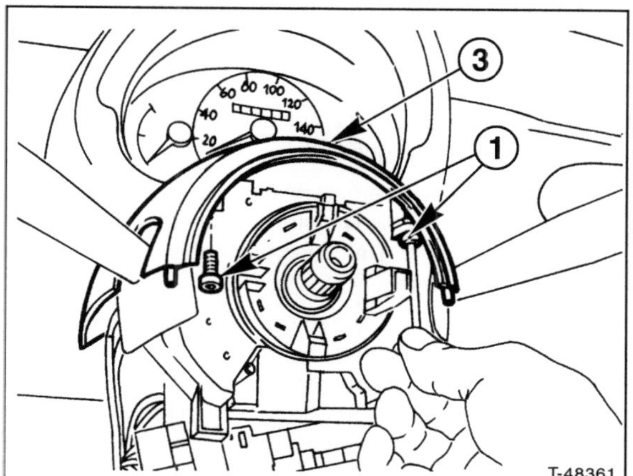

T-48361

- 2 Schrauben –1– herausdrehen. **Hinweis:** In der Abbildung ist die Lenksäule zur Verdeutlichung mit ausgebautem Lenkrad dargestellt.
- Oberteil der Lenksäulenverkleidung –3– abnehmen.

Einbau

- Oberteil der Lenksäulenverkleidung aufsetzen und mit 2 Schrauben anschrauben.
- Unterteil der Lenksäulenverkleidung ansetzen und mit 4 Schrauben anschrauben.
- Batterie-Massekabel (–) anklemmen. Gegebenenfalls Diebstahlcode für das Autoradio eingeben und Zeituhr einstellen.

Dachhimmel aus- und einbauen

CINQUECENTO

Ausbau

- Innenspiegel ausbauen.
- Sonnenblenden an den Scharnieren abschrauben.
- Obere Haltegriffe am Dachhimmel abschrauben.
- Clips in der Mitte des Dachhimmels und an der Kante zum Heckklappendeckel hin mit geeignetem Werkzeug heraushebeln.
- Dachhimmel nach hinten aus der Heckklappenöffnung herausnehmen.

Einbau

- Der Einbau geschieht in umgekehrter Reihenfolge wie der Ausbau.

Hinweise zum pyrotechnischen Gurtstraffer

- Die Gurtstraffer sind in die Aufrollautomaten der vorderen Sicherheitsgurte integriert.
- Bei Arbeiten an der Karosserie darf in einem Umkreis von ca. 60 – 70 cm um die Gurtstraffer nicht gehämmert oder geschweißt werden. Der Gurtstraffer könnte unbeabsichtigt ausgelöst werden.
- Muss die Karosserie starken Erschütterungen im Bereich der B-Säule, zum Beispiel bei Karosseriearbeiten (Hämmern), ausgesetzt werden, ist zuvor der Gurtautomat mit Gurtstraffer auszubauen. Das gleiche gilt für Schweißarbeiten oder den Einsatz von Heizlampen oder anderen starken Wämequellen.
- Aufrollautomaten, bei denen die Gurtstraffer einmal ausgelöst wurden, dürfen nicht mehr weiter verwendet werden. Sie sind durch Neuteile zu ersetzen.
- Ausgelöste Gurtstraffer erkennt man daran, dass die Aufrollautomatik nicht mehr funktioniert. Der Gurt bleibt im ausgerollten Zustand blockiert.
- Der Gurtstraffer kann nur im eingebauten Zustand (Gurtautomat an der B-Säule angeschraubt) aktiviert werden. Der Transport eines ausgebauten Gurtautomats ist gefahrlos möglich. Gurtautomaten, ob mit oder ohne Gurtstraffer, nicht fallen lassen.
- Die eigentliche Aktivierung (Auslösung) des Gurtstraffers kann nur bei angelegtem Sicherheitsgurt, bei einem ausreichend starken Frontal-Crash erfolgen. Gurtautomaten von nicht angelegten Sicherheitsgurten, zum Beispiel bei unbesetztem Beifahrersitz zum Zeitpunkt des Crashs, müssen nicht ersetzt werden.

Karosserie außen

Aus dem Inhalt:

- Kotflügel
- Stoßfänger
- Motorhaube
- Heckklappe
- Außenspiegel
- Tür
- Türfensterscheibe
- Fensterheber
- Motorraumabdeckung

Die Karosserie des CINQUECENTO/SEICENTO ist selbsttragend. Bodengruppe, Seitenteile und Dach sind miteinander verschweißt. Größere Karosserie-Reparaturen können daher nur von einer Fachwerkstatt durchgeführt werden.

Motorhaube, Heckklappe, Türen und die vorderen Kotflügel sind angeschraubt und lassen sich leicht auswechseln. Beim Einbau ist dann unbedingt das richtige Luftspaltmaß (= Breite der Fugen zwischen jeweiliger Klappe und umliegender Karosserie) einzuhalten, sonst klappert beispielsweise die Tür, oder es können erhöhte Windgeräusche während der Fahrt auftreten. Der Luftspalt muss auf jeden Fall parallel verlaufen, das heißt, der Abstand zwischen den Karosserieteilen muss auf der gesamten Länge des Spaltes gleich groß sein. Abweichungen bis zu 1 mm sind zulässig.

Hinweis: Der Aus- und Einbau der Front- und Heckscheibe wird in diesem Band nicht beschrieben. Kleinere Steinschlag-Glasschäden sollten schnellstmöglich von einem spezialisierten Fachbetrieb repariert werden, bevor sich der Riss über die ganze Scheibe ausbreitet. In der Regel übernimmt die Teilkaskoversicherung die Reparaturkosten.

Achtung: Wenn im Rahmen von Arbeiten an der Karosserie auch Arbeiten an der elektrischen Anlage durchgeführt werden, **grundsätzlich** das Batterie-Massekabel (–) abklemmen. Dazu Hinweise im Kapitel »Batterie aus- und einbauen« durchlesen. Als Arbeit an der elektrischen Anlage ist dabei schon zu betrachten, wenn eine elektrische Leitung vom Anschluss abgezogen beziehungsweise abgeklemmt wird.

Sicherheitshinweise bei Karosseriearbeiten

- An Teilen der gefüllten Klimaanlage darf weder geschweißt noch hart- oder weichgelötet werden. Das gilt auch für Schweiß- und Lötarbeiten am Fahrzeug, wenn die Gefahr besteht, dass sich Teile der Klimaanlage erwärmen.

Sicherheitshinweis
Der Kältemittelkreislauf der Klimaanlage darf nicht geöffnet werden. Gelangt Kältemittel auf die Haut, kann dies zu Erfrierungen führen.

- Im Rahmen einer Reparatur-Lackierung darf im Trockenofen oder in seiner Vorwärmzone das Fahrzeug bis maximal **+85° C** aufgeheizt werden. Sonst besteht die Gefahr der Beschädigung elektronischer Steuergeräte im Fahrzeug.

Muss an der Karosserie geschweißt werden, soll dies grundsätzlich durch Widerstandspunktschweißen (RP) durchgeführt werden. Nur wenn sich die Schweißzange nicht ansetzen lässt, ist das Schutzgas-Schweißverfahren anzuwenden. Da die Karosserie vollverzinkt ist, sind folgende Punkte zu beachten:

- Soweit Schweißarbeiten oder andere Funken erzeugende Arbeiten durchgeführt werden, grundsätzlich die Batterie komplett abklemmen (Plus- und Minuskabel) und beide Klemmen (+) und (–) sorgfältig isolieren. Bei Arbeiten in Batterienähe muss die Batterie ausgebaut werden. **Achtung:** Dadurch werden elektronische Speicher gelöscht. Vor dem Abklemmen daher unbedingt Hinweise im Kapitel »Batterie aus- und einbauen« durchlesen.

Sicherheitshinweis
Beim Schweißen von verzinkten Stahlblechen entsteht giftiges Zinkoxid, daher für eine gute Arbeitsplatzbelüftung sorgen.

- Schweißstrom (Ampere) um 10 % bis max. 30 % erhöhen.
- Hartkupfer-Elektroden mit hoher Warmfestigkeit (größer als +400° C) verwenden.
- Elektroden häufig säubern, beziehungsweise Kontaktflächendurchmesser auf 4 mm ∅ seitlich nacharbeiten.
- Elektroden-Anpresskraft erhöhen.
- Schweißzeit verlängern. Die Schweißzeit ist richtig gesetzt, wenn sich die Schweißpunkte ohne Spritzer setzen lassen.

Untere Motorraumabdeckung aus- und einbauen

SEICENTO

Ausbau

> **Sicherheitshinweis**
> Beim Aufbocken des Fahrzeugs besteht Unfallgefahr! Deshalb vorher das Kapitel »Fahrzeug aufbocken« durchlesen.

- Fahrzeug vorn aufbocken.

0,9-l-Motor

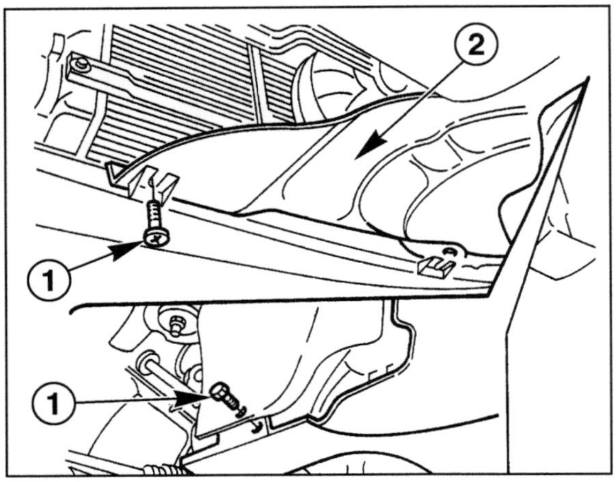

1,1-l-Motor

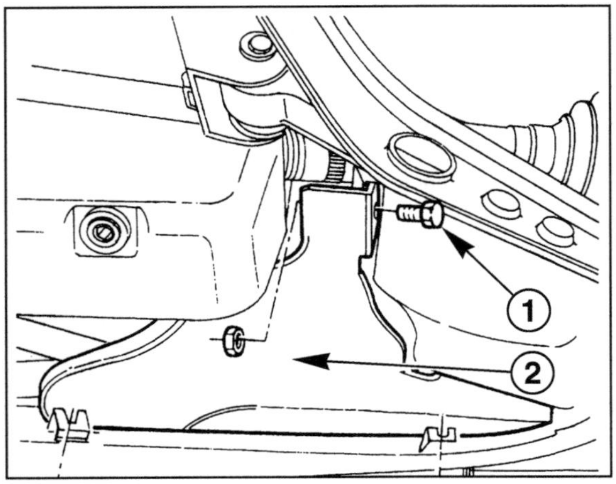

- Schrauben –1– herausdrehen. Gegebenenfalls Muttern gegenhalten und abnehmen.
- Motorraumabdeckung –2– herausnehmen.

Einbau

- Motorraumverkleidung ansetzen und anschrauben.
- Fahrzeug abbocken.

Innenkotflügel vorn aus- und einbauen

Hinweis: Der Aus- und Einbau der Innenkotflügel wird am Beispiel des CINQUECENTO beschrieben. Beim SEICENTO entsprechend vorgehen.

Ausbau

> **Sicherheitshinweis**
> Beim Aufbocken des Fahrzeugs besteht Unfallgefahr! Deshalb vorher das Kapitel »Fahrzeug aufbocken« durchlesen.

- Fahrzeug vorn aufbocken.

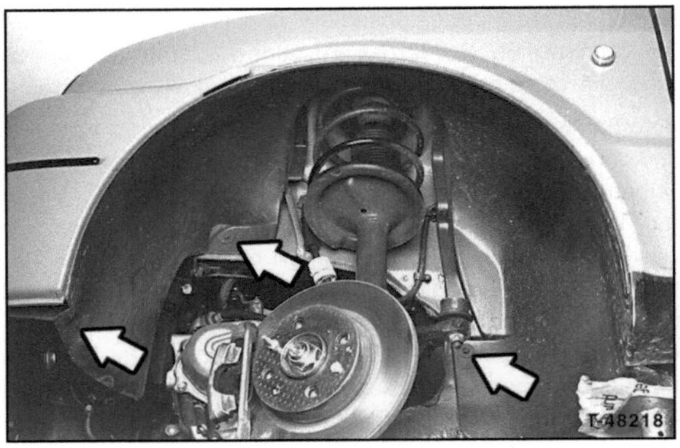

- Befestigungsschrauben für Innenkotflügel herausdrehen –Pfeile–.

- Auf der rechten Fahrzeugseite die Befestigungsschraube für Kühlerverkleidung –Pfeil– herausdrehen. Innenkotflügel vom Stoßfänger trennen und herausnehmen.

Einbau

- Innenkotflügel einsetzen und anschrauben. Dabei darauf achten, dass der Innenkotflügel richtig in den Kotflügelfalz eingepasst wird.

Stoßfänger vorn aus- und einbauen

Hinweis: Der Aus- und Einbau des vorderen Stoßfängers wird am Beispiel des CINQUECENTO beschrieben. Beim SEICENTO entsprechend vorgehen.

Ausbau

> **Sicherheitshinweis**
> Beim Aufbocken des Fahrzeugs besteht Unfallgefahr! Deshalb vorher das Kapitel »Fahrzeug aufbocken« durchlesen.

- Fahrzeug vorn aufbocken.
- Innenkotflügel vorn ausbauen, siehe entsprechendes Kapitel.

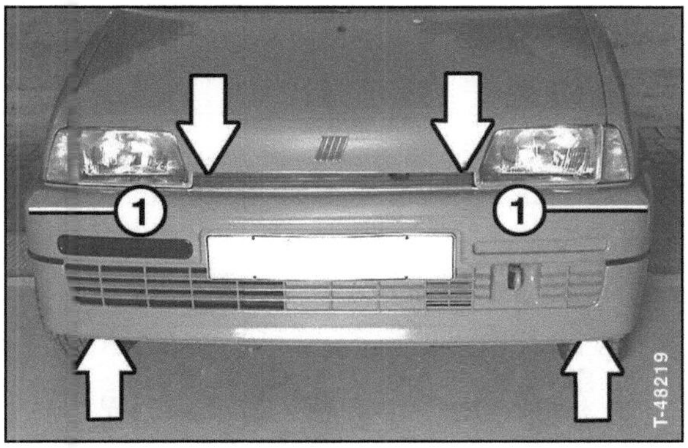

- Muttern hinter Stoßfängerunterseite abschrauben –Pfeile unten–.
- Schrauben oben neben den Scheinwerfern abschrauben –Pfeile oben–.
- Stoßfänger mit Helfer nach vorn ziehen und abnehmen. Dabei gleiten die Halterungen aus den seitlichen Führungen an den Stellen –1–.

Einbau

- Stoßfänger von vorn in die seitlichen Führungen einschieben und oben und unten anschrauben.
- Innenkotflügel einbauen, siehe entsprechendes Kapitel.
- Fahrzeug ablassen.

Stoßfänger hinten aus- und einbauen

CINQUECENTO

Ausbau

> **Sicherheitshinweis**
> Beim Aufbocken des Fahrzeugs besteht Unfallgefahr! Deshalb vorher das Kapitel »Fahrzeug aufbocken« durchlesen.

- Fahrzeug hinten aufbocken.

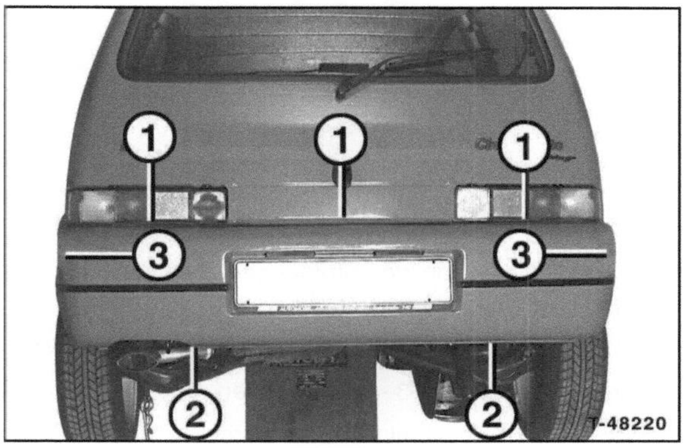

- Heckklappe öffnen und Schrauben an Stellen –1– vom Gepäckraum her ausschrauben.
- Am Fahrzeugunterboden Schrauben –2– an Stoßfängerrückseite herausdrehen.
- Stoßfänger nach hinten ziehen und dadurch aus den seitlichen Führungen –3– herausziehen.
- Stoßfänger abnehmen.
- Stecker für Kennzeichenbeleuchtung trennen.

Einbau

- Stecker für Kennzeichenbeleuchtung zusammenfügen.
- Stoßfänger so ansetzen, dass die Aufnahmen in die seitlichen Führungen eingreifen.
- Stoßfänger anschrauben.
- Fahrzeug ablassen.

SEICENTO

Ausbau

- Kennzeichenleuchte und Heckleuchte ausbauen, siehe Seite 64.

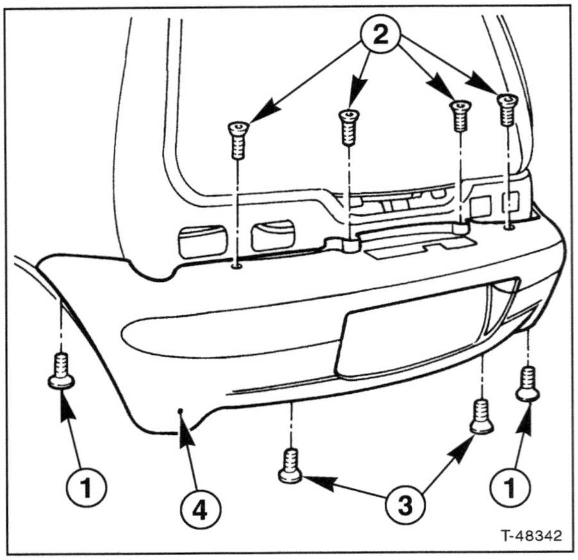

- Schrauben –1– von der Stoßfängerbefestigung an den hinteren Kotflügeln abschrauben.
- 4 obere Schrauben –2– herausdrehen.
- 2 untere Schrauben –3– herausdrehen.
- Stoßfänger –4– nach hinten abnehmen.

Einbau

- Stoßfänger von hinten ansetzen.
- Stoßfänger mit den Schrauben –1/2/3– anschrauben.
- Heckleuchte und Kennzeichenleuchte einbauen, siehe Seite 64.

Kotflügel vorn aus- und einbauen

Ausbau

- Stellung der Vorderräder zur Radnabe mit Farbe kennzeichnen. Dadurch kann das ausgewuchtete Rad wieder in derselben Position montiert werden. Radschrauben bei auf dem Boden stehendem Fahrzeug lösen. Fahrzeug vorn aufbocken und Vorderräder abnehmen.
- Stoßfänger vorn ausbauen, siehe entsprechendes Kapitel.
- **CINQUECENTO:** Motorhaube ausbauen, siehe entsprechendes Kapitel.
- Innenkotflügel vorn ausbauen, siehe entsprechendes Kapitel.
- Seitliche Blinkleuchten ausbauen, dazu mit kleinem Schraubendreher links und rechts die Haltelaschen eindrücken und Blinkleuchte herausdrücken. Stecker abziehen. **Achtung:** Um Beschädigungen am Lack zu vermeiden, Lappen oder Papierpolster unterlegen.

CINQUECENTO

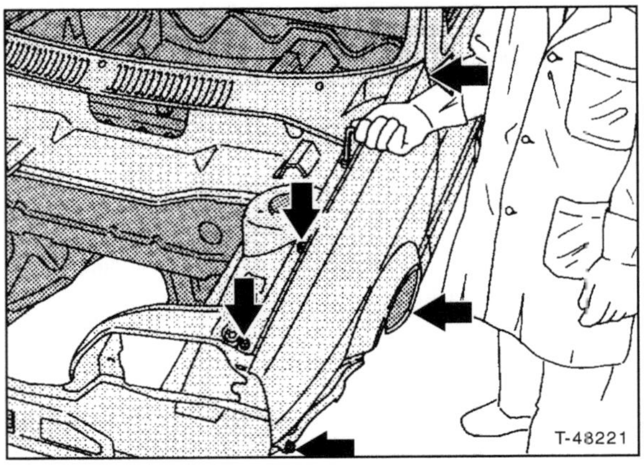

- Befestigungsschrauben –Pfeile– für Kotflügel abschrauben. Vor Ausschrauben der Schraube –Pfeil oben rechts– muss die Tür geöffnet werden.

SEICENTO

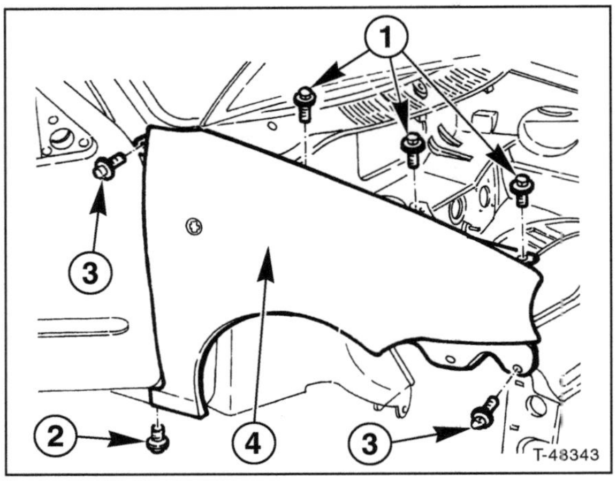

- Kotflügel abschrauben. Dabei die Schrauben in der Reihenfolge 1, 2, 3 herausdrehen.

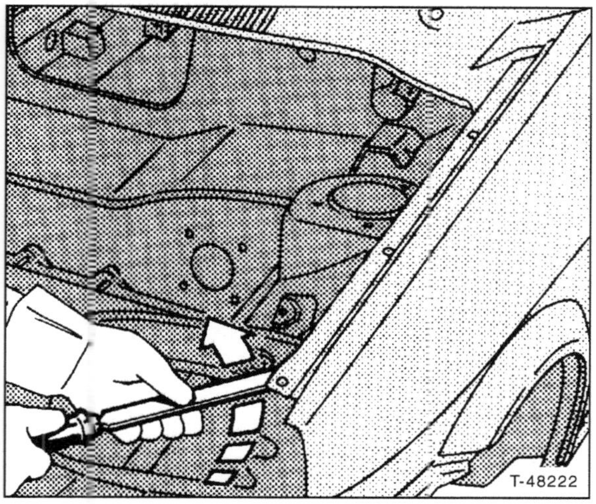

- Durch die Abdichtmasse sitzt der Kotflügel sehr fest. Kotflügelabdichtung mit einem scharfen Messer trennen. Zum Lösen des Kotflügels kann ein Fön verwendet werden, der mindestens eine Temperatur von 600° C erreicht. Fön mit Flachdüse ausrüsten, Dichtmasse ringsum nacheinander aufweichen und Kotflügel Stück für Stück vorsichtig abziehen.
- Dichtmasse von der Karosserie abschaben. Dabei darauf achten, dass der Lack nicht beschädigt wird.

Einbau

- Neuen Kotflügel vor dem Einbau an den später unzugänglichen Stellen lackieren.
- Anlageflächen des Kotflügels reinigen, gegebenenfalls ausrichten.
- Kotflügel kurz montieren, ausrichten und wieder abbauen.

CINQUECENTO

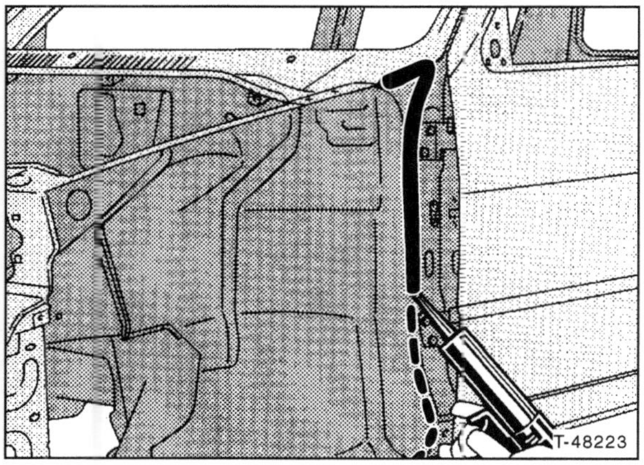

- Auf den Anlageflächen handelsübliches Kotflügelabdichtband auflegen oder bei Umgebungstemperatur aushärtende Dichtungsmasse, zum Beispiel Sikaflex 221 (Firma SIKA), auftragen.

SEICENTO

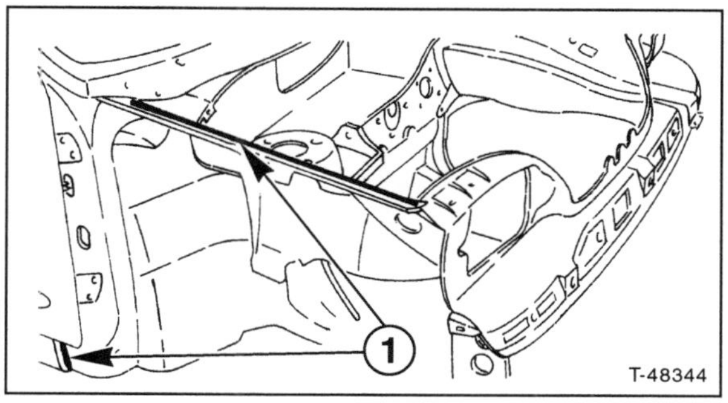

- Selbstaushärtende Dichtungsmasse, zum Beispiel Sikaflex 221 (Firma SIKA), an den dargestellten Flächen –1– auftragen.

- Kotflügel ansetzen, ausrichten und mit 10 Nm anschrauben. **Hinweis:** Beim SEICENTO müssen die Schrauben in der Reihenfolge 3, 2, 1 angezogen werden, siehe Abbildung T-48343.
- Überschüssige Dichtmasse mit Messer glätten beziehungsweise entfernen.
- Kotflügel lackieren. Auf der Innenseite des Kotflügels Unterbodenschutz auftragen.
- Seitliche Blinkleuchten am Kotflügel eindrücken und einrasten, vorher Stecker aufschieben.
- Stoßfänger einbauen, siehe entsprechendes Kapitel.
- Innenkotflügel einbauen, siehe entsprechendes Kapitel.
- **CINQUECENTO:** Motorhaube einbauen, siehe entsprechendes Kapitel.
- Vorderräder so ansetzen, dass die beim Ausbau angebrachten Markierungen übereinstimmen. Vorher Zentriersitz der Felge an der Radnabe mit Wälzlagerfett leicht einfetten. Räder anschrauben. Fahrzeug ablassen und Radschrauben über Kreuz mit **90 Nm** festziehen.

Motorhaube aus- und einbauen/ ersetzen und ausrichten

Ausbau

- Motorhaube öffnen und abstützen.
- Schläuche für Scheibenwaschdüsen von den Düsen abziehen, mit geeignetem Stopfen verschließen und aus der Motorhaube herausziehen. Gegebenenfalls eine Schnur am Schlauchende befestigen, die Schnur verbleibt nach dem Herausziehen des Schlauchs in der Motorhaube und kann später für den Wiedereinbau des Schlauches benutzt werden.

- Einbaulage der Scharniere mit Filzstift markieren. Dazu Scharniere mit Filzstift an der Motorhaube umkreisen.
- Auf jeder Seite die 2 Befestigungsschrauben herausdrehen und Motorhaube mit Helfer abnehmen.

Einbau

- Motorhaube mit Helfer an die Scharniere ansetzen und lose anschrauben.
- Motorhaube entsprechend den Markierungen ausrichten und mit 10 Nm anschrauben.
- Schläuche für Scheibenwaschdüsen in die Clips einsetzen. Schläuche auf die Düsen aufschieben.
- Motorhaube schließen und prüfen, ob das Spaltmaß zu den umliegenden Karosserieteilen ringsum gleich groß ist, gegebenenfalls Motorhaube neu ausrichten.

Einbau einer neuen Haube/Motorhaube ausrichten

- Haube einsetzen und lose anschrauben.
- Befestigungsschrauben lockern und geschlossene Haube so ausrichten, dass der Abstand zwischen Motorhaube und Kotflügel links und rechts gleich groß ist und parallel verläuft.
- Motorhaube vorsichtig öffnen und Schrauben festziehen.

- 2 Gummipuffer für Motorhaube links und rechts ganz in das Abschlussblech einschrauben.

- 2 Schrauben –Pfeile– für Schloss lösen.
- Anschlagpuffer jetzt so weit herausdrehen, dass die Motorhaube beim Schließen leicht vorgespannt ist und parallel zu den Kotflügeloberkanten steht.
- Anschließend Schrauben für Schloss festziehen.
- Waschdüsen anschließen.

Heckklappe aus- und einbauen

Ausbau

Achtung: Damit die elektrischen Leitungen und auch die Wasserschläuche leichter wieder eingebaut werden können, vor dem Ausbau an das Ende der Kabel eine Paketschnur anbinden. Die Schnur verbleibt anschließend in der ausgebauten Heckklappe. Beim Einbau können mit Hilfe der Schnur die elektrischen Leitungen und Wasserschläuche leichter eingezogen werden.

- Kordel zum Anheben der Hutablage an der Heckklappe aushängen.
- Schlauch für Scheibenwaschdüse abziehen.
- Mehrfachstecker abziehen und elektrische Leitung mit den Kabelbindern aus der Heckklappe ausclipsen.

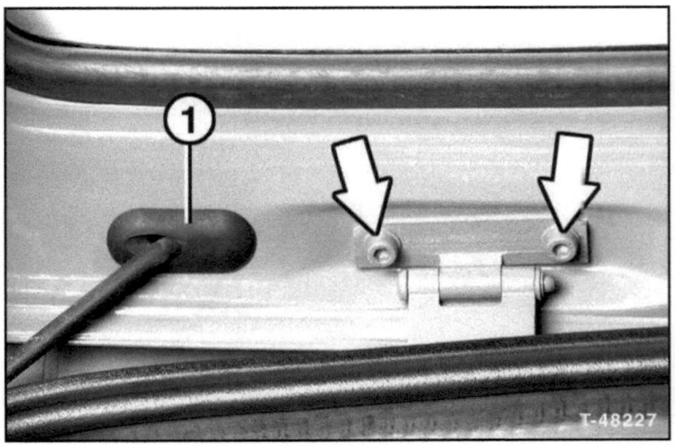

- Gummitülle –1– an der Heckklappe abziehen, Kabelstrang herausziehen.
- Heckklappe von Helfer abstützen lassen.

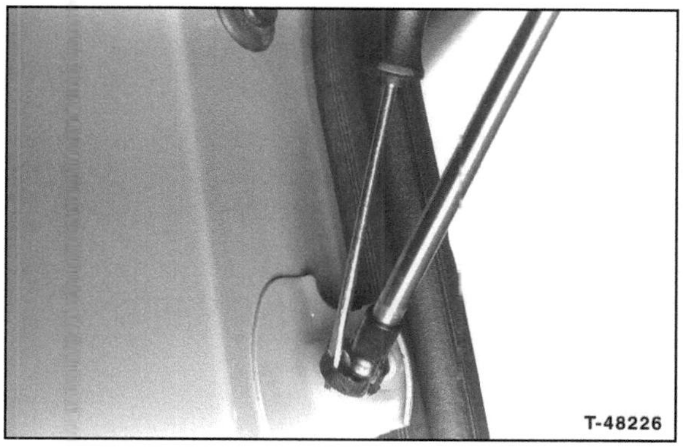

- Gasdruckdämpfer vom Kugelkopf an der Heckklappe abziehen, dazu Feder mit Schraubendreher abhebeln.
- 4 Schrauben an den Scharnieren abschrauben und Heckklappe mit Helfer herausnehmen.

Einbau

- Heckklappe an den Scharnieren anschrauben.
- Gasdruckdämpfer am Kugelkopf aufdrücken und mit Feder sichern.
- Wasserschlauch und elektrische Leitungen mit Hilfe der eingezogenen Schnüre einziehen.
- Wasserschlauch auf die Waschdüse aufschieben.
- Mehrfachstecker verbinden. Kabelbinder in die Bohrungen am Blech einclipsen.
- Heckklappe schließen und Einstellung prüfen. Gegebenenfalls Heckklappe einstellen.
- Kordel für Hutablage einhängen.

Heckklappe einstellen

Zum Einstellen der Heckklappe, muss das Heckklappenschloss aus der Heckklappe ausgebaut werden, denn die Einstellung erfolgt ohne Schloss.

- Heckklappenschloss abschrauben.
- **CINQUECENTO:** Heckklappenschloss mitsamt dem dahinter liegenden Schließzylinder aus der Heckklappe herausziehen.
- **SEICENTO:** Heckklappenschloss etwas aus der Heckklappe herausziehen. Betätigung des Schließzylinders vom Heckklappenschloss abziehen und Schloss herausnehmen.
- Heckklappe schließen und umlaufenden Spalt zu den angrenzenden Bauteilen prüfen. Der Spalt muss parallel verlaufen.

Einstellen

- Zum Verschieben der Klappe werden die Scharnierschrauben am Dachholm, **nicht** an der Klappe gelöst. Dazu muss zuvor die hintere Dachverkleidung gelöst und heruntergezogen werden.

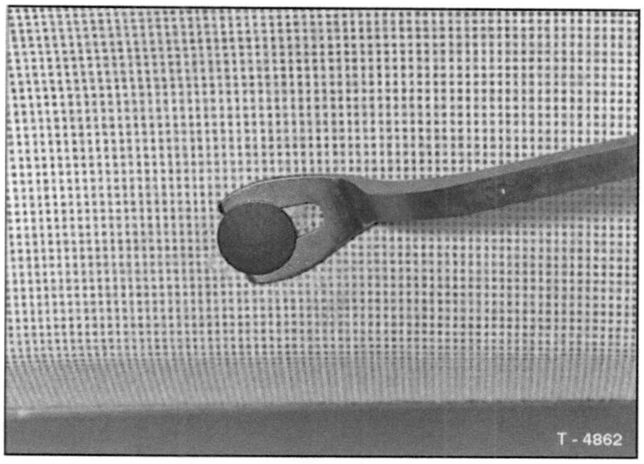

- Clips an der Hinterkante des Dachhimmels mit geeignetem Werkzeug heraushebeln. Dabei darauf achten, dass der Himmel nicht beschädigt wird.
- An beiden Seiten die Scharnierschrauben lockern und Heckklappe zu den angrenzenden Bauteilen ausrichten.
- Scharnierschrauben mit **25 Nm** festziehen.

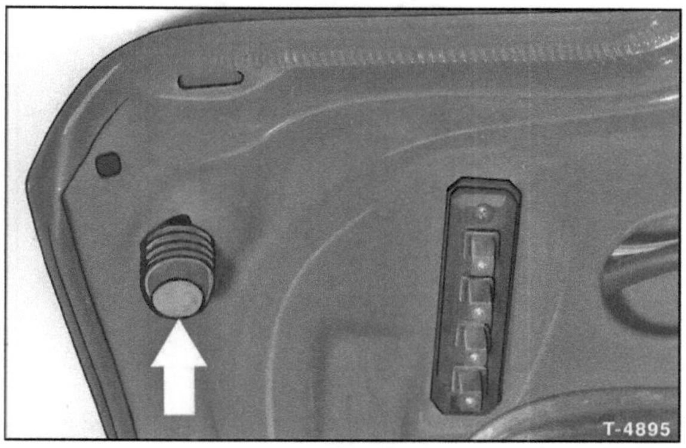

- Heckklappenoberfläche auf gleichmäßigen Abstand zu den angrenzenden Bauteilen einstellen. Dazu Gummianschläge links und rechts entsprechend heraus- oder hineindrehen.

CINQUECENTO

- Schließzylinder und Heckklappenschloss einsetzen und anschrauben.

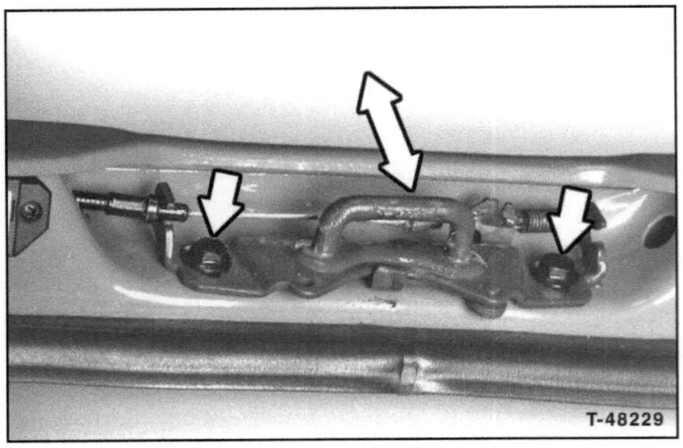

- Schrauben für Schließblech lockern, nicht ganz lösen.

SEICENTO

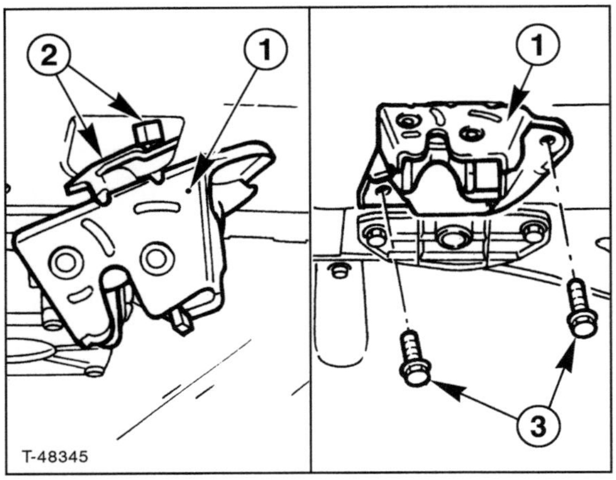

- Hecklappenschloss –1– an der Betätigung –2– des Schließzylinders einhängen.
- Heckklappenschloss anschrauben –3–.

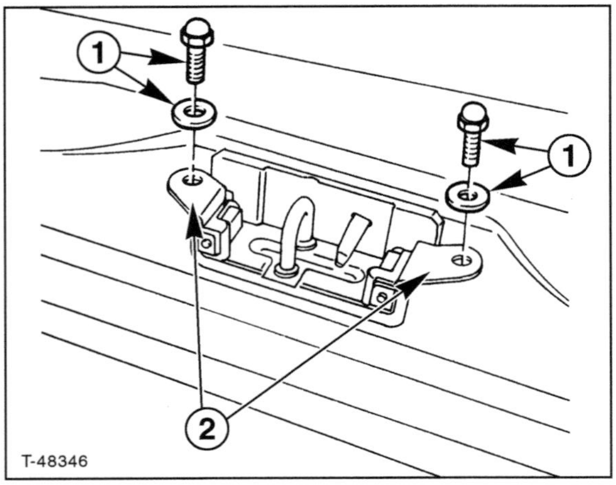

- Schrauben –1– für Schließbügel –2– lösen, nicht ganz abschrauben.

- Heckklappe vorsichtig schließen und dadurch Schließblech in die richtige Position bringen.
- Heckklappe vorsichtig öffnen, damit sich das Schließblech nicht verstellen kann, und Schließblech festschrauben.
- Fahrzeughimmel mit Clips befestigen.
- Heckklappe schließen, dabei muss das Schloss ohne allzu großen Kraftaufwand einrasten und sicher schließen. Gegebenenfalls Einstellung wiederholen.

Heckklappen-Innenverkleidung aus- und einbauen

SEICENTO

Ausbau

- Heckklappe öffnen.

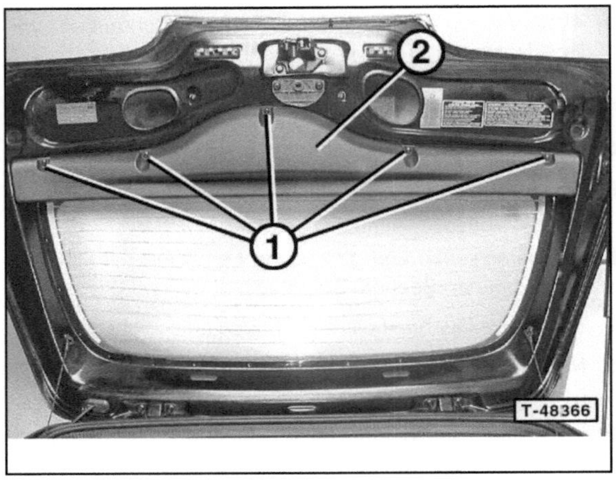

- Schrauben –1– herausdrehen.
- Innenverkleidung –2– vorsichtig abnehmen. Die Innenverkleidung ist an der Heckklappe zusätzlich mit Klettverschlüssen befestigt.

Achtung: In die Heckklappen-Innenverkleidung ist die mittlere Bremsleuchte integriert. Um die Innenverkleidung ganz wegnehmen zu können muss die elektrische Steckverbindung für die mittlere Bremsleuchte getrennt werden. Dazu die Lasche an der Buchse eindrücken und Stecker herausziehen.

Einbau

- Heckklappen-Innenverkleidung ansetzen. Gegebenenfalls Steckverbindung für mittlere Bremsleuchte zusammenstecken.
- Verkleidung so ansetzen, dass die Klettverschlüsse an der Heckklappe mit denen an der Innenverkleidung zusammenpassen.
- Innenverkleidung andrücken und Schrauben hineindrehen.

Türverkleidung aus- und einbauen

CINQUECENTO

Ausbau

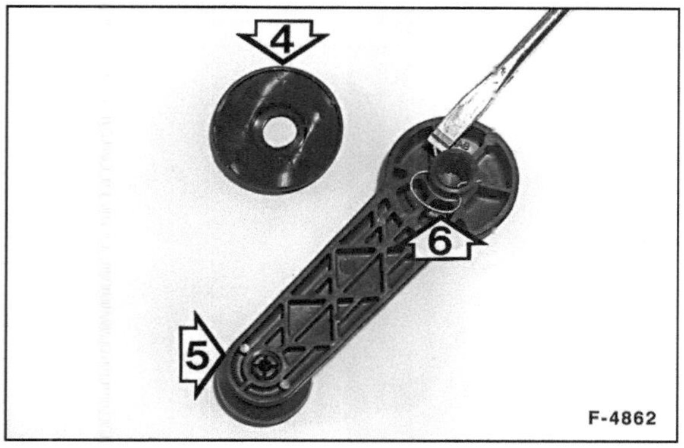

- Falls vorhanden, Fensterkurbel ausbauen. Dazu Schraubendreher zwischen Rosette –4– und Kurbel –5– neben der Kurbelachse einführen und Sicherungsklammer –6– abdrücken, siehe Abbildung. **Hinweis:** Zur Erleichterung kann auch die HAZET-Zange 799 verwendet werden.
- Fensterkurbel von der Kurbelachse abziehen. Anschließend Sicherungsklammer sofort wieder einsetzen.

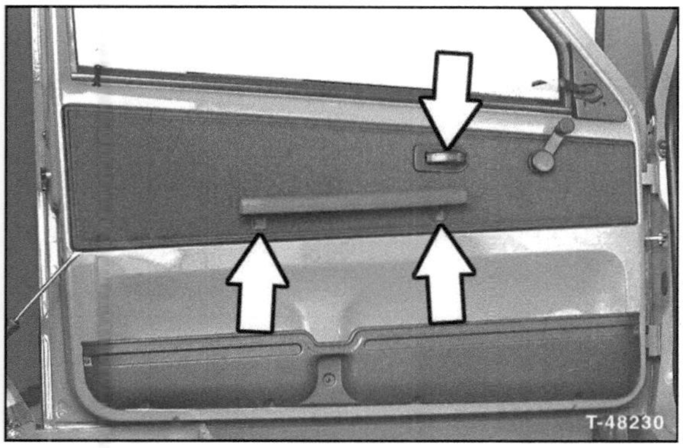

- Schrauben an Innengriff und Innenbetätigung abschrauben –Pfeile–.
- Türverkleidung vom Türrahmen abdrücken (ausclipsen). Dazu Verkleidung am Rand vom Türblech wegdrücken, um die Position der Clips festzustellen. Direkt an den Clips mit den Fingern hinter die Verkleidung greifen und ausclipsen. Es kann auch ein breiter Kunststoffspachtel oder ein handelsüblicher Abdrücker (HAZET-Nr. 799-3) verwendet werden. In diesem Fall einen Lappen zwischenlegen, damit der Lack nicht verkratzt wird.
- Türfolie in kurzen schnellen Bewegungen von der Tür abziehen. Darauf achten, dass die Folie nicht einreißt. Unter Umständen muss die Türfolie um die Cliphalter herum mit einem scharfen Messer ausgeschnitten werden. Die Türfolie kann später einfach wieder angedrückt werden, vorausgesetzt der Kleber trocknet nicht aus und wird nicht verschmutzt.

Einbau

- Türfolie ansetzen und an den Klebestellen andrücken. Beschädigte Schutzfolie und beschädigte Klebestellen sorgfältig mit doppelseitigem Klebeband ausbessern. Bei größeren Rissen oder Beschädigungen Türfolie ersetzen. **Achtung:** Besonders auf dichten Sitz der Türfolie achten. Es kann sonst im Fahrzeug ziehen oder es kann Wasser in den Innenraum eindringen.
- Kunststoffclips auf einwandfreien Zustand und festen Sitz prüfen. Beschädigten Clip ersetzen.
- Türverkleidung in den Türausschnitt einsetzen und jeweils Befestigungsclips mit dem Handballen einschlagen.
- Innengriff und Griffschale anschrauben.
- Fensterkurbel mit eingesetzter Stahlfeder auf die Verzahnung der Achse schieben, bis er einrastet. Der Hebel der Fensterkurbel zeigt bei geschlossenem Fenster nach vorn.

SEICENTO

Ausbau

- Türablagefach ausbauen. Dazu die Schraubenabdeckungen abnehmen und das Türablagefach mit 7 Schrauben abschrauben.

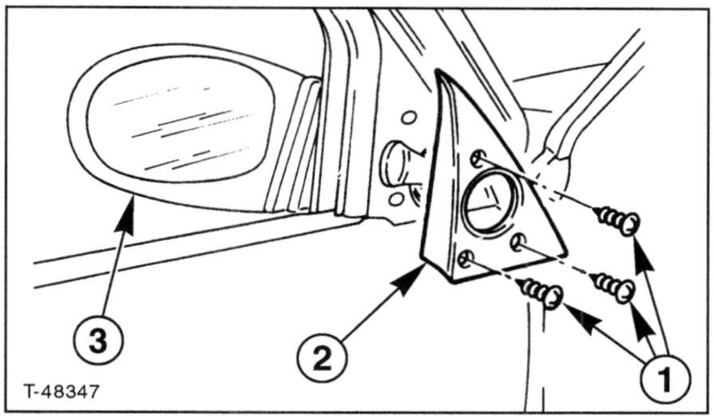

- Schrauben –1– herausdrehen. Gegebenenfalls Außenspiegel –3– festhalten. Falls kein Außenspiegel vorhanden ist, befindet sich an dessen Stelle eine äußere Kunststoffblende.
- Blende –2– und Außenspiegel –3– beziehungsweise äußere Kunststoffblende abnehmen.

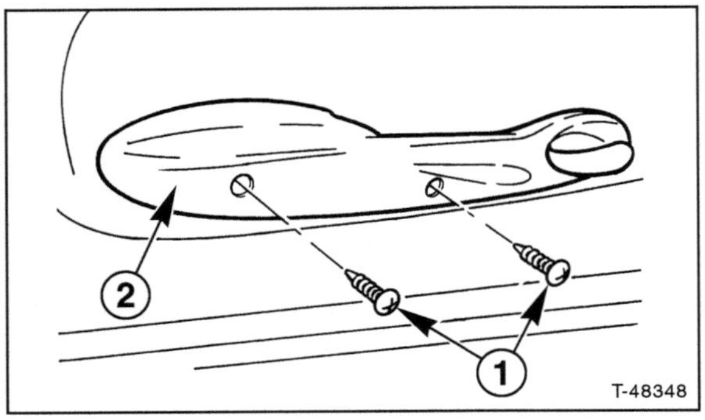

- Schrauben –1– am Türinnengriff –2– herausdrehen. Vorher Schraubenabdeckkappen entfernen.
- Türinnengriff abnehmen.

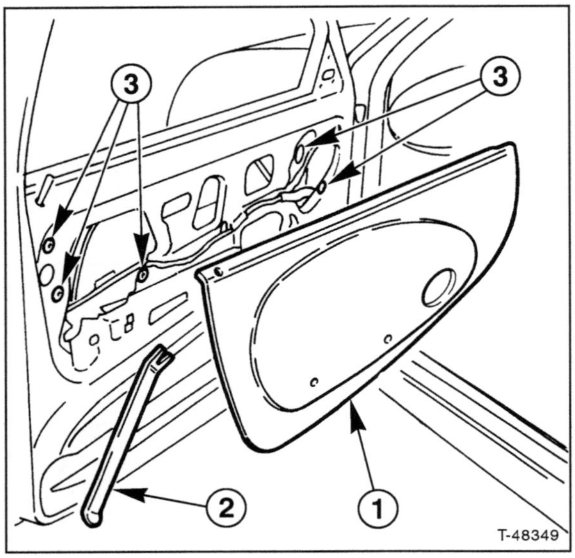

- Türverkleidung –1– von der Tür ablösen und abnehmen. Dazu die Türverkleidung mit einem geeigneten Werkzeug –2– von den Clips –3– abhebeln.
- Türdichtfolie vorsichtig abziehen. Dabei darauf achten, dass die Folie nicht beschädigt wird. Folie an einem staubfreien Ort ablegen, so dass die Klebeflächen nicht verschmutzen.

Einbau

- Türdichtfolie sorgfältig ankleben. Falls die Klebeflächen der Folie keinen Halt mehr bieten, Türdichtfolie mit doppelseitig klebendem Klebeband ankleben.
- Türverkleidung ansetzen und an den Befestigungsclips eindrücken.
- Außenspiegel beziehungsweise äußere Kunststoffblende ansetzen. Innere Blende ansetzen und mit 3 Schrauben anschrauben.
- Türinnengriff ansetzen und anschrauben. Schraubenabdeckungen andrücken.
- Türablagefach ansetzen und anschrauben. Schraubenabdeckungen eindrücken.

Türaußengriff aus- und einbauen

CINQUECENTO

Ausbau

- Türfenster schließen.

- Türaußengriff mit 1 Schraube abschrauben und herausnehmen.
- Verbindungsstange am Schließzylinder aushängen.

Ausbau

- Verbindungsstange am Schließzylinder einhängen.
- Türaußengriff einsetzen und anschrauben.

SEICENTO

Ausbau

- Türverkleidung ausbauen, siehe entsprechendes Kapitel.
- Türdichtfolie im Bereich des Türaußengriffs teilweise abziehen.

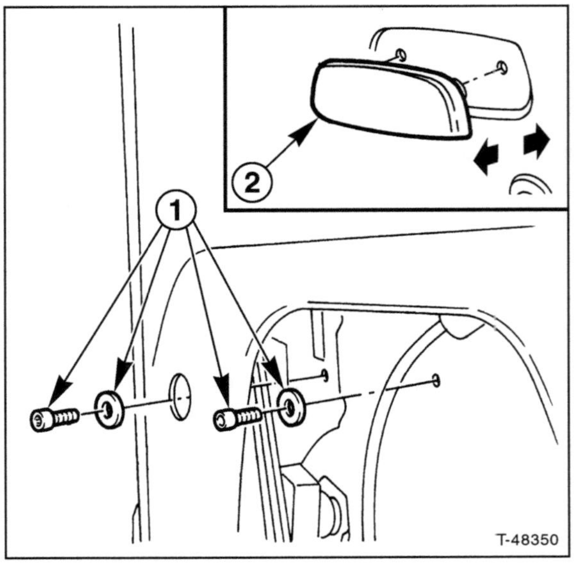

- Schrauben –1– abschrauben und Türaußengriff –2– nach außen von der Tür abnehmen.

Einbau

- Außengriff ansetzen und von innen mit 2 Schrauben anschrauben. Unterlegscheiben nicht vergessen.
- Türdichtfolie ankleben.
- Türverkleidung einbauen, siehe entsprechendes Kapitel.

Schließzylinder aus- und einbauen

CINQUECENTO

Ausbau

- Türaußengriff ausbauen.

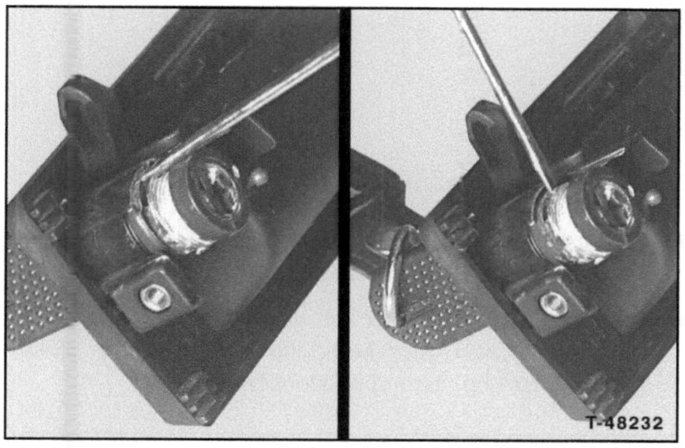

- Schlüssel in den Schließzylinder stecken und die Haltefeder abziehen, Abbildung links.
- Anreißnadel in die Aussparung einführen, Klemmfeder niederdrücken und Schließzylinder herausziehen, Abbildung rechts. **Achtung:** Der Schlüssel muss dabei eingesteckt bleiben, sonst fallen die Schließplättchen heraus.

Ausbau

- Schließzylinder in das Gehäuse einsetzen und mit Haltefeder sichern. Schlüssel abziehen.
- Funktion des Schließzylinders prüfen.
- Türaußengriff einbauen.

SEICENTO

Ausbau

- Türverkleidung ausbauen, siehe entsprechendes Kapitel.
- Türdichtfolie im Bereich des Schließzylinders vorsichtig abziehen.

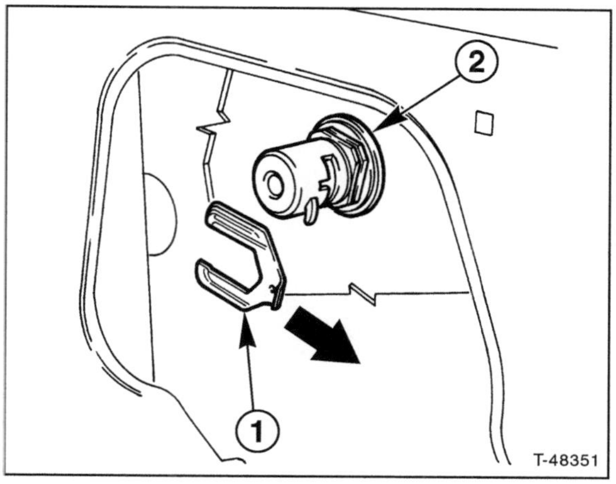

- Sicherungsblech –1– mit einem Schraubendreher vom Schließzylinder –2– abziehen –Pfeil–.
- Schließzylinder nach außen aus der Einbauöffnung herausdrücken.

Einbau

- Schließzylinder lagerichtig in die Einbauöffnung in der Tür einsetzen.
- Sicherungsblech am Schließzylinder anbringen, entgegen der Pfeilrichtung in Abbildung T-48351.
- Türdichtfolie ankleben.
- Türverkleidung einbauen, siehe entsprechendes Kapitel.

Türschloss aus- und einbauen

CINQUECENTO

Ausbau

- Türfenster schließen.
- Türverkleidung ausbauen.
- Untere Türablageschale abschrauben.

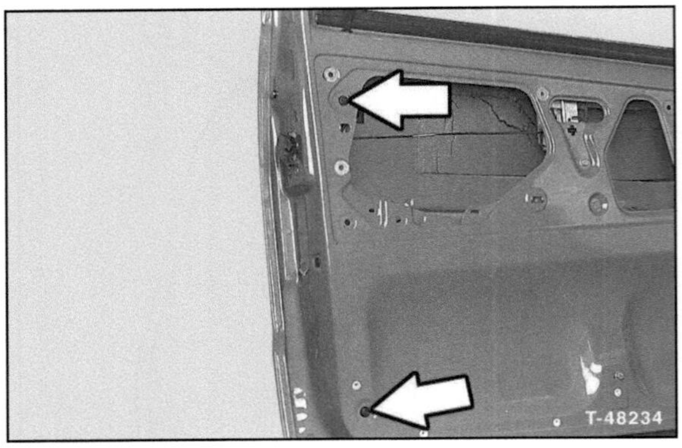

- Hintere Fensterführung abschrauben und abnehmen.
- Verbindungsstangen von Türinnenbetätigungshebel und Sicherungsknopf am Schloss aushängen.

- Türschloss mit 3 Schrauben abschrauben und herausnehmen.

Einbau

- Türschloss einsetzen und anschrauben.
- Verbindungsstange vom Türinnenbetätigungshebel und Sicherungsknopf am Schloss einhängen.
- Hintere Fensterführung einsetzen und anschrauben
- Untere Türablageschale anschrauben.
- Türverkleidung einbauen.
- Wenn die Tür nicht einwandfrei schließt, Türschließbolzen einstellen, siehe Seite 238.

Türfenster aus- und einbauen

CINQUECENTO

Ausbau

- Türverkleidung ausbauen.

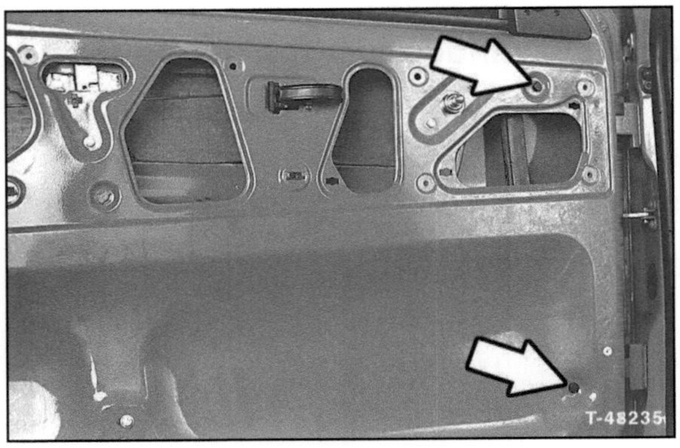

- Vordere Scheibenführung abschrauben und aus dem Türrahmen herausnehmen.
- Fenster öffnen. Dazu je nach Modell Fensterkurbel kurzzeitig aufstecken oder Mehrfachstecker an der elektrischen Fensterbetätigung aufstecken.

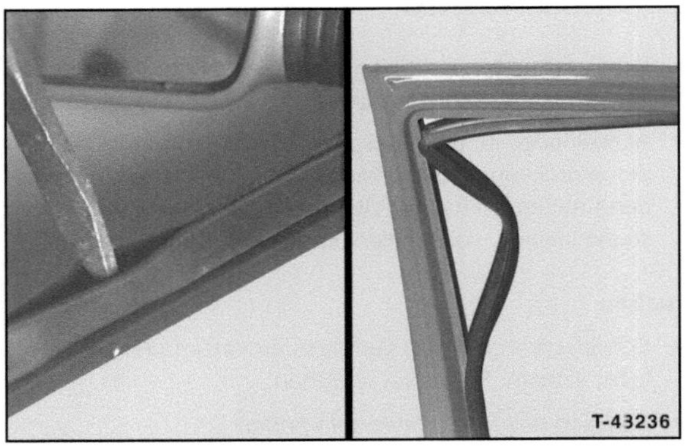

- Innere Fensterschachtleiste an der Tür mit Kunststoffkeil abhebeln, Dichtung im Scheibenrahmen von Hand abziehen.

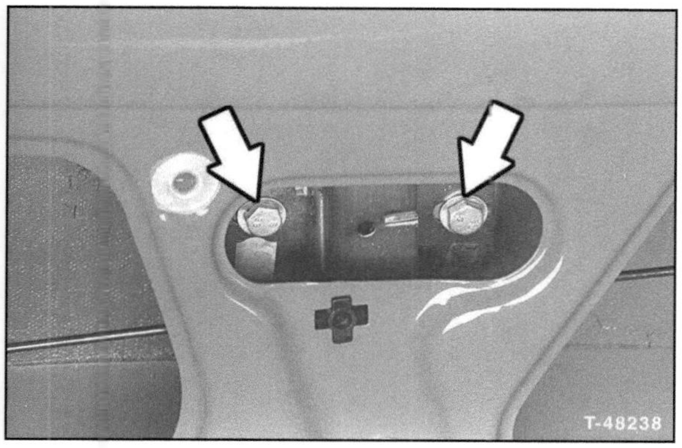

- Fenster hochkurbeln, bis die Schrauben für Fenster am Fensterheber im Ausschnitt liegen. Schrauben abschrauben.
- Fenster nach oben vorsichtig aus dem Türschacht herausführen. Dazu Fenster etwas absenken und nach vorn neigen.

Einbau

- Fensterscheibe vorsichtig in den Türschacht ablassen und am Fensterheber anschrauben.
- Fenster schließen. Vordere Scheibenführung einsetzen und anschrauben.
- Fenster öffnen, Fensterdichtungen einsetzen.
- Fenster ganz nach unten und nach oben fahren und Leichtgängigkeit prüfen.
- Türverkleidung einbauen.

SEICENTO

Ausbau

- Türfenster schließen.
- Türverkleidung ausbauen, siehe entsprechendes Kapitel.
- Türdichtfolie vorsichtig abziehen.

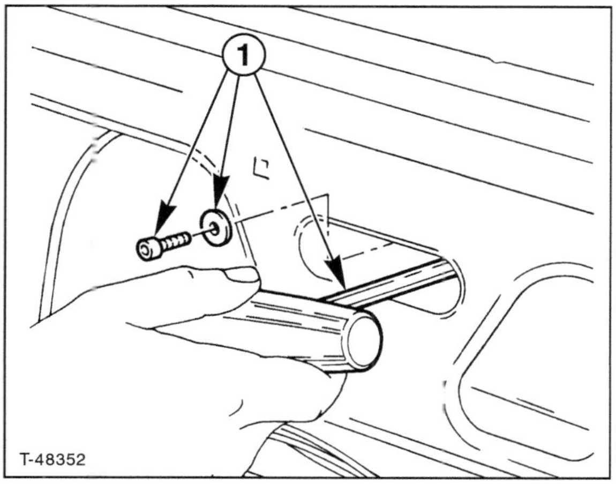

- Durch die Öffnungen die Befestigungsschrauben –1– für den Fensterheber ausschrauben.
- Fenster auf halbe Höhe ablassen.

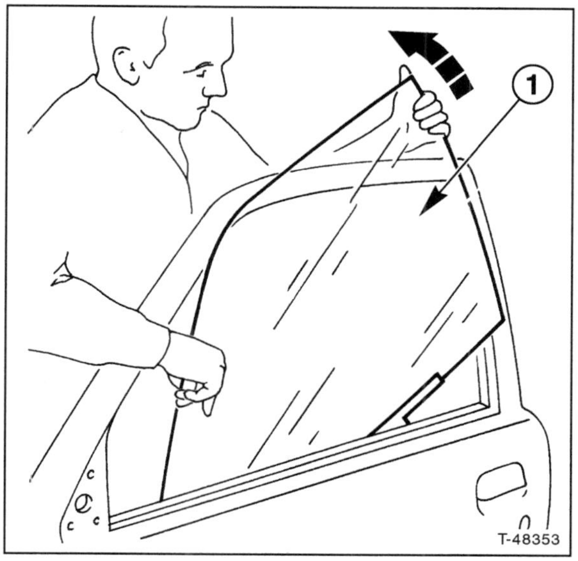

- Fensterscheibe –1– wie in der Abbildung gezeigt drehen und aus dem Fensterrahmen herausnehmen. Position des Fensterhebers möglichst nicht mehr verändern.

Einbau

- Scheibe entgegengesetzt wie beim Ausbau in den Fensterrahmen einführen.
- Scheibe so ausrichten, dass die Scheibe korrekt auf dem Fensterheber sitzt.
- Fenster schließen und Scheibe mit der Anschlussplatte am Fensterheber anschrauben, siehe Abbildung T-48352.
- Türdichtfolie anbringen.
- Türverkleidung einbauen, siehe entsprechendes Kapitel.

Fensterheber aus- und einbauen

CINQUECENTO

Ausbau

- Türfenster ganz nach oben stellen. Türverkleidung ausbauen.
- Türablagefach abschrauben.
- Falls vorhanden, Mehrfachstecker vom Fensterhebermotor abziehen.
- Fensterscheibe am Fensterheber abschrauben. Scheibe im Türrahmen mit Kunststoffkeil festklemmen, damit sie nicht nach unten rutschen und herunterfallen kann.

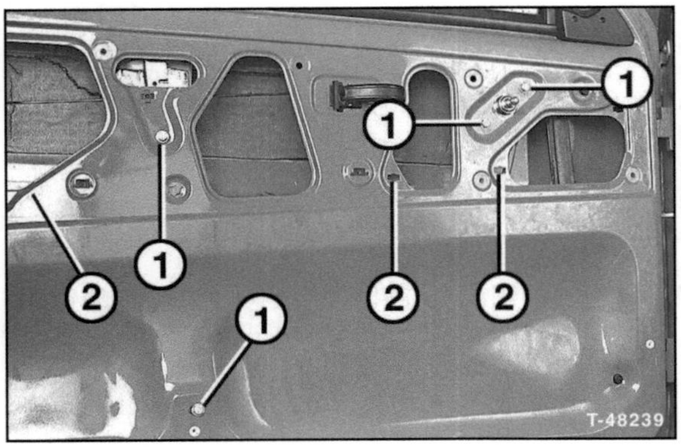

- Fensterheber vom Türrahmen abschrauben –1–. Bei elektrischem Fensterheber, zusätzlich Schrauben an Stellen –2– lösen.
- Fensterheber aus dem Türrahmen herausnehmen.

Einbau

- Fensterheber in den Türrahmen einsetzen.
- Fensterscheibe vorsichtig in den Türschacht ablassen und am Halter des Fensterhebers anschrauben.
- Fensterheber anschrauben.
- Mehrfachstecker aufschieben.
- Fenster ganz nach unten und nach oben fahren und Leichtgängigkeit prüfen.
- Türverkleidung und Ablagefach einbauen.

SEICENTO

Ausbau

- Türfenster schließen.
- Türverkleidung ausbauen und Türdichtfolie vorsichtig abziehen, siehe entsprechendes Kapitel.
- Fensterscheibe am Fensterheber abschrauben. Scheibe im Türrahmen mit Kunststoffkeil festklemmen, damit sie nicht nach unten rutschen und herunterfallen kann. Fensterscheibe abschrauben, siehe Abbildung T-48352 im Kapitel »Türfenster aus- und einbauen«.

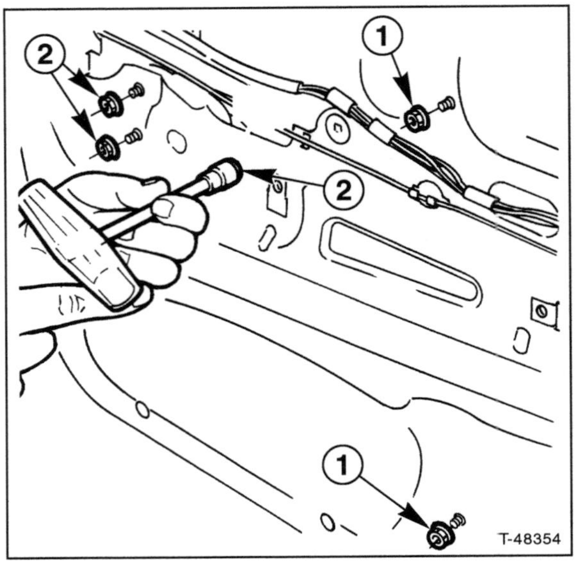

- Fensterheber etwa 25 cm weit absenken.
- Muttern –1– vom Fensterheberpfosten und –2– vom Motor abschrauben.
- Batterie-Massekabel (–) bei ausgeschalteter Zündung abklemmen. **Achtung:** Falls das eingebaute Radio einen Diebstahlcode besitzt, wird dieser beim Abklemmen der Batterie gelöscht. Radios mit Diebstahlcode sind erkennbar an dem Wort »CODE« oder einem roten Schlüsselzeichen auf der Frontblende. Das Radio kann anschließend nur durch die Eingabe des richtigen Codes oder durch den Radio-Hersteller wieder in Betrieb genommen werden. Vor dem Abklemmen daher unbedingt den Diebstahlcode ermitteln.
- Mehrfachstecker vom Fensterhebermotor abziehen.
- Fensterheber komplett durch die große Öffnung oben aus der Tür herausnehmen.

Einbau

- Fensterheber durch die Öffnung in die Tür einsetzen und Mehrfachstecker am Fensterhebermotor aufschieben.
- Fensterheber mit den Muttern –1– und –2– anschrauben.
- Fensterscheibe festhalten und Kunststoffkeil am Türrahmen entfernen. Fensterscheibe vorsichtig absenken, bis sie mit der Anschraubplatte am Fensterheber aufliegt.
- Fensterscheibe anschrauben.
- Batterie-Massekabel (–) anklemmen. Gegebenenfalls Diebstahlcode für das Autoradio eingeben und Zeituhr einstellen.
- Fensterscheibe ganz nach oben und unten fahren und dabei prüfen, ob die Fensterscheibe in den Führungen einwandfrei auf- und abgleitet. Gegebenenfalls Fensterheber oder Anschraubplatte ausrichten.
- Türdichtfolie anbringen und Türverkleidung einbauen, siehe entsprechendes Kapitel.

Vordertür aus- und einbauen/einstellen

Ausbau

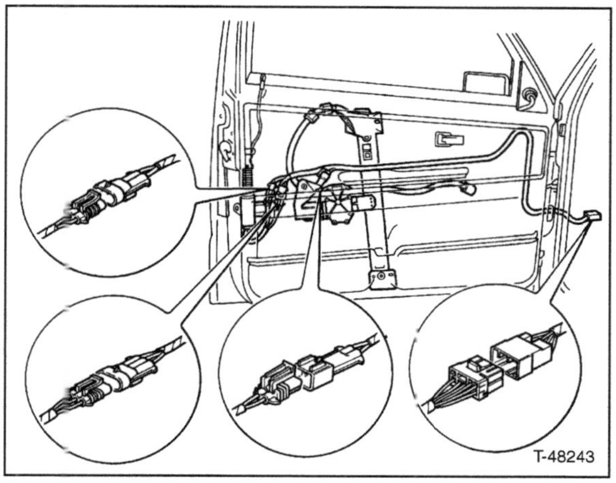

- Bei elektrischem Fensterheber und Zentralverriegelung: Türverkleidung ausbauen und Stecker an den Elektromotoren abziehen. Zuleitung an der Türvorderseite ausfädeln.

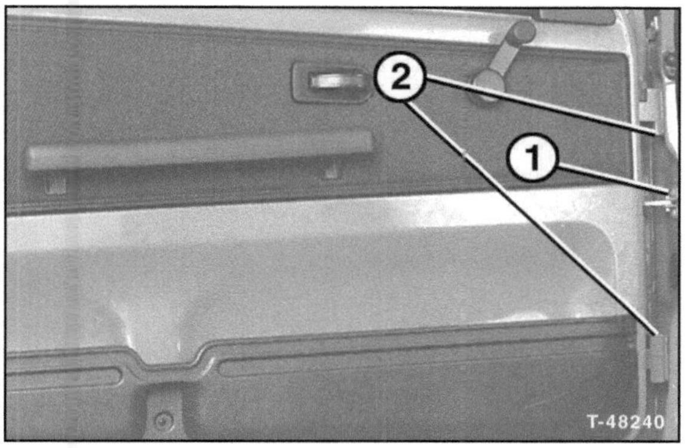

- Spannstift –1– für Türbremse mit geeigneter Zange herausdrücken, oder mit Hammer und Durchschlag austreiben. Türbremse aus der Lasche an der Türsäule herausziehen.
- Befestigungsschrauben –2– am oberen und unteren Türscharnier herausdrehen.
- Tür zusammen mit Helfer nach oben von den Scharnieren abnehmen.

Einbau

- Vordertür einsetzen und handfest anschrauben.
- Türbremse einsetzen und Spannstift einschlagen.
- Scharnierschrauben mit **30 Nm** festziehen.
- Wo vorhanden, elektrische Verbindungen aufschieben, Türverkleidung einbauen.
- Tür schließen und Spalt zwischen Tür und Türausschnitt prüfen. Der Spalt muss parallel sein, andernfalls Tür einstellen.

Einstellen

CINQUECENTO

SEICENTO

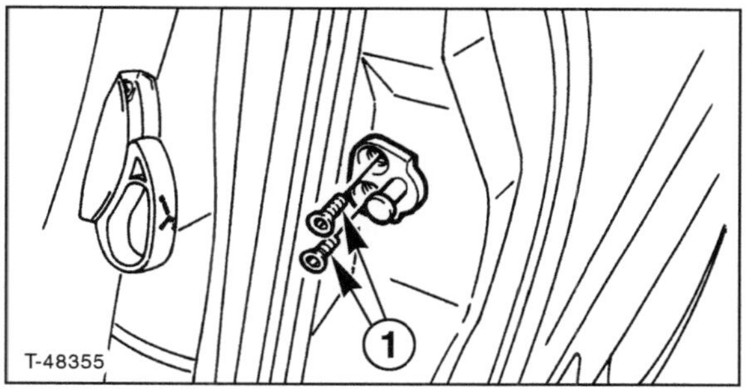

- Türschließbolzen abschrauben –1–. Vorher Einbaulage mit Filzstift markieren.
- Tür öffnen und Scharnierschrauben am Türträger, nicht an der Tür lösen.
- Tür zu den umliegenden Bauteilen ausrichten. Der Spalt muss parallel sein.
- Türscharniere mit ca. 50 Nm (Anhaltswert) festschrauben.
- Türschließbolzen entsprechend der angebrachten Markierung einsetzen, Schrauben beiziehen, nicht festziehen. Der Schließbolzen muss sich mit etwas Kraftaufwand verschieben lassen.
- Türschließbolzen einstellen.

Türschließbolzen einstellen

Der Schließmechanismus ist so eingestellt, dass bei geschlossener Tür die Türdichtungen unter Spannung stehen und somit das Eindringen von Zugluft und Regenwasser sowie das Auftreten von Klappergeräuschen verhindern.

Im Laufe der Zeit können sich die Gummidichtungen etwas setzen, was zu den oben aufgeführten Störungen führen kann. In diesem Fall sowie gegebenenfalls nach dem Türeinbau Türschließbolzen einstellen.

Einstellen

CINQUECENTO

SEICENTO

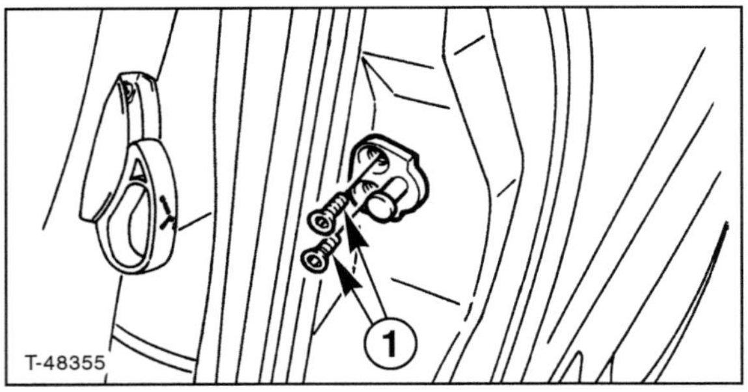

- Befestigungsschrauben –1– für Türschließbolzen so weit lockern, dass sich der Schließbolzen mit etwas Kraftaufwand verschieben lässt. Vorher Einbaulage mit Filzstift markieren.
- Bolzen etwas nach innen schieben und wieder festziehen.
- Wurde die Tür neu eingebaut, Tür vorsichtig schließen und Schließbolzen dadurch in die richtige Position verschieben.
- Tür vorsichtig öffnen, damit sich der Schließbolzen nicht verstellt. Bolzen in dieser Position festziehen.
- Tür schließen, dabei muss das Türschloss ohne allzu großen Kraftaufwand einrasten.

Außenspiegel aus- und einbauen

Ausbau

- Fenster ganz öffnen und Scheibendichtung im Spiegelbereich etwas zurückziehen.

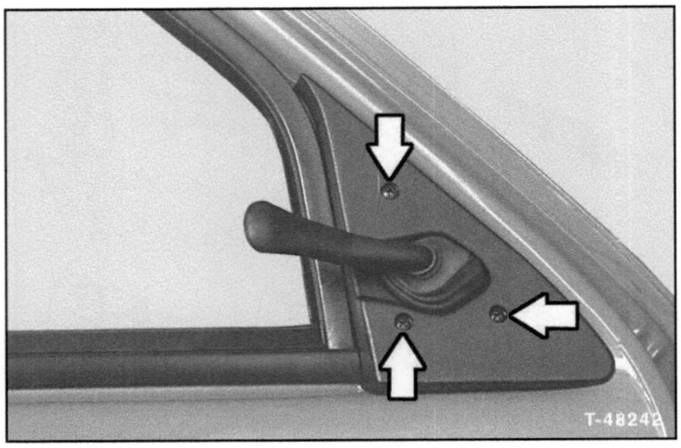

- Abdeckung abschrauben, dabei Außenspiegel festhalten.
- Außenspiegel abnehmen.

Einbau

- Außenspiegel und Spiegelabdeckung ansetzen und anschrauben.
- Dichtung andrücken.

Zentralverriegelung/Fensterheber

Die elektrische Zentralverriegelung besteht aus 2 oder 3 Stellmotoren, die in den Schlössern der beiden Türen und gegebenenfalls der Heckklappe integriert sind. Die Steuerung des Systems erfolgt über ein Steuergerät. Beim Auf- oder Zuschließen der Vordertüren veranlasst das Steuergerät, dass gleichzeitig die Schlösser aller Türen auf- oder zugeschlossen werden.

Das elektronische Steuergerät besitzt eine Sicherheitsschaltung, die die Stromversorgung zu den Stellmotoren 15 bis 35 Sekunden nach einem Ver- beziehungsweise Entriegelungsbefehl unterbricht. Dadurch wird verhindert, dass die Stellmotoren durchbrennen, wenn beispielsweise ein Schalter hängen bleibt.

Die Fensterhebermotoren sitzen in den Türen und werden bei Betätigung des Schalters über ein Relais eingeschaltet.

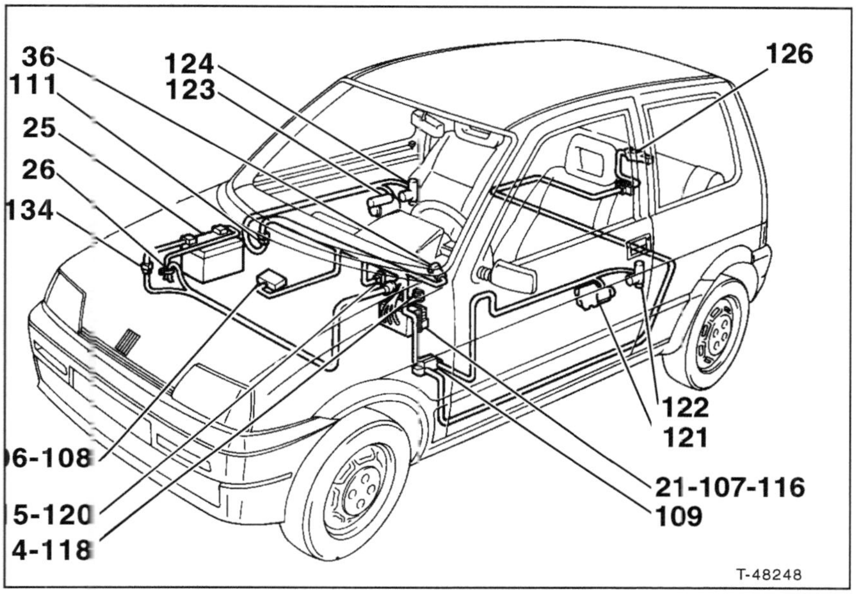

CINQUECENTO

21 – Relais- und Sicherungskasten
25 – Batterie
26 – Batteriemasse
36 – Zündschalter
106 – Relais für elektrische Fensterheber
107 – 15 Ampere-Sicherung für Zentralverriegelung
108 – Steuergerät für Zentralverriegelung
109 – Stecker Fahrerseite
111 – Stecker Beifahrerseite
114 – Schalter für linken Fensterheber
115 – Schalter für rechten Fensterheber
116 – 25 Ampere-Sicherung für Fensterheber
118 – Beleuchtung Fensterheberschalter links
120 – Beleuchtung Fensterheberschalter rechts und Scheinwerferregulierung
121 – Linker Fensterhebermotor
122 – Motor Türverriegelung links
123 – Motor Türverriegelung rechts
124 – Motor Fensterheber rechts
126 – Motor Heckklappenverriegelung
134 – Verbindung Batteriekabel

Stromlaufpläne

Aus dem Inhalt:

- **Zeichenerklärung**
- **Stromlaufplan-Übersicht**
- **Einzelpläne**

In einem Personenwagen werden, je nach Ausstattung, bis zu 1.000 Meter Leitungen verlegt, um alle elektrischen Verbraucher (Scheinwerfer, Radio usw.) mit Strom zu versorgen.

Will man einen Fehler in der elektrischen Anlage aufspüren oder nachträglich ein elektrisches Zubehör montieren, kommt man nicht ohne Stromlaufplan aus, anhand dessen der Stromverlauf und damit die Kabelverbindungen aufgezeigt werden. Um das Kabelgewirr zumindest auf dem Stromlaufplan übersichtlich zu ordnen, sind nur jeweils einzelne Schaltkreise auf Detailplänen angeordnet. Grundsätzlich muss der betreffende Stromkreis geschlossen sein, sonst kann der elektrische Strom nicht fließen. Es reicht beispielsweise nicht aus, wenn an der Plusklemme eines Scheinwerfers Spannung anliegt, wenn nicht gleichzeitig über den Masseanschluss der Stromkreis geschlossen ist.

Deshalb ist auch das Massekabel der Batterie mit der Karosserie verbunden. Mitunter reicht diese Masseverbindung jedoch nicht aus, und der betreffende Verbraucher bekommt eine direkte Masseleitung. In den einzelnen Stromkreisen können Schalter, Relais, Sicherungen, Messgeräte, elektrische Motoren oder andere elektrische Bauteile integriert sein.

Am sinnvollsten geht man bei der Benutzung des Stromlaufplanes folgendermaßen vor:

Zuerst sucht man in der Legende das betreffende Bauteil, zum Beispiel den Schalter für das Heizgebläse. Neben der Bauteil-Benennung wird dann die entsprechende Nummer angezeigt, die im Stromlaufplan neben dem entsprechenden Bauteil wieder auftritt.

Um den Stromlaufplan lesen zu können, ist die Kenntnis einiger Bauteile erforderlich, außerdem sollte man die wichtigsten Schaltzeichen kennen.

Alle Schalter und Verbraucher sind in Ruhestellung gezeichnet. Der geänderte Stromverlauf nach Betätigung eines Schalters sei am Beispiel eines Zweistufen-Schalters erläutert:

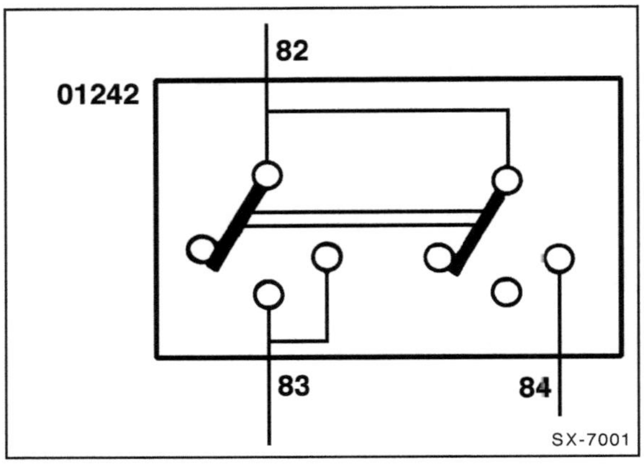

Wird am Schalter die erste Stufe gedrückt, fließt der Strom von der Klemme 82 kommend über die Klemme 83. Die Brücke der zweiten Schalterstufe rückt in Mittelstellung, jedoch ohne eine Verbindung herzustellen. Erst beim Drücken der zweiten Schalterstufe rückt die Brücke der zweiten Schalterstufe von der internen Leitung 82 auf 84 und gibt den Strom über 84 weiter. Dabei bleibt über die interne Verbindung im Schalter, rechts abgewinkelte Leitung von 83, der Stromfluss der ersten Schalterstufe bestehen.

Relais und Schalter haben oft mehrere Anschlüsse. Damit diese Bauteile richtig angeschlossen werden können, haben die einzelnen Kontakte entsprechende Klemmenbezeichnungen. Die wichtigsten Klemmenbezeichnungen sind:

Klemme 30. An dieser Klemme liegt immer die Batteriespannung an. Die Kabel sind meist rot.

Klemme 31 führt zur Masse. Die Masse-Leitungen sind in der Regel schwarz.

Klemme 15 wird über das Zündschloss gespeist. Die Leitungen führen nur bei eingeschalteter Zündung Strom.

Im Stromlaufplan sind die Farben der einzelnen Leitungen mit Buchstaben oder Buchstabenkombinationen gekennzeichnet.

Der Sicherungskasten mit den Sicherungen und Relais ist in jedem Detailplan mit den entsprechenden Sicherungen eingezeichnet. Sicherungs- und Relaisbelegung, siehe Seite 47.

Legende für Stromlaufpläne

FIAT SEICENTO

Code	Benennung
A30	Zündspule
B1	Stromverteiler
B5	MAXIFUSE-Kasten
B35	Sicherung, Speicher für Einspritzung und CODE
B40	Sicherung, Versorgung der Einspritz-Einrichtungen
B50	Sicherung, Versorgung der Sondereinrichtungen
C10	Masse vorn links
C11	Masse vorn rechts
C20	Masse Armaturenbrett
C30	Masse hinten links
C60	Masse Einspritzsteuergerät
D4	Verbindung vorn/Motor
D30	Verbindung linke Vordertür
D31	Verbindung rechte Vordertür
D46	Verbindung vorn/Armaturenbrett - hinten
D74	Verbindung Antennenverstärker
D85	Kontaktleiste/Heckklappe
D86	Verbindung Heckklappe/Heckscheibenwischer
E15	Drehzahlmesser
E50	Instrumententafel
F10	Scheinwerfer links
F11	Scheinwerfer rechts
F20	Richtungsblinker linke Seite
F21	Richtungsblinker rechte Seite
F30	Schlussleuchte hinten links (fester Teil)
F31	Schlussleuchte hinten rechts (fester Teil)
F40	Drittes Bremslicht
F50	Kennzeichenlicht links
F51	Kennzeichenlicht rechts
G10	Innenleuchte vorn
H1	Zündanlassschalter
H5	Lenkstockschalter
H42	Fensterheberschalter am Armaturenbrett, Fahrerseite
H43	Fensterheberschalter am Armaturenbrett, Beifahrerseite
H90	Schaltergruppe
I16	Schalter für Innenleuchte an der linken Vordertür
I17	Schalter für Innenleuchte an der rechten Vordertür
I20	Rückfahrlichtschalter
I30	Bremslichtschalter
I40	Handbremsschalter
I50	Trägheitsschalter
J10	Hauptrelais, Einspritzung
J11	Relais, Einspritz-Steuergerät
K25	Sensor (Kontaktschalter) für Bremsflüssigkeitsstand
K30	Sensor (Kontaktschalter) für Motoröldruck
K35	Geber für Motorkühlmitteltemperatur
K40	Lambdasonde
K42	Lufttemperatur-Sensor
K45	Motortemperatur-Sensor
K46	Drehzahl-Sensor
K48	Sensor für Absolutdruck
K56	Sensor für Drosselkappenstellung
K84	Tachosensor
L10	Elektroventil für Rückführung der Kraftstoffdämpfe
M10	Motorsteuergerät
M30	Steuergerät des Alarmsystems
M35	Empfänger, Fernbedienung der Alarmanlage
M80	Steuergerät der Zentralverriegelung
N15	Regler für Leuchtweiteneinsteller
N16	Heckscheibenwischermotor
N20	Motor für elektrische Scheibenwaschpumpe
N21	Motor für elektrische Heckscheibenwaschpumpe
N40	Elektrokraftstoffpumpe und Niveaugeber
N50	Getriebemotor, Schloss linke Vordertür
N51	Getriebemotor, Schloss rechte Vordertür
N60	Fensterhebermotor vorn links
N61	Fensterhebermotor vorn rechts
N71	Zentraleinspritzventil
N74	Leerlaufsteller
P5	Hupe
P20	Autoradio
P25	Antennenverstärker
P37	Lautsprecher vorn links im Armaturenbrett
P38	Lautsprecher vorn rechts im Armaturenbrett
P55	Heizbare Heckscheibe
R20	Diagnoseanschluss für elektronische Einspritzung

Kabelkennzeichnung

Alle in den Stromlaufplänen dargestellten Kabel sind durch Buchstaben gekennzeichnet. Die Buchstaben bezeichnen die Kabelfarben. Bei Bezeichnungen für mehrfarbige Kabel sind die Abkürzungen zu kombinieren.
Beispiel: N = Schwarz, B = Weiß, NB = Schwarzweiß.

Kabelfarben

A – Himmelblau
B – Weiß
C – Orange
G – Gelb
H – Grau
L – Blau
M – Braun
N – Schwarz
R – Rot
S – Rosa
V – Grün
Z – Violett
AB – Himmelblau-Weiß
AG – Himmelblau-Gelb
AN – Himmelblau-Schwarz
AR – Himmelblau-Rot
AV – Himmelblau-Grün
BG – Weiß-Gelb
BL – Weiß-Blau
BN – Weiß-Schwarz
BR – Weiß-Rot
BV – Weiß-Grün
BZ – Weiß-Violett
CA – Orange-Himmelblau
CB – Orange-Weiß
CN – Orange-Schwarz
GN – Gelb-Schwarz
GL – Gelb-Blau
GR – Gelb-Rot
GV – Gelb-Grün
HG – Grau-Gelb
HN – Grau-Schwarz
HR – Grau-Rot
HV – Grau-Grün
LB – Blau-Weiß
LG – Blau-Gelb
LN – Blau-Schwarz
LR – Blau-Rot
LV – Blau-Grün
MB – Braun-Weiß
MN – Braun-Schwarz
NZ – Schwarz-Violett
RB – Rot-Weiß
RG – Rot-Gelb
RN – Rot-Schwarz
RV – Rot-Grün
SN – Rosa-Schwarz
VB – Grün-Weiß
VN – Grün-Schwarz
VR – Grün-Rot
ZB – Violett-Weiß

Symbole in den Stromlaufplänen

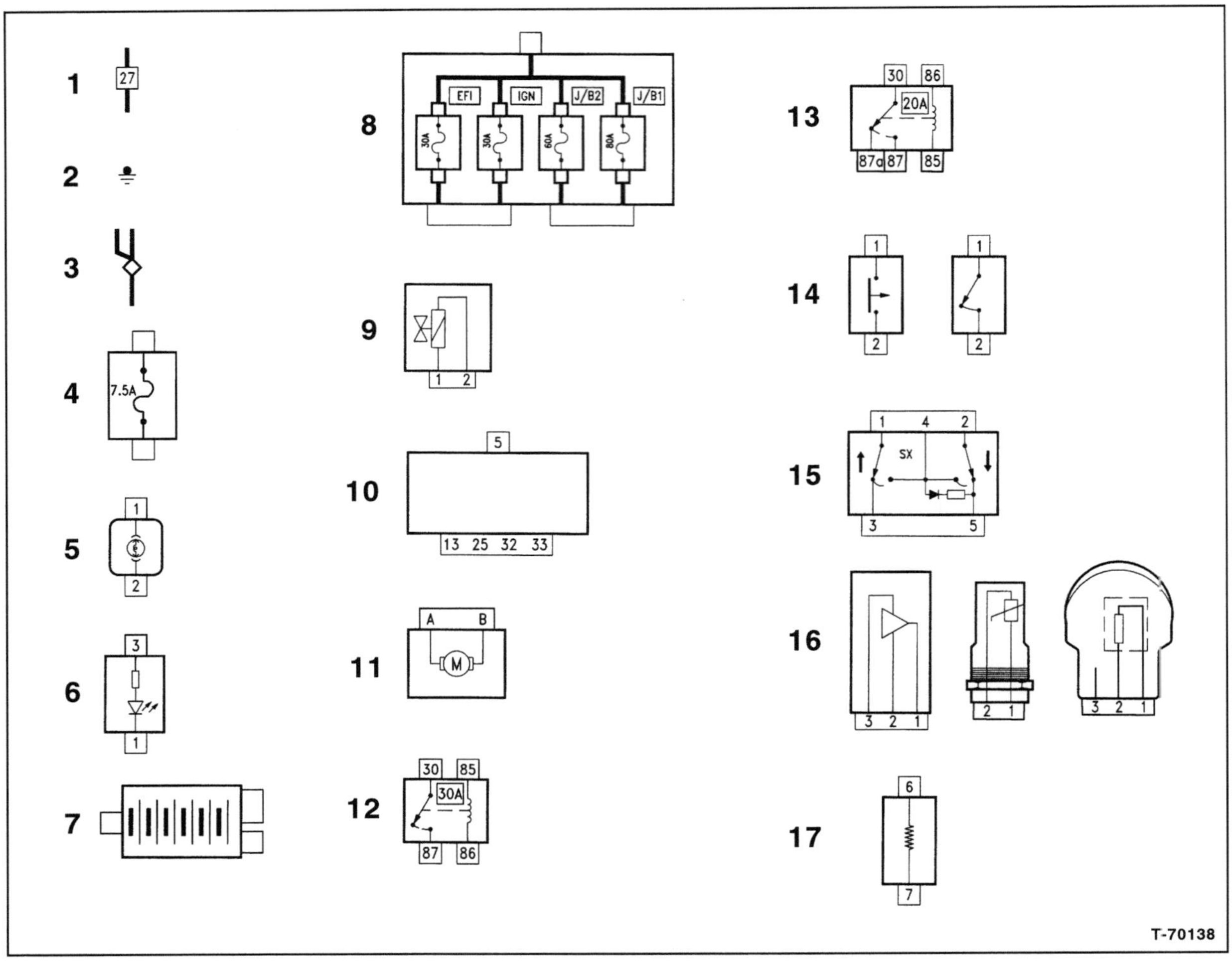

1	Zwischenstecker	10	Elektronisches Steuergerät
2	Massepunkt	11	Elektromotor
3	Ultraschall-Lötstelle	12	Relais
4	Sicherung	13	Umschaltkreis
5	Lampe	14	Schalterkontakt
6	LED (Leuchtdiode)	15	Betätigungsschalter
7	Batterie	16	Sensor-Messwertgeber
8	MAXIFUSE-Sicherungskasten	17	Widerstand
9	Elektroventil		

Stromlaufplan-Übersicht

FIAT-SEICENTO

Plan	Bezeichnung
1	Standlicht, Kennzeichenbeleuchtung
2	Abblendlicht
3	Fernlicht
4	Richtungsblinker, Warnblinker
5	Bremslichter
6	Innenraumbeleuchtung
7	Rückfahrscheinwerfer
8	Instrumentenbeleuchtung
9	Hupen
10	Frontscheiben-Wisch/-waschanlage
11	Heckscheiben-Wisch/-waschanlage
12	Heizbare Heckscheibe
13	Zentralverriegelung
14	Elektrische Fensterheber, vorn
15	Autoradio
16	Bordinstrumente
17	Elektronische Steuerung für 0,9-l-Benzinmotor (nicht Citymatic)
18	Elektronische Steuerung für 1,1-l-Benzinmotor

Hinweis: Wegen des großen Umfangs können nicht alle Stromlaufpläne in diesem Band abgedruckt werden. Die vorliegenden Stromlaufpläne beziehen sich auf den FIAT SEICENTO des Modelljahres 1998. Sollte das Fahrzeug einem anderen Modelljahr angehören, kann man sich dennoch an den hier abgedruckten Plänen orientieren, da eventuelle Änderungen in der Regel nur Teilbereiche betreffen.

–1–
Standlicht, Kennzeichenbeleuchtung

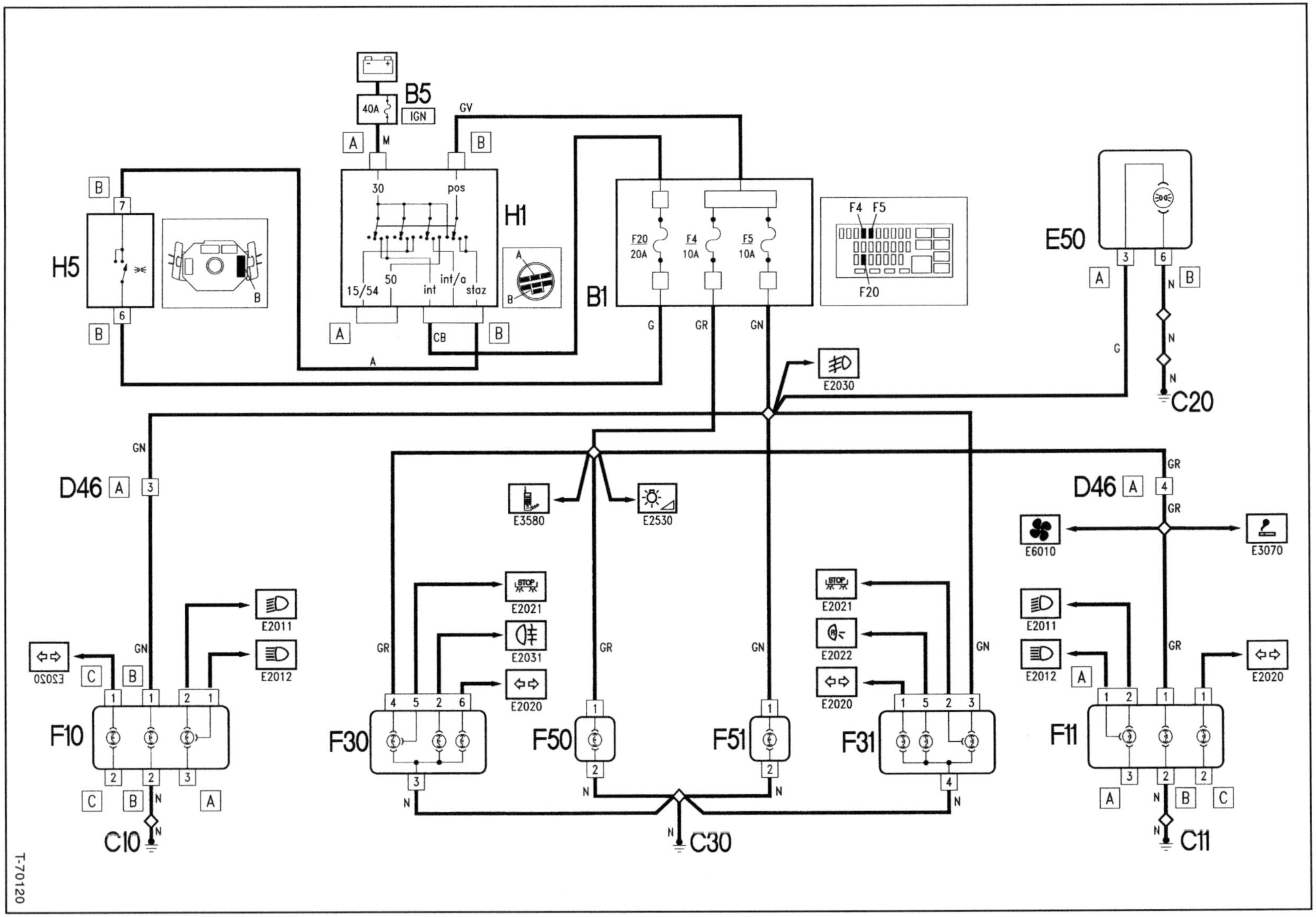

-2-
Abblendlicht

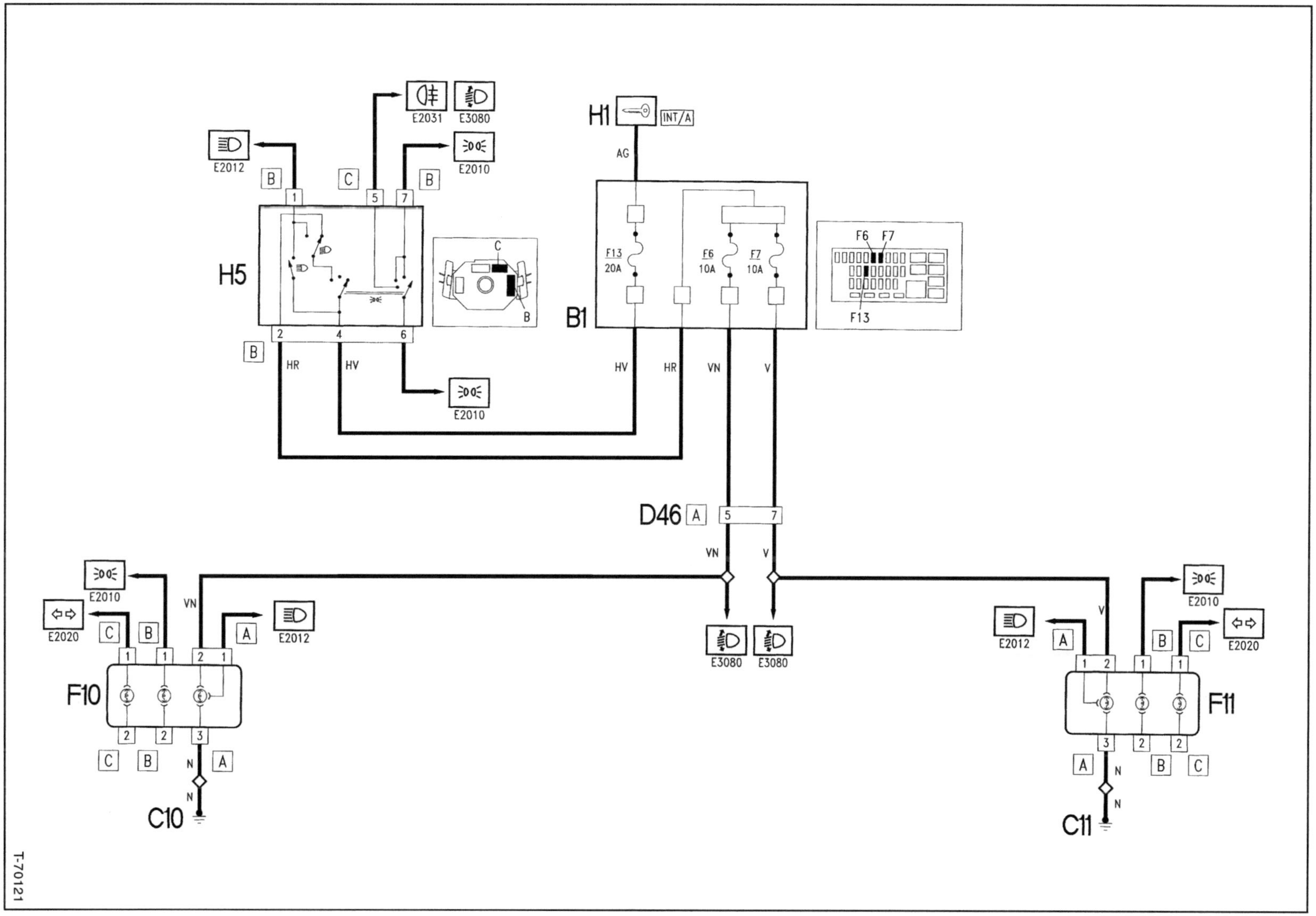

–3–
Fernlicht

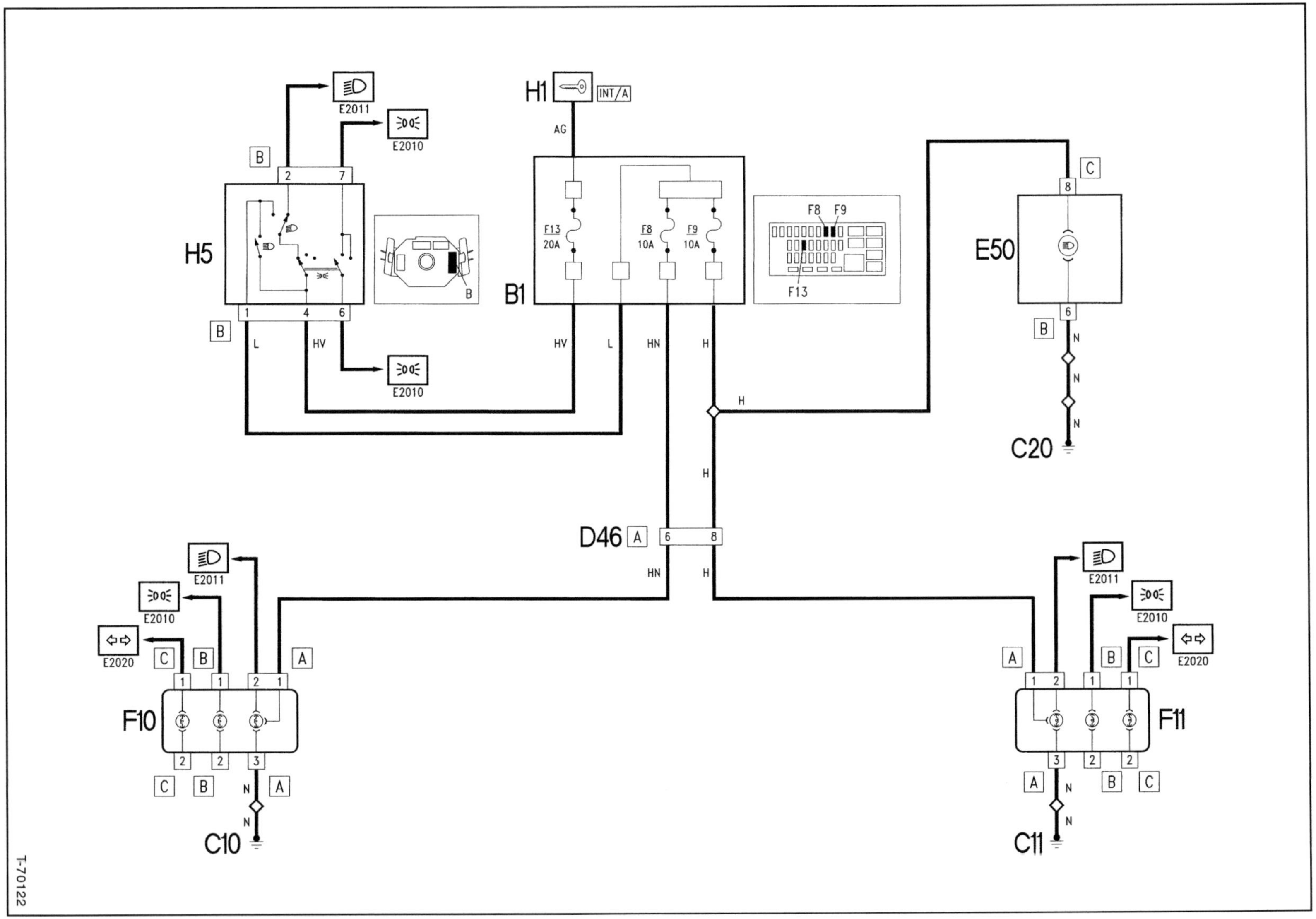

H1
INT/A
AG
H5
B
2
7
1
4
6
L
HV
E2011
E2010
B1
F13
20A
F8
10A
F9
10A
HN
H
E50
C
8
6
N
C20
D46
A
F10
F11
C10
C11
E2020
T-70122

Richtungsblinker, Warnblinker

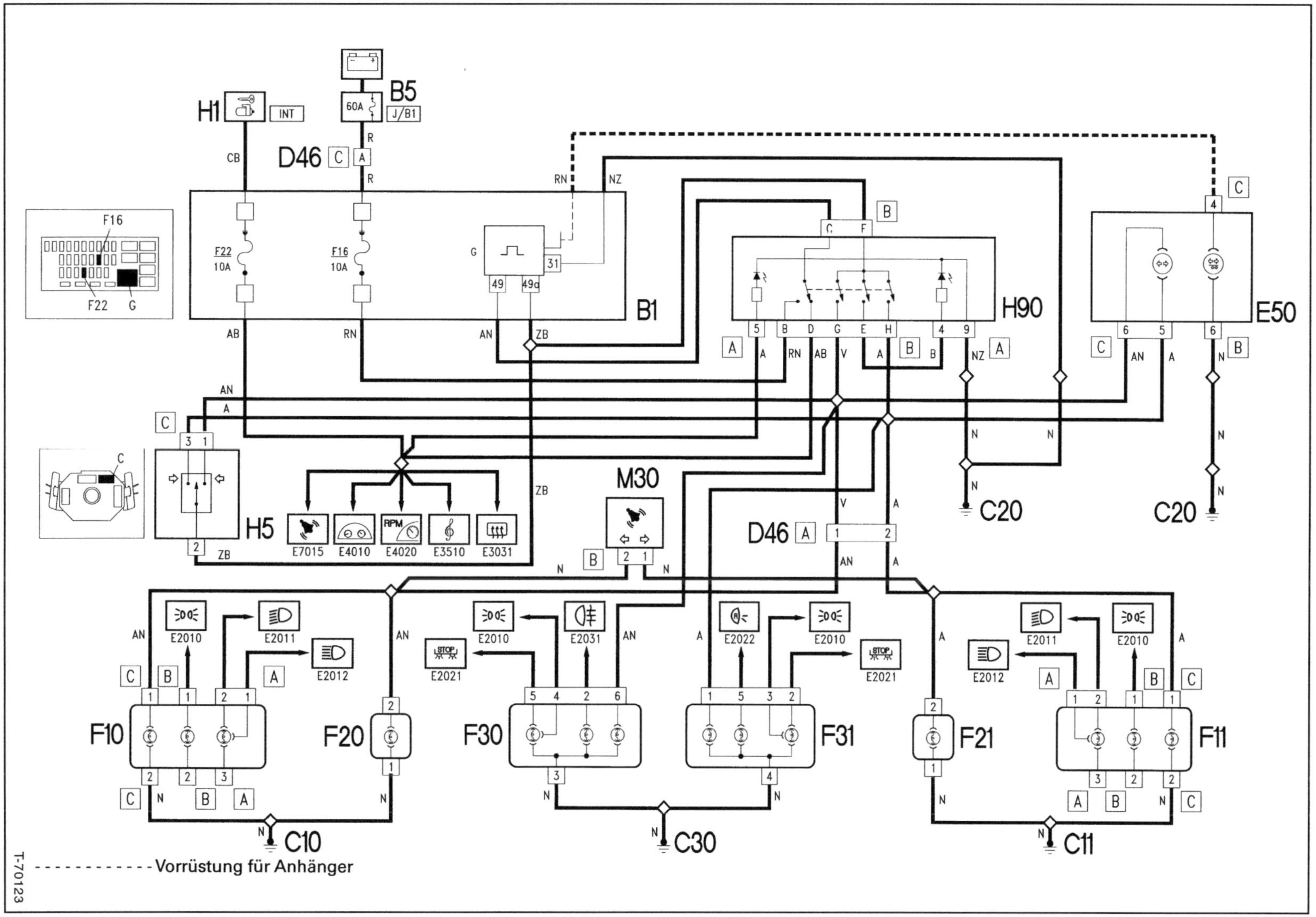

–5–
Bremslichter

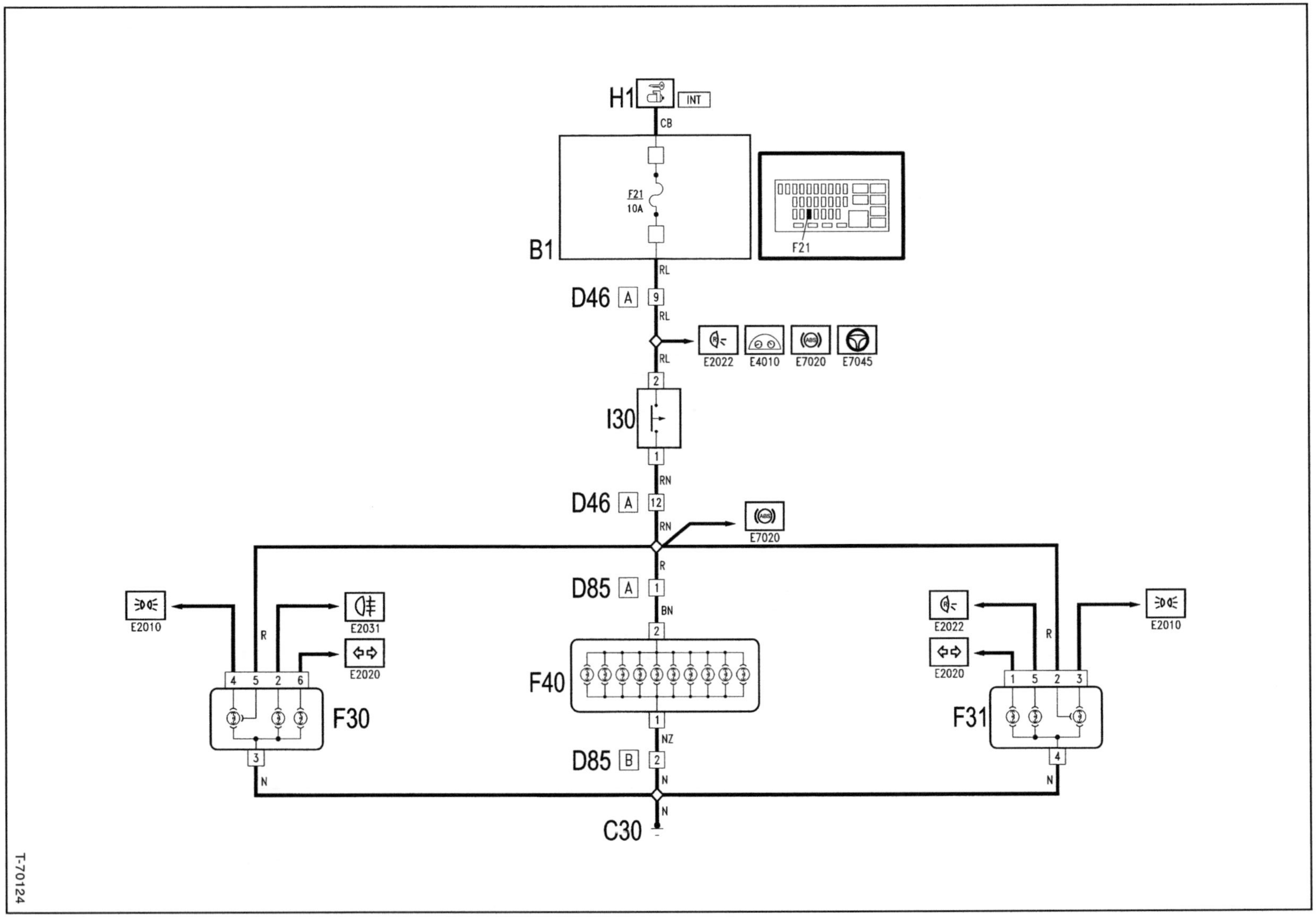

–6–
Innenraumbeleuchtung

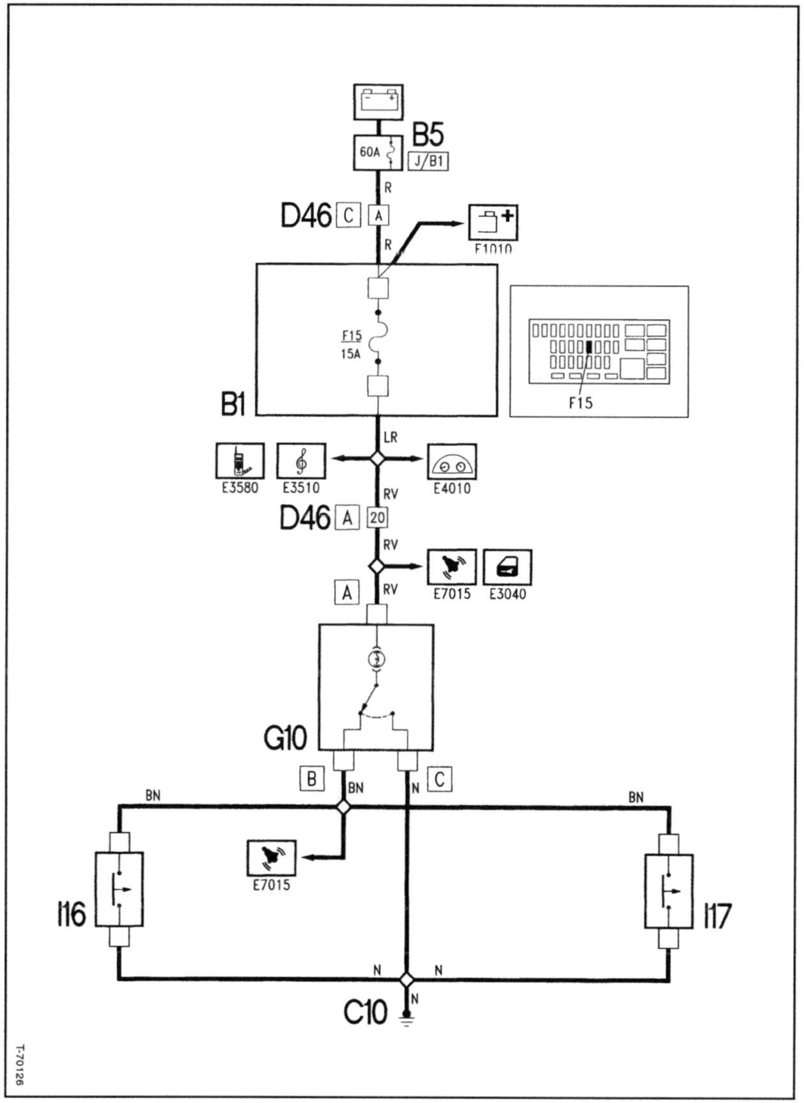

–7–
Rückfahrscheinwerfer

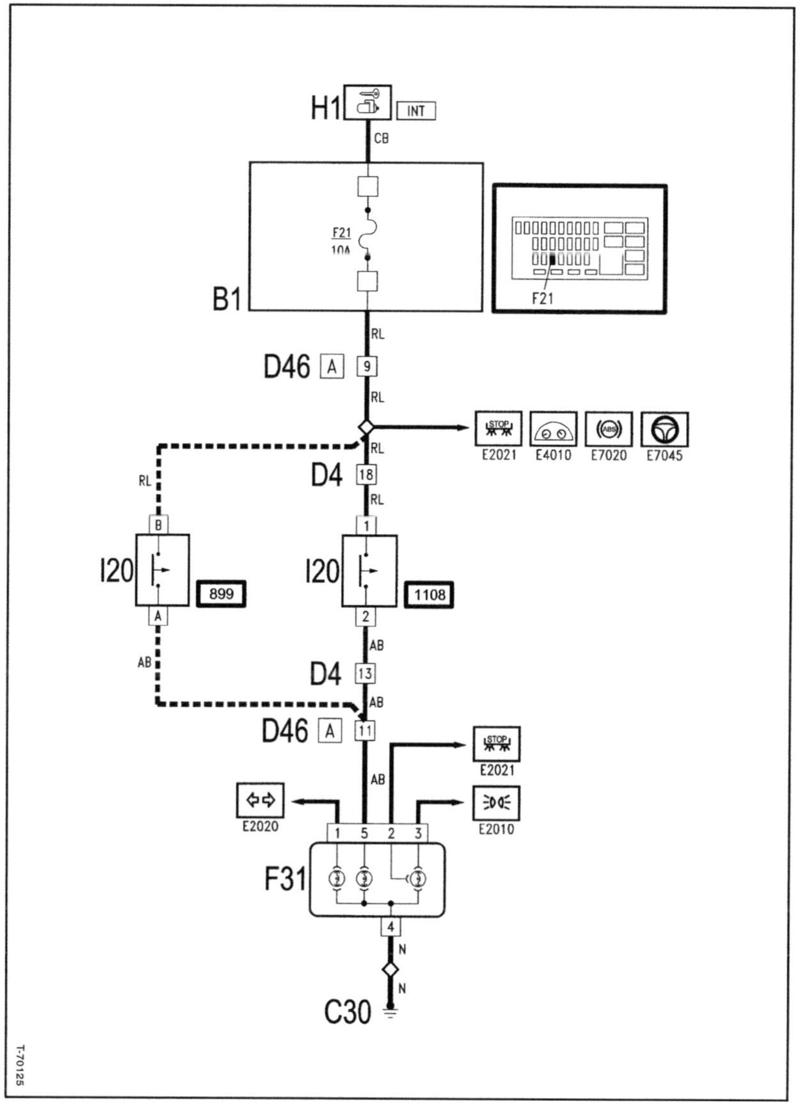

–8–
Instrumentenbeleuchtung

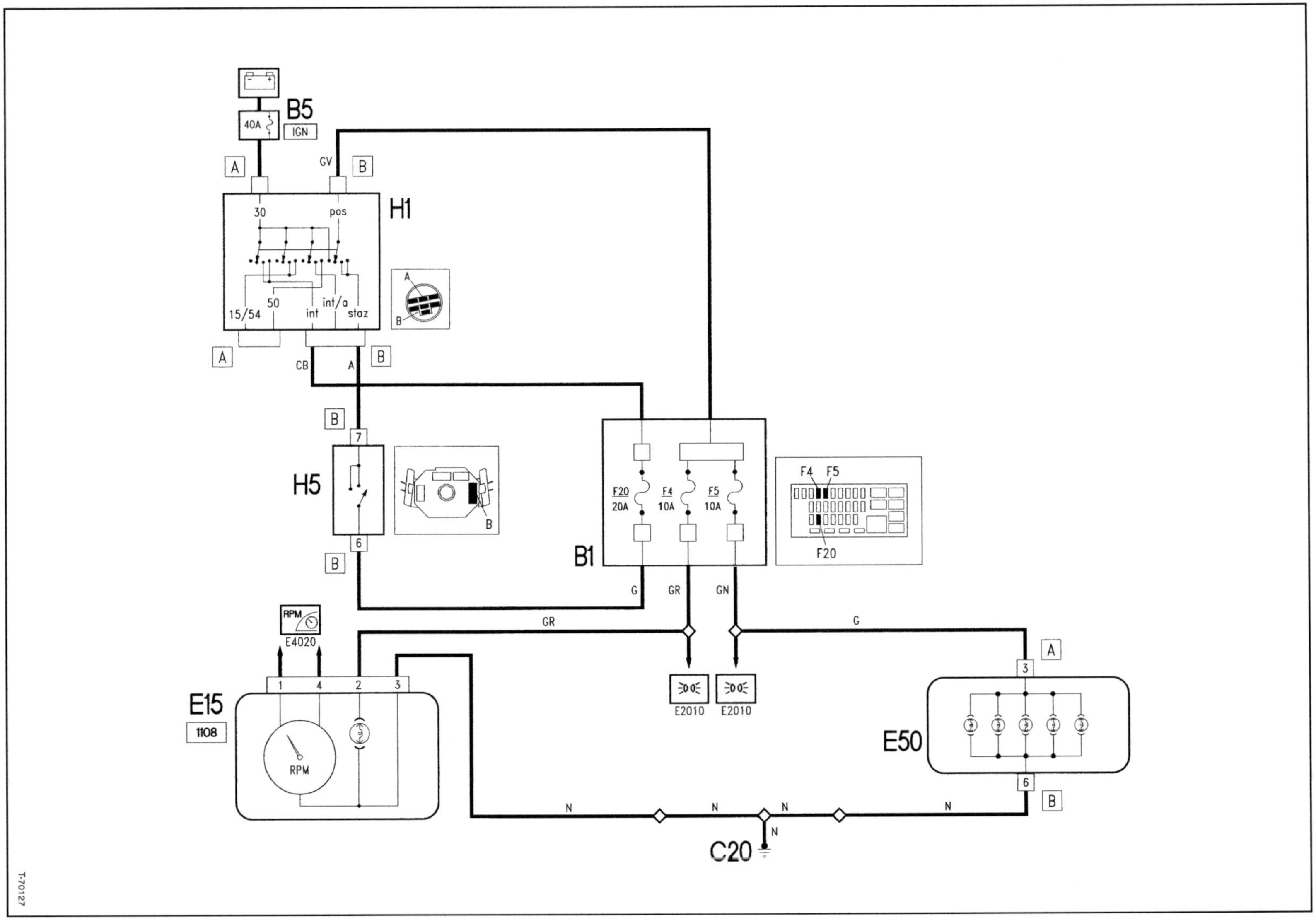

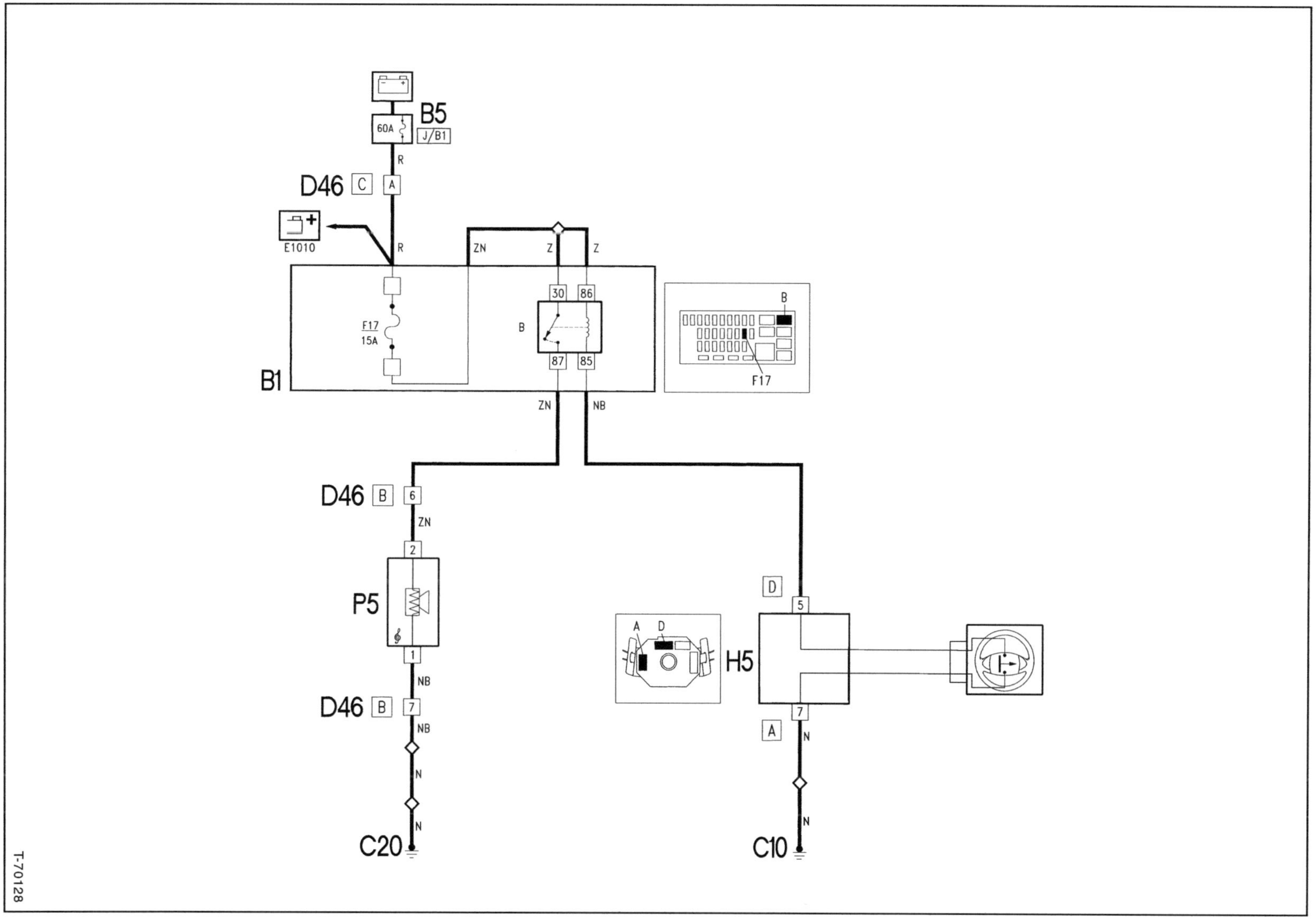
B5
60A
J/B1
R
D46
C
A
E1010
R
ZN
Z
Z
B1
F17
15A
30
86
B
87
85
B
F17
ZN
NB
D46
B
6
ZN
2
P5
1
NB
D46
B
7
NB
N
N
C20
D
5
A
D
H5
7
A
N
N
C10
T-70128

–10–
Frontscheiben-Wisch/-waschanlage

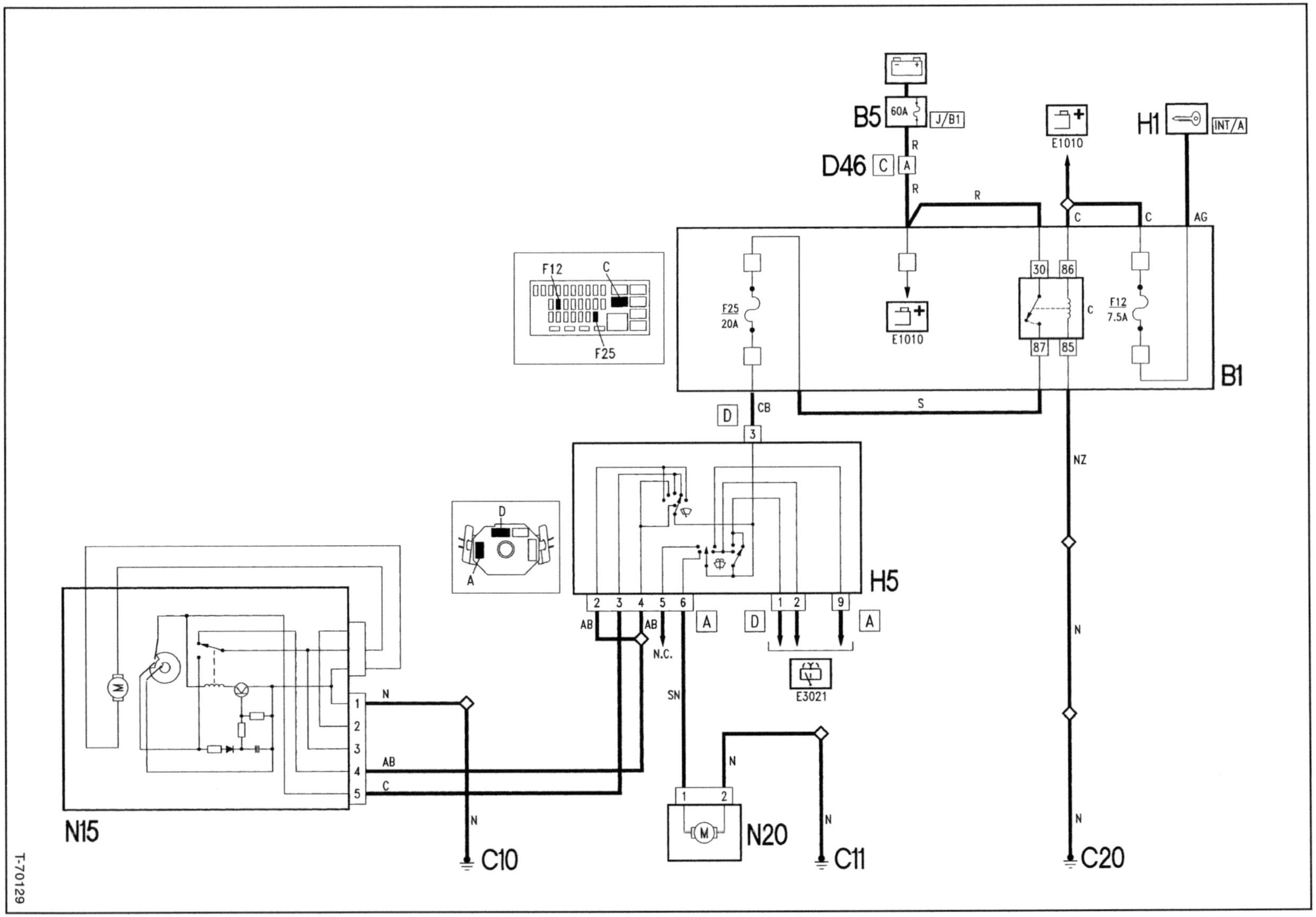

–11–
Heckscheiben-Wisch/-waschanlage

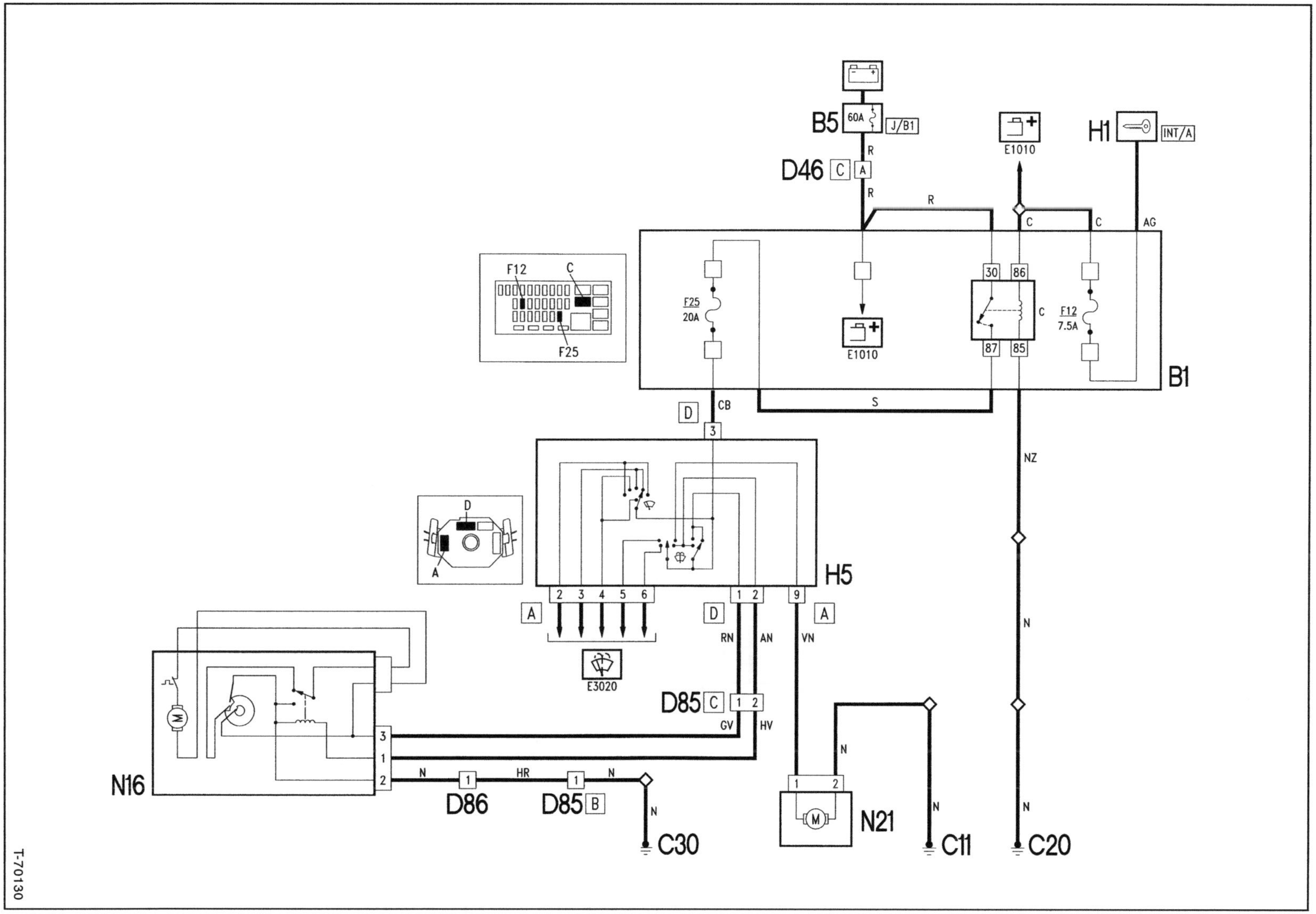

–12–
Heizbare Heckscheibe

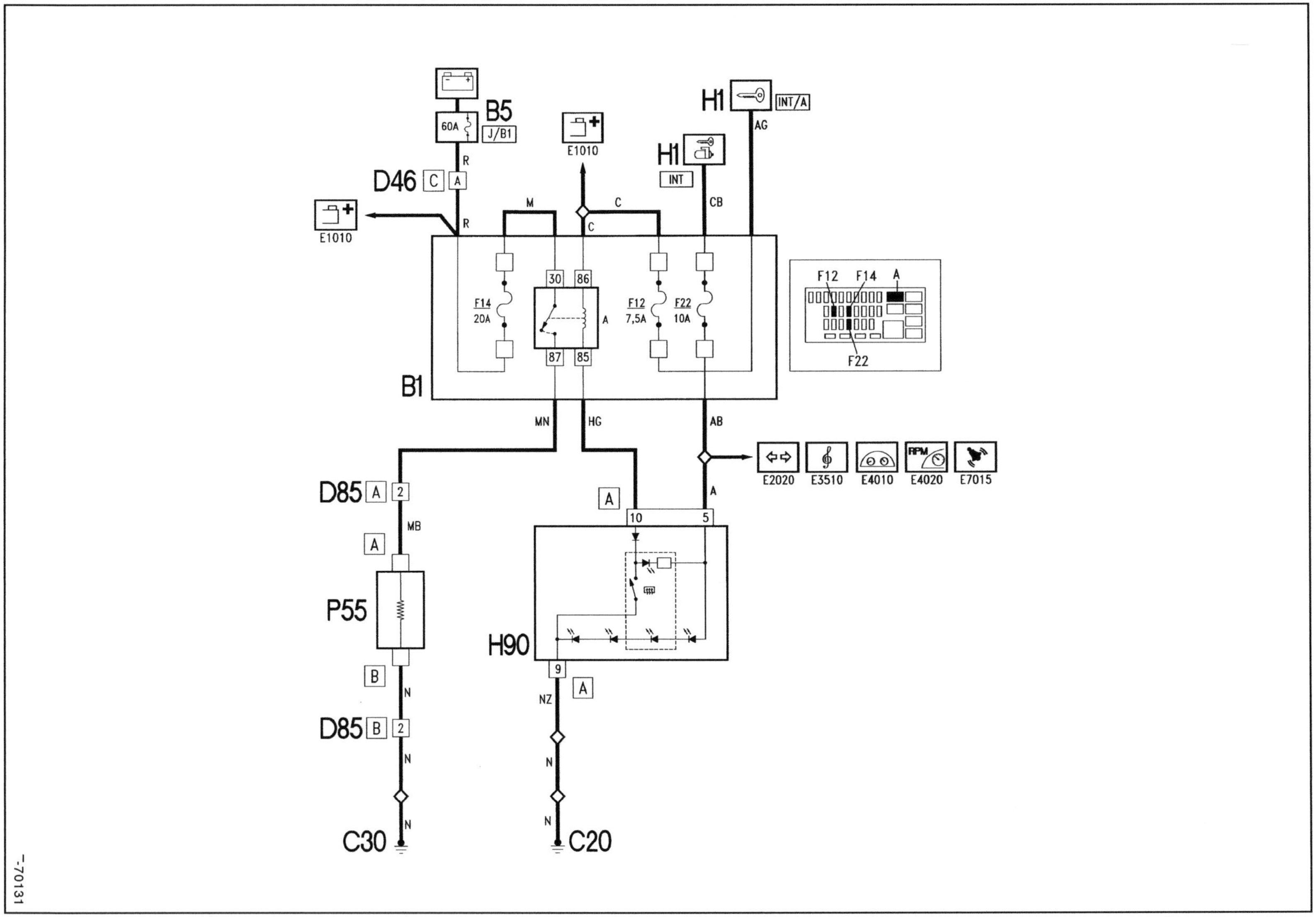

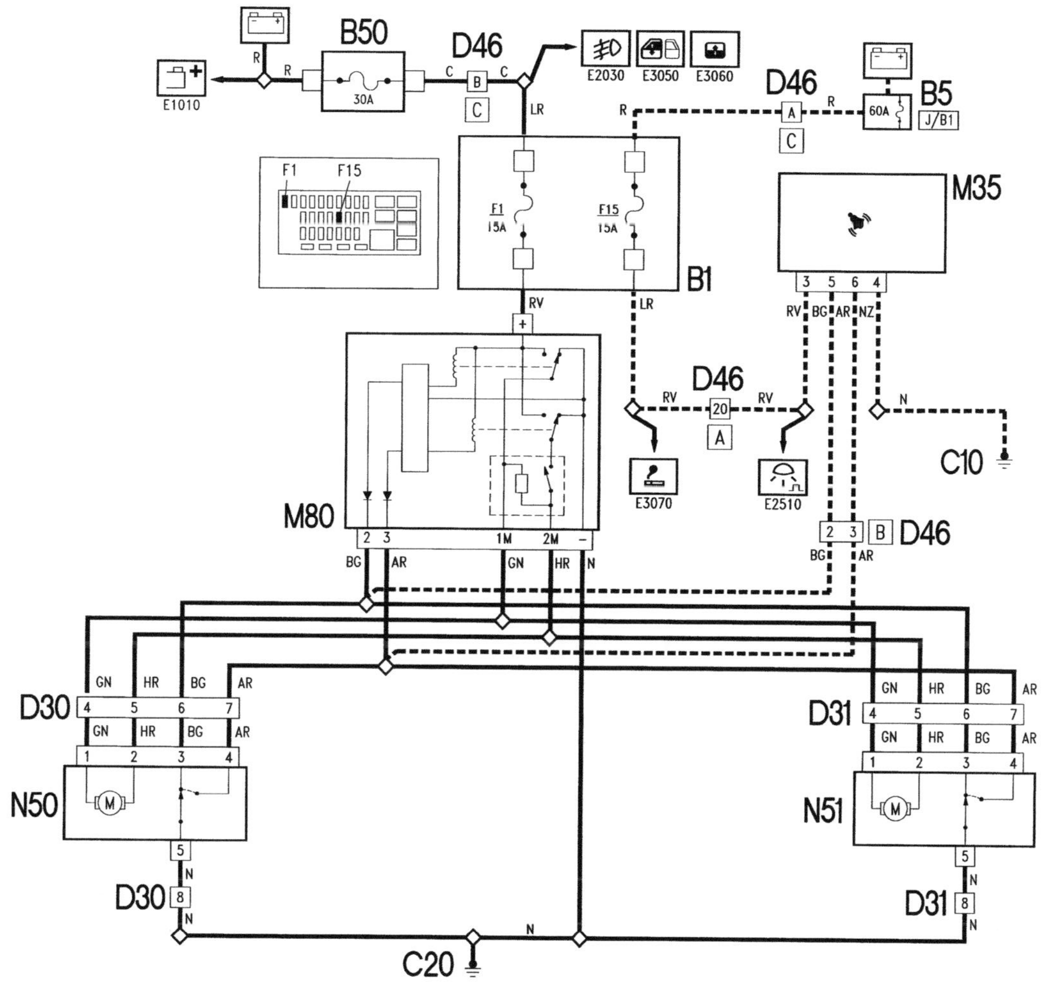
E1010
B50
30A
D46
C
B
C
LR
E2030
E3050
E3060
D46
R
A
C
60A
B5
J/B1
F1
F15
F1
15A
F15
15A
B1
M35
3 5 6 4
RV BG AR NZ
RV
+
D46
RV
20
RV
A
N
E3070
E2510
C10
M80
2 3
1M
2M
–
BG
AR
GN
HR
N
2 3
B
D46
BG
AR
D30
GN HR BG AR
4 5 6 7
1 2 3 4
N50
5
N
8
D30
D31
GN HR BG AR
4 5 6 7
1 2 3 4
N51
5
N
8
D31
C20
T-70132

–14–
Elektrische Fensterheber, vorn

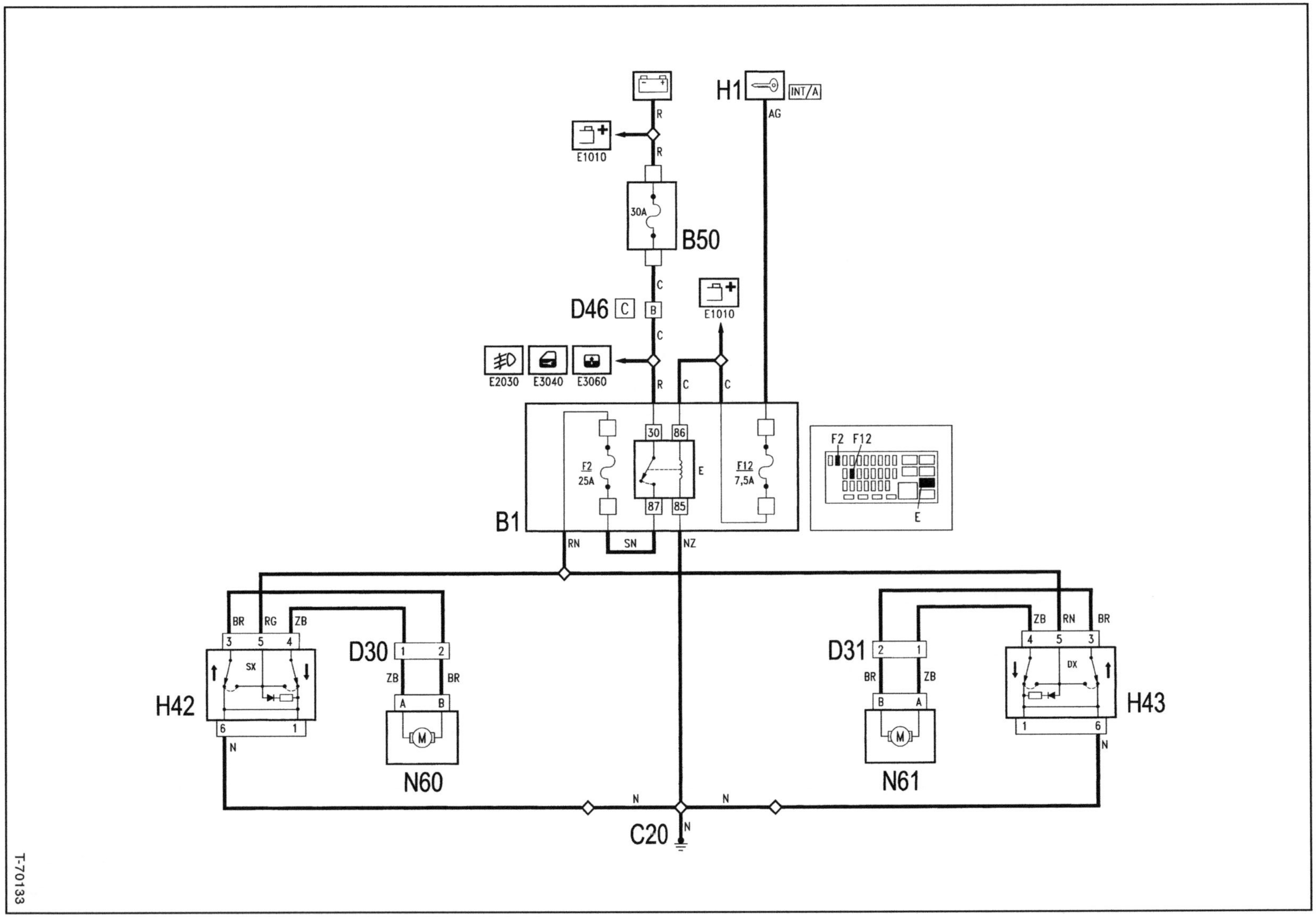

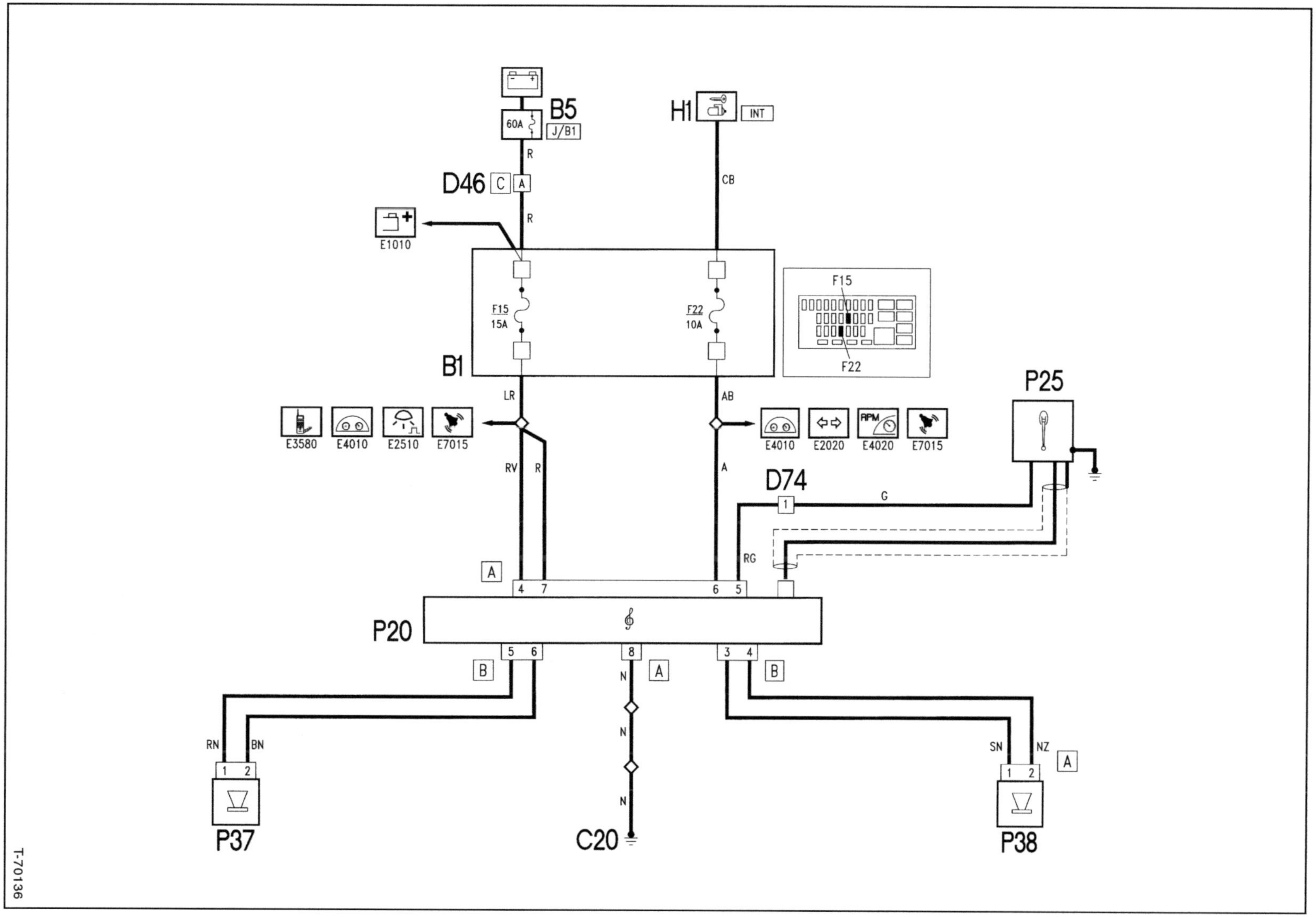
B5
60A
J/B1
R
D46
C
A
R
E1010
H1
INT
CB
F15
15A
F22
10A
B1
F15
F22
LR
AB
E3580
E4010
E2510
E7015
E4010
E2020
E4020
E7015
RV
R
A
D74
1
G
P25
RG
A
4
7
6
5
P20
5
6
8
3
4
B
A
B
N
N
N
RN
BN
1
2
P37
C20
SN
NZ
A
1
2
P38
T-70136

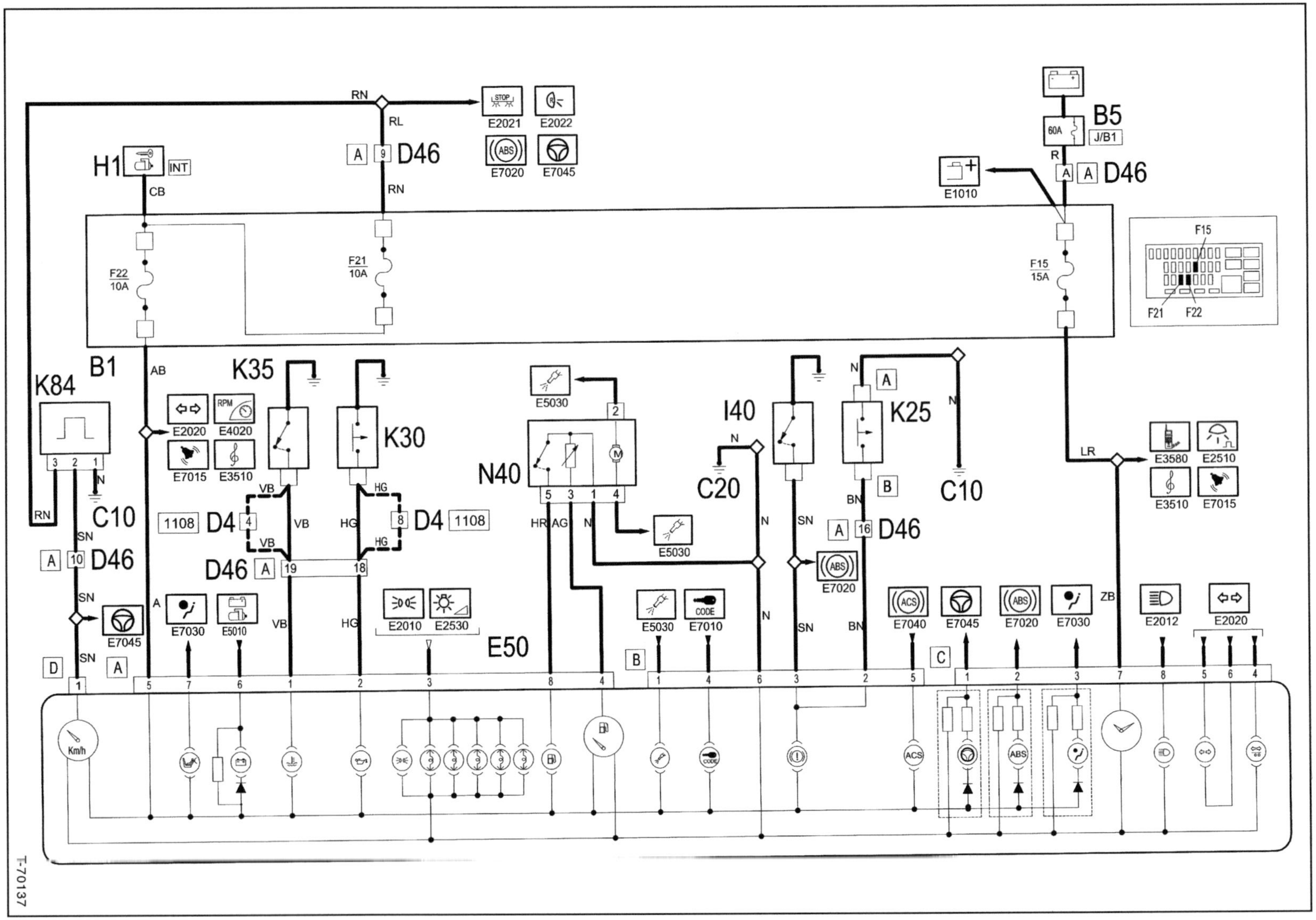
H1
INT
CB
RN
RL
A 9 D46
E2021
E2022
E7020
E7045
B5
60A
J/B1
R
A A D46
E1010
F22 10A
F21 10A
F15 15A
F15
F21
F22
K84
B1
C10
A 10 D46
E7045
D
A
AB
K35
K30
E2020
E4020
E7015
E3510
1108 D4
D4 1108
D46 A
VB
HG
E7030
E5010
E2010
E2530
E50
N40
E5030
HR AG N
I40
C20
K25
C10
E7020
A 16 D46
B
E5030
E7010
C
E7040
E7045
E7020
E7030
LR
E3580
E2510
E3510
E7015
ZB
E2012
E2020
Km/h
ACS
ABS
CODE
T-70137

Elektronische Steuerung für 0,9-l-Benzinmotor (nicht Citymatic)

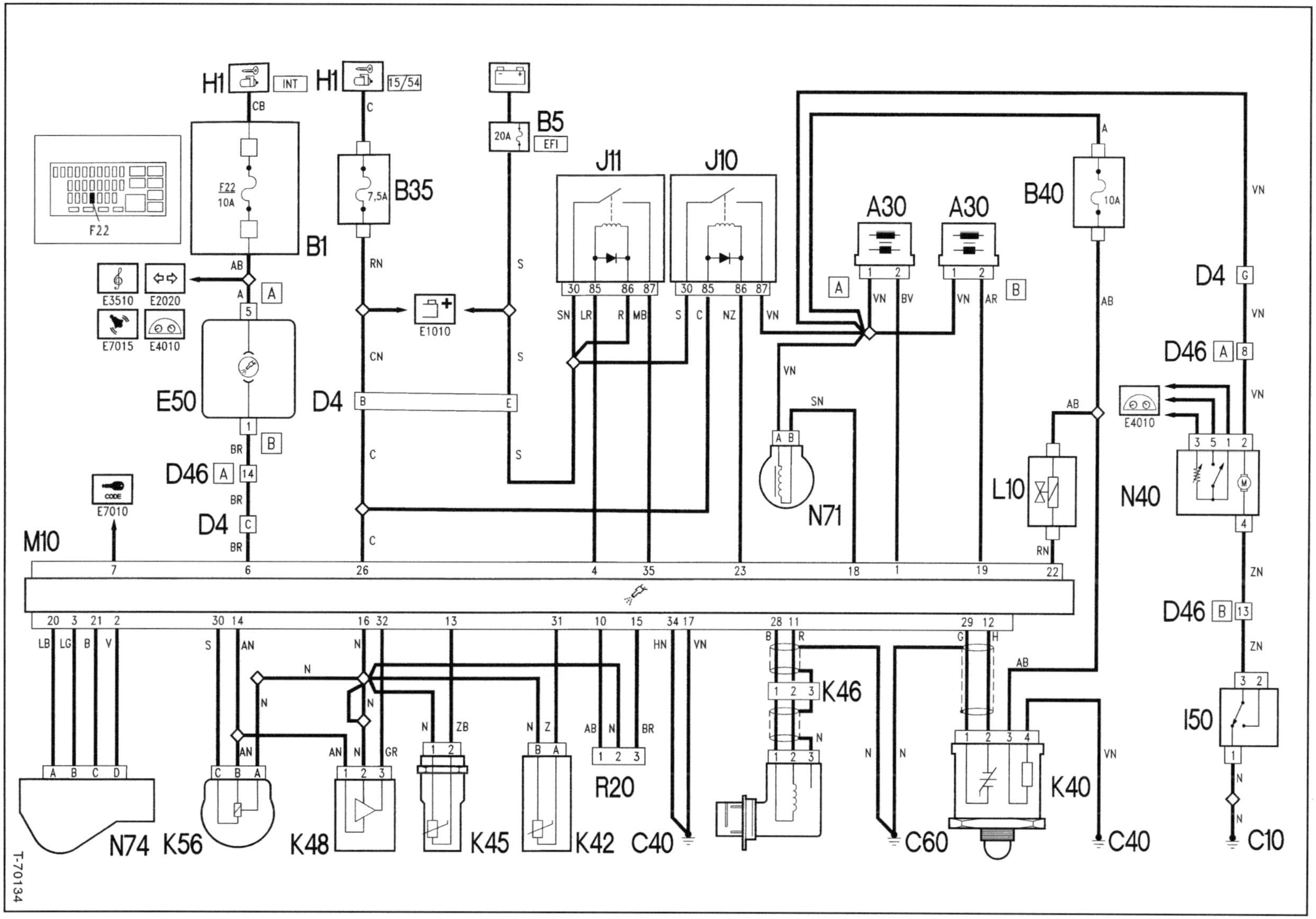

–18–
Elektronische Steuerung für 1,1-l-Benzinmotor

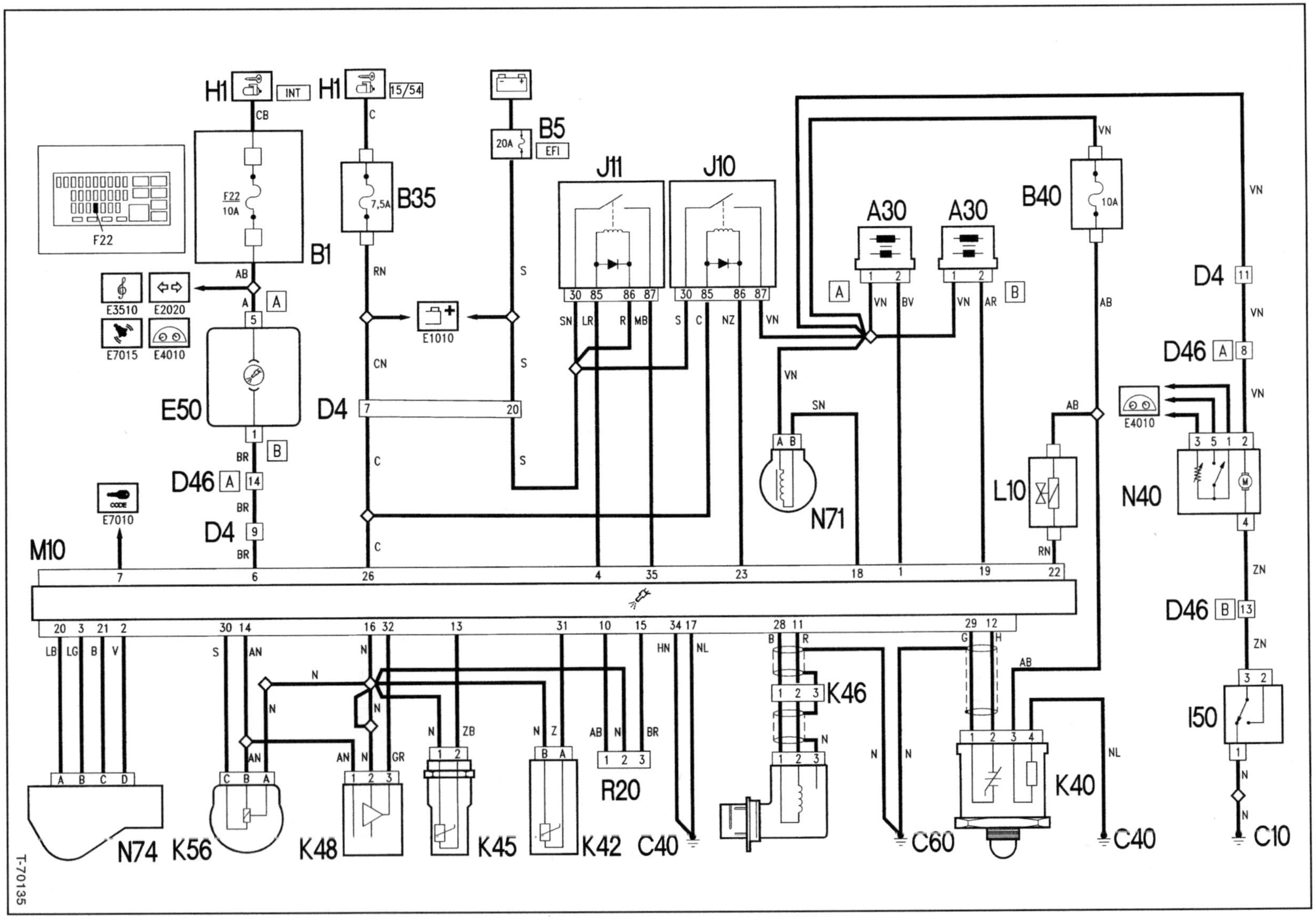